Encyclopedia of nursing female babies

女 宝宝 GIRL 养育百科

U0264815

张春改 刘大荭/编著

中国人口出版社
China Population Publishing House
全国百佳出版单位

图书在版编目（CIP）数据

女宝宝养育百科/张春改，刘大苙编著. —北京：中国人口出版社，2012.6

ISBN 978-7-5101-1275-1

Ⅰ.①女… Ⅱ.①张… ②刘… Ⅲ.①女性—婴幼儿—哺育 Ⅳ.①TS976.31

中国版本图书馆CIP数据核字（2012）第136063号

女宝宝养育百科

张春改　刘大苙　编著

出版发行	中国人口出版社	
印　　刷	北京燕旭开拓印务有限公司	
开　　本	720毫米×1000毫米　1/16	
印　　张	32.5	
字　　数	500千	
版　　次	2012年8月第1版	
印　　次	2013年8月第2次印刷	
书　　号	ISBN 978-7-5101-1275-1	
定　　价	36.80元（赠送VCD）	

社　　长	陶庆军
网　　址	www.rkcbs.net
电子信箱	rkcbs@126.com
电　　话	(010)83534662
传　　真	(010)83515922
地　　址	北京市西城区广安门南街80号中加大厦
邮　　编	100054

前言

　　从得知怀孕的第一天开始，准爸爸准妈妈们就会情不自禁地猜测，即将来到这个世界的宝贝，是位活波可爱的小王子，还是位天真无邪的小公主呢？这种猜测和憧憬，会伴随着准妈妈怀孕的十个月。期间，也难免会有很多亲朋好友善意的猜测，什么"酸儿辣女"啦；什么"准妈妈变丑是男孩，准妈妈变美是女孩"啦；什么"肚子尖尖是男孩，肚子圆圆是女孩"啦，这些民间流传已久的有趣的猜测，会给准爸爸、准妈妈带来童话般的想象。

　　当宝宝呱呱坠地的那一刻，所有的猜测都尘埃落定了。哎呀，是个哭声很有力的男宝宝哦，将来一定会长得高高壮壮，健健康康！恭喜，是个安静乖巧的女宝宝哦，将来一定会长的像妈妈一样美丽可人！不管男孩女孩，面对来到这个世界的新生命，新手爸妈们都会满怀感激的心情。

　　然而，在激动之余，新手爸妈们也会疑虑，男宝宝和女宝宝，养育方式一样吗？有什么不同呢？生长发育，日常的吃喝拉撒睡的照料，有没有区别？语言训练、动作训练、玩耍、阅读、社交关系的建立，有没有各自的特点？如何让男宝宝成长为果敢、有毅力、有担当的男子汉？如何让女宝宝成长为温柔可人、独立坚强的窈窕淑女？从什么时候开始要注意男宝宝、女宝宝的不同的性格培养？"穷养男孩、富养女孩"的老话对吗？具体应该如何做？这些问题，都在困扰着爸爸妈妈们。

其实，对于男宝宝、女宝宝的区别养育，的确应该从新生儿期就开始。男孩、女孩在体质、生理、心理、气质等诸多方面皆有不同。在喂养与教养上自然存在较大的差异。男孩、女孩在许多疾病的患病率上也是不同的，更需要爸爸妈妈们多加注意。随着宝宝的日渐长大，男宝宝和女宝宝的差异会越来越大，爸爸妈妈的困惑也会越来越多。

本套丛书，从男宝宝、女宝宝不同的养育方式出发，为爸爸妈妈们养育宝宝提供了针对性别差异的帮助和指导。书中既介绍了科学的育儿知识，又提供了很多日常生活中先辈爸妈们的养育经验。小到男宝宝、女宝宝尿布的不同使用，大到男孩、女孩易患的疾病、遗传病知识，书中都作了尽可能详尽的介绍。希望在本书的帮助下，爸爸妈妈们能"因性施养"，让所有的男宝宝、女宝宝都能健康、快乐、幸福的成长。

编者

目录
Contents

Q:宝宝体重没有增加反而减轻？Q:宝宝睡眠中常会有脸涨红？Q:宝宝经常睡睡醒醒？Q:宝宝的大便稀稀的是拉肚子吗？Q:我该怎么确定宝宝是不是穿太少？Q:奶量只有一点点宝宝吃得饱吗？Q:怎么确定宝宝喝到我的奶呢？Q:怎样让宝宝吸母乳？Q:什么是乳头混淆？要如何避免？Q:喂母乳可以用瓶子喂吗？

Part 5
第 5 个月女宝宝养育

Part 6
第 6 个月女宝宝养育

Part 7
第 7 个月女宝宝养育

Part 8
第 8 个月女宝宝养育

Part 9
第 9 个月女宝宝养育

Part 12
第12个月女宝宝养育

Q:我的宝宝生气的时候爱抓别人、爱拉别人的头发怎么办？Q:宝宝腹泻吃什么呢？Q:可以用大骨汤给宝宝煮软稀饭吗？Q:辅食可以用微波炉加热吗？

Part 13
第13～14个月女宝宝养育

Part 14
第 15～16 个月女宝宝养育

Part 15
第 17～18 个月女宝宝养育

Part 16
第19～20个月女宝宝养育

Part 19
第 25～27 个月女宝宝养育

Part 20
第 28～30 个月女宝宝养育

Part 21
第31～33 个月女宝宝养育

Part 22
第34～36 个月女宝宝养育

Part 23
小儿常见病家庭护理

Part 1

新生儿期
女宝宝养育

Xinshengerqi Nvbaobao Yangyu

新生女宝宝发育特点

新生女宝宝体格发育指标

项目	年龄组	下限值	上限值
身高	2 周	44.7 厘米	55.0 厘米
	1 月	47.9 厘米	59.9 厘米
体重	2 周	2.26 千克	4.65 千克
	1 月	2.98 千克	6.05 千克
头围	1 月	约为 36.2 厘米	
胸围	1 月	约为 36.9 厘米	
囟门	1～3 月	1.5～2 厘米	

注："体格发育"中的发育指标，根据宝宝发育的不同时期有相应的呈现，大致包括身高、体重、头围、胸围、牙齿、囟门的发育等六部分内容。

新生儿发育状况

呼吸

新生儿从出生的那一声啼哭开始，即开始建立了自主呼吸，但较浅表且不规则，频率较快，一般 40～60 次/分，早产儿可达 60 次/分以上。新生儿以腹式呼吸为主，易出现呼吸节律不齐及深浅交替。观察新生儿的呼吸变化，要在新生儿安静的情况下，观察其胸、腹部起伏情况，每一次起伏即是一次呼吸。注意观察胸廓两侧的呼吸运动是否对称；呼吸是否急促、费力，有无呼吸暂停；口周皮肤的颜色有无青紫。

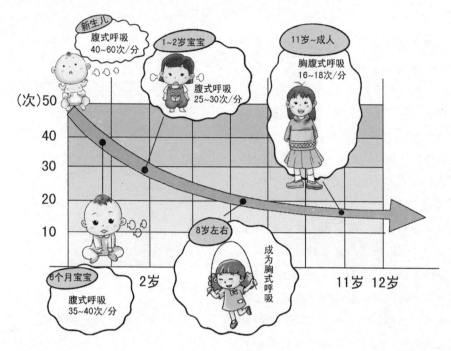

呼吸方式的转变

➕ 词汇解读

新生儿的分类

新生儿医学上是指出生时到满28天这一期间的宝宝。此期间称为新生儿期。

新生儿根据其不同的情况可分为足月儿、早产儿、过期产儿、低出生体重儿、巨大儿和高危新生儿等，父母可据此对自己的宝宝提供不同的护理方法以保证宝宝能健康成长。

足月儿指胎龄≥37周且＜42周（259～293天）的新生儿。

早产儿指胎龄≥28周且＜37周（196～258天）的新生儿。

过期产儿指胎龄≥42周（294天以上）的新生儿，又称过熟儿。

低出生体重儿指出生时体重＜2500克者，＜1500克者为极低体重儿。大多为早产儿，亦有小于胎龄儿。

巨大儿指出生时体重≥4000克的新生儿。

高危新生儿指已发生或可能发生危重病情的新生儿。常包括：高危孕妇所分娩的新生儿、有疾病的新生儿。

◼ 体重

孩子生长发育，体重是非常重要的指标。对于出生体重的评价是不是合适，一定要结合孩子孕周来一起评价，临床上叫做"适于胎龄"，意思就是说孩子出生的体重跟胎龄应该是相吻合的。体重小的孩子确实不容易养，但体重达到、超过 4000 克以上的"巨大儿"，亦属于高危孩子。大部分巨大儿的母亲都能找到一些病因，比如妊娠糖尿病，母亲因糖尿病生出的巨大儿，别看他体重很大，其实发育是不成熟的，他的血糖的代谢会有很大的问题。这样的孩子在出生后的 24 小时内经常容易出现低血糖，低血糖对新生儿来说是非常严重的问题，如果低血糖不能及时得到处理，持续的时间过长将直接影响身体健康。在医院里对巨大儿会监测血糖，调节他的血糖水平，比如出生半小时提前喂奶、糖水，这样能够避免低血糖。

另外，别看孩子很大，但是实际上她的器官发育是不成熟的。一般来说，糖尿病母亲生出的孩子，孕周相当于小两周，比如孩子是 40 周生的，可能发育的水平就是 38 周，如果是 38 周就相当于早产的水平。所以这样的孩子，尽管是足月，也会出现像早产儿一样的问题。体重 4000 克以上的孩子也有一小部分孩子没有的其他问题。

体重小的原因有两个：一是早产。没到日子，体重也不可能长到正常值。还有一个是有身体疾病的因素，出生的体重不到 2500 克，这样的孩子叫"足月小样儿"。孩子的体重不能太大，也不能太小。

宝宝出生体重增减平均值	
出生月数	体重增减（平均值）
第 1～2 周	一稍微降低
第 3 个月	＋30 克 / 日
第 3～6 个月	＋20 克 / 日
第 6 个月～周岁	＋10 克 / 日

◼ 脐带

新生儿脐带在离肚脐 1～2 厘米处被结扎。

◼ 前囟

前囟是新生儿头顶的柔软部位，是头颅骨尚未连接的间隙。前囟要到宝宝 2 岁前才闭合。宝宝的头皮覆盖着这个间隙，它虽然十分坚韧，但是千万不要让宝宝的前囟受重压。不必对前囟作特别的照顾，但是，如果一旦发现覆盖其上的头皮绷紧或出现隆起（膨胀凸出），或在前囟部位出现不正常的萎陷（异常的凹陷）时，就应立刻请医生诊查。

◼ 皮肤

新生儿的皮肤也许会被白色的脂质所覆盖。有些宝宝胎脂遍布她们的脸部和身体，而另一些宝宝胎脂只分布于她们的脸部和手部。医院对于胎脂的处理方法各不相同。有的医院予以保留，因为胎脂提供了一道抵抗轻度皮肤感染的天然屏障；而另一些医院则在宝宝娩出后就细心地将胎脂清除掉。目前人们普遍认为不必清除胎脂，这不仅因为胎脂具有保护的特性，而且也因为它在2～3天之内就自然地被皮肤所吸收。但是，如果在宝宝皮肤的皱褶内有大量胎脂堆积并可能引起刺激时，就应把它擦拭干净。

■ 体温

新生儿的正常体温在36℃～37℃之间，但新生儿的体温中枢功能尚不完善，体温不易稳定，受外界温度环境的影响使体温变化较大，新生儿的皮下脂肪较薄，体表面积相对较大，容易散热。因此，对新生儿要注意保暖。尤其在冬季，室内温度保持在18℃～22℃为宜，如果室温过低则容易引起硬肿症。

■ 视觉

新生儿一出生就有视觉能力，34周早产儿与足月儿有相同的视力，父母和宝宝相对视是表达爱的重要方式。眼睛看东西的过程能刺激大脑的发育，人类学习的知识85％是通过视觉而得来的。

■ 听觉

新生儿的听觉是很敏感的。如果你用一个小塑料盒装一些黄豆，在宝宝睡醒状态下，距宝宝耳边约10厘米处轻轻摇动，宝宝的头会转向小盒的方向，有的宝宝还能用眼睛寻找声源，直到看见盒子为止。如果用温柔的呼唤作为刺激，在宝宝的耳边轻轻地说一些话，那么，宝宝会转向说话的一侧，如换到另一侧呼唤，也会产生相同的结果。新生儿喜欢听母亲的声音，这声音会使宝宝感到亲切，宝宝不喜欢听过响的声音和噪声。如果在耳边听到过响的声音或噪声，宝宝的头会转到相反的方向，甚至用哭声来抗议这种干扰。

为了使宝宝发展听力，母亲在喂奶或护理时，只要宝宝醒着，就要随时随地和他说话，用亲切的语气和宝宝交谈，还可以给宝宝播放优美的音乐，摇动有柔和响声的玩具，给予听觉刺激。

■ 触觉

新生儿从生命的一开始就已有触觉。习惯于被包裹在子宫内的宝宝，出生后自然喜欢紧贴着身体的温暖环境。当你抱起宝宝时，她喜欢紧贴着你的身体，依偎着你。当宝宝哭时，父母抱起她，并且轻轻拍拍她，这一过程充分满足了新生儿触觉安慰的需要。新生儿对不同的温度、湿度、物体的质地和疼痛都有触觉感受能力，就是说她有冷热和疼痛的感觉，喜欢接触质地柔软的物体。嘴唇和手是触觉最灵敏的部位。触觉是宝宝安慰自己、认识世界、和外界交流的主要方式。

■ 味觉和嗅觉

新生儿有良好的味觉，从出生后就能精细地辨别食物的滋味。给出生后只有一天的新生儿喝不同浓度的糖水，会发现她们对比较甜的糖水吸吮力强，吸吮快，所以喝得多；而对比较淡的糖水喝得少；

对咸的、酸的或苦的液体有不愉快的表情，如喝酸橘子水时会皱起眉头。

新生儿还能认识和区别不同的气味。当她开始闻到一种气味时，有心率加快、活动量改变的反应，并能转过头朝向气味发出的方向，这是新生儿对这种气味有兴趣的表现。

新生儿特殊的生理现象

新生儿不同于一般宝宝，也有着自身不同于一般宝宝的特点，父母亲最好能将这些生理特征和其他疾病征兆区别开来，以便更好地照料宝宝。

■ 体重减轻

新生儿出生后 2～3 天，由于皮肤上胎脂的吸收、排尿、体内胎粪的排出及皮肤失水，以及刚出生的新生儿吸吮能力弱、吃奶少，造成体重非但不增，反而出现暂时性下降。在出生后 3～5 天体重下降有时可达出生体重的 6%～9%，在出生后 7～11 天恢复到出生时的体重，这称为生理性体重下降。如果体重下降超过出生时的体重的 30% 以上，或在出生后第 13～15 天仍未恢复到出生时的体重，这是不正常的现象，说明有某些疾病，如新生儿肺炎、新生儿败血症及腹泻或母乳不足等，应作进一步检查。

■ 黄疸

新生儿出生后的皮肤为粉红色，出生后 2～3 天时，细心的父母会发现宝宝的皮肤发黄，有的眼睛白眼珠（巩膜）也发黄，3～5 天明显，8～12 天后自然消退。宝宝除皮肤发黄外，全身情况良好，无病态，医学上叫做生理性黄疸。

生理性黄疸的表现是：宝宝吃奶很好，哭声响亮，不发热，大便呈黄色，3～5 天时黄疸明显，在出生后 8～12 天消退，如果是早产儿可能在出生后第 3 周消退。

一半的足月儿，还有 60% 以上的早产儿都经历过黄疸的过程，这是一个很普遍的现象。绝大部分孩子是属于生理性黄疸，其中有一小部分孩子是病理性黄疸。

■ 头颅血肿

新生儿头颅血肿是头经产道娩出时受挤压，位于骨膜下的血管受损伤出血所形成的，多于出生时或出生后数小时出现，数日后更明显。其表现为血肿发生在骨膜下，不超过骨缝，局部肤色正常，有波动感，消退时间至少需 2～4 周。此症多无明显不良后果，如果头颅血肿过大，可引起新生儿贫血或胆红素血症，即出现黄疸，此时应作相应处理。

■ 乳房肿胀

新生儿出生以后数日内，可见乳房肿胀，在 3～5 天内可挤出水样分泌物，继之为乳汁样，与初乳相似，乳量少至数滴，多可达 20 毫升，如经过化验，在乳汁中含有白细胞和初乳小体，这叫做新生儿泌乳。

这种现象是因为来自脑垂体前叶的催乳激素刺激肿大的乳腺而引起的泌乳，这也是新生儿常见的一种生理状况，这时千万不要挤压乳房，以免损伤、感染，引起乳腺炎。

■ 脱皮

出生3～4天的新生儿的全身皮肤开始"落屑"，有时甚至是大块脱落，这可吓坏了父母们，不知如何是好。其实，这也是一种生理现象。由于胎儿一直生活在羊水里，当接触外界环境后，皮肤就开始干燥，表皮逐渐脱落，1～2周后一般就可自然落净，呈现出粉红色、非常柔软光滑的皮肤。

由于新生儿的皮肤角质层比较薄，皮肤下的毛细血管丰富，脱皮时，父母千万不要硬往下揭，这样会损伤皮肤，引发感染。

■ 尿红

新生儿出生后2～5天，有的父母发现宝宝尿血，很紧张，到处求医问药。其实，宝宝并没有尿血，这是因为宝宝出水多而入水少，导致尿量少，尿液浓缩，含有较多的尿酸盐结晶而使尿液呈红色。父母应保证每日供给宝宝足够的水分，如两次喂奶间喂些温开水或葡萄糖水，一般持续数天可自行消失。如果36小时后无尿，应立即诊治。

新生儿的日常保健

1～7天新生儿照顾法

■ 第1天观察及照顾重点

宝宝刚从妈妈肚子里生出来，会有适应上的反应，肤色会有些发紫，此为正常现象，不会有太大问题。出生后30分钟，是宝宝最清醒的时刻，以往会将刚脱离母体的婴儿立即送到婴儿室观察，如今的做法有些改变，医护人员会将宝宝送到产台上和妈妈作第一次接触，并鼓励此时进行母乳的哺喂。

❶ 宝宝的体温。刚出生的宝宝体温调节机能尚未成熟，末梢循环较差，所以手脚摸起来会冷冷的，由于医院婴儿室有空调设备，并随时能监测宝宝体温，所以爸妈不必担心。

❷ 头部。新生儿头部，可能会因生产过程受产道挤压而出现水肿的现象，此情形约在第3天消失。部分新生儿有头皮血肿，多在1个月内恢复，有些则需要好几个月才会好转。

此外，由于宝宝头骨尚未完全愈合而形成前囟门、后囟门，所以摸起来软软的。后囟门约在出生后 2 个月就关闭了，前囟门则在 12～18 个月关闭，此期间应尽量避免外力碰撞。

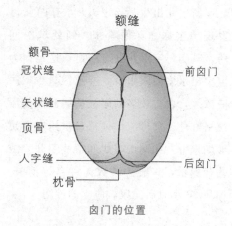

额缝
额骨
冠状缝
矢状缝
顶骨
人字缝
枕骨
前囟门
后囟门

囟门的位置

❸ 皮肤。新生儿因为血管舒张与收缩不稳定，且末梢循环不好，使得皮肤颜色变动较大，一般为粉红色，所以称为"红婴仔"，哭时皮肤呈深红或紫红，遇冷时则手脚容易发绀。有一些宝宝刚出生就有脂溢性皮炎，发生于脸或头部，通常不需要特别处理，除非很严重才需要用药，严重者在 6 个月后会消失，轻微者 2～3 个月消失。

此外，婴儿由于皮脂腺未成熟，皮脂凝聚在皮脂腺内而形成所谓的"粟粒疹"，在几周内会自然消失。

❹ 视力。刚出生宝宝的视力范围约 20 厘米，可以看到妈妈的脸。

❺ 脐带。刚出生时，医护人员会将宝宝的脐带夹住，脐带开始呈现白色，之后逐渐变干、变黑，约 2 周后脱落。

❻ 动作。宝宝一出生就会乱动，手会抓（抓握反射），脚会踢，但都属于无意义的动作。例如，踏步反射，抱直婴儿让其脚底接触平面，婴儿腿就会自动弯起又踏下，好像走路的动作，在 3～4 周时消失；惊吓反射也在出生后开始，最久会持续到 4 个月，多数在一两个月内消失；吸吮反射、寻根反射（即接触婴儿的面颊，婴儿头部就自动转过来，张口想吸吮或寻找接触物）也在第一天就出现，这些都是正常的反射动作。

让宝宝俯卧就会爬行

扶住腋下让宝宝站起来宝宝就会自动步行

新生儿也会各种手的动作

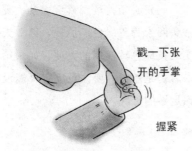

戳一下张开的手掌

握紧

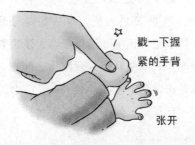

戳一下握紧的手背

张开

❼ 奶量。喂母乳的妈妈，刚开始初乳量不多，大约只有 30 毫升，宝宝刚出生头一天需求量不大，所以足够宝宝需要。但随着宝宝一天天的长大，需求量增加，只要宝宝想喝奶就可以喂，妈妈的乳汁也会因宝宝的吸吮而增加，每天平均可以喂食 6～8 次。

❽ 大便。大多数婴儿会在出生后 24 小时内排出胎便，若 24～48 小时后仍未解便，就要怀疑是否有潜藏的病理性问题。先天性巨肠症在大一点的孩子身上通常以便秘来表现，在新生儿身上有时会以肠梗阻及腹胀来表现，严重时甚至有呕吐发生。

❾ 睡眠。一个月内的婴儿每天睡眠时间很久，至少在 18 小时，睡的时间不规则，白天睡得多，晚上较清醒，要到两三个月后才会改善。

■ 第 2 天观察及照顾重点

和第 1 天相比并无太大差别，妈妈可能会发现宝宝体重下降，许多新生儿在第 1 周内会有此现象。如果体重减轻超过出生体重的 10％就要特别注意，可能是因为母乳分泌有限，宝宝不够吃，或大便量过多，不过多数是因母乳不够所致，妈妈要耐心等待，一周后母乳量会达到正常且足够的量。建议还是尽量喂母乳，必要时才加配方奶。

■ 第 3 天观察及照顾重点

❶ 皮肤。生理性黄疸多在宝宝出生 3～5 天达到最高峰。妈妈可以利用增加哺喂次数及增加水分摄取等方式，降低黄疸指数，不需要停喂母乳。若黄疸指数不高，可多补充水分，同时增加喂奶的次数，由大小便帮助排出，出院后仍需继续观察宝宝肤色、活动力及食量，如黄疸持续 10 天仍未消退，应尽快就医。

产后第 3、4 天，宝宝可能出现所谓"小丑颜色变化"，指的是全身皮肤自前额至耻骨中分为两半，半红半白，此为暂时现象，无大碍。

❷ 奶量。宝宝出生第 1、2 天食量较少，之后会随天数逐渐增加，建议妈妈及早让宝宝吸吮乳头，并作适当的乳房护理，可以刺激母乳早日分泌，并增进亲子关系。妈妈若要确认宝宝是否可从母乳哺喂获得足够奶水，可以观察宝宝是否有嘴巴张大、上下唇往外翻并含住乳头及部分

乳晕（不是只含着乳头），有吸吮的动作，未发出吱吱声音，有这样的动作表示宝宝已吸到奶水，而这样吸吮几分钟，表示宝宝已经吃到足够量的奶水。

❸ 大小便。宝宝出生后 1～3 天，大便颜色多为深绿色，几乎是呈现黑色焦状的黏便。小便还是不多，但会每天增加一些。

■ 第 4 天观察及照顾重点

自然产的妈妈可在第 4 天出院，此时宝宝的照顾，多落在自己和家人身上，许多在住院时从护理人员身上所学到的照顾技巧，从这天开始，可以一一派上用场。

❶ 脐带的照护。护士在妈妈出院时，会提供医用酒精，并教授清洁要领，妈妈或照顾者为宝宝洗澡后，必须以酒精进行脐带的擦拭工作，若发现有分泌物或有异味出现，最好就医检查是否有感染问题产生。

❷ 穿着。大多数宝宝的穿着只要比成人多加一件衣服即可，外出时再加外套。有一些妈妈为宝宝穿了多件之后还以毛巾包裹，不仅宝宝不舒服，还会影响宝宝的动作发展。

❸ 屁股的照护。宝宝最怕红屁股，只要包了尿布，就可能因为疏忽而造成红屁股。建议在每次清洁宝宝的小屁股后，可擦一些婴儿专用乳液，让皮肤与外界隔离，严重时必须请医生开药涂抹。大便后最好以温水洗屁股，如果连小便后也做清洁处理更好，平时要勤换尿布，最好每天换六七次。

❹ 大便。第 4～6 天，宝宝大便颜色变淡，且越来越黄。

■ 第 5 天观察及照顾重点

妈妈必须持续观察宝宝的大便，通常头两天为墨绿色的胎便，第 3 天开始变成黄棕色转换期的大便，如果第 4 天以后仍是胎便，要注意宝宝可能没有吃到足够的母乳。

■ 第 6 天观察及照顾重点

第 6 天之后，宝宝一天至少要解 3～4 次的黄色大便。有一些纯母乳喂养的宝宝在出生 3 周以后，大便次数可能变少，如果其他方面没什么问题，也算是正常的。至于小便，6 天以上的宝宝一旦尿湿，尿布会又湿又重。

■ 第 7 天观察及照顾重点

❶ 体重。宝宝可能在第一周出现体重减轻的情形（因为生理性脱水的关系），过了一周，体重应该开始增加，正常情形是每天增加 30 克，所以，一个月后的体重将比刚出生时多出约 1000 克。

❷ 脐带的处理。脐带在宝宝出生后 7～10 天会自然干燥及脱落，刚脱落的脐部会渗出一些血水。脐带的护理主要有 3 个步骤：第一步，每天为宝宝洗澡时，肚脐部位一样需要清洁，但不要深到最底部，避免表皮受伤与感染。第二步，清洗完毕后，肚脐部位水分要用棉花棒擦拭干净。第三步，以酒精于肚脐根部向外擦拭，切忌来回擦拭，并在每次换尿布时，检查脐部是否干燥，脐带脱落后也同样作此处理。

1个月宝宝的照顾重点

① 饥饿即可喂食，一天要吃 7～8 次。

② 喂奶后须抱直从下往上拍背，让其打出饱嗝以免溢奶。

③ 必须勤换尿布。

④ 更换睡姿，但趴睡时需有人陪伴。

⑤ 保持脐带清洁干燥。

⑥ 有感冒者勿靠近婴儿。

⑦ 必须接受预防接种。

新生儿病理性黄疸

生理性黄疸出现有一定时间，不能太早出现，如果生下来 24 小时以内就出现，肯定还有其他原因。一般生理性黄疸都是出生两三天才开始出现，在五天到一周的时候是最黄的，黄疸指数不超过 12 毫克。早产儿的范围可更宽一点，可以到 15 毫克，过了一周以后会开始逐渐降下来，到两周应该完全退掉。如果超过这样的范围，出现过早或者黄疸指数太高了，或者持久不退，或者退了以后又出来，这种就不属于生理性黄疸，需要医生的治疗。

只有极少数的孩子会超出这个范围。出现的原因，比如溶血、有炎症，这种肯定是需要治疗的。如果是生理性黄疸，出现得早，水平也不是太高，给孩子吃一些中药如三黄汤、茵栀黄口服液，吃这些药的目的是增加代谢，吃这些药之后症状可能会减轻一些，但药吃完之后孩子会拉稀。还有西药苯巴比妥，这是抗癫痫药，

它能够促进肝脏代谢胆红素的能力，短时间内吃一点这样的药可以减轻黄疸。喝糖水行不行？这没有太多的科学依据，没有说葡萄糖增加以后孩子黄疸就会减轻。还有一部分孩子的黄疸与喂养量不足有关系，喂养不足会造成胎便排不出去，或者排出去太慢，其实增加喂奶、喂糖水，目的是增加胎便的排出。

黄疸最大的危害，就是血液里胆红素通过血液传输到全身各处，但是最关键的是到脑里去了，到脑子里面去以后，会形成"胆红素脑病"。黄疸如果发展非常迅速，例如足月的孩子，出生 24 小时胆红素超过 15 毫克，第二天胆红素就超过 20 毫克，第三天甚至能超过 25 毫克，越高量的胆红素越容易到达大脑里。一旦出现了胆红素脑病就是不可逆的。在黄疸短时期内增高过程当中，如果孩子反应不好，吃奶明显减少，爱睡觉，能睡四五个小时都不醒，嗜睡，身体软了，一些正常的反射也作不出来，问题就非常严重了。临床常用

"蓝光治疗"，通过蓝光照以后增加肾脏排泄。

不同胎记藏着不同信号

有些刚出生的宝宝身上会有"胎记"。医学上统计，和皮肤色素异常斑有关联的疾病有 30 多种，常见的归纳起来主要是以下几种。

❶ 红色胎记。红色胎记常常可以在新生儿的前额部分或者颈背部看到。有的会凸起在皮肤之外，一般都没有什么危险。但是有一种称为面部血管瘤的却可以导致脑膜血管瘤。这种面部血管瘤常长在孩子面部的一侧，容易影响孩子眼、眉部位的神经血管，孩子往往产生抽搐，甚至合并肢体瘫痪。

❷ 黑色胎记。黑色的胎记没有什么问题。但是有的孩子身上会有大量的黑斑花纹，像线条状或旋涡状的大理石纹路，分布在四肢和躯干上。这样的孩子也可能出现抽风、智力障碍、癫痫症状。尤其女孩的发病率明显高于男孩。

❸ 棕色胎记。棕色的色素斑颜色像咖啡里掺了牛奶。它和周围皮肤界限分明，不凸起，不痛不痒，呈现不规则的椭圆形状，分布于孩子的躯干和四肢。这种斑在平常人身上有时也可以看到1～2块，但倘若在孩子身上有 5 块以上，并且最大处直径超过 5 厘米，则要考虑将来有可能出现神经纤维瘤病。

❹ 白色胎记。白色的色素脱失斑往往呈椭圆形，有这类胎记的孩子，父母要注意孩子可能发生抽风、癫痫症以及智力发育障碍。

❺ 蓝色胎记。蓝色胎记比较常见。大多分布在宝宝的背、腰、臀部。这些蓝色胎记虽然面积比较大，有时数量较多，但是爸爸妈妈都不用担心，它们会随着孩子年龄的增加逐渐消退。

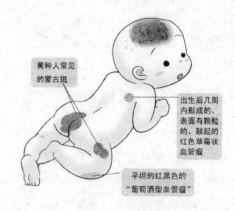

黄种人常见的蒙古斑

出生后几周内形成的、表面有颗粒的、鼓起的红色草莓状血管瘤

平坦的红黑色的"葡萄酒型血管瘤"

不同的胎记和常见位置

新生儿的包裹

新生儿时期的保暖很重要，特别是在寒冷的冬天，不仅要注意外环境、室温等，还要将新生儿包裹好。为达到保暖好的效果，衣被应柔软、轻、暖，并应选用纯棉细软浅色质料的内衣；冬季，可将内衣和薄绒衣或薄棉袄套在一起穿。放置尿布时，将柔软吸水性强的尿布叠成长条形给宝宝骑好（注意尿布向上反折时不能过脐部），再将一块方尿布对折成三角形垫好，然后将上衣展平，再用包被包裹。因季节和室温不同，包裹的方法也应不同。冬季室温较

低时，可用被子的一角绕宝宝头围成半圆形帽状；如果室温能达到20℃左右则不必围头，可将包被一角下折，使宝宝头、上肢露在外面。包被包裹松紧要适度，包被外面不要用布带紧束捆绑，捆绑过紧不利于新生儿四肢自由活动，影响生长发育。新生儿上下肢自然的状态是屈曲状，下肢屈曲略外展的体位还可以防止髋关节脱位。

有的妈妈怕宝宝冷，整天捂盖得又厚又严或穿得厚厚的，这对宝宝的健康不利。给宝宝穿得过多，盖被过厚，甚至戴上棉帽子，这样可造成"宝宝闷热综合征"。一方面可造成宝宝机体缺氧，另一方面可使体内丧失大量水分，出现不同程度的脱水症状。由于宝宝大脑发育尚未完全成熟，体温调节能力差，当体内大量失水后可致脱水热，体温可高达40℃。这些情况均可造成新生儿神经系统及内脏器官的损害，表现为大汗淋漓、高热、神志不清、双眼凝视、拒食、惊厥、面色青灰、皮肤干燥、大便稀薄而恶臭，严重时可致新生儿死亡。宝宝被褥与衣服，应随气温的变化而增减。因为新生儿抵抗力太弱，故不分季节，不分室内外，捂盖太多、太严实，很容易发生感冒。

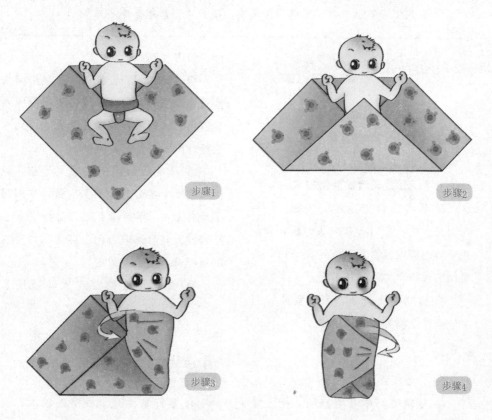

步骤1　步骤2　步骤3　步骤4

新生儿包裹方式

宝宝鼻塞怎么办

❶ 如果宝宝鼻子堵了，你可以在宝宝的褥子底下垫上一两条毛巾，头部稍稍抬高能缓解鼻塞。

❷ 帮宝宝吸出鼻涕。宝宝太小，不会自己擤鼻涕。在宝宝的鼻孔中抹上一点点凡士林油，往往能减轻鼻子的堵塞；也可以试着用吸鼻器，或用医用棉球捻成小棒状，沾出鼻子里的鼻涕；如果鼻子堵塞已经造成了吃奶困难，可以在吃奶前15分钟用盐水滴鼻液滴鼻，过一会儿，用吸鼻器将鼻腔中的盐水和黏液吸出，宝宝的鼻子就通畅了。

❸ 保持空气湿润。可以用加湿器增加宝宝居室的湿度，尤其是夜晚能帮助宝宝更顺畅地呼吸。房间可以挂两件刚洗过的衣服或是湿毛巾，在暖气上放个水盆，空气就不会太干燥了。

❹ 为宝宝作个热敷。可以用热毛巾，不要烫，热敷鼻梁和两眼间。

🍀 吐奶与溢奶

■ 婴儿容易吐奶（溢奶）的原因

❶ 食量大，但胃容量小。

❷ 胃较浅，容满食物时很容易因身体的扭动使腹压增加而溢出来。

❸ 胃与食管交界处较松弛。食管与胃交界处（贲门）有一括约肌，功能在于防止胃内容物反向流入食管内，而婴幼儿此肌肉的发育并不完善。

❹ 食物多为流质。流质食物在胃中较固体食物容易返流出来。

■ 如何预防

❶ 少量多餐。

❷ 每次喂奶中及喂奶后，把宝宝抱直排气。

❸ 喂奶时勿让宝宝吸食太急，中间应暂停片刻。

❹ 奶瓶嘴孔应适中，因为孔洞太小吸吮较费力，空气容易由嘴角处吸入口腔再吞入胃中；奶嘴孔洞太大，奶水会淹住咽喉，很容易呛到。

❺ 喂食后勿让宝宝马上平躺，应抱直宝宝上半身并轻拍宝宝背部（妈妈手呈杯状）。若要躺下时，要将宝宝上半身放高，并采取右侧卧姿势（因为食物流经胃部是由左向右）。

❻ 喂食后避免宝宝激动或任意摇动。

🍀 宝宝穿着照顾原则

❶ 要特别注意早晚温差较大，新生儿一抱离被窝，必须用包巾包裹。

❷ 夏天气温较高，宝宝穿一件薄

棉纱衣服即可；冬天可穿 3～4 件衣服，若有包巾，则不用穿着太多。

❸ 0～6 个月宝宝因为不太动，所以比大人多穿一件即可。

❹ 穿衣多少，应随室内或室外温度而增减。

❺ 有冷气的地方最好维持长袖、半长袖或披上薄外套。

❻ 使用空调时，要将温度调到比成人适温高出 2℃～4℃，冷气口要朝向天花板，不可直接吹到宝宝；使用电扇也要使其旋转，并对着墙壁吹。

❼ 理想的湿度应控制在 60%～65%。梅雨期及夏天湿度比较高，可使用除湿机。

❽ 流汗后应将身体擦干，换上干爽的衣服。

❾ 气候不稳定时，要随时测试婴儿的颈部、手臂和腿部是否温暖，或观察婴儿脸色及神情加以判断。

七大类新生儿用品采买

■ 哺乳用品

品名	建议数量	功能	重要性
大奶瓶	4～6 个	3～4 小时喂奶一次，每日须消毒	必备
小奶瓶	2 个	喝水	必备
奶用奶嘴	6 个	新生儿可选择圆孔状，而后再用十字孔	必备
奶瓶/奶嘴刷	1 副	清洁奶瓶、奶嘴使用	必备
奶瓶消毒锅	1 个	水煮式、蒸气式、紫外线式	必备
奶瓶夹	1 个	夹起消毒好的奶瓶奶嘴，以防烫伤，并避免污染奶瓶	必备
温奶器	1 个	防止奶水退温	视需求而定

怎么选？

消毒工具：由于新生儿的肠胃发展尚未健全，宝宝使用的奶瓶、奶嘴都必须消毒，以确保干净卫生。可用蒸气消毒锅或是煮沸的方式消毒奶瓶、奶嘴。煮沸的方式为，将奶瓶放入水中并使水液面高过奶瓶进行煮沸，水滚开后再将奶嘴放入，再煮 5～10 分钟，时间勿超过 10 分钟。

如果不采用煮沸法消毒，可以使用蒸气消毒锅或紫外线烘干机。通常蒸气消毒锅没有烘干功能，因此消完毒的奶瓶，必须将奶瓶、奶嘴置放在奶瓶橱中，让这些工具自然干燥，否则很容易产生水霉味。有些蒸气消毒锅会兼有烘干的功能，消完毒的奶瓶直接放在里头烘干即可。至于紫外线烘干机，则具有消毒与烘干功能，较为省事。

提醒爸妈，无论是使用铁锅、蒸气消毒锅或是紫外线消毒器，都应定期清洗保持干净，水垢处理剂能有效清洗这些器具中所含有的铁、钙、镁等杂质，将柠檬加水稀释，亦能达到同样的清洗效果。

➕ 养育小叮咛

在冲泡奶粉时，使用60℃以下的开水较佳，因为高温的水不仅会烫伤婴儿的嘴巴，也会破坏奶粉里的蛋白质、维生素等，甚至会对婴儿的身体产生不良影响。

▣ 衣着类

品名	建议数量	功能	重要性
新生儿纱布/棉布肚衣	2～6件	视季节选择棉布等厚薄搭配	必备
包巾/包被	2～3件	视季节搭配	必备
内衣	2～4件	活动肩、侧开、前开、全关襟	视需求而定
棉纱尿布/纸尿布	2～3件	选择透气、吸力佳	必备
护手套	2～3双	保暖、防抓伤，视季节选择纱布或棉布	必备
帽子	2顶	防晒、保暖	必备
袜子	2～4双	吸汗、保暖	必备
围兜	6件	防溢奶、流口水	必备
肚围	2件	睡觉时保护肚脐免于着凉	视需求而定
婴儿专用洗衣精	1瓶	洗净宝宝衣物	视需求而定
小衣架	6～12个	小宝宝衣物适用	视需求而定

怎么选？

衣服：新生儿的体温虽然与一般人相同，但是因为体积小，对宝宝来说，挥手、动脚、喝奶都是很大的运动量，所以很容易流汗。因此，宝宝需要穿着吸汗、透气的衣物。

一般来说，新生儿穿的衣服件数需比成人多一件。新生儿的标准穿法是先穿一件纱布或棉布肚衣（也就是宝宝的内衣），再加上外衣，外衣通常可选择穿脱方便的兔装或长袍。由于新生儿的排汗系统比较差，因此必须选择吸汗效果好的衣服。新生儿的内衣可选择纱布衣或是棉布衣，一般而言，纱布肚衣的吸汗效果较佳，而棉布肚衣的保暖效果则比纱布肚衣好。

手套、脚套：新生儿的心脏小，输送到外围四肢的血液量较少，手脚的温度会比较低，因此让宝宝穿戴上手套、脚套、袜子、戴上帽子，有保暖的作用。等到几个月之后，宝宝的心脏长得较大，活动量也多了，就不需要整天穿戴手套与脚套。手套、脚套不仅可以吸汗、保暖，手套还可防止宝宝抓伤自己。

包巾：使用包巾除了比较好抱新生儿之外，外出时尚可挡风、保暖。有爸妈害怕宝宝会有突然被吓到的情形，而使用包巾紧紧地包住宝宝，认为可以给他安全感，但这个想法是错误的。新生儿被突然地碰触或是听到突然发生的声响，会有抽动或是受到惊吓的反应，是正常的惊吓反射，并不需要为了给宝宝安全感而紧紧地包裹住宝宝。

■ 清洁保养用品

品名	建议数量	功能	重要性
婴儿沐浴精/婴儿香皂	1瓶或数块	须温和不刺激	必备
婴儿洗发精	1瓶	须温和不刺激	视需求而定
浴盆	1个	新生儿洗澡专用	必备
洗澡防滑垫	1个	婴儿洗澡防滑	视需求而定
小毛巾	2条	洗脸用	必备
婴儿洗澡玩具	若干	增加宝宝洗澡意愿	视需求而定
大浴巾	1条	洗澡及包裹	必备
浴网	1个	方便帮宝宝洗澡	视需求而定
婴儿乳液/婴儿油	1瓶	皮肤干燥时可使用，过敏宝宝不可使用婴儿油，异位性皮肤炎宝宝需使用专用用品	视需求而定

怎么选？

宝宝应使用无刺激性的清洁与保养用品。有过敏体质的宝宝尤其不适合使用酵素洗澡。洗完澡后，并不需要特别为宝宝擦乳液，除非宝宝的皮肤有干燥的现象。

婴儿的皮肤很娇嫩，除非皮肤干燥或是异位性皮肤炎，否则擦保养品反而会是负担，因为保养品都含有防腐剂。

若宝宝的皮肤有干燥现象（如在冬天），或是宝宝有异位性皮肤炎，可以擦拭凡士林（只要薄薄的一层即可）、偏油性的保养品，或是异位性皮肤炎宝宝适用的保养品。婴儿使用的保养品成分越单纯越好，尽量不要含有香料、精油。而过敏体质的宝宝除了要注意上述事项，更要避免使用婴儿油。如果是在按摩时使用婴儿油，也要记得在按摩完后马上清洗掉。

另外，不建议宝宝使用爽身粉，因为比较容易造成吸入性肺炎。

■ 寝具用品

品名	建议数量	功能	重要性
婴儿床/游戏床	1张	以能睡到三四岁为佳	必备
床单	2条	过敏宝宝可使用防螨寝具	必备
婴儿棉被	1条	勿过软	必备
婴儿棉毯	1～2条	保暖舒适为主，冬季使用	视需求而定
婴儿枕	1个	视需要可选用不同类型	视需求而定
枕头套	2个	过敏宝宝可使用防螨寝具	视需求而定
蚊帐	1个	防止蚊害，夏季使用	视需求而定
宝宝音乐铃	1～2个	可安抚宝宝，帮助宝宝入眠	视需求而定
婴儿床吊挂玩具	1～2个	可爱动物造型	视需求而定

为了安全起见，宝宝应睡婴儿床。如果婴儿与大人一起平躺在同一张床上，熟睡的大人只要翻身或甚至只动个手就会压到婴儿，因而引发危险。不过如果是喂母乳，妈妈哺喂宝宝时并不是采取平躺的姿势，一般不会压到婴儿。

宝宝出生两三个月内并不需要睡枕头，这是因为新生儿的气管较短，躺下时如果睡一般的枕头，头部被拱起，可能会阻塞气管。若要为新生儿选购枕头，可选择新生儿专用的中空枕头（形状有如甜甜圈），再大一点，则睡婴儿专用枕头，这样宝宝的头部不会被过度拱起。另外提醒爸妈，应让宝宝平躺或是侧睡，千万不要趴睡，以免引发猝死或有窒息的危险。

怎么选？

提供婴儿床的几项选购原则，以确保婴儿的安全：

❶ 婴儿床床板到上横杆的高度必须在60厘米以上。

❷ 婴儿床的栏杆间隙必须小于6厘米，以免婴儿从栏杆探头往外被卡住。

❸ 有摇摆装置的婴儿床，不适合能自行爬出摇床的婴儿使用。

❹ 婴儿床的附加装置，如蚊帐，应确认不会被婴儿触碰拉扯。

❺ 当使用电动摇床时，若无成人看顾，应关闭电源或是固定摆动装置。

另外，勿使用太软的床、床垫、棉被，以避免引发窒息的危险。

▣ 卫生保健用品

品名	建议数量	功能	重要性
湿纸巾	1包	换尿布或清洁擦拭时使用，应选择婴儿专用的	必备
棉花棒	1～2盒	清洁耳、鼻，或擦药使用	必备
温度计	1个	测量体温用，以肛温最准	必备
凡士林	1罐	皮肤干燥或起疹子可用，亦可当肛门润滑剂	必备
安全指甲剪（剪刀式、压剪式）	1个	应选择婴儿专用，可防止剪得过深或剪到肉	必备
吸鼻器	1个	清除鼻涕，清洁鼻孔内杂物	视需求而定
喂药滴管/喂药器	1个	方便喂药不喷出	视需求而定
安全别针	4～6个	固定包巾、围兜、尿垫时用	视需求而定

注：建议爸妈，有关宝宝感冒时的用品，例如，吸鼻器、喂药器不必在宝宝出生前或出生后马上购买，在宝宝感冒有需要时再购买即可。

■ 外出用品

品名	建议数量	功能	重要性
婴儿推车	1台	方便、安全，外出用	视需求而定
外出奶粉携带盒	1个	通常有4～5格，可置放奶粉	视需求而定
防湿尿垫	1～2条	换尿布使用或预防尿床	视需求而定
汽车安全座椅	1个	保护婴儿行车安全	必备
妈妈袋	1个	方便置放所有外出用品	视需求而定
披风/帽毯	1个	方便挡风御寒	视需求而定
湿纸巾	1包	换尿布或清洁擦拭时使用，应选择婴儿专用的	必备
简易药物	适量	旅游一天以上或出国使用	必备

■ 娱乐用品

品名	建议数量	功能	重要性
宝宝音乐铃	1～2个	安抚宝宝，帮助宝宝入睡	视需求而定
抓握玩具	若干	训练宝宝手部运动能力	视需求而定
身高表	1个	随时得知宝宝成长状况	视需求而定

注：音乐铃、床头吊饰玩具、抓握玩具、固齿玩具等娱乐方面用品，均能促进婴儿脑部、听觉、触觉、视觉及骨骼的成长发育，爸妈可视能力购买。

➕ 养育小叮咛

爸妈应选用安全玩具，避免婴儿误食玩具的小零件，如眼睛、鼻、嘴等。

看到这里，爸妈们一定会觉得要准备的东西好多。所以，千万不要想一次买完所有东西。接收亲友的礼品之外，还可以要来一些二手婴儿用品。到妇幼用品店或是超市购买，要多看多比较。

早产儿的护理

早产儿又称未成熟儿，是指出生时体重不足 2500 克，身长在 46 厘米以下，胎龄未满 37 周，器官功能尚未成熟的新生儿。早产儿因为各器官、系统发育不成熟，对外界适应能力差，甚至连吸吮和吞咽都成问题，所以保暖、喂养等困难大，死亡的概率比足月新生儿要高得多，而且胎龄越低死亡率越高。如由于体温调节功能差，早产儿常出现体温不升或体温过高；呼吸快而浅，易出现间歇性暂停甚至窒息；吸吮及吞咽能力弱，易溢奶；免疫功能差，抵抗力弱，即使轻微感染也易发展为败血症等。

■ 早产儿的外观特点

早产儿即指不足月、提前娩出的婴儿。其外观特点显示皮肤红嫩，胎毛较多，且细、软、长；头比较大；耳廓发育不好，常因受压而紧贴头部；乳房结节常不明显；躺在床上时四肢虽然可呈屈曲状态，但四肢肌张力低下；指（趾）甲软，一般不超过甲床；足底纹理稀少，仅在足底的前 1/3 处有一两条；男婴的睾丸常未降到阴囊内，女婴的大阴唇不能完全遮蔽小阴唇；哭声常较弱。

■ 早产儿的内在特点

早产儿不仅在外观上与正常新生儿有区别，在内在方面和正常新生儿也有区别，我们在这里仅举一些主要的方面，让读者了解一下，从而更加周全地护理好早产儿。

❶ 呼吸。由于早产儿呼吸中枢发育不够成熟，常有呼吸暂停和呼吸不规则现象。若呼吸暂停在 20 秒钟以上、脉搏减慢低于每分钟 100 次、出现口唇青紫或肌张力减低等现象，即称为呼吸暂停。此时需到医院吸氧及采取积极措施进行治疗。

另外，早产儿肺脏发育不成熟，还容易发生肺透明膜病。

❷ 消化。早产儿消化系统吸吮和吞咽能力差，反射功能也不健全，咽喉部和食管括约肌神经发育不全，经常把吸入食管内的奶压挤到咽喉部，然后呛入气管中，引起吸入性肺炎。早产儿对脂肪及蛋白质的吸收功能也差，由于生长快，需要得多，吃奶过多，又超过了早产儿的消化能力，很容易发生胃肠道功能紊乱，如出现呕吐、腹泻和腹胀等。

❸ 生理性黄疸。由于早产儿肝脏功能比足月儿更差，其肝脏处理胆红素的能力就更不健全，所以其生理性黄疸的程度要比足月儿重，持续时间也长，可长达 3 周，且容易引起严重并发症（如核黄疸）。为了防止早产儿黄疸过重，医生常在早产儿刚出现黄疸时就及时采取相应措施进行治疗（以蓝光照射为主）。

❹ 体内物质贮存量不足。早产儿由于过早地离开母体，所以其体内有许多物质贮存量不足，而且由于早产儿的消化能力和吸收能力差，因此很容易出现营养物质缺乏。若早产儿出现钙、镁缺乏，则容易因低钙、低镁血症出现抽搐；由于早产儿体内肝内糖原储备少，

所以容易发生低血糖；若是早产儿体内维生素 K 缺乏，则容易发生出血。

■ 早产儿要预防感染

早产儿抵抗能力差，要特别注意防止感染。要注意清洁早产儿的皮肤，预防皮肤感染。早产儿脐部护理要精细。早产儿应尽量少与外人接触，特别是不能接触有病的人，妈妈不能亲吻宝宝。妈妈给宝宝喂奶时，应洗净手和乳头，戴好口罩，避免一切发生感染的可能。

新生儿的喂养

1个月宝宝这样吃

新生儿（出生后至满月）的胃，一开始只能容纳 30 毫升的食物量，之后再逐渐加大，所以新生儿需要较多次地喂食。

1个月婴儿的食品添加表	
母乳	依宝宝的需求来哺乳，哺喂时间不定，平均2～3小时喂1次
婴儿配方奶	一天喂6～10次，每次60～90毫升
喂食须知	洗澡、外出活动后要补充水分

给新生儿早开奶

喂奶过晚对新生儿健康不利。一般说来，喂奶晚的新生儿黄疸较重，有的还会发生低血糖，而低血糖能引起大脑持续性损害，尤其是体重轻、不足月的新生儿更容易发生低血糖症。有的新生儿因喂奶过晚还会发生脱水热。因此，现在普遍主张母亲尽早给新生儿喂奶。

世界卫生组织专家认为，新生儿出生后应立即吃母乳或起码在 2 小时以内吃母乳。理由是，初乳是新生儿最适宜的食物，因为初乳含有新生儿所需要的高度浓集的营养素和预防多种传染病的物质。此外，由于母乳分泌受神经、内分泌影响，新生儿吸吮母亲乳头，可以引起母乳神经反射，促使乳汁分泌和子宫复原，减少产后出血，对哺乳和恢复产妇健康都有利。许多中外心理学家研究发现，新生儿在出生后 20～30 分钟内吮吸能力最强，如果未能得到吸吮刺激，将会影响以后的吸吮能力，而且新生儿在出生后一小时是敏感时期，是建立母婴相互依赖感情的最佳时间。早喂奶还可以预防小儿低血糖症的发生和减轻生理性体重下降的程度。所以，只要产妇情况正常，分娩后即可让新生儿试吮母亲的乳头，让宝宝尽早地学会吃奶和吃到母乳，这对母婴都很有利。

奶少要不要补奶粉

有些妈妈生下宝宝后没有马上开奶，或者奶水很少，这个时候如果宝宝饿了该怎么办呢？在很多医院里不允许喂宝宝除母乳外的任何东西，甚至连水也不允许喂，这是为什么呢？会不会饿坏了宝宝？

一般情况下，在宝宝出生后 1～2 周后妈妈才会真正下奶。但在宝宝出生的第 1 周必须让她多吸吮、多刺激妈妈的乳房，使之产生"泌乳反射"，才能使妈妈尽快下奶，直至足够宝宝享用。如果此时用奶瓶喂宝宝吃其他乳类或水，一方面容易使宝宝产生"乳头错觉"，不愿再费力去吸妈妈的奶，另一方面因为奶粉冲制的奶比妈妈的奶甜，也会使宝宝不再爱吃妈妈的奶。这样本来完全可能母乳喂养的妈妈会因宝宝吸吮不足，而造成奶水分泌不足，甚至停止泌乳。

那么，宝宝一时吃不饱，会不会饿坏呢？不会的。因为宝宝在出生前，体内已贮存了足够的营养和水分，可以维持到妈妈开奶，而且只要尽早给宝宝喂奶并坚持不懈，那么少量的初乳就能满足新生宝宝的需要，千万不能因奶水暂时不多就丧失母乳喂养的信心。

母乳喂养的方法

给宝宝喂哺母乳并不是一个简单的过程，母亲要注意掌握一些方法以便更好地喂养宝宝。

❶ 宝宝出生后 1～2 小时内，母亲就要作好抱婴准备。

❷ 掌握正确的哺乳姿势。让宝宝把乳头乳晕的部分含在口中，宝宝吃起来很香甜。宝宝吃奶姿势正确，也可防止出现乳头皲裂。

❸ 纯母乳喂养的宝宝，除母乳外不添加任何食品，包括不用喂水，宝宝什么时候饿了什么时候吃。纯母乳喂哺最好坚持 6 个月。

❹ 宝宝出生后头几个小时和头几天要多吸吮母乳，以达到促进乳汁分泌的目的。宝宝饥饿时或母亲感到乳房充满时，可随时喂哺，哺乳间隔是由宝宝和母亲的感觉决定的，这也叫按需哺乳。宝宝出生后 2～7 天内，喂奶次数频繁，以后通常每日喂 8～12 次。

正常喂奶时间

一般来说，每次喂奶 15～20 分钟

就可以了，最多不超过 30 分钟。母亲将奶头和乳晕全部塞进宝宝嘴里，宝宝的嘴唇、齿龈和舌的吸吮运动，能使奶液从乳晕内的乳腺管中流出。一半以上的奶液在开始喂奶的 5 分钟就吸到了，8～10 分钟吸空一侧乳房，这时再换吸另一侧乳房。让两个乳房每次喂奶时先后交替，这样可刺激产生更多的奶水。喂哺新生儿，因产妇奶液还少，且母婴均处于学习阶段，喂的次数可多些，时间可以相应缩短一些。

正常喂奶间隔

新生宝宝喂奶的时间间隔和次数应根据宝宝的饥饿情况来定，也就是说宝宝饿了就要喂。若宝宝还不饿就喂，宝宝消化不了，容易造成腹泻；也不能长时间不喂，以免宝宝一下子吃得过饱，消化不良。一般白天每 3～4 小时喂一次，夜间可 6～7 小时喂一次，一天喂 5～7 次以上，夜里若宝宝不醒也可不喂，尽量让宝宝休息。刚出生的宝宝因为胃的容量小，所以喂奶的次数多一些，随着年龄增长，喂奶的次数会减少，一般出生后 2 周左右才能按需要自然形成定时喂养。要注意，不要宝宝一哭就用喂奶来哄宝宝，因为宝宝哭的原因有很多，应查找原因。如果喂奶次数过多或每次喂奶时间过长才能满足宝宝的需要，很可能是奶水分泌不够，应及早咨询医生寻找原因。

在喂奶过程中应注意，要让宝宝安静地吃奶，避免宝宝受惊吓，不要在宝宝吃奶时与之嬉闹，以防呛咳。每次喂完奶后应将宝宝抱直，轻拍宝宝背部使宝宝打出嗝来，以防止溢奶。

怎样判断宝宝吃饱

母亲对宝宝是否吃饱了很是关心，由于我们无法直接知道宝宝是否吃饱了，因此可以从下列方面来进行判断：

❶ 喂奶前乳房丰满，喂奶后乳房较柔软。

❷ 喂奶时可听见吞咽声（连续几次到十几次）。

❸ 母亲有下乳的感觉。

❹ 尿布 24 小时湿 6 次及 6 次以上。

❺ 宝宝大便软，呈金黄色、糊状，每天 2～4 次。

❻ 在两次喂奶之间，宝宝很满足、安静。

❼ 宝宝体重平均每天增长 18～30 克或每周增加 125～210 克。

成功哺喂的关键

■ 给宝宝喂奶的姿势

产后妈妈应当尽早让宝宝吸吮母乳。母乳具备宝宝成长所需的营养，并含有抗体，可增强宝宝的免疫力，减少宝宝过敏现象。

摇篮式抱法：把手肘当做婴儿的头枕，手前臂支撑婴儿的身体，让婴儿的肚子紧贴着妈妈的胸腹，使婴儿的身体与妈妈的乳房平行。无论在床上或椅子上，都可采用这个姿势，让妈妈随时随地喂奶。如果坐在椅子上，在双脚下放把小椅子，可减轻背部压力。

橄榄球式抱法：妈妈托住婴儿头部，用手臂夹住婴儿的身体，使婴儿呈现头在妈妈胸前、脚在妈妈身侧的姿势。采取这个姿势时，可在宝宝身体下方垫枕头或是靠垫，使婴儿的头部接近乳房，并协助支撑婴儿的身体，让妈妈不必花力气抱起婴儿，减少肩膀酸痛的情形。

摇篮式抱法　　　　　　　　　　橄榄球式抱法

卧姿：妈妈侧躺在床上，背部与头部可垫枕头，同一侧的手可放在头下，另一只手抱着婴儿头部及背部，使婴儿贴近乳房。如果要换喂另一侧的乳房，可先调整身体使另一侧乳房靠近婴儿，或与婴儿一同翻身后再喂。妈妈坐月子期间，或是半夜婴儿肚子饿时，最适合采用这个喂姿。

➕ 养育小叮咛

新生儿需要3～4小时喂食一次。宝宝第一天一餐的奶量大约30毫升，第二天则是一餐60毫升左右，但详细状况仍因不同的宝宝而有差异，如果宝宝没吃饱，每次可多加一点奶量，但增加上限是30毫升。而冲调奶粉的开水温度只要温和不烫伤宝宝即可，最好不要超过40℃。

■ 哺喂

在宝宝的脖子里垫一条小方巾，让奶瓶从宝宝嘴巴侧边慢慢滑入嘴里，并确定奶嘴放在舌头的上方，嘴唇整个含住奶嘴，不会内翻到嘴巴里。

➕ 专家叮咛

　　喂奶的时候，奶嘴里要充满牛奶，奶瓶也要稍微倾斜，才能让奶水顺利流出，避免宝宝吸入太多空气。

■ 排气

　　通常母乳宝宝喝完奶后不会有胀气现象，因为较少有空气进入宝宝口中。不过，喂配方奶宝宝或多或少都会吸进一些空气，因此妈妈可要记得在喂完奶后替宝宝排气，否则宝宝容易有腹胀或溢奶的状况。

　　方法一：

　　让宝宝坐在腿上，并让宝宝的头及胸部靠在妈妈手腕上，并以另一只手扶住宝宝的背部。

　　将手指与手掌弯曲，对着宝宝的背部由下往上拍，帮助她排气。

　　方法二：

　　抱起宝宝，让宝宝的身体靠在肩膀上。亦可在肩膀上铺毛巾，以毛巾垫在宝宝的嘴巴下方，防止溢奶。

　　手指与手掌弯曲拱起，由下往上拍打宝宝的背部。

　　专家叮咛：当宝宝顺利排气，爸妈会听到打嗝的声音。如果拍了10～15分钟都没有听到打嗝的声音，可以停止排气，让宝宝侧睡，降低溢奶的情形。

奶瓶要有一定倾斜度

将宝宝竖抱排气

奶水充足的关键要素

供应充足的奶水给宝宝的关键到底是什么？儿科医生提出4个要点：

❶ 尽早开始喂奶。妈妈应尽量早试着喂奶，让婴儿尽早学习吸吮并熟悉妈妈的乳房，同时也刺激妈妈身体早点分泌奶水。

❷ 依照宝宝的需求来喂奶。在宝宝饿时就喂奶，不要限制喝奶的时间与次数。

❸ 母婴同室。若要依照宝宝的需求喂母奶，妈妈最好能在母婴同室的医院生产，这样才方便依照宝宝的需求喂奶。同时，母婴同室能帮助妈妈早一点熟悉宝宝的作息、个性等，这对于顺利喂母乳也是很重要的。

❹ 有信心。妈妈的情绪与信心会影响到催产素的分泌状况。催产素是一种帮助奶水从乳头中喷出的激素，它能够帮助婴儿顺利吸吮到母乳。另外，母乳妈妈一定要有充足的睡眠与好的心情，因为疲劳、情绪不佳、压力大等因素，都会减少奶水的分泌量。有一些药物、吸烟也会抑制奶水的分泌。

如果能尽量依照宝宝的需求喂奶，不限制喂奶的次数与时间，那么，妈妈的奶水与宝宝的需求量会达到供需平衡，也就是奶水平衡建立，这时候妈妈分泌的奶水量恰好能符合宝宝的需求量，而且，妈妈也会在宝宝肚子饿时胀奶。

阻碍奶水分泌的元凶

妈妈应避免以奶瓶喂奶，或是让婴儿喝配方奶，以免减少奶水的分泌，原因如下：

❶ 吸吮乳房与吸奶嘴的方式不同。宝宝吸吮妈妈的乳房较为费力，但能帮助她的口腔肌肉发展；而吸吮奶嘴通常无须耗费力气就有奶水流到宝宝的口中。一旦在喂母乳早期让宝宝接触到奶嘴，她很可能不再愿意吸吮妈妈的乳房。再者，若婴儿以吸奶嘴的方式吸吮母亲的乳头，也会吸不到奶水，并使妈妈的乳房受伤。

❷ 喂食配方奶会使母乳减少。当婴儿混合喝配方奶时，会减少吸吮母乳的次数，使得乳房受到的刺激减少，进而减少奶水的分泌量。奶水量减少之后，妈妈可能误以为自己的奶水不足，继续喂配方奶，甚至喂更多配方奶给宝宝，就会造成恶性循环，最后导致奶水不足。

乳头较短平怎么办

乳头虽然是奶水的出口，不过妈妈可别以为乳头较短、平或是凹陷，宝宝就喝不到奶了。因为婴儿并不是借由吸乳头喝到奶水，而是吸吮乳晕、乳房，再从乳头得到奶水。不过乳头可以帮助婴儿确定要含住的乳房部位，所以也有其重要性。

一般来说，在婴儿的吸吮之下，短或平的乳头也会被拉长。这是因为乳头有伸展性。如果妈妈的乳头有良好的伸展性,那么即便乳头短、平,在宝宝的吸吮下,也会逐渐伸展并且变长。检查乳头是否有好的伸展性的办法是:轻轻地将乳头拉出来,如果乳头可以被拉出来,那么它的伸展性是好的;如果要拉出乳头的时候,乳头却反而陷进去,那么就代表乳头的伸展性不好,并且是乳头凹陷。

不建议妈妈使用假乳头,一来这不是妈妈的乳头,容易使宝宝产生混淆,导致宝宝不肯吸吮妈妈的乳房,再者,放假乳头在乳房上让宝宝吸吮母乳,宝宝容易吸进空气,而且又有消毒不干净的可能。

乳头过大怎么办

如果妈妈的乳头较大,对宝宝来

说,可能无法整个含住妈妈的乳房,所以在喂宝宝的时候,不要强迫宝宝含住整个乳晕,可以橄榄球姿势喂宝宝,这样才能看得见宝宝含住乳房的状况,确认宝宝有无吸到奶水。也有一些妈妈采用让宝宝直接趴在身上喝奶的方法。哺乳时可以将乳房压平一点再放入宝宝嘴巴,并且鼓励宝宝张大嘴,喂奶前你可以张大嘴跟宝宝示意,假以时日,宝宝就会模仿你。等到宝宝逐渐长大之后,嘴巴也变大了,就较容易整个含住妈妈的乳头与乳晕。

乳头大的妈妈,刚开始哺乳会比较辛苦,但随着宝宝长大,问题会迎刃而解。最好的方式就是及早哺乳,让宝宝在吸第一口母乳时就认识你的乳房。

凹陷　乳头陷入乳晕。在怀孕中将乳晕部分的皮肤上下、左右拉,揪出凹陷的乳头,作乳管疏通护理,就能让婴儿吸到母乳

太小　乳头太小,婴儿无法含住乳头来吸吮。怀孕中以乳管疏通术按摩乳头,使乳头变大。靠着自己的努力和婴儿的熟悉,就能成功哺乳

扁平　从乳晕部分到乳头没有长度,呈扁平的状态。在怀孕时要比平时更持续地多做乳管疏通术,使乳头和乳晕部分变得柔软,婴儿就能顺利吸吮

太大　太大的乳头会使婴儿的嘴巴含不住。怀孕中应该多搓揉使其变软。即使太大的乳头,如果变软也能顺利哺乳

有问题的乳头

让宝宝熟悉妈妈的乳房

无论妈妈的乳头属于一般长度，或较短、较长，都能够喂母乳。但切记，一定要产后就马上让宝宝吸吮乳房，熟悉您的乳头，尽量不要让宝宝碰到奶瓶奶嘴，免得宝宝不肯吸吮你的乳房。

在哺喂母乳专题文章中，专家们总是一再提醒妈妈们，如果想要喂母乳，一定要谨守三个原则：一是尽早喂母乳，只要宝宝饿了就喝母奶；二是让宝宝自行决定喝完奶的时间；三是不要限制喂母乳的时间、次数。把握这三个原则，不仅可以成功地喂母乳，妈妈也可以免去不必要的苦头。

频繁喂奶可避免胀奶之苦

产后妈妈通常会面临胀奶情形，这是因为乳房中充满了奶水，另外，乳房中的结缔组织也会增加血量与水分，使得妈妈胀奶。轻微的胀奶并不会影响妈妈喂母乳，甚至只要妈妈持续地喂奶，胀奶的情形也会改善。在宝宝第一个月时，妈妈一天需喂 10～12 次母乳，反过来，如果妈妈没有将奶水移出乳房，那么乳房有可能变得十分肿胀，且又硬又痛。

改善输乳管阻塞

输乳管阻塞的原因可能是婴儿吸奶的方式不对，或是妈妈乳房某一部分的奶水蓄积，所以妈妈应多以不同的方式喂奶，除了一般常见的摇篮式、躺喂、橄榄球式等喂法，只要任何婴儿可以吸到奶水的姿势都可以，但最重要的是要确定喂奶的姿势正确，这样一来，乳房中每一个部位的奶水都可以被排出。其实，让宝宝的下颚对着肿胀处哺乳，也是许多妈妈疏解胀奶的小验方。

另外，要多以肿胀的那一侧喂母乳。在喂奶之前，可先热敷肿胀的乳房，帮助疏通乳腺，让奶水较容易流出来。如果很痛，喂完奶之后，再以冷敷来镇痛。除此之外，也可以多按摩乳房。

治疗乳腺炎

如果有乳腺炎，务必先要将奶水挤出来，否则感染现象不会好转，而且妈妈的奶水有可能就此停止供应。感染乳腺炎的乳房，仍然可以直接哺喂宝宝，但妈妈若担心发炎状况会影响宝宝，可以先用手或机器将奶水挤出，并且用未感染的那一侧直接喂奶。此外，亦可在喂奶前热敷，并在两次喂奶的间隔时间里冷敷乳房镇痛，或是做按摩。

得了乳腺炎的妈妈，除了要将奶水挤出来之外，医生也会给予抗生素以及止痛、退烧药加以治疗，而服用这些药物的妈妈仍可继续喂奶，因为这些药物几乎不会对婴儿产生影响。如果婴儿发生嗜睡、起红疹或不吃奶的现象，就须留意是否是药物造成的影响。

至于肿胀，只有在乳腺炎未加以治

疗后才会产生，这时候通常必须将乳房切开把里面的脓引流出来。不过脓肿极少发生，即便妈妈不处理乳腺炎，乳房一般可能就此停止奶水的供应，而不会再发展成脓肿。

另外提醒妈妈，不要穿着过于紧绷的胸罩，因为钢托可能会压迫到乳腺，也不利奶水的分泌与排出。

乳头酸痛破皮怎么办

不少妈妈会有乳头酸痛、破皮的现象，喂母奶是否会疼痛因人而异，因为每个妈妈的耐痛度不同。不过，即便一开始喂奶有些许疼痛感，只要喂奶姿势正确，疼痛感是会消失的。如果疼痛感一直存在，就表示妈妈的喂法或是姿势错误。乳头破皮也是一样，在正确的喂姿之下，妈妈的乳头是不会破的，因为婴儿是同时含住乳头与乳晕吸吮母乳，而不是直接吸吮乳头。假使乳头已破皮，将乳汁涂在伤口处可有助好转。

产后乳汁不足怎么办

产后缺乳是指产妇在产后2～10天内没有乳汁分泌和分泌乳量过少，或者在产褥期、哺乳期内乳汁正行之际，乳汁分泌减少或全无，不够喂哺婴儿的，又称"乳汁不行"。本病分虚、实两端，虚者因素来自体虚，或产后营养缺乏，气血亏虚，乳汁化生不足而乳少；实者因肝郁气滞，气机不畅，乳络不通，乳汁不行而乳少或无乳。

由于乳汁过少或无乳的最明显表现为新生儿生长停滞及体重减轻，因此，不仅给婴儿的生长、发育造成影响，而且也会给家庭带来各种困难和麻烦，故对产后缺乳要进行积极有效的防治。

气血亏虚的产妇表现为新产之后乳汁甚少或全无，乳汁清稀，乳房柔软无胀感，面色无华，头晕目眩，心悸怔忡，神疲食少，舌淡、少苔，脉细弱。可食用鲫鱼汤、猪蹄汤等，有补血生精、生乳通络功能。肝郁气滞的产妇表现为产后乳少而浓稠或乳汁不通，乳房胀满而痛，舌苔薄黄，脉弦细。可伴有微热、胸胁胀痛、胃脘胀闷、食欲缺乏。可食鸡粥、山药羹、红枣糯米粥、芝麻糊等，有健脾开胃、补血生乳作用。

什么是发奶食物

民间流传许多发奶食物，妈妈们应该吃吗？这些食物是否真能增加奶水量？

仔细分析民间的发奶食物，几乎都是高蛋白质与富含水分的食物，这些食物的确有助于奶水的分泌，例如，花生炖猪脚汤、青木瓜排骨汤、山药排骨汤、鲜鱼汤、鸡汤、红糖姜汤、红糖芝麻汤圆、牛奶、酸奶、豆浆、黑麦汁等，其中，较少为人知，但也被列在发奶食物的啤酒酵母其实也是高蛋白食物，因为它含有50%的蛋白质。

民间流传的发奶食物，不仅能促进奶水分泌，作用也在为产后的妈妈补充营养，毕竟生产过程耗费了不少精力。当妈妈吃了这些食物之后，体力好，精神佳，也会增加妈妈喂母奶的意愿。不同居住地区或是族群都各有祖先们流传下来的发奶食谱。只要在饮食均衡的原则下摄取这些发奶食物，对妈妈们都是有益无害的。

缺乳的饮食方法

❶ 鲇鱼 1 条（重 300～400 克），鸡蛋 4 个。将鲇鱼去内脏洗净，置锅内，加水 700～800 毫升，用大火煮沸后，改用小火，将鸡蛋打入鱼汤中，稍候片刻，继续用大火煮至鲇鱼熟透，吃鲇鱼、鸡蛋，喝汤，日服 2 次，一般 3～4 天见效。

❷ 蹄筋 350 克，鸡脯肉 50 克，鸡蛋清 3 只，料酒、盐、葱油、淀粉各适量。将蹄筋切成段，加水烧开片刻后，捞起备用，鸡脯肉去筋放在肉皮上，敲成细蓉，放入碗中用水化开，加料酒、盐、淀粉和蛋清等调成薄浆。锅内调入油，烧熟后放入蹄筋和调味料，待入味后，将鸡蓉浆慢慢倒入，浇上葱油。适用于产后亏损所致乳汁缺乏。

❸ 生姜 500 克，猪脚 2 只，甜醋 1000 毫升。将生姜刮去皮切块，猪脚切块，两者同醋煮熟。分数日食完，煮好后若放置一两周再食，则效果更佳。

❹ 莴苣子 100 克，糯米、粳米各 50 克，甘草 25 克。将 4 味加水 1200 毫升

（3 大碗），煎汁取 700 毫升。去渣分 3 次温服，1～2 剂即可见效。对产后脾胃虚弱所致的血虚乳少、乳无汁有特效。

❺ 虾米 30 克，粳米 100 克。将虾米用温水浸泡半小时，与粳米煮粥，每日早晚温热服食。适用于肾精不足所致的乳汁不通。

❻ 豆腐 5 块，丝瓜 250 克，香菇 25 克，猪前蹄 1 只。先煮猪前蹄、香菇，加盐、姜调味，待肉熟后，放入丝瓜、豆腐同煮食用。1 日内分次吃完。

❼ 芝麻酱 100 克，鸡蛋 4 个，小海米、葱丝、味精各适量，盐少许。先用水将芝麻酱调成稀糊状，然后打入鸡蛋，加适量水搅匀，再加入调料，置锅内蒸熟即可。将蒸熟的羹 1 次食用。每日 2 次，一般 3 日见效。适用于产后气血虚弱所致乳汁不足、乳无汁。

❽ 人参、生黄芪各 30 克，当归 60 克，麦冬 15 克，木通、桔梗各 9 克，七孔猪蹄 2 个（去爪壳）。水煎服，1 日 2 次。

❾ 红衣花生、玉米渣、大米各 100 克。将玉米渣、花生加水煮至五成熟，加入大米，再加适量水，以小火熬成原粥，随口味加糖服。

❿ 木瓜 500 克，生姜 30 克，米醋 500 毫升。用瓦煲，分次吃，以利于吸收。

⓫ 红薯叶 250 克，猪五花肉 200 克，调料适量。洗净红薯叶，切碎，猪肉洗净，切块，将 2 味放锅内，加葱、姜、盐、味精等，大火烧沸后，转用小火炖至肉烂，食肉饮汤。

⑫ 赤小豆 50～100 克。将小豆洗净，加水 700 毫升，入锅中，旺火煮至豆熟汤成，去豆饮汤。适用于产后乳房肿胀、乳脉气血壅滞所致的乳汁不行。

⑬ 党参 9 克，大枣 20 克，覆盆子 9 克，粳米 60 克。将前 3 味用纱包袋包好，加水煎汤去渣后入粳米煮成粥。每日 1 剂，连续服食 4～5 剂。

⑭ 赤小豆 50 克，糯米甜酒酿 250 毫升，鸡蛋 4 个，红糖适量。赤小豆洗净，加水煮烂，入甜酒酿，煮沸，打入鸡蛋，待蛋凝熟透加红糖，吃蛋喝汤。适用于血虚所致的乳汁不下。

⑮ 鸡爪 10 只，花生米 50 克，调料适量。将鸡爪剪去爪尖，洗净，下锅，加水、黄酒、姜片，煮半小时后，再加入花生米，用小火焖煮 1.5～2 小时，撒上葱花、盐、味精，淋入鸡油。适用于产后血虚、乳汁不足。

⑯ 金针菇 30 克，猪瘦肉 60 克，调料少许。将金针菇洗净，猪肉切成片，同放陶瓷锅内，用大火隔水炖熟，加入调料，吃肉、菜，喝汤。

➕ 词汇解读

人工喂养

人工喂养是指采用其他乳品和代乳品进行喂哺宝宝的方法。人工喂养方法复杂一些，但只要细心，同样会收到较满意的喂养效果。

🍼 如何挑选奶瓶用奶嘴

对于给宝宝喂配方奶粉的爸妈来说，挑选奶瓶用奶嘴是门大学问。

奶瓶用奶嘴依照"奶洞的大小"，依序分为 S、M、L 三种：

S 号→适合 0～3 个月内的宝宝

M 号→适合 3～6 个月内的宝宝

L 号→适合 6 个月以上的宝宝

依照奶嘴洞的设计，可分为十字形、圆孔形、Y 字形三种：

十字形的嘴洞：可以借由宝宝吸吮的力道来控制流出奶量多少。宝宝不做出吸吮的动作，奶水就不会自动流出。

圆孔形：即便宝宝只含住奶嘴而没有吸吮，奶嘴还是会慢慢滴出奶水。建议吸吮动作较差的宝宝选择这种奶嘴。

Y 字形奶嘴：奶水流出的方式跟十字孔很相似，都是必须靠宝宝吸吮才会流出奶水，适合 2～3 个月以上的宝宝使用。Y 字形和十字形的不同处在于切口的角度，Y 字形的切口面积比十字形大，因此使用一段时间后，Y 字形奶嘴的切口会比较容易变形。

一般来说，奶嘴的外盒包装都标示有"适合月龄"，以方便选购。但是，是否符合宝宝的需求，还是得靠家长耐心观察宝宝喝奶时的习惯。

家长观察宝宝吸吮奶嘴时，如果吸吮很用力，但是奶瓶中的奶水却下降得很慢，那么就有可能是奶嘴洞太小，建议改用奶嘴洞大一点的奶嘴。

➕ 词汇解读

含有双酚 A 的塑料婴儿奶瓶

根据国家卫生部等六部委的新规，自 2011 年 6 月 1 日起我国禁止双酚 A 用于婴幼儿食品容器（如奶瓶）生产和进口；自 2011 年 9 月 1 日起，禁止销售含双酚 A 的婴幼儿食品容器。欧盟要求成员国从 2011 年 3 月 1 日起禁止在制造塑料奶瓶过程中使用双酚 A；自 2011 年 6 月 1 日起禁止进口和在市场销售含有双酚 A 的塑料婴儿奶瓶。因为在塑料奶瓶加热时双酚 A 会析出到食物和饮料中，对婴儿发育、免疫力有影响，诱发性早熟，甚至致癌。

塑料奶瓶一般分 PC、PP、PES 等几类材质，PC 奶瓶多含双酚 A。国外原装进口奶瓶多以 PP 材质为主，价位较高。标明"不含双酚 A"的奶瓶并不是无色透明的，颜色稍暗。

PC 奶瓶瓶身较轻，但不容易清洗，在加热或高温消毒过程中会产生有害的化学物质，最好 3 个月左右更换一次。PES 奶瓶耐热性高，不产生双酚 A，只是残留的奶垢不容易清洗，使用 6～8 个月更换一次。玻璃奶瓶使用期限是 1 年左右。

三大类型奶瓶奶嘴比较图

类型	⊙	⊕	Ⓨ
名称	圆孔	十字孔	Y 形孔
适用年龄	初生婴儿	较大婴儿	较大婴儿
特性	奶水会自动流出，宝宝吸吮时较不费力	以宝宝的吸吮力来控制奶水流速，添加辅食时适用	奶水的流出量均匀稳定，Y 形孔奶嘴的三个切口末端均有特殊的小圆孔设计，可防止被咬断裂

（续表）

优点	由于初生至 2 个月大的宝宝有自然反射的吸奶动作，同时无法自己控制奶水的流出量，所以若使用不适当的奶嘴易阻碍上下腭及肌肉发育，而圆孔口径的奶嘴其流速适当且呈滴状，适合初生宝宝	借由宝宝吸吮力之强弱来控制奶水流量，且不容易因漏奶而产生呛奶的情况，奶瓶打翻时，奶水也不易流出	安全性高且奶水流量稳定，即使宝宝用力吸吮，也不会造成吸孔裂大，可配合宝宝添加辅食使用
缺点	因为圆口径，乳汁会自然流出，容易造成宝宝懒得去吸吮。因为孔小，在添加辅食时会形成阻塞	十字孔奶嘴的四个切口无特别设计，容易被宝宝咬断裂。因吸吮角度因素，流出量较不稳定	新生儿及吸吮能力较差的宝宝不适合使用 Y 形孔奶嘴
备注	随着宝宝年龄的不同来选择不同大小的口径，通常分为 S—L 等尺寸。早产儿及患儿因吸吮力较差，因此最好使用圆孔奶嘴	由于较大婴儿可以自己控制奶水流出量，因此建议使用十字孔奶嘴	因为奶水流出量稳定，可避免吸食中产生奶嘴凹陷的问题

喂食配方奶粉注意事项

以婴儿配方奶粉喂食宝宝时，需要记住以下注意事项：

· 冲泡奶粉前要先洗手。

· 使用前要将喂食器皿彻底清洁干净。

· 温不温奶瓶均可，但是要选定一种方式不要轻易改变。

· 冲奶粉要按说明书的比例，不要随意增加奶粉的浓度。

· 加热奶瓶前，要先拿掉瓶嘴及瓶盖。

· 120 毫升的奶瓶在微波炉中以强波加热时，时间不要超过 30 秒，240 毫升的奶瓶则不要超过 45 秒。

· 加热后，放好瓶盖及瓶嘴，并将瓶子反复倒转 8～10 次，不要摇奶瓶。

· 将加热过的奶水滴一些在你的手腕背面测试温度，不烫也不太凉的温度就正适合，因那个部位比手腕内侧更敏感。

· 别强迫宝宝将奶水喝完。

· 过期的配方奶粉不要给宝宝喝。

· 别用微波炉加热玻璃奶瓶，因为可能会导致奶瓶破裂或爆炸。

· 喂食后倒掉剩余的奶水。

· 变硬或没有弹性的瓶嘴就别再使用了。

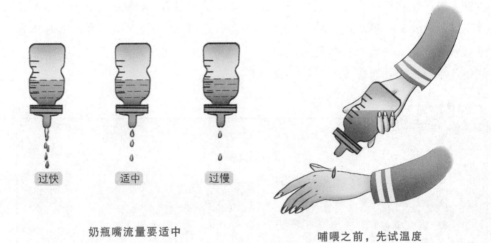

过快　　　　适中　　　　过慢

奶瓶嘴流量要适中

哺喂之前，先试温度

人工喂养要注意补充鱼肝油

由于人工喂养提供的营养不能满足宝宝的营养需求，所以应在宝宝出生后 2 周就开始补充鱼肝油和钙剂。鱼肝油中含有丰富的维生素 A 和维生素 D。开始时可每日一次，每次 2 滴，如食欲、大小便正常，可逐渐增至每日 2 次，每次 2～3 滴。同时，还应适量补充钙剂。但要注意，补钙的同时要补鱼肝油，否则钙不能很好地被吸收。

早产儿的喂养

早产儿体质差，若不注意喂养则容易造成营养不良，使生长发育受到影响。目前，多主张尽早喂养早产儿。如果生活能力强者，可在出生后 4～6 小时开始喂养；体重在 2000 克以下者，应在出生后 12 小时开始喂养；若一般情况较差者，可推迟到 24 小时后喂养，先以 5% 或 10% 的葡萄糖液喂养，每 2 小时一次，每次 1.5～3 汤匙，24 小时后可喂乳类。

对有吸吮能力的早产儿，应尽量直接哺喂母乳；吸吮能力差的，可先挤出母乳，而后用滴管缓缓滴入宝宝口内。一般每 2～3 小时喂养一次。

早产儿的喂哺量最初 2～3 日内以体重为准，每日每千克体重喂奶 60 毫升，以后随宝宝体重增长逐渐增加喂奶量（参见正常新生儿的日哺乳量）。一般每日喂哺 8 次，即每 3 小时喂一次，在两次哺乳中间可喂水一次。

还应注意，由于早产儿体内的各种物质贮量少，而生长较快，故应添加必要的营养物质。例如，给予复合 B 族维生素、维生素 C、维生素 E。出生后第 2 周末始服浓缩鱼肝油滴剂，从每日 1 滴开始，逐渐增加到每日 5～10 滴。宝宝出生后 1 个月可补充硫酸亚铁。采取以上方法喂养，如果喂哺得当，早产儿每日应增加 15 克，至 1 岁左右时体重应与正常儿相同。

➕ 词汇解读

混合喂养

母乳量不足，需要吃奶粉补充，叫做混合喂养。

混合喂养有以下 2 种方式：

❶ 每次哺乳时，先喂 5 分钟或 10 分钟母乳，然后再用人工营养品来补充不足部分。

❷ 根据乳汁的分泌情况，每天用母乳喂 3 次，其余 3 次或 4 次用人工营养品来喂。

混合喂养时，如果想长期用母乳来喂养，最好采取第一种方法。因为每天用母乳喂，不足部分用人工营养品补充的方法可相对保证母乳的长期分泌。

第一种方法比较适用于母乳不足而有哺乳时间的妈妈。

第二种方法适用于无哺乳时间的妈妈。

育儿难题 Q&A

Q：宝宝从医院带回家后，体重没有增加反而减轻，怎么会这样呢？

A：宝宝出生一星期内，会有生理性脱水的现象，此时体重会变轻，在两星期左右，才会恢复到出生时的体重。因此，爸妈们不必太担心，只要正常喂奶，体重一定会很快增加。

Q：宝宝现在两周大，在睡醒时或睡眠中常会有脸涨红、好像在用力的样子，这样正常吗？

A：宝宝的用力现象合并脸涨红，是由于宝宝的身体进行某些活动的缘故。大部分宝宝会在半夜的睡眠中醒来，有时还会发出声音，这是正常的。不过若是有此动作时，宝宝还同时有哭闹情形，则要考虑是否有其他问题。这种现象，在满月前会比较明显，之后宝宝身体的其他活动会愈来愈多，就不会发生了。

Q：宝宝睡眠的时间没有固定，经常睡睡醒醒，晚上的时候也常常会醒过来活动，该如何让她白天活动晚上睡觉呢？

A：一般来说，大约在四个月以后，宝宝睡眠会比较固定，四个月以前，晚上还会醒来则是常有的现象。若宝宝晚上醒来时，爸妈可试着让室内灯光不要太亮，让宝宝觉得是夜晚，活动就自然会较少，而白天宝宝睡觉时，让室内光线明亮，这样睡眠时间较短，才能使晚上睡眠时间较长。若宝宝四个月后，仍有此现象，对喝配方奶且没有过敏体质的宝宝，可以考虑在睡觉前的那一餐，在奶水中添加米粉或麦粉，让宝宝有饱足感，睡眠时间也会延长。

Q：宝宝的大便稀稀的，有时候包尿布还会漏出来，是拉肚子吗？

A：宝宝的大便，尤其是母乳宝宝的便便，都是稀稀、水水、黄黄的，像蛋花一样，没有味道，这种便便会一直持续到2～3个月大，之后便便才会是软便。而配方奶宝宝的便便，则是软便，较干，且味道比较重。如果宝宝的便便有酸味或有血丝，则是异常的大便，应尽快就医。

Q：公婆常说宝宝的衣服穿得太少，但是宝宝的手并没有冰冷现象，我该怎么确定她是不是穿太少？

A：可以检查一下宝宝唇色是否红润，四肢是否温暖，若是四肢温暖，大致来说就够了，不必担心宝宝穿太少。

Q：医院鼓励新妈妈产后马上喂母乳，不过我的奶量只有一点点，宝宝吃得饱吗？

A：新妈妈刚开始分泌的奶水称为初乳，初乳分量很少，但营养价值极高，同时也能够满足新生儿头几天的营养需求，所以妈妈不需要担心宝宝吃不饱。最重要的是，只要宝宝肚子饿了，妈妈就应哺喂母乳，不要限制哺喂的时间与次数，持续2～3个月之后，妈妈供应的奶水与宝宝的需求量就会形成良好的协调，也就是所谓的奶水平衡建立。

Q：怎么确定宝宝喝到我的奶呢？

A：有两种情况。

❶ 慢而深地吸吮：宝宝一开始吸吮的速度可能很快，一秒钟两三次，但是当宝宝吸到奶水时，吸吮的动作会变慢，约一秒一次。

❷ 有吞咽的表现：你可以看到或听到宝宝的吞咽动作或是声音。你会观察到宝宝有这样的动作循环：嘴巴张大—暂停—再闭起来。

Q：怎样让宝宝吸母乳？有没有需要特别注意的地方？

A：基本上，宝宝的上下嘴唇要翻起来，同时含住乳头与乳晕。若宝宝只吸乳头的话，会造成妈妈的乳头痛、破皮或裂开。喂食过程中不用特别担心宝宝无法正常呼吸，因为鼻子与乳房都是软的，而宝宝如果有任何不舒服的情形的话，也会有反应。建议妈妈躺着喂母奶，这是一个很舒服可以放松的姿势，

若半夜喂奶的话，不必再特别起身喂奶。

Q：听说乳头混淆会使宝宝不肯吸妈妈的乳房，什么是乳头混淆？要如何避免？

A：正确的吸奶方式是同时含住乳头与乳晕，如果宝宝曾有吸奶瓶的经验，会以吸奶瓶的方式吸吮乳头，这样会让宝宝喝不到奶水，也会使妈妈的乳头受伤，甚至使宝宝拒绝吸吮妈妈的乳房。因此，要避免这个现象，产后应该马上让宝宝吸吮乳房，熟悉妈妈的乳头，在此之前，不宜让宝宝碰到奶瓶奶嘴，免得宝宝不肯吸吮妈妈的乳房。

Q：喂母乳时，直接让宝宝吸，与挤出奶水来用瓶子喂的差别是什么？哪种比较好？

A：直接喂宝宝时，宝宝与妈妈有直接的身体、温度的接触，有助于建立亲子关系。最重要的是，宝宝通过用力吸妈妈的乳头，对下颚关节的发育有很大的帮助。抱在怀里时，宝宝的视力刚好可以看到妈妈的脸，与妈妈有眼对眼的接触，这对宝宝的心理发展很重要。因为妈妈跟宝宝讲话、互动的时候，五官会有变化，例如，眼睛、嘴巴会动，其中，新生儿对于黑白的事物（眼睛）会很有兴趣，这些有变化的东西都可以刺激宝宝的心理发育。

Q：听说晚上喂母乳，奶水才不会变少，是真的吗？

A：当婴儿吸吮妈妈的乳房时，会刺激乳头的神经，这些神经会传导信息

到大脑，从而制造泌乳激素，并分泌奶水给婴儿。而泌乳激素在夜晚分泌得较旺盛。有关研究指出，凌晨三四点钟可能是分泌的高峰期，因此只要婴儿想吃，妈妈就应该持续在夜晚喂母乳，尤其是婴儿刚出生的两三个月之内，因为这段时期是婴儿与母亲建立稳定的奶水供需关系的关键期。

Q：短乳头或是乳头凹陷的妈妈，应该使用什么工具帮助宝宝吸奶？

A：有几个办法可以改善乳头的伸展性：一是穿戴乳头形成罩，戴在乳头上之后，它会给予乳晕持续的压力，让乳头被推出。如果没有流产经验或迹象，妈妈可以在怀孕中后期的时候就穿戴乳头形成罩，从一天一小时开始，慢慢延长穿戴的时间。

另外，妈妈也可以使用自制针筒拉乳头，方法是，准备一个20毫升的空针筒，将针筒接针头处切开，并将推进器（柱塞）从切开端放入针筒内，放置的方向与平常的放置方向相反，再将针筒的平滑端盖住乳头，并将柱塞拉出产生对乳头的吸出力，乳头会被吸到针筒内。

Q：剖宫产妈妈或是产后做了结扎手术可以喂母乳吗？奶量会比自然产少吗？

A：无论是自然产或是剖宫产，都不会影响身体分泌奶水的机制，因此剖宫产妈妈不仅可以喂奶，也不存在奶量比自然产妈妈少的问题。另外，剖宫产使用的麻醉药或是术后止痛药通常很快

就代谢掉了，对妈妈泌乳或乳汁的成分不会有影响。同理，生产后做结扎手术的妈妈也可以照常喂母乳。

Q：正在吃药的妈妈可以喂母乳吗？

A：妈妈服用治疗一般感冒、肠胃炎或是气喘等的药物都不会影响到喂奶，多数的抗生素也不会影响到母乳。除非是服用治疗癌症的化学药物，因为这类药物会影响代谢，或者是妈妈吸毒，否则的话不必担心。若不确定服用的药物是否会影响宝宝的话，可以询问开药医生。

Q：生病的妈妈，例如感冒、有肝病等，是否能喂母乳？

A：妈妈即便生病也还是可以喂母乳的，除非患有艾滋病或少数情况，才不能喂母乳，但这类情形也很少。因为大部分的传染性疾病都是接触性传染，例如感冒，所以会从母乳传染给宝宝的疾病很少。当妈妈感冒的时候，如果传染性疾病是经由接触而传染的话，例如感冒，宝宝并不会因为喝母奶被感染，而是因为妈妈接触到宝宝而传染给宝宝。

所以若妈妈感冒的话，建议可以戴口罩、勤洗手，就不会传染给宝宝。另一方面，妈妈的身体反而会因为感冒产生抗体，使喝母乳的宝宝也因此产生抗体。

Q：冷藏或冷冻后的奶水要如何加热使用？有什么禁忌吗？

A：因为自然分泌出来的母乳温度

与体温相近，大约是37℃，因此不必把冷藏或冷冻的奶水加温到过高的温度。冷藏或冷冻奶水（冷冻奶水要记得先解冻）通常可以隔水加热，或放在水龙头下用热水冲就可以。要切记母乳袋不要置于加热水的水面以下，以免奶水被污染。另外，千万不要用微波炉加热，一来会破坏奶水的营养，二来微波炉常有加热不均的现象，有可能会烫伤宝宝。

Q：喂母乳的妈妈吃东西有什么禁忌吗？可不可以喝含有酒精或咖啡因的东西呢？

A：只要量不是太多，食用或饮用含有酒精或是咖啡因的东西并不会对宝宝造成不良影响。有些妈妈会担心喝了咖啡因饮料或是喝酒，会使宝宝睡不着觉或是酒醉，其实这要看妈妈喝的量有多少。而且每个宝宝也会有不同的反应，有的宝宝只要妈妈喝了一点就会哭闹，但通常这种影响不会持续太久，因为妈妈吃的食物经由母乳到宝宝身上的量已经很少了。

Q：不同阶段的配方奶宝宝，每天大约要喝多少奶量，才能保证营养？

A：一周以后，四个月大以前的配方奶宝宝每天所需的奶量为：180毫升×宝宝体重（千克），例如，3千克体重的宝宝每天大约需要540毫升的奶水；四个月大以后则约为160毫升×宝宝体重（千克），如4千克体重的宝宝约需640毫升的奶水。这个简单的公式，是由婴儿每天需要的热量转换成奶量计算出来的。

Q：宝宝喝配方奶的时间应该固定，还是饿了就喂？如果要固定时间喂，那么宝宝睡觉的时候是不是也要叫醒喂？

A：原则上尽量固定时间喂奶，但是如果宝宝确实很饿而哭闹不停，还是应该让宝宝吃饱。在第2个月大以后，如果婴儿半夜熟睡可以少喂一次；至于白天，最好还是叫醒宝宝按时喂奶。对人工喂养的宝宝来说，前3～4天，大多数的宝宝每2～3小时喂奶1次，白天约8次，晚上还有不少临时喂食，可能需要喂2～3次。妈妈通常可在固定的时间间隔哺喂宝宝。

等到了3个月大时，通常4小时喂1次，白天5次，夜间1～2次。每次喂奶后，妈妈最好帮宝宝打嗝，有些宝宝则需要在喂食中间打嗝。

Q：如何改变宝宝原来的吃奶习惯，把吃奶的间隔时间拉长或缩短呢？

A：一般来说，宝宝自己会调整吃奶的间隔；随着奶量的增加，间隔自然会拉长。

Q：长辈说宝宝要趴睡，头形才会漂亮，可是趴睡好像与婴儿猝死有关，应该让她趴睡吗？

A：婴儿猝死的原因目前仍旧不明，不过，目前认为婴儿趴睡与猝死率有关，这是因为过去习惯让婴儿趴睡的欧美国家，特别是英国与新西兰，婴儿猝死的概率较亚洲国家高，而亚洲国家通常让婴儿仰睡。在欧美国家减少婴儿趴睡的情形之后，猝死率也下降了不少。如果想让宝宝趴睡，为了安全起见，一定要有大人在旁。夜晚睡眠时间较长，而大人也已入睡，最好能使宝宝采取平躺的睡姿。

有些人会因为要让宝宝的头形漂亮而让宝宝趴睡，如果真的很在乎宝宝的头形，除了趴睡之外，侧睡也是不错的姿势，不过宝宝侧睡与趴睡都需要有大人在旁边看顾，以防意外发生。

Q：宝宝刚出生时，需要睡枕头吗？

A：新生儿脊椎弯度与成人不同，所以可以直接稳固地平躺在床上，而且三个月以前宝宝的肢体活动都是与身体平行向的动作，也不会摇晃脊椎，因此这个时期的宝宝并不需要睡枕头。

Q：宝宝应该多久排便一次才是正常的？

A：一般来说，宝宝出生后前三个星期，视喝奶量的多少，母乳宝宝一天可以排便 4～10 次，配方奶宝宝则是 3～4 次。三个星期大以后，喂母乳的宝宝即便是大便少，只要活动力好，吃奶也没有问题，就是正常的。这是因为宝宝的肠胃逐渐成熟，且母乳可完全被宝宝吸收，所以才会很久排便一次。而配方奶宝宝在三个星期之后，排便的次数会慢慢减少，通常一天两次到两天一次都是正常的。

Q：接种卡介苗后局部有脓疱或溃烂要如何护理？

A：宝宝打疫苗后出现低热、针孔处红肿和硬结等现象是正常的，一般在预防接种后 24 小时左右出现。接种卡介苗后 3～4 周，接种处会出现红肿，逐渐形成一个小脓疱，并自行溃破，流出一些分泌物，溃破处结成痂皮后自行脱落，留有一小瘢痕，这是接种卡介苗后的正常反应，不必惊慌。

接种卡介苗后局部有脓疱或溃烂时，不必擦药或包扎。但局部要保持清洁，衣服不要穿得太紧，如有脓液流出，可用无菌纱布或棉花拭净，不要挤压，平均约 2～3 个月自然会愈合结痂，痂皮要等它自然脱落，不可提早把它抠去。

Q：为什么我家初生宝宝的头发那么少？

A：宝宝在妈妈肚子中长到 15～16 周就会开始长毛发，这种在肚子中长的毛发称为胎毛。初生宝宝的发量，有多有少不需介意。胎毛的多寡和先天的遗传关系最密切，有的宝宝一生出来发量多，有的却很少，这都是正常的。宝宝在妈妈肚子中已经被保护得很好，头发的保护作用不大，因此其必要性也不高，更何况宝宝器官成长所需的养分量很大，并没有太多的养分分给毛发，所以就算宝宝一出生发量稀少家长也不需过于介意。

头发的发量受到人体激素的影响，所以宝宝刚出生的发量并不能作为长大后发量的参考，人的发量要到青春期之后才能确定，青春期激素的变化会影响发量的多寡；之后到年纪渐大时，激素分泌又会发生变化，有些人就会因此发量变少。

新生儿的早教方案

新生儿智力发育

■ 视觉能力的培养

虽然新生儿的视力有限，但半个月左右就可以分清明和暗了，所以在房间里挂上五彩缤纷的花鸟、可爱的小动物图画或装饰品，对宝宝都有刺激的作用。黄色、蓝色和绿色等天然的颜色对宝宝具有安抚作用，鲜明的基本色可让房间充满活力，在摇床上或换尿布的小床上方悬挂色彩明亮而会舞动的小物体，可提高宝宝的注意力和观察力。

■ 听觉能力的培养

科学家观察刚出生2分钟的宝宝，当她听到声音时，脑电图有反映声响的波形。

■ 运动能力的培养

新生儿脑发育和运动有密切关系。首先是双手的运动。手的动作是由大脑支配的，同时大脑的发育又随双手的活动而有所进展。宝宝出生后父母应注意其双手活动能力的训练，应让宝宝的双手可以自由活动，而不要将其紧紧地包裹起来。

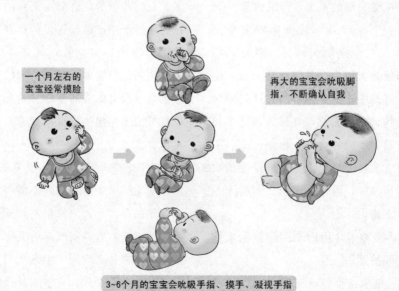

一个月左右的宝宝经常摸脸

再大的宝宝会吮吸脚指，不断确认自我

3~6个月的宝宝会吮吸手指、摸手、凝视手指

宝宝触摸自己的身体，以自己的意志运动手足

给新宝宝选择玩具

新生儿好像不会玩玩具，其实，玩具对新生儿来说，并不意味着玩，而是接收对视觉、听觉、触觉等的刺激。新生儿可以通过看玩具的颜色、形状，听玩具发出的声音，摸玩具的软硬等，向大脑输送各种刺激信号，促进脑功能的发育。

■ 能看能听的色彩玩具

玩具颜色要鲜艳，最好以红、黄、蓝三原色为基本色调，并且能发出悦耳的声音，同时造型也要精美。这种能同时刺激宝宝视觉与听觉的玩具，对宝宝的智力发展十分有益。彩色气球、吹气塑料玩具比较适用于新生儿。

■ 体积较大的填充玩具

父母可以为宝宝选购一些造型简单、手感柔软温暖、体积较大的绒布或棉布制品填充玩具，如绒布熊、绒布狗等，放在宝宝的小床里，这会给她们一种温暖和安全感。

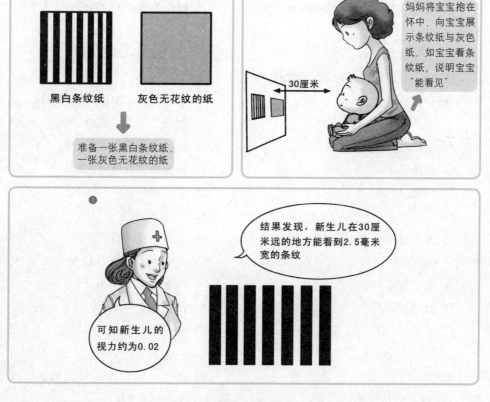

宝宝视力测量方法

1个月宝宝的智能测评

满月时可用下面方法测试宝宝：

❶ 第一次注视离眼20厘米模拟母亲脸面的黑白图画：

A. 10秒以上

B. 7秒以上

C. 5秒以上

D. 3秒以上

记分：不眨眼连续注视的秒数，每秒可记1分。

以10分为合格。

❷ 离耳15厘米摇动内装20粒黄豆的塑料瓶时：

A. 转头眨眼（10分）

B. 皱眉（8分）

C. 纵鼻张口（6分）

D. 不动（0分）

以10分为合格。

❸ 大人将手突然从远处移至宝宝眼前：

A. 转头眨眼（6分）

B. 眨眼（5分）

C. 不动（0分）

以5分为合格。

❹ 手：

A. 双手可达胸前，可吸吮任意一侧手指（6分）

B. 单手可达胸前，只能吸一侧手指（5分）

C. 吸单侧拳头（3分）

D. 双手在体侧不动（1分）

以5分为合格。

❺ 将笔杆放入宝宝手心：

A. 紧握10秒以上（10分）

B. 握住5秒以上（7分）

C. 握住3秒（5分）

D. 不握或握后马上放开（0分）

以10分为合格。

❻ 啼哭时大人发出同样哭声时：

A. 回应性发音2次（10分）

B. 回应性发音1次（8分）

C. 停止啼哭等待（7分）

D. 仍继续啼哭（2分）

以10分为合格。

❼ 大人同她讲话时：

A. 发出喉音回答（12分）

B. 小嘴模仿（10分）

C. 停哭注视（8分）

D. 不理（0分）

以10分为合格。

❽ 逗笑：大人用手指挠胸脯发出回应性微笑，出现在：

A. 5天前（16分）

B. 10 天前（14 分）

C. 15 天前（12 分）

D. 20 天前（10 分）

E. 满月前（8 分）

以 12 分为合格（睡前脸部皱缩不经逗弄的笑不能算分）。

❾ 2 周后用声音、姿势、便盆做条件出现的排便及排尿：

A. 15～20 天（12 分）

B. 20～25 天（10 分）

C. 25～30 天（8 分）

D. 不会（2 分）

以 10 分为合格。

❿ 10 天后俯卧时：

A. 抬起下巴贴床（12 分）

B. 眼睛抬起观看（10 分）

C. 头转向一侧脸贴枕上（8 分）

D. 头不能动，埋入枕内，由大人转动（4 分）

以 10 分为合格。

⓫ 持腋站在硬板床上能迈步：

A. 10 步

B. 8 步

C. 6 步

D. 3 步

记分：每迈一步记 1 分

以 10 分为合格。

⓬ 俯卧时大人双手从胸部两侧将宝宝托起：

A. 头与躯干平，下肢下垂（8 分）

B. 头与下肢均下垂（4 分）

以 8 分为合格。

结果分析

1、2、3 题测评认知能力，应得 25 分；4、5 题测评精细动作，应得 15 分；6、7 题测评语言能力，应得 20 分；8 题测评社交能力，应得 12 分；9 题测评自理能力，应得 10 分；10、11、12 题测评大肌肉运动，应得 28 分，共计 110 分，得分在 90～110 分之间为正常，120 分以上为优秀，70 分以下为暂时落后。

Part 2

第2个月

女宝宝养育

第2个月女宝宝发育特点

女宝宝2个月体格发育指标

项目	年龄组	下限值	上限值
身高	2月	51.1厘米	64.1厘米
体重	2月	3.72千克	7.46千克
头围	2月	约为38.0厘米	
胸围	2月	约为38.8厘米	
囟门	1～3月	1.5～2厘米	

第2个月宝宝发育状况

宝宝在出生后经过新生儿期的体重下降和回落后，如果宝宝的营养充分、喂哺和护理得当，那么，宝宝在第2个月将会迎来发育增长比较快速的时期。

◼ 体重

体重是衡量小儿体格生长的重要指标。1岁内的宝宝体重增长最快。按过去经典的统计数据估算，宝宝6个月时的体重是出生时的2倍，1岁时的体重是出生时的3倍。6个月以内体重每月增长700克左右，第6～12个月每月增长550克左右。近期的权威统计数据显示，实际上2个月宝宝的体重水平已远远地超出了传统的水平，较出生时增长将近1倍。如果母亲奶水质高量足，这时宝宝可能长得更快，对此有人提出要早期预防肥胖症。

◼ 身长

身长为头部、脊柱与下肢骨骼长度的总和。新生儿出生时的平均身长仅稍高于50厘米。第一年宝宝的身长增长最快，0～6个月每月平均增长2.5厘米，共长约15厘米；7～12个月每月平均增长1.5厘米，共增约长10厘米，至1岁时宝宝的身长可达75厘米，是出生时的1.5倍。根据近期的统计研究结果表明：最初 3 个月宝宝身长增长远远超过了增长 2.5 厘米的均值。

■ 头围

测量头围可观察宝宝大脑及颅骨的发育状况。1 岁以内头围增长较快，上半年约增长 8 厘米，下半年约增长 4 厘米，1 岁时达 46 厘米，相当于成人头围的 3/4～4/5。头围过小要考虑到脑发育不良（小头畸形）；头围过大要怀疑脑积水。

■ 胸围

胸围反映了小儿肺部的发育和含气状况。初生时宝宝胸廓的左右径和前后径比较接近，形似桶状。随着年龄的增长，左右径的增长大于前后径，逐步发育成类似成人的胸廓形状。初生时胸围较头围小，但胸围增长速度较头围快，到 2 个月时两者的测量值已基本持平，但胸围在个体间的标准差较头围大。

■ 感觉发育

❶ 触觉发育。一个多月的宝宝，皮肤感觉能力比成人敏感得多，有时父母不注意，把一丝头发或其他东西弄到宝宝的身上刺激了皮肤，她就会全身左右乱动或者哭闹表示很不舒服。这时的宝宝对过冷、过热都比较敏感，以哭闹向大人表示自己的不满。

❷ 听觉发育。宝宝经过一个月的哺育，对妈妈说话的声音很熟悉了，如果听到陌生的声音她会吃惊，如果声音很大她会感到害怕而哭起来。因此，要给宝宝听一些轻柔的音乐和歌曲，对宝宝说话、唱歌的声音都要悦耳。宝宝很喜欢周围的人和她说话，没人理她的时候她会感到寂寞而哭闹。

宝宝此时的听力有了很大发展，对大人跟她说话作出反应，对突然的响声能表现出惊恐。到 8 周时，有的宝宝已能辨别声音的方向，能安静地听音乐，能对噪声表现不满。

❸ 视觉发育。宝宝能看见活动的物体和大人的脸，将物体靠近她眼前，她会眨眼，这叫做"眨眼反射"。这种反射一般出现在宝宝一个半月到 2 个月。有些斜视的宝宝在 8 周前可自行矫正，双眼能一致活动。

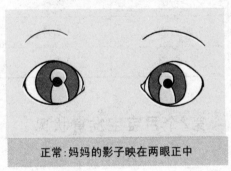

正常:妈妈的影子映在两眼正中

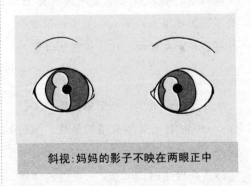

斜视:妈妈的影子不映在两眼正中

如何判断斜视

■ 动作发育

宝宝在 8 周时，俯卧位下巴离开床

的角度可达 45°，但不能持久。要到 3 个月时，下巴和肩部才能都离开床面抬起来，胸部也能部分地离开床面，上肢支撑部分体重。宝宝俯卧时，父母要注意看护，防止宝宝因呼吸不畅而引起窒息。宝宝双脚的力量在加大，只要不是睡觉吃奶，手和脚就会不停地动，虽然不灵活，但她动得很高兴。

从出生到 2 个月的宝宝，动作发育处于活跃阶段，宝宝可以做出许多不同的动作。特别精彩的是面部表情逐渐丰富，在睡眠中有时会做出哭相，撇着小嘴好像很委屈的样子；有时又会出现无意识的笑。其实这些面部动作都是宝宝吃饱后安详愉快的表现。

■ 心理发育

宝宝喜欢看妈妈慈爱的笑容，喜欢躺在妈妈的怀抱中，听妈妈的心跳声或说话声。所以在育儿开始就提倡母子皮肤直接早接触、多接触、早喂奶、多吸吮、多抚摸、多交谈、多微笑，尊重宝宝的个性发展，让宝宝充分享受母爱，让宝宝的心理健康发展，这对今后人格的健康形成起着重要作用。

通过以上与宝宝的交流，也正是触觉、动觉、听觉、视觉、平衡觉综合训练刺激的过程，对宝宝脑发育过程提供了信息和促其发育的营养素。

对于刚出生的宝宝来说，除了吃奶的需要，再也没有比母爱更珍贵、更重要的精神营养了。母爱是无与伦比的营养素，这不仅是因为她从子宫内来到这个大千世界感觉到了许多东西，更重要的是宝宝在心理上已经懂得母爱，并能用宝宝化语言（哭声）与微笑来传递她的内心世界。宝宝最喜欢的是妈妈温柔的声音和笑脸，当妈妈轻轻呼唤宝宝的名字时，她就会转过脸来看妈妈，好像一见如故，这是因为宝宝在子宫内时就听惯了母亲的声音，尤其是把她抱在怀中，抚摸着她并轻声呼唤着逗引她时，她就会很理解似的对你微笑。宝宝越早学会"逗笑"就越聪明。这一动作，是宝宝的视、听、触觉与运动系统建立神经网络联系的综合过程，也是条件反射建立的标志。

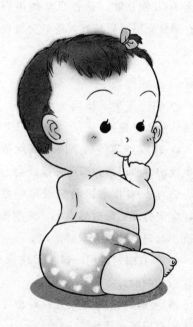

第 2 个月宝宝的日常保健

🌹 纸尿裤 VS 传统尿布

从 20 世纪 60 年代世界第一片纸尿裤在美国上市，妈妈们从此开始了一种全新的育儿方式。但是老人们看着宝宝屁屁在大热天里还捂着厚厚的纸尿裤，他们心里就着急。有人统计，宝宝在会自己上厕所前，平均大约有两万个小时是包着尿布的，而在这段时间内，大约要换 6000 次尿布。是否要重新用回尿布？到底全用纸尿裤好，还是交替使用好呢？

■ 纸尿裤的优点

❶ 保持干爽。比起传统尿布，纸尿裤的吸水性更强。

❷ 减少细菌传播。因为纸尿裤是一次性的，所以减少细菌传播机会。

❸ 有助睡眠。因为纸尿裤吸水性强，宝宝排便后刺激感觉小，哭闹的次数就少，妈妈也能睡个好觉。

❹ 节省妈妈时间。减去了洗尿布、换尿布的时间。

❺ 使妈妈出门更风光。外出不再为宝宝打屎腚而尴尬。

■ 自制布尿布的优势

❶ 经济实用，可重复使用。

❷ 安全、无刺激、避免尿布疹。尿布都是用棉布做的，绝对安全，无刺激性。

❸ 爸爸妈妈会定时给宝宝把尿、把屎。宝宝也容易养成良好大小便的习惯。

其实布尿布是不用泡的，甚至也可以不用手洗。专门买一个塑料储物箱，箱底可以放一些干苏打粉，以此除臭（或是用白醋也可以除臭、杀菌），然后每 2～3 天把尿布放洗衣机洗一次，或者是把湿的尿布先稍微晾干后再丢进洗衣桶里，一点味道都没有，连苏打粉都省下了。

如果宝宝拉了便便，由于母乳宝宝的便便很稀，洗衣机就可以解决。而喝配方奶宝宝的便便就比较硬和干燥，可以用卫生纸将便便擦到马桶里，再把尿布放在水龙头下略为冲洗之后，就可以用洗衣机洗涤干净了。另外，也可以把少量卫生纸叠好，垫在尿布上，如果宝宝便便的话可以把 80% 的便便直接丢进马桶，更利于清洗。

如果看到清洗后的尿布还留下黄黄的痕迹，不用担心，放在太阳下晒晒就不见了！特别是天气比较热时，宝宝尿尿以后换下来的尿布可以直接拿去清水下冲一冲，拧干在太阳下晾起来就可以了，不用积攒起来等到用洗衣机集中清洗。

两种尿布各有千秋。"时尚"的也经

历了几十年的考验，还是安全的。而且，时尚即将成为永恒。"传统"的也十分可爱，是割舍不掉的育儿优良传统。所以，两者完美结合，宝宝屁屁最能受益。结合的方法应该是：根据宝宝的年龄、季节、居住地区、活动范围、家庭经济状况、抚育人员等因素灵活掌握。比如：气候炎热时少用纸尿裤，家中抚养人多时少用纸尿裤，白天可与夜晚交替用自制布尿布和纸尿裤。外出用纸尿裤。

纸尿裤怎么选

现在尿布设计讲求"超薄设计"，"立体棉柔"，"不回渗"，"防漏侧边"，"尿湿显示"，几乎是标准配备。接触面不但要棉质设计、吸收力强不回渗、瞬间干爽之外，两边的翅膀还要防侧漏。除此之外，"翅膀"和"立体防护设计"能帮助棉片顺着身体曲线不乱动。

▣ 腰围、腿围

腰围部分加宽，或是大腿附近的剪裁增加伸缩功能，要注意伸缩剪裁的部分是否完全服帖（约可容纳一根手指的宽度）在宝宝的肌肤上，如果肌肤上出现红红的勒痕，就是太紧了。

▣ 棉柔材质＋透气性佳

因为小屁屁和尿布接触的时间相当长，直接接触小屁屁肌肤的部分，要选择棉柔材质吸汗、透气性佳的款式，让小屁屁轻松零负担。

▣ 防漏侧边

防漏侧边设计能防止因小宝宝跑来跳去，动作太大，尿尿渗出尿布外的困扰，部分还有加大尿量吸收的设计，即使宝宝尿量较多也不怕。

▣ 尿湿显示

对于还不能掌握什么时候该换尿布的新手爸妈来说，"尿湿显示"设计就显得相当实用！只要观察尿布上的图案显示，就不用担心错过换尿布的最佳时机。

纸尿裤使用注意事项

❶ 更换纸尿裤时记得给宝宝皮肤进行适当的透气时间，等皮肤干爽了再换上新尿裤，这有利于减少尿布疹的发生；一般一个尿裤的使用时间不得超过4小时；新生儿期最好使用布尿布，以便及时更换，还可观察屁屁皮肤情况。

❷ 纸尿裤的松紧度是否合适。以双手食指刚好放入纸尿裤与宝宝腹部间，测试是否太紧或太松。同一型号的产品不要储存太多。

❸ 只要发现有大便在尿片上，就应马上更换。

❹ 脐带尚未脱落的宝宝，可以选择肚脐处有缺口的或有护脐孔的纸尿裤。

❺ 一旦发现尿布疹、外阴炎、肛周炎、肛瘘等应立即停止纸尿裤的使用。

怎样给女宝宝换尿布

给新生儿期的女宝宝换尿布时，妈妈会看到偏白色的黏物，这是正常的分泌物，而白色黏滑的油脂则是胎脂，没有必要勉强擦拭。女宝宝1～2个月的时候，妈妈可以用纸轴细棉签，蘸点清水，轻轻地卷出白带。大一点了，就在换尿布的时候，先用湿巾轻轻地擦会阴，然后再擦别的地方，不然可能引起小阴唇粘连。而大便后给女宝宝擦拭应该由前往后擦，才不会将便便的细菌带到阴道口及尿道口。

给女宝宝换尿布的具体步骤如下：

❶ 用纸巾擦去粪便，然后用水浸湿纱布，擦洗她小肚子各处，直至脐部。

❷ 用一块干净纱布擦洗她大腿根部所有皮肤褶皱里面，由上向下、由内向外擦。

❸ 举起宝宝双腿，并把你的一根手指置于她双踝之间。接下来清洁其外阴，注意要由前往后擦洗，防止肛门内的细菌进入阴道。不要清洁阴道里面。

❹ 用干净的纱布先清洁宝宝的肛门，然后是屁股及大腿，洗至肛门处。洗完即拿走纸尿布，在其前面用胶纸封好，扔进垃圾箱。再洗干净自己的手。

❺ 用纸巾擦干宝宝的尿布区，然后让她光着屁股玩一会儿，使她的臀部暴露于空气中。

❻ 在外阴道四周、阴道及肛门、臀部等处擦上防疹膏。

女宝宝一般不建议用爽身粉。

怎样给宝宝使用尿布

❶ 选用尿布。如果自制尿布，最好用旧的纯棉白色或浅色布。宝宝皮肤娇嫩，旧棉布柔软易吸水，无刺激性，不易引起臀红、湿疹。也可以购买布尿布和尿布套。

❷ 注意尿布的温度。夏季应该增加婴儿光屁股的时间。在天气冷时，洗过的尿布不易干，有时父母将室外晾着的半干的冷尿布垫在宝宝身下，可刺激小宝宝引起伤风感冒。在冬天给宝宝换上的尿布不仅要干燥，而且最好用热水袋焐一焐。

❸ 不要用塑料布。有人用塑料布包垫尿布，这样虽然尿不易渗出弄湿被褥，但却使宝宝的臀部遭受浸渍，不仅易发生臀红，还会因不透气、湿度高而发生霉菌感染。为防止尿液浸湿床褥，夜间可用棉花、棉布做成厚垫，垫在尿布外面。

❹ 尿布不要太长。尿布太长易包过脐部，这样尿布湿后盖在脐部，易引起脐部感染。尿布一般为55厘米见方，叠成4层三角形或8层长方形使用，也可做成36厘米×12厘米的长方形。尿布的尺寸应随孩子年龄的增大相应加宽、加长。

尿布的数量要充足，一个婴儿一昼夜约需20～30块。尿布在宝宝出生前就要准备好，使用前要清洗消毒，在阳光下晒干。

❺ 洗涤尿布的步骤是：先用肥皂水浸泡后搓揉，然后用流动清水漂净，再用沸水烫5～10分钟，拧干后在阳光下晒干，如果阴雨天，用烘干机烘干，

折叠起来，放在清洁的柜子里。

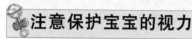

把纸尿裤的内心抽出，把尿布折好放进去，就不会漏了，也好固定，宝宝也舒服。

注意保护宝宝的视力

要注意保护宝宝的视力。最近，美国有学者对宝宝进行了视力差异试验，发现较强的光线能削弱宝宝的视力。这位学者对宝宝室的两组宝宝用不同的吊灯，一组用 60 瓦吊灯，另一组用 25 瓦吊灯。结果发现两组宝宝的眼睛血管有所不同，受强光照射的宝宝视力发生了微妙变化，受弱光照射的宝宝视力明显优于前者。科学家认为，这是未成熟血管易受光线影响，其发育和细胞的新陈代谢发生了变化的缘故。

时间	视觉发育
孕期 30 周	瞳孔已有光觉反应
出生后 1 个月	眼位稳定，但只能看清楚 20～30 厘米以内的东西
出生后 1～3 个月	❶ 视线能够跟随着物体缓慢地移动；❷ 将物体靠近宝宝的脸，宝宝的眼睛将会出现会聚反射；❸ 已能看出厚薄、前后、深浅等视觉上的立体感
出生后 2～5 个月	❶ 能够固视；❷ 视力约为 0.1；❸ 喜欢看亮灯，且有东西靠近时会眨眼；❹ 手眼协调，会试着伸手触碰所见事物
出生后 3～7 个月	❶ 立体感发育完成；❷ 可正确地控制眼球运作；❸ 可持续性地固视；❹ 看得到远方或是较小的物体；❺ 已有缩瞳反应及眼球内聚现象；❻ 眼睛可看远近调聚（睫状肌调适），黄斑部发育成熟；❼ 宝宝若有斜视现象，约在 6 个月大时可被发现，妈妈可多加留意，发现异状就尽早治疗，避免影响日后视觉发展
出生后 6～8 个月	❶ 视线能持续性地跟随着物体移动；❷ 视力约为 0.1；❸ 已能判断大概的距离位置；❹ 可清楚分辨物体的位置、形状与大小
出生后 7 个月～2 岁	❶ 对比敏感度发育完成；❷ 视神经（髓鞘）发育完成；❸ 视力开始逐渐增加；❹ 视力与捏、抓等精细动作越来越协调；❺ 视线可稳定跟随移动速度快的物体；❻ 已可区分物体的远近，并且可自行拿取或闪避

不要给宝宝剃满月头

在有些地区，有当宝宝满月时给宝宝剃满月头的习俗，即用剃刀把头发剃光，认为以后头发就会又黑又多，这是没有科学根据的。

剃满月头不可能改变头发的数量。

宝宝的头皮相当嫩，抵抗力低，用未经消毒的剃刀给宝宝剃满月头时，容易刮伤皮肤，引起细菌感染、发炎化脓。大多数宝宝头上都有一层胎脂，对宝宝头皮有保护作用，随着宝宝的日渐长大，这层胎脂会自动地慢慢脱落，而剃满月头时会把这层胎脂刮掉，使宝宝头皮失去保护作用，细菌易乘隙而入，容易发生感染，引起宝宝头皮发痒，导致各种皮肤病。

宝宝满月后头发的好坏受很多因素的影响。营养不良小儿的头发干稀易断；佝偻病小儿的头发生长不好，易脱落；有脂溢性皮炎的小儿，头发结有很厚的黄痂，头发也很稀疏。要使小儿头发长得又黑又密，需要合理喂养，及时添加辅食，预防发生佝偻病。

如何预防宝宝猝死

该病最常发生在未满 1 岁的宝宝身上，这种情形几乎没有先兆，原因也尚未查明。父母应注意以下几点：

■ 睡姿很重要

研究显示，趴睡的宝宝出现宝宝猝死症的概率比较高，采用仰睡或侧睡睡姿后，死亡率降低 50%。要知道的一点是，当宝宝侧睡或仰睡时，宝宝的头会变得扁平。假如宝宝无法仰睡的话，就让宝宝侧睡，同时将宝宝的下手臂往前拉，这样可防止宝宝滚成趴睡的姿势。

■ 宝宝床上别堆东西

建议父母在婴儿床上，除了固定的床单和宝宝本身外，不要放任何东西。小床上不要放软垫、玩具、枕头、安抚物品等，另外要确定宝宝的床垫是否坚实平坦。

■ 其他安全建议

·别在宝宝周围吸烟，被动吸烟也会导致宝宝猝死。

·别将宝宝放在柔软的表面上，如沙发、水床、成人床、棉被等。

·亲自哺乳。

·别让屋子或房间过暖。

·假如宝宝和你一起睡的话，让宝宝睡在近旁，但是别太靠近，以减少窒息的可能。

预防小儿脑震荡

宝宝脑震荡不单单是由于碰了头部才会引起，有很多是由于人们的习惯性动作，在无意中造成的。比如，有的父母为了让宝宝快点入睡，就用力摇晃摇篮，推拉宝宝车；为了让宝宝高兴，把宝宝抛得高高的；有的带宝宝外出，让宝宝躺在过于颠簸的车里等。这些一般不太引人注意的习惯做法，往往可以使宝宝头部受到一定程度的震动，严重者可引起脑损伤，留有永久性的后遗症。小儿为什么经受不了这些被大人看做是很轻微的震动呢？这是因为宝宝在最初几个月里，各部的器官都很纤小柔嫩，尤其是头部，相对大而重，颈部肌肉软弱无力，遇到震动，自身反射性保护机能差，很容易造成脑损伤。

怎样判断宝宝的大便

宝宝一天解几次大便才算正常，没有一个绝对的数据。不同体质、不同的饮食种类和不同的排便习惯，使每个人每日的排便次数不相同。宝宝每日大便3～4次或每1～2天一次，均能视为正常。如果宝宝平时每日只排大便一次，当忽然增加到5次以上时，就可能是不正常了，应检查有无疾病。若宝宝平时经常每日排便4～5次，但其他情况良好，体重依然不断增加，就不能认为是大便异常。

大便的性状因喂养方式不同而异，纯母乳喂养的宝宝大便是金黄色的，比较黏稠，软膏状，有酸味，无臭味；牛奶喂养的宝宝的大便是淡黄色的，硬膏状，略带腐败样臭味；既吃母乳又吃牛奶的宝宝，大便是黄色或淡黄色，比单吃牛奶的宝宝大便量多，质软，有臭味。食物中添加了粥与面条等淀粉食品后，大便的量增加，稠度比单纯吃牛奶时稍减，呈轻度暗褐色，臭味增加。

大便颜色也受食物或药物的影响而改变。正常呈黄色，是胆汁中胆红素产生的颜色所致。褐色大便是由吲哚和便中的含铁化合物的影响而造成的。多食糖类食物后，大便多为黄色；多食蛋白质后，大便呈褐色；如服了某些中药，大便颜色也会加深。含叶绿素多的食物及叶绿素制剂、铁剂等，食后可使大便呈绿色或黑色。

宝宝的大便会有不同

宝宝为什么手脚抖动

婴儿会有手脚不自主抖动的情形，尤其在哭泣或四肢伸直时，这是正常的表现，主要是因为神经系统功能尚未发展成熟，神经对肌肉的支配控制不完全所致。若是常常发生，且呈现单边规律性的动作，可能是抽筋的现象，建议带宝宝让脑神经科医生评估与检查。

新生儿相对来说容易兴奋、容易激动、容易一惊一跳的。这些可能就是生理现象。比如给孩子刚打开包被的时候，孩子会抖几下，甚至会反复出现，你把她的手扶住或者把手放在小肚子上，安抚一下她，抖动马上就会消失，这是一种正常的新生儿颤抖。

睡眠肌阵挛是由于孩子兴奋性神经的递质高，发育得相对好，抑制性相对差造成的。在睡着以后，大脑皮层兴奋进一步降低，因为高级神经系统对下一级的神经元有抑制的作用，睡着之后抑制作用更加低，这样孩子睡着之后会有快速的小动作，甚至可能会频繁反复地出现。但在醒的状态下从来就没有这样的情况，这叫"睡眠肌阵挛"。一般是良性的，没有太大的问题。极少数的肌阵挛不是睡眠的情况，这种孩子可能需要关注她除了睡觉之外，醒的时候还有没有这样的症状，要结合孩子整个的生长发育是不是正常来观察，必要的时候作一些检查。

睡觉时使劲是长个吗

有一部分早产的孩子，睡觉睡不踏实，睡觉老使劲，实际上这种现象不完全属于生理现象，不属于要长个、长身体的现象，这是神经系统发育协调能力差造成的。但是这种现象有轻有重，轻的话可以暂时不管，随着发育之后慢慢会调整过来。但有非常严重的，孩子几乎睡不了很深，睡眠不好的孩子，发育肯定会受到影响，精神状态也差，吃奶也不好。对这样的孩子要对她进行安抚，更多需要母亲的怀抱，需要包裹得相对紧一些。如果情况非常严重，可以看医生吃药。短期用药对孩子的影响不是太大，比她睡不好觉的结果好一些。

孩子在两三个月以后，体重增长非常快，尤其是前半年，前半年体重是人一辈子当中长得最快的时段。这一段时间由于生长发育迅速，营养需求会比较多，可是相对这一段时间消化功能也容易不好，会造成营养缺乏的疾病，常见的就是佝偻病。佝偻病的孩子的表现为惊跳，尤其在睡觉中出现惊跳，然后出汗多，睡得不踏实。如果发现这样的现象，给她补充维生素D和钙以后，症状会很快消失。

什么是抽风

抽风一般比较刻板和反复出现，重复同样的一个动作，一只手或者两只手，甚至四肢和头的一些改变，统称为惊厥。抽风如果是发育畸形的问题，这种抽风从医学定义上来讲就是癫痫。

抽风在新生儿当中还有其他病状，比如血里离子的问题，包括低血糖，这些抽风表现为颤抖和全身使劲、易惊，并且频发、反复出现、刻板，这样的情况就要引起重视。

孩子是不是抽风，家长跟医生不好描述，可以录下来提供给医生，用手机、录像机、摄像机都可以，以免医生误判。

宝宝为什么会胀气

宝宝胀气的原因主要有以下几种。

❶ 哭泣太久而吸入太多空气。

❷ 奶瓶奶洞过大或过小，都容易让宝宝因为吸奶用力而吸到周围的空气。

❸ 便秘，有时因为大便阻塞在肠内，气体排不出来而造成胀气。

❹ 喂奶方法不正确，以奶瓶喂食的宝宝，奶瓶中的奶喝完了却没被发现，因而一直吸入空气。

❺ 食物引起，当宝宝开始接触辅食后，吃过多产气的食物，也会造成胀气，如苹果、地瓜等。

如果宝宝容易胀气，且易发生溢奶情形，建议妈妈采取分批次喂奶方式。喂奶时，先让宝宝喝点奶水，接着让宝宝休息一下，帮宝宝拍打嗝，接着再继续哺喂奶水。如此一来，便可减少宝宝发生胀气或是溢奶情形。

睡姿会改变宝宝的头形吗

宝宝出生时头骨柔软可塑，而出生后头骨就迅速钙化变硬，以便保护脑部，因此对出生不久的宝宝来说，不同的睡姿确实会改变她的头形。

■ 1岁半前，头部具有可塑性

宝宝刚出生时，头盖骨还没有长到彼此之间相连在一起的位置，不像成人的头骨是互相融合在一起的，在宝宝还没有互相融合的头骨上，前后有两个大开口，也就是头顶前1/3处的"前囟门"，以及头骨后枕部的"后囟门"。前囟门大约在宝宝2岁闭合，后囟门大约在2～6个月之间闭合，因此宝宝的头部约在1岁半前是具有可塑性的。而欧美宝宝因为睡觉时多为趴睡，所以脸形普遍较狭长且后脑较圆；而习惯仰睡的我们，宝宝的脸形则较宽大而后脑扁平。

■ 因身体状况，调整宝宝睡姿

在医院里，刚出生的小婴儿若无特殊因素，通常都采用平躺，也就是仰睡。新生儿睡觉时，大都把腿蜷曲着，靠近身体，两手握成拳，摆在头两边，满2个月后，婴儿手脚才会伸开成"大"字形。

不满3个月的宝宝，因为头部发育尚未成熟，为避免呼吸道阻塞，不建议采用趴睡姿势，同时也能预防因疏于注意而造成的新生儿猝死。满3个月以后的宝宝，头颈部大都已发育成熟，也就是会抬头及翻身，此时就可让宝宝趴睡；趴睡时记得要把床铺得硬一点，如果床太软，宝宝的身体会陷下去，由于头还不能灵活运动，就可能跟着陷下去而造成窒息。

此外，常有口鼻分泌物的宝宝，建议采用侧卧的睡姿；若宝宝有消化不良、腹胀等症状，也较适合侧卧。侧卧时要注意让宝宝的头左右侧轮流睡，不然容易使头倾向同一侧；若是有腹痛的症状，趴睡会是较好的姿势，可对腹部施以些许压力，解除部分疼痛。

■ 脑部出现异常，大小是健康警讯

只要宝宝的头围在正常发展指数内，头形的大小、圆扁并不会影响宝宝的智力与健康。若是脑部异常地大或小，就有可能是婴儿健康的警讯，例如，患有水脑症的孩子，脑部会比一般的宝宝大很多；而头围过小，则有可能是宝宝脑部头骨过早闭合，限制了脑部发育，使得脑容量无法正常地扩张。

有些宝宝因先天性感染、染色体异常、代谢异常或母亲怀孕时服用酒精及极度营养不良等，也会造成脑部发育障碍及心智发育迟缓的现象，这些情况下，从外观看起来头部就会显得比其他小孩小。

第2个月宝宝的喂养

2个月婴儿的食品添加表	
母乳	依宝宝的需求来哺乳，哺喂时间不定
婴儿配方	一天喂6～8次，每次90～120毫升

喝母乳要不要再补充水

对于单纯母乳喂养的婴儿，是不需要喂水的。婴儿刚出生时体内已储存有

一定的水分，出生后2～3天妈妈的乳房未充盈前，通过早吸吮，每次可获得10～20毫升高质量的初乳，能满足新生儿的生理需要。随着奶量逐渐增多，

母乳可以提供婴儿生长发育所需要的全部营养物质，其中也包括了水分。如果过早、过多喂水，会抑制新生儿的吸吮能力，使她们从母亲乳房吸取的乳汁量减少，反而不利于新生儿的生长发育。

奶少试试催乳方

新妈妈如遇乳汁不足，请奶妈或催乳师负担又太重，那么，还有什么好方法呢？中医和民间历来对于缺乳有许多方法，现介绍如下：

民间最常用的食疗方法是吃猪蹄汤，各地所加的辅料不同，但一般都可促进乳汁分泌。如加入海带、黄豆、花生、核桃、木瓜、章鱼、干黄花菜、黑芝麻等。还可加入中草药，如通草（若 2 只猪蹄可用通草 15 克），中药通草不管煮什么汤，都放 10 克左右即可。还可加入王不留行、穿山甲。

药煎猪蹄

原料：王不留行 10 克，漏芦 10 克，母丁香 6 克，天花粉 15 克，僵蚕 10 克，穿山甲 10 克，猪蹄 1 对。

制作：水煎诸药 3 次，每次均去渣留汁，用药液煮猪蹄至烂即可。饮汤吃猪蹄，分顿服食。

应用：产后乳汁不下，乳房胀痛，按之有块，触痛。

猪蹄黄豆汤

原料：猪蹄 200 克，黄豆 60 克，黄花菜 30 克。

制作：猪蹄 1 只洗净剁成碎块，与黄豆 60 克、黄花菜 30 克共同煮烂，入油、盐等调味，分数次吃完。2～3 日一剂，连服 3 剂。

应用：产后乳汁稀少，无乳胀，乳房柔软。

鲜拌莴苣

原料：鲜莴苣 250 克，食盐、味精、黄酒适量。

制作：将鲜莴苣洗净，去皮，切丝，以食盐、黄酒、味精调拌，分顿佐餐食用。每日一剂。

应用：产后乳汁稀少，小便频数。

通草猪肝汤

原料：黄花菜 30 克，花生米 30 克，通草 6 克，猪肝 200 克。

制作：将黄花菜、通草加水煮汤，去渣取汁，入花生米、猪肝煲汤。以花生米熟烂为度。吃猪肝、花生米，饮汤，每日一剂，连服 3 天。

应用：产后乳汁量少，乳房柔软，食欲缺乏。

归芪鲫鱼汤

原料： 鲫鱼1尾（250克），当归10克，黄芪15克。

制作： 将鲫鱼洗净，去内脏和鱼鳞，与当归、黄芪同煮至熟即可。饮汤食鱼，每日服一剂。

应用： 产后气血不足，食欲缺乏，乳汁量少。

除了食疗，还可以用适当的按摩理疗。先用干净的毛巾，蘸些温开水，由乳头中心，往乳晕方向成环形擦拭，两侧轮流热敷，每侧各15分钟。同时配合按摩。一是指压式按摩，俗话说挤奶，双手张开，置于乳房两侧，由乳房向乳头挤压。二是感觉奶胀时，用木梳子，将梳子烤热后（以不烫伤皮肤为度），从乳房外周向乳头方向按摩。按摩可增加乳房血液循环，促进乳腺发育和乳汁分泌。但切忌用力粗暴出现损伤。

有些药物和食物会影响乳汁分泌。如大小麦、韭菜、辣椒、腌制食品等。要少盐，量是平时的一半，少吃寒凉食物，不要油腻太过，多吃易消化的带汤食物。

➕ 妈妈经验谈

前两个月最辛苦，而后苦尽甘来

我觉得自己喂母乳的前两个月最辛苦，什么状况都遇到了，但之后就苦尽甘来。在第1个月时，女儿几乎是挂在我身上，一刻不离，一个小时就要喝一次奶，我感觉自己像一个24小时待命的母乳机器。幸好我的先生与婆婆都很支持我，我只要安心喂宝宝就好了。不过刚开始每个晚上我都在独自摸索中度过，而且伤口和痔疮异常痛苦。有时宝贝不睡，让我觉得好累好累。宝宝三四个月大时，我因为奶量太多，而且会喷出来，使宝宝常常呛到。我试了很多方法，比如挤出来用瓶喂，或者喂的时候捏住乳房让宝宝趴在我身上喝奶，最后总算找到不再呛奶的姿势。总之，我觉得喂母乳真的很好，也很感激自己有充足的奶水。

——小瑾妈妈

冲奶粉注意事项

一般的婴儿奶粉都有冲调说明书，但在具体操作时仍要注意以下几点。

❶ 切忌先加奶粉后加水。正确的冲调方法是将定量的40℃～60℃的温开水倒入奶瓶内，再加入适当比例的奶粉。最好现配现吃，以避免污染。

❷ 切忌自行增加奶粉的浓度及添

加辅助品。因为这样会增加婴儿的肠道负担，导致消化功能紊乱，引起便秘或腹泻，严重的还会出现坏死性小肠结肠炎。此外，不可将药物加到奶粉中给婴儿服用。

❸ 不要用矿泉水冲牛奶。矿泉水富含矿物质，磷酸盐、磷酸钙过多，而婴儿肠胃消化功能还不健全，长期用矿泉水冲牛奶会引发婴儿消化不良和便秘。冲配方奶粉提倡用自来水，因为目前家庭用的自来水都是经过了科学的处理，质量符合标准，自来水煮沸后，放凉至 40℃ 左右，再用来冲奶粉就可以了。

❹ 不要用开水调奶粉。有人以为开水可以杀菌，水越热冲调的奶粉越好。开水的水温很高，冲调奶粉时会使奶粉中的乳清蛋白产生凝块，影响孩子的消化吸收。另一方面，某些对热不稳定的维生素也会被破坏，特别是有的奶粉中添加的免疫活性物质会被全部破坏。因此，冲调奶粉应用温水，避免其中营养物质的损失。通常冲泡奶粉最适宜的水温是 40℃～50℃。

❺ 冲好的奶粉冷了，不要再煮一遍。正确的方法是将奶瓶放在热水中浸泡。

❻ 不要在睡前把冲调好的奶粉放在暖奶器中，等到宝宝要吃奶时再拿出来。这样做主要是想晚上喂奶省力点，但这泡好的奶在未吃过的情况下，常温存放不能超过 2 小时（温奶器里的温度一定是超过常温的），若放在冰箱冷藏，则不能超过 24 小时；若宝宝吃过后有剩的，则应丢弃。

🍀 每天给宝宝补充多少钙

市场上的配方奶粉种类繁多、琳琅满目，但其中含钙量却大相径庭，每100 克奶粉中少到 300 毫克，多达 800毫克。如果按照 100 克奶粉可以冲到800 毫升奶液计算，每 100 毫升的配方奶中含钙量，则波动于 38 毫克到 100毫克之间。中国营养学会推荐，6 个月以下的婴儿每天应该补充 300 毫克钙，6 个月到 1 岁补充 400 毫克，1 岁到 4岁每天补充 600 毫克。可以根据奶粉包装上所标明 100 克奶粉（相当于 800 毫升奶液）究竟含有多少钙，然后按照宝宝每天实际摄入的奶量，算一下能否达到上述标准。如果不足，就应该另外补充钙。母乳喂养的孩子，如果妈妈饮食营养充足，可以不用补钙，但是孩子要多晒太阳。钙制剂的种类很多，每一种钙都有其特性，适用不同人群。比如，碳酸钙含钙高，相应价格低，但溶解度也低，胃酸不足的人及婴儿不宜服用，因为碳酸钙要消耗胃酸才能成为离子钙形式而被吸收，不过成年人及大一些的儿童可以服用；有机酸钙含钙低，但容易溶解，婴儿比较适宜服用。乳钙制剂是液体钙，因而含钙量较低。目前，市面上的乳钙每丸含钙元素约 50 毫克。由于乳钙味道好，宝宝比较爱吃。

常见的各种钙剂的含钙量			
钙剂名称	含钙量	钙剂名称	含钙量
碳酸钙	40%	氯化钙	27%
磷酸氢钙	23.3%	枸橼酸钙	21.2%
乳酸钙	13%	葡萄糖酸钙	9%

➕ 养育小叮咛

　　钙是指钙化合物中的那部分钙，它的含量才是真正摄入的钙量。所以，在给宝宝购买钙制剂的时候，不要忽视了产品上的标注，一定要注意看清楚产品包装上写明的是"钙"的含量，还是"钙化合物"的重量，这样才能给宝宝清清楚楚、明明白白地补钙。给宝宝补钙的同时，一定还要补充维生素D，这样才能起到良好效果。

怎样选配方奶粉

　　配方奶粉添加的各种特殊成分，哪些必不可少，哪些又可有可无呢？

　　❶ 益生菌：能补充肠道有益菌，抑制肠道有害菌，对消化功能有一定促进作用。宝宝胃肠发育不全，食用含益生菌成分的配方奶粉还是有好处的。但益生菌怕光、怕热、易被氧化，最好购买的益生菌是单独包装的。

　　❷ 卵磷脂：和大脑发育有关，很多食物尤其是鱼类都含有这种物质，4～6个月后，如果添加辅食合理，没必要非从配方奶粉里获取这一营养。

　　❸ 亚麻酸、亚油酸：是必需的脂肪酸，能在人体内转化合成DHA、ARA。如果奶粉里能够提供充足、比例适当的亚油酸、亚麻酸，就没必要额外添加DHA和ARA了。

　　❹ DHA：能够促进婴幼儿视网膜和大脑的发育。DHA一般情况下储存在蛋黄、深海鱼类、海藻等中。4～6个月尚未添加辅食的婴幼儿所需的DHA是成年人的3～4倍。因此，在婴幼儿配方奶粉中添加DHA还是有必要的。

　　❺ 核苷酸：能增强人体免疫能力。对于生长发育迅速的婴幼儿这一特殊群体而言，细胞分化快，核苷酸需要量剧增，在婴幼儿配方奶粉中添加核苷酸将有利于宝宝生长发育。不过，不添加也不一定有影响。

　　❻ 胆碱：人体摄入后，会转化成乙酰胆碱，能增强婴幼儿的记忆力。但不添加，也不表示孩子的记忆力会很差。

　　❼ ARA（花生四烯酸）：有助于孩子大脑发育。4个月内未添辅食的宝宝，食物比较单一，在配方奶粉里适当添加这一营养有好处。

　　❽ 天然乳钙类：就是将奶粉里钙、磷比例配制得更接近母乳成分，增加维生素D含量，促进钙吸收。如果孩子不

存在缺钙问题或使用了钙制剂，这一添加也并非必需。

过敏儿该怎么吃

有过敏体质的宝宝，自出生起即应作好饮食保健，以免日后出现过敏疾病。

若诊断出宝宝有过敏体质，6个月以前应注意以下饮食须知：

❶ 母乳至少喝6个月，而且越久越好。在母乳哺育期间，母亲应避免摄取容易导致过敏的食物（虾蟹类、坚果类等），避免吸入过敏源，远离二手烟。

❷ 无法哺育母乳时，让宝宝改喝水解蛋白奶粉。水解蛋白奶粉是将牛奶中的蛋白质水解成较小、较不会引发过敏的蛋白质，因此宝宝喝了不易引发过敏。

❸ 勿轻信偏方。民间有些偏方如花粉、蜂胶、羊奶、草药等，并无医学证实可预防过敏病的发生，有些甚至会诱发过敏，因此不宜服用，年纪较小的婴幼儿更不可尝试。

❹ 给予乳酸菌等益生菌。益生菌可以增加肠内的益生菌数、增加抵抗力，具有改变体内免疫细胞的功能。对已有过敏的人可以减轻过敏病症状，对尚未过敏的人，可以预防过敏病的发生。

➕ 词汇解读

水解蛋白奶粉

水解蛋白奶粉的营养和一般奶粉一样，因此无须担心宝宝营养不良，但价格较一般奶粉贵，味道较一般奶粉差。

水解蛋白奶粉要喝多久

一般喝到1岁以后，再慢慢换成一般奶粉。

喂母乳和喂奶粉的宝宝大便不一样

喝母乳的宝宝的便便比较黏糊。这是因为新生儿的胰脏功能尚未成熟，对脂肪和淀粉的消化能力较差，胃肠蠕动较快，母乳的成分较容易被消化吸收，所以喝母乳的新生宝宝排便次数会比喝配方奶的宝宝来得多。

新生儿的大便通常呈现较稀的黄色酸便，排便次数一天可达5～6次；等宝宝满月后，肠胃功能趋于成熟，解便的次数开始减少，甚至要累积2～3天才排一次便。

喝配方奶的宝宝的便便颜色偏黄。配方奶粉的宝宝，排便通常呈糊状或条状软便，大便的颜色偏黄、黄棕色或墨绿色，气味比较臭，大便中的白色颗粒较大（白色颗粒是未消化完全的蛋白质），排便次数一天为2～3次。此外，不同厂牌的婴儿配方奶粉，因为成分比例的不同，解便的颜色和质地也各有差异。建议妈妈在更换婴儿配方奶粉后，不仅要以渐进式的调整比例添加新配方奶粉，同时也要记下宝宝排便的状况，当宝宝出现肠胃不适时，能及时提供记录帮助医生了解病情。

育儿难题 Q & A

Q：因宝宝黄疸暂停哺喂母乳1～2天，奶水为什么变少？

A：如果妇产科医生建议妈妈暂时停喂母乳，妈妈一定要依照宝宝平常吃奶的频率，继续挤出奶水。

否则，当宝宝的黄疸症状消退后，妈妈的乳头会因为已经有一段时间没有受到吸吮刺激，使得奶量跟着变少。

Q：妈妈躺着喂乳后，也要帮宝宝拍打嗝吗？

A：躺着哺喂母乳对妈妈来说，是最舒适的哺育方法。因为妈妈无须费力去支撑宝宝的重量，自己也可以得到充分的休息。

但是无论你运用哪种哺喂方式，宝宝喝完奶水后，你一定要帮宝宝做拍打嗝的动作，才能减少宝宝溢奶的情形。

Q：为什么妈妈乳头会出现小白点或小水疱？

A：乳头上若出现小水疱或小白点，多半是因为宝宝吸吮的力道太大或是吸吮的时间太长，而造成乳头出现小水疱。如果出现这种状况，并不建议妈妈自己戳破水疱，因为器具若未经完整彻底的消毒，反而容易造成细菌感染，建议交由专业护理人员处理会较妥当。

Q：为什么宝宝一到晚上就大哭不停？

A：初生婴儿刚离开母体温暖舒适的子宫，要适应外界独立生活，常会有些暂时性的不适应，因而容易在晚上啼哭，大部分宝宝再长大一些后，夜晚啼哭的状况便会逐渐改善。不过，宝宝啼哭，也是婴幼儿正常运动之一，哭泣本身并不会对宝宝的健康造成任何后遗症或不良影响，家长反而得注意宝宝哭泣的原因，是否是因为身体不适而发出的警讯。

Q：宝宝正常排便习惯的改变代表什么？

A：宝宝正常的排便习惯如果发生改变，可能是有问题的先兆。假如妈妈有疑虑的话，就带宝宝去找医生诊断。假如宝宝连着两次以上排便比正常情况稀湿，或是注意到粪便中有血的话，就要尽快去医院就医。

Q：如何判断宝宝想睡觉了？

A：当宝宝想睡觉时，你会发现宝宝的手会开始揉眼睛，身体也会扭来扭去。不过，当宝宝开始想睡觉，却无法静下来睡觉的时候（譬如正在帮宝宝拍照、带宝宝出去玩时），宝宝便会开始哭闹，当你抱着宝宝时，也会感觉宝宝的头一直想往自己的怀里钻，或是宝宝会不断做出往后仰的动作，这就表示你该让宝宝好好休息了。

Q：如何观察宝宝因为肚子饿而哭泣？

A：如果宝宝在啼哭之余，还会主动将头转向母亲的胸怀寻找乳头，或是头部转来转去似乎在寻找什么东西似的，甚至妈妈用手指接近宝宝的嘴巴附近，宝宝会不由自主地伸出舌头做出吸吮的动作，那么这就表示，宝宝肚子饿了。

Q：如何观察宝宝的哭泣代表想撒娇的意思？

A：如果你发现宝宝哭泣时，只要是大人一接近，宝宝就停止哭泣，大人一走远，宝宝马上又开始大哭的情形，就代表宝宝只是想跟你撒娇了。

这种情形大多发生在宝宝想念妈妈的时候，譬如妈妈是上班族或是妈妈离开宝宝的时间变长了，这些都会让宝宝感到紧张，甚至会以哭声来找寻妈妈。

Q：如何判断宝宝生气了？

A：假使宝宝的哭声尖锐、脸部涨红，并出现握拳、蹬腿等肢体动作，那么就表示宝宝正在生气。

对于还不会说话的宝宝，哭泣是她唯一表达情绪的方法，但是生气时的哭声是非常洪亮且尖锐的，而且还会伴随比较大动作的肢体语言，与平时哭两声就停下来的感觉比较不同。

Q：我女儿出生已39天，发现其耳朵背面长有细毛（长约0.7厘米），请问是否为正常现象？年龄较大后是否会自然脱落？如无脱落，有何方式可除毛？

A：小婴儿（尤其是早产儿）在出生后，经常会在耳朵背面、肩部及背部发现有一些棕色细毛，称为胎毛，一般在出生后1～2个月会消失，并不需要特别处理，唯应注意若是在臀部尾骨上下有一丛毛发时，或同时有痣存在，须请小儿专科医生诊察。

Q：自从将宝宝从医院抱回来后，发现她眼睛四周常会有或多或少的眼屎，是否正常？该如何处理呢？还有，宝宝在睡觉时，有时呼吸声非常大且急促，是不是宝宝的身体不舒服？

A：新生儿的眼屎较多最常见的原因是先天性鼻泪管阻塞。这是因为新生儿的鼻泪管发育未成熟，导致鼻泪管不通，眼泪无法顺利经由鼻泪管排入鼻腔中，所以患儿眼睛看起来会水汪汪的，眼屎的分泌也会增加，有时会并发细菌性的感染。先天性鼻泪管阻塞多半会自己痊愈，不过，溢泪及眼屎增加的症状也可能是其他一些较严重的疾病所造成的，如倒睫毛、先天性青光眼、先天性结膜炎。所以，还是应该找医生诊察，加以鉴别诊断。

若只是单纯的先天性鼻泪管阻塞，医生会指导家长帮新生儿作鼻泪管按摩，促进鼻泪管的通畅，必要时配合抗生素眼药膏的使用，以治疗或预防细菌感染的发生。若到 6 个月大以上还不通的话，可能会考虑小手术治疗。

新生儿在睡觉或躺卧时呼吸声会比较大，一般是正常的现象，新生儿的鼻梁较塌，鼻腔较小，所以较容易鼻塞，导致呼吸声较大。只要小儿的睡眠安稳、食欲正常、活力不错，就没有大碍，通常大一点就会改善。

Q：宝宝于 35 周又 4 天出生，是否为早产儿？观察宝宝的发展需扣掉一个月吗？因为有医生说婴儿如已超过 35 周出生，脑神经发育和足月宝宝是一样的，但另一个医生却有相反的说法，请问到底何者正确？

A：在怀孕 37 周前出生的婴儿，都属于早产儿，但由于每位宝宝的成长发育过程虽循一定的模式，但发展时间的差异可以达到前后 1 个月左右，所以对于超过 35 周出生的宝宝，因为已经接近足月生产，如果生产顺利，宝宝的体重、成熟度够且无特殊医疗问题的话，不一定需要用矫正年龄（由预产期当天开始算的年龄）来评估发展。但是如果出生时即有体重不足或重大医疗问题时，这时候的发展评估，可能就要由新生儿科医生专业判断了。但无论如何，如果在宝宝生长过程中有什么问题，都希望爸妈能在平时就记录在宝宝手册上，健康检查时能跟医生详尽讨论。

Q：我听说有些家长会在宝宝两三个月时就给予果汁，但辅食不是应该在宝宝四个月以后才给吗？否则不是会增加宝宝肾脏的负担吗？

A：宝宝的肾脏确实在六个月左右发育才会完全，但是经过适当方式处理的果汁、蔬菜汁，即便是在宝宝两三个月之后就少量给予，也不会增加宝宝肾脏的负担。但要避免处理不当而导致宝宝肠胃不适。原则上，爸妈只要在 4～6 个月这段时间开始给予辅食就可以了。提前喂宝宝辅食没有什么益处。

第2个月宝宝的早教方案

宝宝学习的开始

从新生儿期开始的早期教育可以充分发挥宝宝的潜能，为宝宝今后的发展打下良好的基础。

把卧室布置一下，在宝宝床的上方悬挂一些颜色纯正、鲜艳，大小适宜的玩具，如能发出柔和声响的玩具更好，每次2~3种，3~6天换换花样，以吸引宝宝视觉和听觉的注意。还可以准备一些彩色的塑料环、拨浪鼓、小红球等，放在宝宝眼前约20厘米处引起宝宝注视，然后移动玩具，宝宝的眼睛和头会跟着转动。如果将能发出声音的玩具放在宝宝耳边摇动，她会把头转向声音发出的方向，有时还会用眼睛寻找声源。总之要充分发挥宝宝学习的能力，让其通过视、听、触等感觉来认识这个陌生的世界。

虽然宝宝生下来就有学习的能力，但是这个时候宝宝的主要任务是睡眠，平均每天要睡14~20小时。在宝宝清醒时，父母可以播放一些节奏优美、轻松明快的音乐给她听。

尽早给宝宝良性刺激

新生宝宝有最优秀的头脑，拥有最优秀的接受能力，也可以叫做对环境的适应能力。但这种能力如不及早激发就会急速地消失。

教育开始得越早，宝宝的能力实现得就越多。例如，生下来具有100分潜在能力的宝宝，如果一开始就给她进行理想的教育，那么她就可能成为一个具备100分能力的人。如果从5岁时起才开始教育，即使是教育得非常出色，那也只能成为具备80分能力的人。而如果从10岁时开始教育的话，即便教育得再好，也只能达到60分能力了。到15岁时就会只剩40分了。正如每个动物的潜在能力，都各自有着自己的发达期一样，如果不让它在发达期发展的话，那么就永远不能再发展了。例如，小鸡"追从母亲的能力"的发达期大约是出生后4天之内，如果在这期间不让它发展，那么这种能力就永远不会得到发展了。所以如果把刚出生的小鸡在最初4天里不放在母鸡身边，那么它就永远不会跟随母亲了。

小狗"把吃剩下的食物埋在土中的能力"的发达期也是有一定期限的，如果在这段时间里把它放到一个不能埋食物的房间里，那么它的这种能力也就永远不会具备了。

所以，抓住0～3岁这个宝宝潜能发育的关键期，愈早进行教育，就愈能培养出高才能的宝宝。

给2～4个月宝宝选玩具

■ 宝宝发育

宝宝虽无法移动身体，但她的眼睛会注意到移动的物体。同时她的视力尚未发展完全，只能看到较近的物体，而颜色对比强烈的物体特别能吸引她的注意。

宝宝的手部只能抓较大的物体，无法使用手指进行较精细的动作。

宝宝喜欢进行重复的动作，像是手拉、握或是抓住东西、脚踢物体等，对她来说，这样重复做某些动作就是件好玩的事情。

■ 建议选购玩具

会自行移动且有声光变化的物体：会自行移动、转动的物体，例如悬吊式的玩具能吸引宝宝的目光，若再加上声音或音乐以及色彩的变化，多数的宝宝都会被吸引住。

颜色对比强烈的物体：宝宝对黑白色或是其他对比强烈的物体非常有兴趣，黑白色的玩具、毛巾、手帕等都可作为玩具。

可以让宝宝抓、握、咬的玩具：宝宝喜欢抓、握东西，而后还会将东西放到嘴巴中咬，这是因为她要利用嘴巴来探索物体。

安全镜子或附有镜子的玩具：宝宝喜欢看人脸，有一说是喜欢看妈妈的脸，因为看到妈妈就知道会有奶水可以喝。当她看到镜中影像时她并不知道那就是自己，但看镜子可以帮助她认识人的脸部轮廓。

任何玩具类型只要改变了材质，对宝宝来说就又是新的玩具，多让宝宝碰触不同材质的玩具或物体可以刺激她的触觉发展。

2个月宝宝的智能测评

满2个月的宝宝的智能测评如下：

❶ 看画：

A. 对喜欢的图画笑，对不喜欢的图画一扫而过，表现分明（10分）

B. 对所有图画表现一样（6分）

C. 从未看过图画（0分）

以10分为合格。

❷ 追视红球：

A. 向左右追视达180°，头和眼同时转动（10分）

B. 仅双眼转动，幅度小于60°（6分）

C. 不追视，双眼不动（0分）

以10分为合格。

❸ 看手，仰卧时伸手到眼前观看：

A. 10秒以上（12分）

B. 5秒（10分）

C. 3秒（6分）

D. 不看（0分）

以10分为合格。

❹ 随声转头：

A. 听到母亲的声音转头观看（10分）

B. 眼看不转头（5分）

C. 不动（0分）

以10分为合格。

❺ 物放入手心：

A. 紧握并放入口中（12分）

B. 握紧达2分钟（10分）

C. 握住马上放手（8分）

D. 不握掉下（2分）

以10分为合格。

❻ 高兴时发出韵母音啊、咿、哦、呃、呜等：

A. 3个（10分）

B. 2个（6分）

C. 1个（3分）

D. 不发音（0分）

以10分为合格。

❼ 饥饿时听到脚步声或奶瓶声：

A. 停哭等待（10分）

B. 哭声变小（8分）

C. 仍大声啼哭（2分）

以10分为合格。

❽ 逗笑时：

A. 45天前笑出声音（12分）

B. 45天后笑出声音（10分）

C. 微笑无声（8分）

D. 不笑（0分）

以12分为合格。

❾ 用勺子喂钙剂时：

A. 吸吮吞咽（8分）

B. 舌头顶出（4分）

C. 未喂成（0分）

以8分为合格。

❿ 俯卧抬头：

A. 下巴离床（10分）

B. 下巴贴床（8分）

C. 抬眼观看（4分）

D. 脸全贴床（2分）

以10分为合格。

⓫ 竖抱时：

A. 头直立不用扶持（6分）

B. 头垂前方（4分）

C. 头仰后（2分）

以6分为合格。

⓬ 扶腋在硬板床上自己迈步：

A. 10步（10分）

B. 8步（8分）

C. 6步（6分）

D. 4步（4分）

E. 不动（0分）

以4分为合格。

结果分析

　　1、2、4题测认知能力，应得30分；3、5题测精细动作，应得20分；6、7题测语言能力，应得20分；8题测社交能力，应得12分；9题测自理能力，应得8分；10、11、12题测大肌肉运动，应得20分，共计可得110分，总分在90～110分之间为正常，120分以上为优秀，70分以下为暂时落后。哪一道题若在及格以下可先复习0～30天相应的题目，练好后再学习本年龄组的试题。若哪一道题在A以上，可跨过本月的练习，练习下一个月的相应题。

Part 3

第3个月
女宝宝养育

Di sangeyue Nvbaobao Yangyu

第3个月女宝宝发育特点

女宝宝 3 个月体格发育指标

项目	年龄组	下限值	上限值
身高	3 月	54.2 厘米	67.0 厘米
体重	3 月	4.40 千克	8.71 千克
头围	3 月	约为 39.5 厘米	
胸围	3 月	约为 40.8 厘米	
囟门	1～3 月	1.5～2 厘米	

第3个月宝宝发育状况

宝宝的最初 3 个月是体格发育最快的时期，反映宝宝体格发育最常见、最重要的指标就是宝宝的体重和身高。

体重

正常宝宝平均每天增重 25～30 克。当宝宝患有消化不良、腹泻等疾病，仅仅几天就可表现出体重下降。观察宝宝体重增长的趋势，即可了解她近期的营养状况。这个时期的体重已比初生时增加了 1 倍。

身长

宝宝的身长受种族、遗传、环境等因素的影响较明显，营养因素的影响短期内表现不出来，一般需要半年以上才能反映出来。所以说身长是反映小儿远期营养状况的指标。这个时期的身长较初生时增长了约 1/4。由于宝宝的体重增长比身长增长快，所以宝宝看上去胖乎乎的。

头围、胸围

头围相对较胸围增长得慢。

由于胸部器官发育较快，因此胸围也增长较快，此时，胸围的实际值开始达到或超过头围。

感觉发育

3 个月的宝宝视觉有了发展，开始

对颜色产生了分辨能力，对黄色最为敏感，其次是红色，见到这两种颜色的玩具很快能产生反应，对其他颜色的反应要慢一些。3个月的宝宝已经认识奶瓶了，一看到大人拿着它就知道要给自己吃饭或喝水，会非常安静地等待着。在听觉上，发展也较快，当听到有人同她讲话或有特别的声响时，宝宝会认真地听，并能发出"咕"的应和声，并用眼睛追随走来走去的人。

随着月龄的增长，宝宝的听觉能力也在逐步提高，到3个月时，宝宝的听力有了明显的发展，在听到声音后，头能转向声音发出的方向，并表现出极大的兴趣；当成人与她说话时，她会发出声音来表示应答。

因此，在日常生活中，应多和宝宝说话，适当让宝宝听一些轻松愉快的音乐等，这将有利于宝宝的听觉发育。

■ 动作发育

3个月的宝宝，头能够随自己的意愿转来转去，眼睛随着头的转动而左顾右盼。大人扶着宝宝的腋下和髋部时，宝宝能够坐着。让宝宝趴在床上时，她的头已经可以稳稳当当地抬起，下颌和肩部可以离开桌面，前半身可以由两臂支撑起。当她独自躺在床上时，会把双手放在眼前观看和玩耍。扶着腋下把宝宝立起来，她就会举起一条腿迈一步，再举另一条腿迈一步，这是一种原始反射。此时的宝宝还会用小脚踢东西。

■ 语言发育

3个月的宝宝在语言上有了一定的发展，逗她时她会非常高兴并发出欢快的笑声，当看到妈妈时，脸上会露出甜蜜的微笑，嘴里还会不断地发出"咿呀"的学语声，似乎在向妈妈说着知心话。若是发起脾气来，哭声也会比平常大得多。这些特殊的语言是宝宝与大人的情感交流，也是宝宝意识的一种表达方式，父母应对这种表示及时地作出反应。

■ 心理发育

3个月的宝宝喜欢听柔和的声音，会看自己的小手，能用眼睛追踪物体的移动，会有声有色地笑，表现出天真快乐的反应。对外界的好奇心与反应不断增长，开始用"咿呀"的发音与你对话。

3个月的宝宝脑细胞的发育正处在突发生长期的第二个高峰的前夜，这时不但要有足够的母乳喂养，也要给予视、听、触觉神经系统的训练。每日生活逐渐规律化，如每天帮宝宝作俯卧抬头训练20～30分钟。宝宝睡觉的位置应有意识地变换几次。可让宝宝追视移动物体，用触摸抓握玩具的方法逗引宝宝发育，也可做宝宝体操等活动。

这个时期的宝宝最需要人来陪伴，当她睡醒后，最喜欢有人在她身边照料她、逗引她、爱抚她、与她交谈玩耍，这时她才会感到安全、舒适和愉快。

总之，父母的身影、声音、目光、微笑、抚爱和接触，都会对宝宝的心理造成很大影响，对宝宝未来的身心发育，建立自信、勇敢、坚毅、开朗、豁达、富有责任感和同情心的优良性格，会起到很好的作用。

第3个月宝宝的日常保健

给宝宝作空气浴和日光浴

室外空气相比之下比室内空气新鲜，含氧量高，宝宝常到室外接受新鲜空气，进行空气浴，不仅能使宝宝的皮肤得到锻炼，而且可以增强抵抗力，减少和防止呼吸道疾病的发生，有利健康。

宝宝出生后2～3周，就要让其逐步与外界空气接触。夏天要尽量把窗户和门打开，让外面的新鲜空气在室内自由流通。春、秋季，只要外面的气温在18℃以上，风又不大时，就可以打开窗户。冬天在温暖的时刻，也可每隔一小时打开一次窗户，每次5～8分钟，以流通空气，让宝宝呼吸到新鲜空气，有利于宝宝生长发育。

宝宝在逐渐适应室外空气后，从第3个月起可以作日光浴。

日光浴有促进血液循环、强壮骨骼和牙齿生长的功效，并能增加食欲，帮助睡眠。

作日光浴须循序渐进，刚开始时可选在中午阳光照射充足的房间，打开窗户晒太阳（隔着玻璃的日光浴达不到效果），每天一次，每次晒4～5分钟，持续2～3天。适应后，再让宝宝到户外作全身的日光浴，时间最长不超过30分钟。最好每天晒晒太阳，对宝宝更有好处。作完日光浴后，要给宝宝喂些水或果汁。

日光浴时要注意的事项：

❶ 不要让宝宝的头部特别是眼睛晒到太阳，注意把头部置于阴凉处或者让宝宝戴上帽子。

❷ 只可以在宝宝身体状况良好的时候作日光浴，在宝宝身体状况不佳时，不要勉强。

❸ 作日光浴时要避免阳光直射。

逗宝宝笑要适度

有的人看见又白又胖的宝宝，总要用手触宝宝的腋窝、颈部等处，逗得宝宝笑声不绝，这种逗法，其实是有害的。

对宝宝的逗笑过多，可能导致宝宝瞬时窒息、缺氧，引起暂时性的脑缺血。倘若经常过多逗宝宝笑，不仅有碍宝宝生长发育，还会造成口吃的不良习惯，如若大笑过多，还可能造成下颌关节脱臼。所以，不论父母或旁人，在逗宝宝笑时，应该适可而止，不要使宝宝过度地笑，以防造成笑害。

定时给宝宝作体格检查

一次健康检查只能反映宝宝当时的健康状况。只有通过定期多次的连续检查，对检查结果进行前后对比，才可以看出宝宝生长发育和其他健康状况的动态变化，才能对宝宝的健康状况作出较准确的评估。

定期健康检查的检查次数和时间一般是：1岁以内查4次，分别在出生后3个月、6个月、9个月和12个月；1岁~3岁，每半年检查一次；3岁~7岁，每一年检查一次。如有问题，应根据医生要求增加检查次数。通常，在宝宝出生后3个月内，就应带宝宝到当地的保健部门进行健康检查，并为宝宝建立一个健康档案。

健康检查的内容通常包括：询问宝宝的生活、饮食、大小便、睡眠、户外活动、疾病等一般情况；测量体重、身长、头围等并进行评价；全身体格检查；必要的化验检查（如检查血红蛋白数）和特殊检查（如智力检查）等。根据检查结果向父母进行科学育儿指导和宣教。

给宝宝测量胸围和头围

胸围是沿乳头下缘绕胸一周的长度。测量时，应取呼气与吸气时的平均数记录。

胸围反映了胸廓、胸背肌肉、皮下脂肪及肺的发育程度，营养差者胸围较小，显著的胸廓畸形见于佝偻病、肺气肿和心脏病。所以，定期为婴幼儿测量胸围，是保持健康、预防疾病的措施之一。

测量胸围时，3岁以下的小儿宜取卧位，3岁以上的小儿宜取立位；两手自然平放或下垂，将软尺0点固定于乳头下缘，拉软尺接触皮肤，经两肩胛骨下缘回至0点，取平静呼、吸气中间读数，或呼、吸气时平均数。

新生儿出生时胸围比头围小1~2厘米，平均为32.4厘米；1岁时胸围与头围大致相等；1岁后胸围超过头围，其差数（厘米）约等于小儿的岁数。

测量头围时，先寻找宝宝两条眉毛的眉弓（眉弓就是眉毛的最高点），将软尺沿眉毛水平绕向宝宝的头后；寻找宝宝脑后枕骨结节，并找到结节的中点，再将软尺绕回重叠交叉，交叉处的数字即为宝宝头围。

注意软尺不能过松或过紧，否则测出的数据也不会准确。

观察头、胸围交叉时间亦可作为衡

量发育是否正常的一项指标。一般说来，若头、胸围交叉时间延至 2 岁以后，为胸围发育落后的表现。

测量头围的方法

如何给宝宝测量身长

身长——指从头顶至足底的垂直长度，它是反映骨骼发育的一个重要指标。

身长又称身高。其增长规律和体重一样，年龄越小增长越快。出生时平均为 50 厘米，生后前半年每月平均长 2.5 厘米，后半年每月平均长 1.5 厘米；1 周岁时达 75 厘米；2 周岁时达 85 厘米；2 岁以后平均每年长 5 厘米。所以，2 岁以后的小儿身长可按"年龄×5＋75"计算。注意：无论是身长还是体重，12 岁以后不能按上述公式计算。

身长包括头部、脊柱、下肢的长度。这三个部分的发育进度并不相同，一般头部较早，下肢发育较晚。因此，医学上有时须分别测量上部量（从头顶到耻骨联合上缘）及下部量（从耻骨联合上缘至足底），以检查其比例关系。

影响身长的内外因素很多，如遗传、种族、内分泌、营养、运动和疾病等。身长显著异常者大都由于先天性骨骼发育异常或内分泌疾病所致。一般低于正常 30％以上为异常，宝宝可能患有佝偻病、营养不良、软骨发育不全、克汀病、糖尿病等。

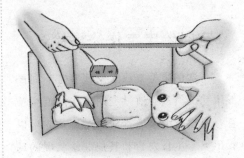

测量身长的方法

学会使用宝宝生长曲线图

生命初期宝宝的体重、身高、头围等的观察记录是不容忽视的健康指标。家长想要了解宝宝的生长发育是否正常，了解宝宝和妈妈的膳食营养情况，不妨学会使用"儿童生长曲线"。在各大医院的儿童保健门诊，都有适用于 0～5 岁宝宝生长发育评价的分析图表，主要用于儿童生长发育评价。爸爸妈妈要学会看宝宝的生长曲线图，对宝宝的生长发育做到心中有数。

生长曲线图

"生长曲线图"是将 100 个同年龄儿童身高、体重、头围的数值作出统计与测量，画出常态分布曲线图，排在中间位置数值称为"第 50 百分位"，中间部分是最多数的一群。以体重来看，排在第 97 百分位数值的宝宝，表示该体重对于同年龄宝宝来说，属于体重较重的一群，反之，排在第 3 百分位的宝宝就表示体重不足。不过，生长曲线图并非单看其中一个点，身高、体重、头围三者缺一不可。

❶ 生长曲线图底部的直线是孩子的年龄数，每一小格表示一个月。左边的竖线是孩子的体重数，每格 1000 克。

❷ 给孩子称体重以后，在底部找月龄，在左边的竖条找体重，然后在两者交叉处画一小圆点。

❸ 在给孩子称过几次体重之后，就可以将几个圆点连成线，这就是孩子的生长曲线。

❹ 生长曲线图上有两条曲线是参考线，两者间是健康范围。

在宝宝出生后的 1、2、3、4、5、6、9、12 个月应各称一次体重；1～3 岁，每隔半年称 1 次；3～7 岁每年称 1 次。将每次结果标在生长曲线图上，描成体重曲线，然后对小儿体重曲线的形态和趋势进行客观的评价。如果孩子的体重曲线与标准体重曲线平行，表示生长速度正常；如果体重曲线平坦或向下，则表示生长缓慢，应该积极寻找原因。

孩子体重的增长不是一个直线上升的过程，而是有一定规律的。出生早期体重增长比较快，以后逐渐减慢，到青春期再次快速增长。一般出生 3 个月后婴儿的体重可以比出生时增加一倍，生后第一年内孩子的体重可以增长 6 千克，第二年只增长 2～2.5 千克。2 岁以后到 10 岁以前，每年体重增长只有 2 千克左右。因此当孩子 1 岁左右时，常常有家长很着急，为什么孩子体重增加明显减少，其实这是正常的。

早产儿通常以矫正月龄为成长曲线的参考依据，但过了 2 岁以后，就可以依照正常小孩的曲线来衡量。

新生儿出生体重大约在 3500 克，只要曲线在正常范围（第 10～90 百分位）内，且一直都沿着曲线往上走，就是标准的。但若在没有任何特殊状况（如感冒、厌奶期），掉下一格还能接受，超过两格标准差就是有明显意义的异常。持续维持高或低的曲线都是能接受的范围，但如果在一两个月内突然掉了两格，也就是上下差了 30～50 个百分位时，就有其特殊的意义，可能有厌食严重、某方面的疾病、营养素不足等问题，必须关注。

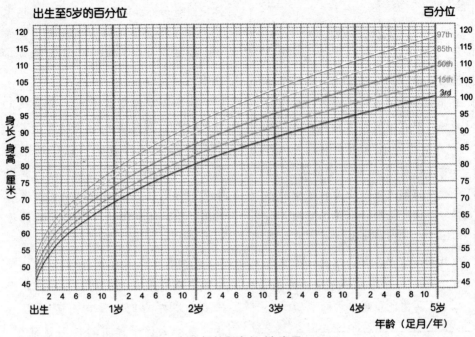

女孩年龄别身长/身高图

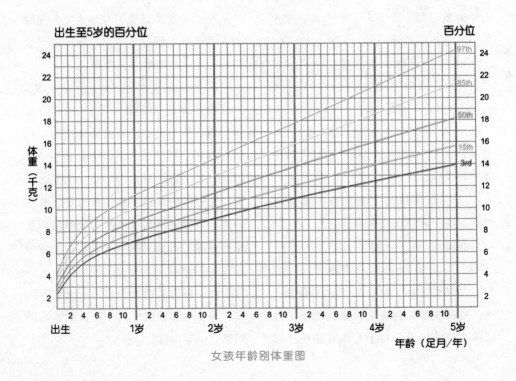

女孩年龄别体重图

➕ **词汇解读**

矫正月龄

早产儿使用正常婴儿生长发育曲线图时，应注意采用矫正月龄进行评估。

矫正月龄＝出生后月龄－（40－出生时孕周）/4。

举例：32孕周出生的小宝宝，现已出生3个月，她的矫正月龄＝3－（40－32）/4＝1个月。这时可将孩子的身高、体重和头围与正常婴儿生长曲线图中1月龄进行比较。矫正月龄使用到孩子满24个月时。

给宝宝称体重的意义

体重——为各器官、组织、体液的总重量，是代表体格发育尤其是营养情况的重要指标。

在体重增长的过程中，同年龄男孩与女孩的增长情况不一致。例如，10岁以前一般男重女轻；青春期女孩发育开始较早，12～14岁时女孩的体重会超过男孩；14～16岁时男孩的体重又会超过女孩。但是，同一年龄小儿体重增长的个体差异较大，其波动范围可在±10%之内。

体重增长过快过多，超过一般规律时，应注意有无疾病的存在，如肥胖症、巨人症等。体重不足，低于标准15%以下时，则应考虑营养不良、慢性消耗性疾病及内分泌疾病等。

新生儿出生时的体重与胎次、性别及母亲的健康情况有关，如第一胎较轻，男孩较女孩稍重。平均出生体重为3千克（2.5～4千克）；1周岁时增至9千克（3倍）；2岁时增至12千克（4倍）；2岁以后平均每年增加2千克。所以，小儿的体重可以按："年龄×2＋8"计算。

注意：为小儿称体重应在晨起空腹排尿后进行，并按月如实记录。

早期发现宝宝听力障碍

大脑听觉中枢是在出生后，不断受环境的声音刺激，才得以发育完成。换言之，3岁以后人脑的可塑性逐渐变差，大脑中原先被设计用于听力、语言的细胞逐渐转变成其他用途，故此时要再让它恢复原有的听语功能，就相当困难。而这3年当中，又以前6个月的听力对听语的正常发展最为重要。

据统计，每1000名新生儿中，就有2～3名有双耳听力上的问题。由于听力问题较不易由外观上发觉，往往轻、中度听损的婴儿会错过0～6个月大的黄金疗育期。对于重度听损儿童诊断出的年龄平均为1.5岁，中重度听损为3.5～4岁，然而，孩童发展语言的黄金时期是0～6岁。

可惜的是，多数家长没有警觉到宝

宝的听力有问题，因而错过早期治疗的黄金时段。虽然双侧轻、中、重度听损的发生率大约是 2‰～3‰，但 90% 以上仍具有可利用的存余听力，多数借由佩戴助听器或少数需要植入人工电子耳，只要善加利用所扩增的存余听力，孩子仍有机会能学会开口说话。

➕ 养育小叮咛

哪些宝宝应主动接受听力筛检

＊有听障家族史

＊婴儿出生时伴随先天性的病毒感染（如弓形虫症、德国麻疹、水痘、梅毒等）

＊出生时有严重呼吸困难

＊出生体重小于 1500 千克

＊曾有急需输血的黄疸现象

＊曾经严重缺氧

＊曾罹患细菌性脑膜炎

＊需机械性辅助呼吸 5 天或以上者

＊头颈部有先天性畸形的新生儿

简易居家听力语言行为评量表

出生～2 个月大	3～6 个月大
＊巨大的声响（如用力关门声、拍手声）会使孩子有惊吓的反应 ＊孩子浅睡时会被大的说话声或噪声干扰而扭动身体	＊当你对着孩子说话时，她会偶尔发出咿咿呀呀的声音或是有眼神的接触 ＊会对一些环境中的声音表现出兴趣（如电铃声、狗叫声、电视声等）
7～12 个月大	1 岁～2 岁大
＊开始牙牙学语，并自得其乐 ＊喜欢玩会发出声音的玩具 ＊当你从背后叫她，她会转向你或者有咿咿呀呀的声音	＊可以说简单的单字（如爸爸、妈妈） ＊2 岁左右时能够重复你所说的话、词组（如不要、没有了）或是短句子（如爸爸去上班）

宝宝有下列的状况，需要作听力检查：
＊说话比同年龄的孩子不清楚
＊无法像同年龄的孩子一样与人沟通
＊常要求别人重复述说
＊在家或在学校似乎都不专心
＊在看电视或听音乐时，音量设定得比其他人大声
＊有多次中耳感染

注：以上评量表仅供家长参考，不能取代专业的听力检查，若怀疑孩子的听力或说话有问题，请带孩子作进一步的专业听力检查。

一般说来，妈妈和孩子朝夕相处，她的观察及直觉是相当正确的。根据研究统计，妈妈直觉观察宝宝听障之正确率高达94％。对于有怀疑的病例，便须作进一步检查。

婴幼儿听障的治疗方法

婴幼儿听障治疗方法有以下五大类：

❶ 药物治疗。如急性中耳炎、中耳积液，多数可用药物改善。

❷ 手术治疗。长期、反复性中耳积液者，可考虑装中耳通气管。中耳积液究竟要用药物或中耳通气管，耳科医生有充分经验与能力作判断。另外，外耳道先天畸形者，亦可做手术改善。

❸ 助听器。大多数（约9/10）的听力损失患者，可借由装置助听器获得改善，只有少数才需要人工电子耳。

❹ 人工电子耳。对于双耳皆为极重度听损之儿童，若佩戴助听器不足以协助她发展语言，则建议考虑动手术植入人工电子耳。然而人工电子耳需要手

➕ 词汇解读

助听器

助听器是个小型的扩音器，扩大外界的声音再送入耳内，不过对极重度的听损儿帮助有限。因此，在经济许可下，多数父母会考虑植入人工电子耳来帮助极重度听损的孩子。

人工电子耳

人工电子耳是一种电子装置，可帮助那些未能从助听器得到帮助的极重度听障者，重获可用的听力。它的功能是代替病变受损的听觉器官，把声音转换成编码的电子信号，传入人体的内耳耳蜗，刺激残留的听神经纤维，再由大脑产生听觉。

术植人，并不是每位幼儿均适用（例如，全身麻醉不适应症者、耳蜗严重发育不全或听觉神经细小之病患并不合适），因此应接受详细的术前评估。

❺ 听语复健。任何程度的听损儿童，在装置助听器或人工电子耳后，均需要接受听语复健及特殊教育，才能帮助孩子对生活及学习有较良好的适应。

多大的宝宝可以使用闪光灯照相

闪光灯对眼睛是较强的光刺激，人体本身可通过不同的保护机制进行本能防护，比如瞬目阻挡光线射入眼底、缩瞳调节感光强弱、眼泪对光线产生折射等。

但是，这些本身的保护机制对于成年人来说可能不算什么，小婴儿要做到这些有困难。

胎儿出生前生活在母体子宫这一"暗室"，出生后对外界光线要逐步适应；而宝宝出生后眼睛仍处于发育过程，这种主动保护机制也不完善。例如，同眼睛运动有关的睫状肌环状纤维要到 7 岁才能发育完全，与视物成像有关的眼底黄斑部要到出生后 4 个月才发育完全等。

当婴儿被强光直射时，可使视网膜神经细胞发生化学变化，瞬目及瞳孔对光反射不灵敏、泪腺发育差使角膜干燥等可引起视网膜和角膜灼伤甚至导致失明。

因此，5 岁以下，特别是 6 个月以内的小儿，照相时要尽量应用自然光，避免使用闪光灯，特别是避免直接面对闪光灯拍照。

帮助宝宝学翻身

■ 第一步：从仰躺到侧卧

先将宝宝仰面放在床上，从后轻轻地把右腿放在左腿上面，使宝宝的腰自然扭过去，肩也会转一周，多次练习后宝宝便能学会翻身。

让宝宝侧身躺在床上，逗引宝宝，她会顺势将身体转成仰卧姿势。

■ 第二步：从侧卧到俯卧/仰卧

同样从宝宝的身后，扶住宝宝的肩膀和大腿，帮宝宝翻转身体。翻身后可能会出现其中一只手臂压在胸下动弹不得的情形，要帮宝宝挪好手臂的位置，以后再慢慢训练她自己把手臂抽出来。

一旦宝宝学会了翻身，就会喜欢翻过来翻过去这种运动。这时要谨防宝宝从床上翻落下来。

由于个体差异，宝宝学习翻身会有早有晚，如果到了半岁，宝宝仍然不会翻身，妈妈就应该引起重视了，看看是不是以下因素阻碍了宝宝学会翻身。

❶ 体重超标。宝宝如果长成了大胖子，可能就懒得动弹了。

❷ 体弱缺钙。肌肉和骨骼是动力的源泉。如果肌肉无力，骨骼缺钙，宝宝就会觉得运动困难了。父母要留心观察宝宝是不是营养不良，及时调整饮食。

❸ 衣服束缚。宝宝穿多了，自然想动也动不了。所以如果宝宝在冬天学习翻身，妈妈要尽量保持室内温度，减少衣服对运动的阻力。

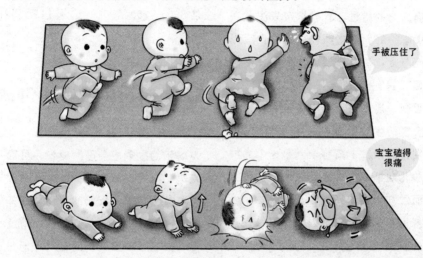

宝宝有趣的翻身姿势

第3个月宝宝的喂养

3 个月婴儿食品添加表	
母乳	依宝宝的需求来哺乳，哺喂时间不定
婴儿配方	一天喂 5～6 次，每次 150～180 毫升

怎样提高母乳质量

宝宝在这一时期里生长发育是很迅速的，食量增加。当然每个宝宝因胃口、体重等差异，食量也有很大差别。做父母的，不但要注意到奶量多少，而且还要注意奶的质量高低。母乳喂养要注意提高奶的质量，有的母亲只注意在月子中吃得好，忽略哺乳期的饮食或因减肥而节食，这是错误的。宝宝要吃妈妈的奶，妈妈就必须保证营养的摄入量，否则，奶中营养不丰富，会直接影响到宝宝的生长发育。3个月是宝宝脑细胞发育的第二个高峰期（第一个高峰期在胎儿期第10～18周），也是身体各个方面发育生长的高峰，营养关系到今后的智力和身体发育，因此一定要提高母乳的质量。

人工喂养的宝宝要多喂水

3个月以内的宝宝肾脏浓缩尿的能力差，如摄入食盐过多时，水就会随尿排出，因此需水量就要增多。母乳中含盐量较低，但牛奶中含蛋白质和盐较多，故用牛乳喂养的宝宝需要多喂一些水，来补充代谢的需要。总之宝宝年龄越小，水的需要量就相对要多。一般婴幼儿每日每千克体重需要120～150毫升水，如5千克重的宝宝，每日需水量是600～750毫升，这里包括奶中的水量。

宝宝是否可以夜里不吃奶

大概需要到4个月大之后，宝宝夜晚喝奶的次数才会逐渐变少，可能从一晚喝4次奶变成喝1～2次。倘若妈妈想要改变宝宝喝夜奶的习惯，譬如宝宝的睡眠时间是晚上11点，且喝过一次奶，那么下一次喝奶的时间可能是次日凌晨1～2点，这时候，妈妈喂奶之余，可以让宝宝再喝一点水，然后逐渐增加喝水的量，并逐渐减少喝奶的量。如此一来，宝宝便不会习惯晚上喝奶了。

育儿难题 Q&A

Q：我是爱漂亮的妈妈，坐完月子后，何时才能吃减肥药、染烫发呢？

A：坐完月子后，若仍在哺喂母乳，则减肥药等仍需避免。且在喂食母乳期间，母亲的营养需求仍很高，不应刻意减肥造成营养不良而影响母乳喂食的质量。若是想靠减肥药减肥，需看新陈代谢科门诊，由新陈代谢科医生决定。至于染烫发较无影响。

Q：我是喂母乳的妈妈，夏天到了，很容易流汗，可以使用腋下止汗剂或体香剂吗？这些东西会影响我的母乳品质吗？

A：一般来说，止汗剂或体香剂的使用并不会影响母奶的质量，但因为位置太靠近乳房，因此不能不注意卫生问题，建议每次喂奶前仍要清洗乳头及周围皮肤，以避免婴儿误食。

Q：我家宝宝快满3个月了，她习惯仰睡，头已经睡得有点扁扁的了，该如何让宝宝头形睡得漂亮一点呢？另外，我姐姐的小孩6个月，她经常趴着睡，结果脸有点歪、不对称，该如何让宝宝的脸形恢复对称形状呢？

A：宝宝在前4个月大时，可塑性强。头形哪一种算是漂亮是因人而异的，有人喜欢扁的，有人喜欢圆的，不同的睡姿会产生不一样的脸形。4～6个月前的宝宝不会翻身，还能任人摆布，过了这年纪也只能顺其自然了。最重要的是不要老是摆同个方向，而造成头形不对称、脸大小边，可以利用布卷或枕头当依靠，让宝宝左右平均睡，以维持头形及脸形的对称。

Q：为什么要给宝宝穿纱布内衣？

A：纱布内衣的透气性高，可以帮助宝宝排汗，保持肌肤干爽。宝宝的汗

腺较为发达，加上体温比成人高，因此很容易就会玩得满身大汗。这时候如果宝宝没有穿纱布内衣，汗水浸湿外衣，加上风一吹，很容易就会带走皮肤表层的温度，让宝宝开始打喷嚏。

Q：早产儿多大后可以参照正常婴幼儿的标准？

A：早产儿通常以矫正月龄为成长曲线的参考依据，但过了2岁以后，就可以依照正常小孩的曲线来衡量。

Q：生长曲线呈现什么走向，父母就该注意？

A：新生儿出生体重以3500克为标准，只要曲线落在正常范围（第10～90百分位）内，且一直都沿着曲线往上走，就是标准的。但若在没有任何特殊状况（如感冒、厌奶期），掉下一格还能接受，超过两格标准差就是有明显意义的异常。持续维持高或低的曲线都是能接受的范围，但如果在一两个月内突然掉了两格，也就是上下差了30～50个百分位时，就有其特殊的意义，可能有厌食严重、某方面的疾病、营养素不足等问题，必须关注。

Q：各国的生长曲线标准都一样吗？

A：各国的生长曲线标准不尽相同，略有差异。

Q：我的宝宝3个月，宝宝预防接种是全国统一的吗？

A：接种的种类是全国统一的。卫生部规定：各级卫生行政部门应对接种单位和接种人员的资质进行认证，严格按卫生部《预防接种工作规范》规定，

规范预防接种服务，任何单位和个人不得擅自进行群体性预防接种。

Q：宝宝3个月，周围有些妈妈说宝宝接种疫苗后，不能吃鸡蛋、鱼等食物，生怕这些食物会使接种部位"发"起来，宝宝因此发烧而使抵抗力降低，这样做对吗？

A：其实这样做是走进了一个误区，因为接种后获得的免疫作用常常体现在所产生的抗体质量上，如果多吃蛋白质含量丰富的食物，身体吸收后就会使制造抗体的原料增多，恰恰能促进免疫力的增强。反之，若是饮食上"忌口"，便会使体内制造抗体的原料不充足，阻碍抗体的产生，因此不能达到预期的免疫力。

第3个月宝宝的早教方案

如何增进宝宝触觉发展

宝宝刚出生时，嘴巴、手心、脚底都是触觉比较敏感的部位；到3个月大时，宝宝便开始触摸伸手可及的物品，对任何抓得到的物品都感到相当好奇；6个月大左右，宝宝已经能做出抓、握、拍、拿的动作了，也能分辨出不同形状的玩具；当宝宝9个月大以后，对于周遭的一切更是感到兴致勃勃。

生活在都市中的宝宝们，因受到空间环境的限制，活动空间仅限于居住的房屋内，加上现今父母过于保护孩子的心态，宝宝很少有机会能接触到婴儿床外的世界。

那么，在有限的生活空间内，如何创造让宝宝增加触觉刺激的机会呢？

建议家长多让宝宝尝试碰触不同的东西，当宝宝的手开始学习抓取物品的时候，家长便能试着让宝宝去摸摸软软的布偶，或是大小不同的圆球、各种形状的积木、柔细的棉布和略为粗糙的布面；等宝宝的手部抓取能力更强之后，便能开始让宝宝尝试抓取不同形状的物品，训练宝宝的手部肌肉。当然，你也能利用市面上各式各样的游戏书（布书），来帮助宝宝认识这个崭新的世界。

当宝宝开始学习爬行后，宝宝探索世界的行为更是大为展开，此时宝宝对于任何物品都充满着好奇，看到任何新奇的玩意儿，都会想爬过去瞧瞧，活动力相当惊人。这时候，建议家长在家中可以利用巧拼垫或是地毯、棉被，让宝宝在不同的表面上爬爬看，也能带给宝宝不同的刺激，增进宝宝的触觉发展。

等宝宝开始学步后，探索的世界就更为广泛了。这时候，无论是地上的泥土、落下的树叶、盛开的花朵等，都能让宝宝感到相当新奇好玩，而这时候若能让宝宝多接触大自然，对宝宝的触觉发展是相当有帮助的。

不过，需提醒父母的是，在宝宝尽情探索的时候，一定要有人在一旁注意小宝宝的安全，将太过尖锐的物品事先收好，才不会让小宝宝受伤。

➕ 词汇解读

五感

"五感"指的是触觉、听觉（前庭觉）、视觉、嗅觉、味觉这五种感官上的感觉。

怎样促进宝宝听觉发展

听觉是人类最原始的感官知觉之一，宝宝一出生便有一定程度的听觉能力，包括会对声音有反应、会试着寻找声源等。科学研究显示，宝宝的听觉在胎儿约5个月时开始发育，而此时胎儿最常听见的声音是妈妈的心跳声。

■ 哪些声音能安抚宝宝的情绪

频率相近、持续性、轻柔的语调，都能让宝宝感到安心、有安全感。而小宝宝在妈妈的子宫中时，最常听到的就是妈妈的心跳声，所以当宝宝情绪不稳

的时候，只要妈妈将宝宝抱进怀里，宝宝就会立刻安静下来了。此外，像是挂在婴儿床上的音乐铃，因为铃声频率相似、节奏缓慢，且一直重复播放，所以也能帮助宝宝安定情绪。

■ 该用什么声音和宝宝说话呢

宝宝和大人一样，都不喜欢刺耳嘈杂的尖锐声音，加上宝宝的耳内鼓膜还很脆弱，无法负荷太过嘈杂的声音，因此，和宝宝说话时，最好能像妈妈和宝宝说话时的轻柔语调一样，慢慢地以柔和的语气和她们说话。

■ 大自然的声音，对宝宝听觉感官刺激有帮助吗

宝宝喜好规律、轻柔、低频的音调，而大自然中包含了虫鸣鸟叫、山川溪流的声音，对宝宝来说，这些声音都是非连续性的声音，因此，对于刺激宝宝的听觉发展帮助并不大。

■ 多听声音，可以说得更好

当家长在诱导宝宝学说话的过程中，常常会对宝宝说，妈妈、妈妈或是爸爸、爸爸，就是希望通过这些重复性的音律，帮助宝宝将这些音记下来。因此，不只要让宝宝多听各种声音，重点是通过不断重复的听力练习，帮助宝宝牙牙学语。

如何提供视觉感官刺激

■ 爸爸妈妈蹲下来，和宝宝保持同水平

对宝宝来说，爸爸和妈妈的身高可

能是非常巨大的，但是大人往往容易忽略这点，因此经常都是脸朝下地对躺在婴儿床中的宝宝说话。建议家长不妨试着让自己蹲下来，让自己的视线和宝宝平行，如此一来，你便会了解，从这个高度所看出去的世界，和大人高高在上时的世界是那么的不同，也更能体会宝宝看出去的世界。

■ 宝宝开始只能辨别黑白

刚出生的宝宝的视力几乎只看得到黑白两色，而随着视觉发展，宝宝对物体的辨识程度加深，会开始快速移动视线去注意每一个部分。当宝宝四五个月大时，因为锥体细胞成熟，所以能够辨识简单的颜色，以红、蓝、黄三原色为主。因此，这时候家长不妨让宝宝多看一些各种原色的图形或色彩鲜艳的玩具，帮助刺激宝宝的视觉感官。

■ 让宝宝练习凝视及拿东西

宝宝再大一些之后，家长可以先在地上到处放置彩色圆球，让宝宝练习把圆球捡回来。刚开始，宝宝只能看一个捡一个，但等到学会作笼统的观察时，就可以依颜色或形状来辨别大致的位置，并从远到近一个个地捡回来。宝宝1岁之后，家长就可以进一步训练宝宝把纸屑拿去扔到垃圾桶、把糖果饼干拿给姐姐等移动式的动作，每天至少2~3次，教宝宝到达指定的地点，去做某事，也能增进宝宝的五感刺激。

■ 让宝宝练习用双眼看会动的东西

家长可以准备各种小玩偶或是玩具，在宝宝的视线范围内，不断地移动小玩偶，并吸引宝宝注意。家长也能以声音诱导宝宝看移动中的玩具，让宝宝练习用双眼看会动的东西。

宝宝嗅觉及味觉发展

宝宝零岁时，嗅觉及味觉感官已经开始发育，但是宝宝对于味道的认知几乎是零，因此，需要通过大人不断重复地告诉宝宝，让她们将各种味道和名称联系在一起。

■ 宝宝对味道的反应和大人一样吗

事实上，宝宝零岁时，嗅觉发展已经完全，宝宝对于太过刺激的味道也会感到不安，如樟脑油、香水等。但是因为宝宝的五感尚未完全交集，因此，宝宝无法正确定义什么是臭的味道，什么是香的味道，唯有等到宝宝再大一些之后，通过学习，宝宝才会知道，这种味道是该归类为香味或是臭味。

■ 宝宝可以认出妈妈的味道吗

宝宝出生后，最先、最常接触的人就是妈妈，加上妈妈还要哺喂母乳，因此无形当中，会让宝宝觉得靠在妈妈的怀中时，就是感到最舒适的时候。

■ 如何训练宝宝的嗅觉感官

宝宝对于嗅觉的认知，要靠着大人给予的刺激来学习。因此，妈妈在帮宝宝换尿布的时候，可以和宝宝说，尿布，臭臭，让宝宝渐渐学习这种味道，叫做"臭"；妈妈帮宝宝洗澡时，可以和宝宝说，宝宝要洗香喷喷的澡喽，让宝宝明白让自己感到舒适的味道叫做"香"。累积久了，宝宝自然就会将味道和认知联系在一起了。

■ 如何加强宝宝的味觉感官刺激

当宝宝的饮食进入辅食阶段之后，便是宝宝的味蕾大体验的时候了。那时可别一下子给宝宝太多的选择，这样才能通过观察宝宝的排便和吃的量，来判断宝宝是否喜欢这样食品，以及观察宝宝的肠胃是否能接受此样食品。此时，宝宝尚未接触太多的味道，因此，宝宝的食品最好以天然的味道为主，如蔬菜泥、果泥等。即便宝宝已经1岁了，也应该避免让宝宝立刻开始接触大人的食物，如炒面、卤肉饭、炸鸡等重口味的食物，才不会造成宝宝的味觉负担。

3个月宝宝的智能测评

3个月宝宝的智能测评如下：

❶ 认母：

A. 见到母亲主动投怀（5分）

B. 母亲离开时哭叫（4分）

C. 对谁都一个样（1分）

以5分为合格。

❷ 追视红球：

A. 头颈活动，上下左右环形追视（9分）

B. 会上下追视（6分）

C. 会左右追视（3分）

D. 小于60°左右追视，眼动头不动（1分）

以9分为合格。

❸ 眼看双手：

A. 互相抓握玩耍，抓脸、衣服、

被子（10分）

B. 手乱抓，眼看不着（6分）

C. 手不会抓物（0分）

以10分为合格。

❹ 牵铃的绳子套在某一肢体上：

A. 知道动哪一肢体使铃响（12分）

B. 全身滚动使铃响（10分）

C. 不会牵绳弄不出声音（2分）

以12分为合格。

❺ 会发长元音或双元音：

A. 3个（9分）

B. 2个（6分）

C. 1个（3分）

以9分为合格。

❻ 大人讲话时：

A. 大声叫答话（12分）

B. 小声答话（10分）

C. 笑而不答（8分）

D. 毫无反应（0分）

以10分为合格。

❼ 常常笑：

A. 见熟人笑，对镜子笑（10分）

B. 见人就笑（8分）

C. 人逗才笑（6分）

D. 很少笑（4分）

以10分为合格。

❽ 识把尿：

A. 会作表示，白天少湿床铺（10分）

B. 偶然成功一次（6分）

C. 常用尿不湿，不把（0分）

以10分为合格。

❾ 翻身90°：

A. 仰卧转侧卧（12分）

B. 俯卧转侧卧（10分）

C. 侧卧转仰卧（8分）

D. 侧卧转俯卧（6分）

以10分为合格。

❿ 俯卧抬头：

A. 抬起半胸用肘支撑（10分）

B. 抬头下巴离床（8分）

C. 眼睛往前看，下巴贴床（6分）

以10分为合格。

⓫ 俯卧，大人双手从两侧托胸并

举起宝宝：

A. 头、躯干和髋部成直线，膝屈成游泳状（10分）

B. 头、躯干成直线，下肢下垂（6分）

C. 头及下肢均下垂（2分）

以10分为合格。

⓬ 扶腋站在硬板床上迈步：

A. 5步（6分）

B. 4步（5分）

C. 3步（4分）

D. 1步（2分）

以5分为合格。

结果分析

1、2题测认知能力，应得14分；3、4题测精细动作，应得22分；5、6题测语言能力，应得19分；7题测社交能力，应得10分；8题测自理能力，应得10分；9、10、11、12题测大肌肉运动，应得35分，共计可得110分，总分在90～110分之间为正常，110分以上为优秀，70分以下为暂时落后。哪一道题若在合格以下可先复习31～60天相应的试题或该能力组的全部试题，再学习本年龄组的试题，若哪一题得分在A以上，可跨过本月的试题，练习下个月该能力组的试题。

Part 4

第4个月
女宝宝养育

Di sigeyue Nvbaobao Yangyu

第4个月女宝宝发育特点

女宝宝4个月体格发育指标

项目	年龄组	下限值	上限值
身高	4月	56.7厘米	70.0厘米
体重	4月	4.93千克	9.66千克
头围	4月	约为40.7厘米	
胸围	4月	约为41.3厘米	
囟门	4个月以后	逐渐骨化而变小	

第4个月宝宝发育状况

第4个月的宝宝仍然发育较快，而且此期是宝宝智能发育的一个关键时期，和前一个月相比，宝宝发生了很大的变化，父母应抓住这个宝宝感觉的"关键时期"，有针对性地开展一系列促进宝宝智能发育的培养和训练。

■ 动作发育

4个月的宝宝做动作的姿势较以前熟练了，而且能够呈对称性。将宝宝抱在怀里时，她的头能稳稳地竖起来。俯卧时，能把头抬起和肩胛成90°角。拿东西时，拇指较以前灵活多了。手

的活动范围也扩大了，宝宝的两手能在胸前握在一起，经常把手放在眼前，这只手拿那只手玩，那只手拿这只手玩，或目不转睛地看自己的手。这个动作是4个月大宝宝动作发育的标志。扶着宝宝站立时，双下肢已能支撑其体重。

■ 感觉发育

4个月的宝宝的听觉能力有了很大发展，已经能集中注意倾听音乐，并且对柔和动听的音乐声表示出愉快的情绪，而对强烈的声音表示出不快。听到声音能较快转头，能区分父母的声音，听见妈妈说话的声音就高兴起来，并且

开始发出一些声音，似乎是对成人的回答。叫她的名字已有应答的表示，她能欣赏玩具中发出的声音。

4个月的宝宝已能任意调节双眼的焦距，可以随意观察视野内的物体。4个月的宝宝在观看附近不同位置的小巧精致的物体时，会迅速地在物体的表面，从这一点仔细看到另一点，因为这个时期的宝宝，已变成一位精于观察的小宝宝了。

■ 语言发育

4个月的宝宝在语言发育和感情交流上进步较快。高兴时，她会大声笑，声音清脆悦耳。当有人与她讲话时，她会发出"咯咯，咕咕"的声音，好像在跟你对话。此时宝宝的唾液腺正在发育，经常有口水流出嘴外，还出现把手指放在嘴里吸吮的情况。

■ 心理发育

4个月的宝宝喜欢父母逗她玩，高兴了会开怀大笑、自言自语，似在背书，"咿呀"不停；会听儿歌且知道自己叫什么名字；能够主动用小手拍打眼前的玩具，见到妈妈和她喜欢的人，知道主动伸手找抱；对周围的玩具、物品都会表示出浓厚的兴趣。

第4个月宝宝的日常保健

🌸 给宝宝选择合适的枕头

3个月以前的宝宝颈部较短，一般不适宜使用枕头。而4个月以后的宝宝发育正常的话，头部活动已经很灵活，颈部增长，肩部增宽，已出现第一个脊柱生理弯曲，这时可以给宝宝睡枕头了。

父母给宝宝选择一个合适的枕头非常重要，需要从高度、厚度、内部、外部、材料、软硬度等各方面综合考虑。我们列出几个指标，父母为宝宝挑选枕头时，可以参照选择：

厚度：一般3厘米左右为宜，以后随着宝宝长大，可适当提高。

长度：一般30厘米左右为宜，严格来说，宝宝枕头长度与其肩宽相等为最佳。

宽度：一般15厘米左右为宜，宽度要比头稍长一点儿。

枕套：最好是棉布，因为其柔软，透气好；不要使用化纤布，这种布透气性能很差，夏天宝宝出汗时容易引起头部痱子、疖肿等皮肤病。

枕芯：应保持一定的松软度，可选用荞麦皮或者木棉做的。不宜太硬（如填充大米、绿豆），这样容易使宝宝颅骨变形，并且容易擦伤皮肤或引起头的枕部脱发；也不能太软，这样容易使宝宝的头陷下去，不利于宝宝血液流动，有时还有可能堵住宝宝的口鼻而发生意外窒息。

女宝宝皮肤需要特别呵护

婴儿的皮肤很娇嫩，也容易受伤，需要精心护理。

❶ 皮脂腺不发达。婴幼儿的皮脂腺不发达，所分泌的油脂较少，因此抵御外界细菌、病毒入侵的能力也较差，容易受到外界侵害。

❷ 汗腺不成熟。由于婴儿的汗腺不成熟，因此排汗功能较成人差，当天气太热或是衣服穿过多时，汗水容易阻塞在汗腺里，形成所谓的汗疹或痱子。

❸ 保水功能佳。婴儿皮肤的油脂虽然较少，但是角质层的保水功能却很好，所以看起来特别水嫩。

❹ 角质层薄。婴幼儿时期在一生中是皮肤角质层最薄的时候，这也代表皮肤抵御外界侵害的能力最差，因此，婴幼儿必须避免太阳光的强烈照射。一个人一生中所接收到的紫外线，有80%以上都是在儿童与青少年时期前接收到的，因此，爸妈得帮宝宝作好防晒。

❺ 汗流得多。宝宝大一些以后容易流汗，尤其是皮肤有褶皱的地方，像是手、脚内侧、脖子等。

❻ 皮肤不脏。因为婴儿脸上分泌的油脂不多，因此不易黏附到空气中油溶性的脏污，例如，香烟中的尼古丁、汽机车、工厂排放出的废气等。

❼ 冬季偏干。天气冷时，空气中的湿度下降，宝宝皮肤中的水分也会减少，再加上皮肤油脂少，保不住水分，所以皮肤会较夏天干燥。

宝宝皮肤保养方法

❶ 夏天保持干净。夏天宝宝汗流得较多，皮肤保养的重点在于将汗水洗掉或擦拭掉，并保持皮肤的干爽，只要宝宝的皮肤没有干燥现象，就不需要擦拭任何保养品。

❷ 冬天注意保湿。冬天时宝宝的皮肤比较干燥，可以在较干燥的部位擦保湿品。宝宝的皮肤如果只是有点干，只要擦拭乳液（油脂成分较低）就有不错的保养效果，如果宝宝的皮肤很干燥，如手与脚的皮肤，才需要使用油脂含量较高的乳霜或油膏类产品。爸妈可在宝宝洗完澡后适度使用保养品。

另外一种保湿的方法是，在洗澡水中加入几滴婴儿油，这样宝宝洗完澡后皮肤较不易干燥。当宝宝皮肤太干燥时，千万不要直接在宝宝皮肤上抹婴儿油，因为婴儿油只有油分，完全没有提供水分，很容易刺激宝宝的皮肤。

❸ 外出必防晒。阳光会伤害婴儿的皮肤，外出时要帮宝宝作好防晒，

不过，6个月以下的婴儿不适合涂抹防晒品，原因主要有几项：第一，含有化学成分的防晒品容易刺激婴儿皮肤。第二，物理性的防晒成分较不易清洗。第三，婴儿喜欢以手碰脸、揉眼睛，有时也会把手放到嘴巴里，如果脸上以及身体上擦有防晒品，可能会吃进嘴巴里。

因此，对宝宝来说，最好的方式就是避开阳光，不要让宝宝直接暴晒在强烈的阳光之下，应该使用帽子、遮阳伞、衣物或其他工具来遮蔽阳光。

宝宝洗澡注意事项

❶ 清洁次数。夏天约一天一次；清洁次数必须视宝宝的汗水多少和活动状况而定。夏天，宝宝通常汗流得较多，可以天天洗澡，有时候甚至需要一天洗两次。

❷ 冬天视状况而定。冬天，宝宝的皮肤比较干燥，汗流得也相对较少，可为宝宝清洗流汗或有脏污的部位，并不一定要天天洗澡，只要宝宝的身体不脏，甚至可以三天洗一次澡。不过宝宝的皮肤褶皱处，如手臂、腿部内侧、生殖器官（腹股沟、外阴部）以及其他有褶皱的地方，一定要用清水冲洗或是以湿布擦拭干净。

❸ 清洁方式。无论是夏天或冬天，洗澡水的温度不要太高，因为太热的水容易将宝宝皮肤上的保护膜洗掉。在门诊中常接触到洗澡过度而使皮肤异常干燥的宝宝，这些宝宝的爸妈可能担心宝宝的身体洗得不够干净，一天洗好几次，却不知道这样会把宝宝皮肤的保护膜洗掉。其实宝宝的皮肤并不脏，只要使用清水，或是再加上一点清洁用品就可以了。

❹ 选择温和低刺激的清洁品。一般的清洁用品可分为三大类，第一类是皂碱，也就是传统肥皂，其pH通常较高，介于9～10之间；第二类则是由多种界面活性剂混合而成的清洁品，pH介于5.5～7.0；第三类则是为极端敏感的皮肤所设计的无脂质清洁乳，这种清洁乳洗起来没有泡沫，相当温和。

宝宝应使用温和不刺激的清洁产品。因此宝宝不适合使用肥皂，因为正常皮肤的pH是4.5～6.5之间，而使用碱性的清洁品会破坏皮肤的酸碱平衡，尽管健康的皮肤有能力恢复到微酸的状态，但婴儿的皮肤调节功能较差。而第二类清洁品中，则应选择界面活性剂效果不要太强者，至于最温和的第三类产品则适用于所有宝宝。冬天洗澡的时候甚至可以只用清水清洗，而较脏的地方再用清洁品清洗即可。

女孩头发稀疏怎么办

即便在宝宝出生的时候头发就很稀少，家长也不必过度担心。

头发对女孩子而言，就如同面貌一样重要，所以头发比较稀少，一定会让父母相当地担心。然而头发的量其实是因人而异的。一般来说男孩的头发就会长得比较缓慢一些，女孩则快一些。

女孩子头发少不用担心，孩子越长越大，头发也越长越多，2岁以后，她的发量和其他孩子比较，不会出现太悬殊的现象。所以，即使是在孩子年幼的时候，发量比较稀少，家长们也不需要太过于担心。

第 4 个月宝宝的喂养

这一时期仍提倡纯母乳喂养

很多妈妈不能坚持母乳喂养，过早添加牛奶、奶粉、粥等，这常常是因为"奶水不足"，认为宝宝光吃自己的奶吃不饱。事实上，对于其中的大多数人来讲，这可能只是暂时的感觉。在宝宝的吸奶量有所增加时，如果妈妈的乳汁分泌量没有立刻跟上去，此时，妈妈及家人不要紧张、焦虑，妈妈应相信自己有能力用自己的乳汁喂养宝宝，并注意做到以下几点：

❶ 坚持勤哺乳，在原有的喂奶次数基础上再多喂几次，并坚持夜间哺乳。

❷ 保证宝宝每次哺乳有足够的吸吮时间，每侧乳房至少吸吮10分钟。有的宝宝刚吃几口奶就睡着了，致使吸吮时间过短，为防止这种现象的发生，在给宝宝喂奶时让宝宝凉些，不要穿得或盖得过多；宝宝睡着时可以轻轻捏宝宝的小手、小脚，也可轻拍宝宝面颊或移动乳头唤醒宝宝，以保证足够的吸吮时间。

❸ 保证妈妈休息好，同时要加强妈妈的营养，多喝汤、汁，如鸡汤、鲫鱼汤、排骨汤等。

一般来讲，经过上述努力，两三天后母亲就会感到奶水充足起来。

4～6个月健康宝宝可开始喂辅食

一般健康的宝宝应在满4～6个月开始添加辅食，一方面是因为4个月以下的宝宝肠胃消化能力较差，辅食可能会对肾脏造成过大的负担；另一方面，4个月以内的宝宝可由母乳或是配方奶获得成长所需的所有营养，并不需要再额外添加辅食。

对于有过敏家族史、有过敏体质或是已经出现过敏症状的宝宝，满6个月之后再给予辅食较为恰当，以免诱发或者强化宝宝的过敏体质。另外，若是宝宝有代谢异常或其他先天性的疾病，医生建议，也要延后给予辅食的时间。

宝宝在4～6个月时会出现下列现象，这些现象也在告诉爸妈们，可以为宝宝添加辅食了。

❶ 6个月之前宝宝有将送入口中的食物推出的反射，而这个反射已经消失。

❷ 头颈部可以挺直，并且与躯干呈一直线。

❸ 会注视家人进食，有时候会伸出手靠近食物。

❹ 对可以吃的食物表现出兴趣，并且有伸手拿取的动作。

❺ 唾液的分泌量比以前多，有时候会闭着嘴做咀嚼状。

❻ 喝奶时较不专心，且喝奶的时间拉长。

➕ 养育小叮咛

早产儿该何时添加辅食

早产儿添加辅食的时间点和正常儿一样，也是4～6个月，但必须要以矫正后的月龄来算，而非从出生后算起。

辅食添加原则

▪ 从好吸收、不易过敏、有纤维质的食物开始

辅食的添加种类顺序必须先从肠胃好吸收、不容易过敏，且又能增加肠胃蠕动的食物开始。在这个原则之下，建议的食物种类顺序大致是水果蔬菜，再者是糖类食物（如米、麦、马铃薯等），最后才是蛋白质与油脂类的食物，因此肉类、蛋等食物应晚点再给宝宝吃。

▪ 一次喂一种新食物，从少量开始

刚开始添加辅食时必须从少量（一茶匙或更少）试起，等到宝宝没有任何不适症状，如皮肤起红疹、腹泻等，再渐渐加量，同时每次只单独选择一种食物吃，等到适应后（3～4天之内）再吃另一种。如果吃得很顺利，才能够混合之前吃过的各种食物来吃，或以各类食物轮流喂食。

若宝宝的家族有过敏史，增加辅食种类的速度就必须再放慢，最好在一个星期以上。这样一来，如果宝宝发生过敏反应，才能知道是由什么食物造成的。如果宝宝吃完辅食发生腹泻、呕吐、皮肤起红疹等症状，应立即停止食用该种食物，并带宝宝去看医生，以确定过敏源。

■ 浓度由稀渐浓

辅食的形态应按照流质（果汁、蔬菜汁、汤汁）→半流质（糊状。糊状又可依照稀糊状、糊状、稠糊状的顺序来给予）→半固体（泥状）→固体食物这样的顺序来添加。

另外，当宝宝开始吃辅食时，也可让宝宝喝水，饮用的原则亦须从少量开始，慢慢让宝宝习惯喝水。

➕ 词汇解读

婴儿辅食

母乳以外的婴儿食品都是广义的辅食，是婴儿4～6个月之后必须补充的食物。从初期的流质食物如果汁、蔬菜汁，半流质食物如米糊、麦糊、水果泥、肉泥，到一般成人食用的半固体、固体食物，都可以称为辅食。

✿ 喂辅食的时机与次数

■ 在正餐（喂奶）之前给予

每个宝宝的体质不同，对新食物的接受度亦有别，有些宝宝可能一开始会拒绝新食物，若在宝宝吃完母乳或是配方奶之后喂食，很难吸引她吃，但如果在肚子饿的时候，也就是在喂奶之前先喂她吃一点辅食，而后再喂奶，成功的概率会比较高。

■ 先从取代一餐开始

添加辅食一定要慢慢来。假设宝宝原来一天吃六餐，那么可将一餐改为辅食，等到七八个月大之后，再增加为两到三餐。但最重要的还是依据宝宝的接受度来做调整。爸妈可选在自己时间较为充裕时为宝宝制作辅食，通常是白天，或是宝宝精神状况较好的时间，并选在三餐的时间给予，如在早、中、晚餐时给予，帮助宝宝逐渐养成在这三个时刻进食的饮食模式。

至于辅食要取代母乳或配方奶到什么地步，就得看宝宝接受辅食的状况了。一般来说，1岁左右的宝宝所能吃的食物种类已经几乎与成人相同，如果宝宝接受度很好，辅食就可成为主食，而母乳或是配方奶的角色就转为辅食了。

4～6个月婴儿辅食		
辅食	蔬菜水果类	糖类食物
建议形态	果汁、菜汁	白米粥、米糊、麦糊
一天建议分量	5～10毫升	30～50克

为宝宝添加辅食四忌

忌过早

过早添加辅食会增加宝宝消化功能的负担，消化不了的辅食不是滞留在腹中"发酵"，造成腹胀、便秘、厌食，就是增加肠蠕动，使大便量和次数增加，最后导致腹泻。因此，出生4个月以内的宝宝忌过早添加辅食。

忌过晚

有些父母怕宝宝消化不了，对添加辅食过于谨慎，还只是让宝宝吃母乳或牛奶、奶粉。殊不知宝宝已长大，对营养、能量的需要增加了，光吃母乳或牛奶、奶粉已不能满足其生长发育的需要，应合理添加辅食了。同时，宝宝的消化器官已逐渐健全，味觉器官也发育了，已具备添加辅食的条件。另外，此时宝宝从母体中获得的免疫力已基本消耗殆尽，而自身的抵抗力正需要通过增加营养来产生，若不及时添加辅食，宝宝不仅生长发育会受到影响，还会因缺乏抵抗力而导致疾病。因此，4～6个月的宝宝要开始适当添加辅食。

忌过滥

宝宝虽能添加辅食了，但消化器官毕竟还很柔嫩，不能操之过急，应视其消化功能的情况逐渐添加。如果任意添加，同样会造成宝宝消化不良或肥胖。让宝宝随心所欲，要吃什么给什么，要多少给多少，又会造成营养不平衡，并养成偏食、挑食等不良饮食习惯，可见

添加辅食过滥同样也是不合适的。

忌过细

有些父母过于谨慎，给宝宝吃的自制辅食或市售的宝宝营养食品都很精细，使宝宝的咀嚼功能得不到应有的训练，不利于其牙齿的萌出和萌出后牙齿的排列；食物未经咀嚼也不会产生味觉，既勾不起宝宝的食欲，也不利于味觉的发育，面颊发育同样受影响。这样，宝宝只能吃粥和面条，不会吃饭菜，制作稍有疏忽，宝宝吃了就会恶心呕吐，于是干脆不吃或者吃了也要吐渣。长期下去，宝宝的生长当然不会理想，还会影响大脑智力的发育。

为宝宝添加蛋黄

4个月的宝宝容易出现贫血，这是因为从母体带来的微量元素铁已经被消耗掉，如果日常食物比较单一，便跟不上身体生长的需要。因此要在辅食中注意增补含铁量高的食物，例如，蛋黄中铁的含量就较高，可以在牛奶中加上蛋黄搅拌均匀，煮沸以后食用。贫血较重的孩子，可在医生指导下，口服宝宝补铁剂等，千万不要自己乱给宝宝服用铁剂药物，以免产生不良反应。

开始时将鸡蛋煮熟，取1/8蛋黄用开水或米汤调成糊状，用小匙喂，以锻炼宝宝用匙进食的能力。宝宝食后无腹泻等不适后，再逐渐增加蛋黄的量，6个月后便可食用整个蛋黄，或者将1/8

个蛋黄加少许牛奶调为糊状，然后将一天的奶量倒入调好的糊中，搅拌均匀，煮沸后，再用文火煮 5～10 分钟，分次给宝宝食用。如宝宝无不良反应，可逐渐增加一些蛋黄的量，直至加到一个蛋黄为止。

宝宝辅食制作

青菜水

原料：青菜 50 克（菠菜、油菜、白菜均可），清水 50 毫升。

做法：将菜洗净，用开水焯一遍，切碎。将锅放在火上，将水烧沸，放入碎菜，盖好锅盖烧开煮 5～6 分钟，将锅离火，再闷 10 分钟，滤去菜渣留汤即可。

胡萝卜汤

原料：胡萝卜 50 克，清水 50 毫升。

做法：将胡萝卜洗净，切碎，放入锅内，加入水，上火煮沸约 2 分钟。用纱布过滤去渣，调匀。

注意：胡萝卜直接生长在土壤中，易受到污染，建议皮削厚一点，只留下心作为原料。

橘子汁

原料：橘子 1 个。

做法：将橘子外皮洗净，切成两半；将每半只置于挤汁器盘上旋转几次，果汁即可流入槽内，过滤后即成。每个橘子约得果汁 40 毫升。饮用时可加水稀释 1 倍。

番茄汁

原料：番茄 50 克，温开水适量。

做法：将成熟的番茄洗净，用开水烫软去皮，然后切碎，用清洁的双层纱布包好，把番茄汁挤入小盆内，用温开水冲调后即可饮用。

注意：制作此汁要注意炊具卫生，番茄要去皮挤汁。并要注意要选用新鲜、成熟的番茄，不成熟的青番茄是有毒的。

西瓜汁

原料：西瓜瓤 100 克。

做法：将西瓜瓤放入碗内，用匙捣烂，再用纱布过滤即成。

萝卜水

原料：萝卜 1 只或适量，蜜枣 2 枚。

做法：❶ 萝卜去皮，洗净切片；蜜枣洗净。❷ 把适量的水煲滚，放入蜜枣、萝卜，煲滚后慢火再煲 1 小时便出味，隔去渣。❸ 把萝卜水用以冲奶粉或米糊。萝卜已有少许甜味，加糖或不加随意。

特点：萝卜含有丰富的胡萝卜素，功能

是宽中行气、健胃助消化及防治因缺乏维生素 A 所引起的疾病。婴儿或幼儿消化不良，或上火，可喂以用萝卜煲水来开的奶或米糊，有一定的食疗功效。

育儿难题 Q & A

Q：宝宝很爱流汗，枕头上容易留下汗渍怎么办？

A：因为宝宝新陈代谢速度快，平均体温也比成人高，加上皮肤散热功能尚未成熟，因此宝宝其实是很怕热的。假使家中的宝宝属于怕热一族，建议妈妈在婴儿枕上铺上一层纱布浴巾或是棉质毛巾，如此一来就不用担心枕头上留下汗渍容易变黄了。假使家中已出现留有黄斑的枕套，在清洁上可以利用含有酵素成分的清洁剂来清洗，便可将汗渍去除。

Q：家庭床有什么好处？

A：有些父母会从出院的第一天起，就让宝宝睡在自己的房间里；有些父母希望宝宝睡在近旁，如将摇篮放到父母房中；还有些父母则希望与宝宝共睡一张床，即为"家庭床"。共睡一张床可发展亲子间的亲密性，且亲子间的情感也比较强烈。这么做的另一个好处就是亲自哺乳的妈妈不用起床喂宝宝。每当宝宝需要喝奶时，妈妈只要转个身就可以给宝宝哺乳了。这种情形只适用于宝宝不会打搅到父母，而且妈妈能够很快睡着的情况。

Q：我家宝宝目前 4 个半月大，满月时回院做超声波检查，心脏超声波报告里写道：二尖瓣膜轻微闭锁不全、三尖瓣膜轻微闭锁不全、卵圆孔未闭合。医生请我完全不必担心，等宝宝 6 个月大再来复检。请问到底要不要紧？

A：这些问题不要紧，小孩子也不会有症状，只要半年后再追踪即可，请家长不用太过忧虑。

Q：女儿现在 4 个多月，因为 2 个月时吃的奶粉使她出现腹泻的情况，因此给她换了一个品牌，没有出现不良情况，最近亲友又送了我一箱另一品牌的奶粉，请问奶粉品牌可以常换吗？

A：不同的婴儿奶粉虽然主体成分上大致相同，但仍然有其不同成分和特点。一般来说无经常更换奶粉的必要。

至于孩子腹泻的问题，未必可全归罪于所吃奶粉。既然喂食这种奶粉已有 2 个月，一般不会到此时才突然发生对此奶粉不适应的情况；而小孩胃肠功能发育未完善，容易因各种原因发生消化不良，出现腹泻，这就要注意当时除了腹泻外是否还有其他问题。

当然，不同品牌奶粉也可能对大便有不同影响，有的干结一些，有的稀烂一些，如无其他不适症状则可放心喂哺；如情况明显，可尝试更换其他品牌奶粉，但更换不能太频，且新奶粉的添加量从少量开始逐渐增加，如婴儿反应无异常则可继续增加至全部更换为止，这一适应过程大概需一周左右。

Q：**宝宝流汗扑爽身粉好吗？**

A：天气热，宝宝流汗时，父母经常会为她扑爽身粉。爽身粉如果长期使用不当，将会损害宝宝健康。

爽身粉中含有滑石粉，宝宝少量吸入尚可由气管的自卫机制排除；如吸入过多，滑石粉会将气管表层的分泌物吸干，破坏气管纤毛的功能，甚至导致气管阻塞。

使用爽身粉应注意：第一，使用时先在远离宝宝处将粉倒在手上，然后小心涂抹在宝宝身上，注意不要使爽身粉满天飞。第二，使用后盖紧盒盖并妥善收好，不要让小宝宝当成玩具。

第4个月宝宝的早教方案

女孩子应该体态优美

因为是女孩子，所以自然就很在意她的外表。如果可能的话，当然希望自己宝贝的手脚修长，不管穿什么样的衣服，都能体态优美。孩子将来的体形，应该跟刚出生的体形没有太大的关系，但有可能会跟父母亲的体形类似。

❶ 避免长期跪坐以影响到腿形。尽量不要让小孩子跪坐。这样的姿势很容易给双脚带来不良的负担，还会影响脚的发育。一些有心要女儿成为芭蕾舞者的家庭中，几乎不采用跪坐坐姿。

❷ 对婴幼儿来说没有过度担心孩子肥胖的必要性。因为，当她们一进入断奶期后，乳制品以及肉类就成了骨骼及肌肉成长的重要因素，所以，父母亲要让她们多摄取这类的食物，这样体态才会长得美。

❸ 做婴儿体操来帮助宝宝运动双脚。在替小孩子更换尿布的时候，若要促进脚部血液的新陈代谢，最好是能替她们运动双脚。妈妈可以一边说着话，一边给宝宝轻松快乐地做体操：第一步，脱掉尿布，将婴儿的双脚并拢，慢慢地弯曲她的膝盖。第二步，弯起婴儿

膝盖，大人轻轻地用手指顶着婴儿的脚底。第三步，从肩膀至腰间抚摸婴儿，然后轻轻压着婴儿的大腿。第四步，当她自然将腿伸直了，再从大腿至脚尖，轻轻地按摩。

宝宝音乐智能的发展关键期

2～3周的宝宝，已有明显的听觉，能对声音作出各种不同的反应。2～3个月时，能够安静地倾听周围的音乐声和成人的说话声。在3～4个月时，听到声音头就会转向发出声音的一侧，视觉和听觉开始建立联系。2个月的宝宝已能分辨出不同物品性质的不同声音，如风琴的声音、摇铃的声音，到5个月时就能辨别妈妈的声音，1岁以后宝宝对声音很着迷，很爱听音乐，5岁左右能分辨出她熟悉的歌是否唱跑了调，以及不同乐器演奏的声音。5岁左右是宝宝音乐智能发展的关键期，爸爸妈妈应该让宝宝多参加以音乐为中心的活动。

■ 听力，女孩比男孩强

佛罗里达州立大学的研究生肯恩研究了音乐治疗对早产儿的效应，发现听音乐的那一组早产儿长得较快也较少发生其他并发症，比没有听音乐的那一组早了5天出院。萨克斯医生进一步从这个研究中发现，有接受音乐治疗的女婴比没有听音乐的平均早了9天半出院；但是听音乐的男婴和没有听音乐的男婴却没有任何差别。也就是说音乐治疗对女婴很有用，对男婴却没有任何效应。而最近一个以更小、更早出生的早产儿为研究对象的研究则再次确认了肯恩的发现，以及男女婴听力上的差异。

为什么会有这种差异？为什么音乐治疗对女孩这么有用，对男孩却没有用？萨克斯医生认为，最有可能的解释是男婴没有像女婴听音乐听得那样清楚。儿童听力学家孔魏森、罗默雷兹及辛宁杰最近作了一个很仔细的新生儿听力实验，他们发现新生的女婴的确听得比男婴好。而其他研究也发现少女比少男听得清楚。当孩子长得越大时，这个听力的差别越大。

■ 听力有别，教养策略不同

萨克斯医生认为，正因为男女听力上有差别，父母亲和孩子讲话的方式就要有不同。例如，爸爸用他认为正常的声音对女儿说话时，这个女孩听到声音的感受会比男孩听到的大十倍。因此，女儿会认为爸爸在对她吼，但爸爸并不自觉，因为两人对同样的声音有着两种不同的感受。

萨克斯医生认为，两性在听力上的差异也代表着在课堂上应该采取不同的教学策略，他指出：女孩被噪声干扰的程度，比同年纪的男孩大，某个噪声如果到达了干扰男孩的程度，那么比这个噪声低十倍的声音就足以干扰女孩了。因此，假如老师教的是女生班，就不需要提高嗓门上课，而是要尽量让教室没有额外的噪声出现，因为女孩子在嘈杂的课堂中学习效果不佳。

给宝宝听音乐时要注意什么

我们知道音乐对开发宝宝的智力很有好处，但父母在给宝宝听音乐时要注意一些问题，以使音乐能更好地提高宝宝的智力。

❶ 音乐节奏要慢一些。最初给宝宝听的音乐作品速度以中等或稍慢为宜，乐曲的情绪变化起伏不要太大。可选择优美、轻柔、明快的中外古典音乐，现代轻音乐和描写宝宝生活的音乐，最好选择胎教的音乐。

❷ 曲子要短一些。给宝宝听音乐的时间一次不超过15分钟。

❸ 音量要弱一些。播放的音量要适中或稍弱，长时间地听音量较强的音乐，会使宝宝产生听觉疲劳，甚至损伤听觉能力。

❹ 反复听。在一两个月内，反复听两三首曲子，使宝宝有个识记过程，以便加深印象。

❺ 不要打搅。在听音乐的过程中妈妈不要说话打扰宝宝。

4个月宝宝的智能测评

❶ 追视滚球：

A. 从桌子一头看到另一头（10分）

B. 追视到桌子中央（5分）

C. 不追着看（0分）

以10分为合格。

❷ 在白纸上放1粒红色小丸：

A. 马上发现（10分）

B. 大人用手指着才能看到（8分）

C. 未看到（3分）

以10分为合格。

❸ 听胎教音乐：

A. 微笑而入睡（10分）

B. 微笑（8分）

C. 听到胎教时呼过的名字转头观看（5分）

D. 无表情（2分）

以10分为合格。

❹ 认人：

A. 对父、母、照料人皆投怀（12分）

B. 对父母均投怀（8分）

C. 对生人注视，无亲热表情（5分）

以12分为合格。

❺ 吊球：

A. 会用手拍击吊在胸前的小球（10分）

B. 试击不中（8分）

C. 只看不动手（4分）

以 10 分为合格。

❻ 模仿大人唇形发出辅音（如妈、爸、不、哥、姑等）：

A. 3个（15分）

B. 2个（10分）

C. 1个（5分）

以 10 分为合格。

❼ 大人蒙脸玩藏猫猫时：

A. 笑且动手拉布（6分）

B. 笑不动手（3分）

C. 无表情（0分）

以 6 分为合格。

❽ 晚上睡眠时间延长：

A. 晚上能睡 5～6 个小时，白天清醒时间增加（8分）

B. 晚上能睡 4 小时（6分）

C. 晚上睡 3 小时（4分）

以 8 分为合格。

❾ 用勺子喂：

A. 张口舔食（4分）

B. 撅嘴吸吮（0分）

以 4 分为合格。

❿ 俯卧时：

A. 用手撑胸（10分）

B. 用肘撑胸（8分）

C. 只能抬头（6分）

以 10 分为合格。

⓫ 仰卧抬腿：

A. 踢打吊球（10分）

B. 会踢但不中（8分）

C. 裹住不能活动（0分）

以 10 分为合格。

⓬ 仰卧时大人拉着坐起：

A. 双手拉坐时头伸直（10分）

B. 拉坐时头向前倾（8分）

C. 拉坐时头向后仰（4分）

以 10 分为合格。

结果分析

1、2、3、4 题测认知能力，应得 42 分；5 题测精细动作，应得 10 分；6 题测语言能力，应得 10 分；7 题测社交能力，应得 6 分；8、9 题测自理能力，应得 12 分；10、11、12 题测大肌肉运动，应得 30 分，共计可得 110 分，总分在 90～110 分之间为正常，110 分以上为优秀，70 分以下为暂时落后。哪一道题在合格以下可先复习 61～90 天相应的试题及复习该能力组全部试题，再学习本月能力组在合格以下的试题。若哪一道题得分在 A 以上，可跨过本月的试题，练习下个月该能力组的试题。

Part 5

第5个月
女宝宝养育

Di wugeyue Nvbaobao Yangyu

第5个月女宝宝发育特点

女宝宝5个月体格发育指标

项目	年龄组	下限值	上限值
身高	5月	58.6厘米	70.2厘米
体重	5月	5.33千克	10.38千克
头围	5月	约为41.6厘米	
胸围	5月	约为43.0厘米	
牙齿	5月	长出下中切牙	
囟门	5月以后	逐渐骨化而变小	

第5个月宝宝发育状况

到5个月时，宝宝已逐渐"成熟"起来，已显露出活泼、可爱的体态，而且身长、体重等的增长速度也渐渐较出生的前3个月缓慢下来。

5个月宝宝的前囟仍然没有闭合，少数宝宝开始长出下门牙，宝宝的皮下脂肪增多，正常宝宝的腹部脂肪厚度在1厘米以上，此期宝宝的体形更加丰满、匀称和健壮，头部在全身所占的比例缓慢下降。

■ 感觉发育

第5个月的宝宝对周围的事物很感兴趣，喜欢与别人一起玩，特别是与亲人一起玩。能识别自己的母亲和周围的人，也能识别经常玩的玩具。

从宝宝的眼光里，已流露出见到父母时的亲密神情。如给宝宝做鬼脸，她就会哭；逗她、跟她讲话，她不但会高兴得笑出声来，还会等待着下一个动作。这个时期，宝宝揣度对方的想法、动作的智慧发达起来了。发育早的宝宝已开始认人。

5个月宝宝的听觉已很发达，对悦

耳的声音和嘈杂的刺激已能作出不同反应。妈妈轻声地跟她讲话，她就会显出高兴的神态。

■ 动作发育

5个月的宝宝懂事多了，体重已是出生时的2倍。口水流得更多了，在微笑时垂涎不断。如果让她仰卧在床上，她可以自如地变为俯卧位。坐位时背挺得很直。当大人扶助宝宝站立时，能直立。在床上处于俯卧位时很想往前爬，但由于腹部还不能抬高，所以爬行受到一定限制。

5个月的宝宝会用一只手够自己想要的玩具，并能抓住玩具，但准确度还不够，往往一个动作需反复好几次。洗澡时很听话并且还会打水玩。

5个月的宝宝还有个特点，就是不厌其烦地重复某一动作，经常故意把手中的东西扔在地上，捡起来又扔，可重复20多次。她还常把一件物体拉到身边，推开，再拉回，反复动作。这是宝宝在显示她的能力。

■ 心理发育

5个月的宝宝睡眠明显减少了，玩的时候多了。如果大人用双手扶着宝宝的腋下，宝宝就能站直了。5个月的宝宝可以用手去抓悬吊的玩具，会用双手各握一个玩具。如果你叫她的名字，她会看着你笑。在她仰卧的时候，双脚会不停地踢蹬。

这时的宝宝喜欢和人玩藏猫儿、摇铃铛，还喜欢看电视、照镜子，会对着镜子里的人笑，还会用东西对敲。宝宝的生活丰富了许多。

父母可以每天陪着宝宝看周围世界丰富多彩的事物，可以随机地看到什么就对她介绍什么，干什么就讲什么。如电灯会发光、照明，音响会唱歌、讲故事等。各种玩具的名称都可以告诉宝宝，让她看、摸。这样坚持下去，每天5～6次。开始宝宝学认一样东西需要15～20天，学认第二样东西需12～16天，以后就越来越快了。

第5个月宝宝的日常保健

不要让宝宝长时间坐小车

宝宝车式样比较多，有的宝宝车可以坐，放斜了可以半卧，放平了可以躺着，使用很方便。但注意不能长时间让宝宝坐在宝宝车里，任何一种姿势，时间长了都会造成宝宝发育中的肌肉负荷过重。另外，让宝宝整天单独坐在车子里，就会缺少与父母的交流，时间长了，影响宝宝的心理发育。正确的方法应该是让宝宝坐一会儿，然后父母抱一会儿，交替进行。

宝宝的衣物可以用洗衣机洗吗

宝宝衣物体积小，脏污有限，且尚未学会爬行的宝宝，因为多数的时间都在婴儿床上或家中，如果衣服上的脏污不严重，一般手洗便可以将脏污洗净。

但是对于职业妇女来说，洗衣机是省时省力的好帮手。因此，像是纱布巾、袜子等比较小的东西，如果标示可用洗衣机清洗，最好放入洗衣袋里再清洗，才不会搅坏衣物。

宝宝的衣物可以和大人衣物一起洗吗

宝宝外衣可以和大人的家居服一起清洗，前提是大人必须没有感冒、患有皮肤病或家中没有饲养宠物等。大人穿的牛仔裤、外裤、外套等，则不建议和宝宝的外衣一起清洗，因为这些衣物上的细菌数较多，应尽量和宝宝的衣物分开洗涤，以免造成其他污染。

至于宝宝的寝具，如床单、棉被、枕头套等，倘若家人没有皮肤病，或没有饲养猫狗，也可以和大人的寝具一起洗涤，重点是洗涤后最好都能经阳光暴晒杀菌。

宝宝的衣服沾到污物如何洗

奶渍千万不可用热水清洗，因为牛乳中的蛋白质遇热凝固的特性，会让衣物上的奶渍更难脱落。如果衣服不慎弄脏，可以先在脏污处涂抹上洗衣肥皂，接着，不要急着冲水，先静置 10 分钟后再用手轻轻搓揉冲洗，利用温度会让脏污更容易洗净。

➕ 养育小叮咛

手洗时怎样更省时省力

家中的旧牙刷毛质较为柔软，小小的刷头很适合拿来刷洗宝宝衣物缝边上的脏污，或是学步鞋上的污垢。

洗宝宝衣物用什么洗涤剂

宝宝的衣物多半是纯棉材质，最好能选用中性的清洁剂来清洗。避免使用含有苯、磷化合物与荧光剂的清洁剂。洗衣肥皂或皂丝的成分比较天然，不容易造成洗剂残留，较适合用来清洗宝宝的衣物。

如果宝宝生病了，宝宝的衣物需要经过特别的杀菌处理。可将衣物放在水温较高的水中浸泡后再清洗，或挑选具有杀菌、防螨、抗菌的中性洗剂来清洁。

衣物清洁剂容易让化学物质残留在衣物上，造成衣物纤维残留洗衣精、漂白水、柔软剂等成分，对于皮肤较敏感的宝宝来说，很容易引起接触性皮肤炎。建议在冲洗衣物的时候，多冲洗几次，让衣服几乎不会再产生泡泡，才算冲洗干净。

6个月以下宝宝头发清洁

宝宝出生6个月内因为喝奶或溢奶容易沾到头发，所以建议天天洗头，但不一定每一次都要用清洁用品，两三天用一次清洁用品即可，用温水就可以达到足够的清洁效果。肥皂是不错的清洁用品，可用来洗头，宝宝需要的肥皂量很少，家长先将肥皂放在自己手中加水搓到起点泡再抹在宝宝头发上，才不会让宝宝一次接触太多清洁用品；洗发精与沐浴乳的用法也是一样，千万不可直接倒在宝宝头上或身上，会让宝宝局部皮肤受到过多刺激。有一个原则需注意，因为一般来说洗发精的去油效果较强，拿洗发精来洗身体容易让身体皮肤过于干燥，但拿沐浴精来洗头则无这个问题。

如何为宝宝挑选洗发沐浴品呢？洗发精、沐浴乳有许多都含有人工化学合成的界面活性剂、防腐剂、香精等对人体会造成不良影响，建议家长在选购时一定要注意看成分，选择不含化学成分、真正的天然产品。除了选择天然成分产品外，也建议选择单一成分的用品，也就是洗发精最好选不是洗发润

✚ 养育小叮咛

宝宝的衣物收纳处不可放置樟脑丸

宝宝衣物收纳的地方不可放置樟脑丸或含有酚类物质的除虫剂或干燥剂。因为这会让患有蚕豆症的宝宝产生急性溶血性贫血。而市面上销售的萘丸、樟脑丸，主要是由煤焦油或石油里提取的萘制作而成，并不是由天然樟脑中提炼而成的；科学研究发现，这种提炼出的萘丸和樟脑丸升华出来的气体对人体有致癌的可能性，对宝宝的呼吸道也会造成不良影响。

发合一的产品，一方面宝宝并不需要用润发乳，另一方面洗润合一的产品更容易添加化学成分。

宝宝生长迟缓原因

一般而言，生长迟滞是宝宝的体重或身高的增加远落后于该性别年龄应有的正常范围。宝宝生长迟滞，主因有二：一是总热量不足，二是营养分配不均。

医生会根据宝宝的体重、身高及头围数值，区分为三大类：

❶ 体重最差、身高其次、头围正常。这一类的宝宝多半因为饮食摄取不够造成，在检查有无肠胃问题之后，配合营养师的协助给予饮食指导。

❷ 只有身高较差。这类的宝宝可能有内分泌疾病，或是骨骼、软骨异常，应该做内分泌如生长激素的检查，同时看看骨龄是否正常。

❸ 身高、体重、头围都差。这一类的宝宝可能是胎内感染、怀孕时接触致畸形物质、染色体变异或基因疾病所造成。

第5个月宝宝的喂养

添加辅食时应注意的问题

❶ 宝宝吃惯了奶，对另一种新的食物就会不接受。妈妈费劲儿做的辅食，她不张嘴吃。遇到这种情况不要勉强，换一种食物再喂。

❷ 对于宝宝的饮食不要照搬书本，不要太教条。吃多吃少、吃哪种食物还要根据宝宝的食欲和爱好灵活掌握。

❸ 给宝宝添加食物一定要讲究卫生，原料要新鲜，现做现吃，吃剩的不要再吃。

❹ 不要把大人的剩饭菜煮烂后给宝宝当辅食。

❺ 宝宝吃某种食物腹泻，要停止添加这种食物。

❻ 宝宝吃番茄、西瓜、胡萝卜后大便可能会呈红色，或吃青菜后呈绿色，这是正常的。

❼ 宝宝如果出现湿疹，可能是对某种蛋白质过敏。

厌奶期

宝宝长到 4 个月之后，开始进入厌奶期，也就是所谓的辅食期。这时候的宝宝会表现出一些动作，譬如当奶瓶靠近嘴巴的时候，会明显地把头转开，或是嘴巴闭得紧紧的，甚至用手推开。这表示，宝宝已经开始想吃不一样的东西了。建议每周增加一种新辅食。

只吃钙片不能预防佝偻病

单纯地给宝宝吃很多钙片并不能预防佝偻病，必须在适量的维生素 D 的促进下，才能使身体吸收的钙达到抗佝偻病的效果。

人体摄入维生素 D 后，经过肝脏、肾脏的代谢，转变为有活性的维生素 D，才能使肠道吸收钙、磷进入血液，维持血液中钙的正常浓度，并能将钙、磷输送到骨骼。所以说，只吃钙片不吃维生素 D 达不到预防佝偻病的目的。

哪些果蔬农药少

宝宝开始吃辅食了，而爸爸妈妈最担心的问题是，"哪些果蔬可能含农药多？哪些果蔬含农药少？""怎么才能尽量让宝宝少吃含农药的食物？"

2008—2009 年，绿色和平组织曾对北京、上海、广州三个城市中多家大型超市的 17 种蔬菜、水果进行过抽样检测，结果显示，农药残留量排在前三位的分别是：黄瓜，含有 4～13 种不同农药残留；草莓，含 1～13 种；油菜，含

1～12 种；其次为豇豆、砂糖橘、荷兰豆、扁豆、芥菜、小西红柿和菠菜。总的来说，市场上 90% 以上的果蔬都是符合国家农药残留标准的。尽管大多数果蔬是符合国家标准的，其所含农药量也不足以对成人健康构成损伤，但宝宝代谢能力差，有害物质通过肝、肾代谢，摄入越多，宝宝肝肾负担就越重，因此我们还是要尽量减少宝宝农药的摄入。

因为各种原因，有些果蔬用的农药稍多一些，有些则稍少。胡萝卜、土豆、洋白菜、大白菜、生菜、香菜，用农药都比较少；而豇豆、洋葱、韭菜、黄瓜、西红柿、油菜、茄子则用的农药比较多。一般来说，叶菜要比根茎类菜的农药残留多，因为它们的叶片柔软、水分多，虫子爱吃；根茎类埋在地底下不易招虫。樱桃、早桃、杏都属于打农药比较少的水果。但由于产地、品种等原因，每种蔬果的农药残留量有很大不同，不能一概而论。

❶ 豇豆、韭菜农药多；黄瓜、西红柿杀菌剂多。豇豆比较爱长虫，种植时会用较大量农药。洋葱和韭菜一样，根部容易长韭蛆等害虫，常会灌较浓的

农药，有些农药毒性较大，且容易残留。黄瓜和西红柿的生长环境湿度大，易生病，一般用药量都比较大，尤其杀菌剂用得多。不过相对于杀虫剂，杀菌剂对人体的危害要小一些。

❷ 大白菜其实是放心菜。大白菜一般在秋季种，只在苗期用一些防治蚜虫、小菜蛾的杀虫剂，距离上市时间，也就是大家吃到菜的时间比较远，农药残留较少。生菜也是如此。

❸ 大棚蔬果农药少。大棚里可以用防毒网等物理方法防治害虫，因此打的农药比较少。露地菜看上去好像更天然，但防治病虫害的难度更大，用的农药会比大棚菜多。

❹ 冬季吃叶菜最安全。冬季和春秋季的叶菜类很安全，因为虫子少，几乎不打农药。不过夏季吃菜就要小心了，因为这时候不仅虫子多，而且温室大棚菜几乎都已经收完，菜市场里卖的，绝大多数都是露地菜，农药残留比较多。

❺ 有香味的菜可多吃。茴香、茼蒿、香菜等本身有一种很浓的香辛味，是天然的驱虫剂，虫子少，这些菜自然不用打农药了。

❻ 野菜。市售野菜中的蕨菜是真正长在山里的天然野菜，苋菜、荠菜几乎都是人工种的。苋菜用农药较少，荠菜易生蚜虫，用农药较多。

❼ 有虫眼的蔬果不安全。蔬菜水果上只有虫眼，没有虫子，说明虫子被农药杀死了。而且有虫眼的蔬菜施药时间离收割更近，农药分解少，残留高。

怎样去除果蔬污染

有关实验表明，用自来水将蔬菜浸泡10～60分钟后再稍加搓洗，可除去15％～60％的农药残留。对于茄子、青椒和水果等表面有蜡质的果蔬，最好先泡后洗，要保持蔬果的完整，用流水冲洗。也可以用淡盐水或头一两次的淘米水浸泡，前者能让农药快速溶解，后者可中和农药毒性，但不要浸泡太长时间。此外，阳光照射可使蔬菜中的部分农药被分解、破坏。蔬菜在阳光下照射5分钟，有机氯、有机汞农药的残留量可减少60％左右。高温加热也可以使农药分解，比如用开水烫。一些耐热的蔬菜，如菜花、豆角、芹菜等，洗干净后再用开水烫几分钟，可以使农药残留下降30％，再经高温烹炒，就可以清除90％的农药。

蔬菜去皮可以减少农药残留。黄瓜、茄子等农药用得多的蔬菜和大部分水果，最好去皮吃。吃苹果最好少吃果核周围的部分，因为果核的缝隙会导致农药渗入。

果蔬洗涤剂中的苯环含毒性很高，在蔬果上残留导致的危害性，可能比农药残留还严重，它并不能对所有农药都起到作用。果蔬解毒机使用臭氧水消除蔬果表面的农药，它更多的是起到杀菌作用，对有些农药的化学结构很难破坏。

怎样控制宝宝的体重增长

这个时期能吃的婴儿无论给多少奶也总是显出吃不够的样子，但不能为了满足婴儿的食欲而无限制地增加奶量，因为这很容易使婴儿成为肥胖儿。因此，人工喂养的婴儿必须每 10 日测一次体重。

正常婴儿在这个时期每 10 日增重 150～200 克。如果增重 200 克以上，就必须加以控制。超过 300 克就有肥胖的倾向。这时父母可在喂奶之前或喝完奶后适当给些果汁或浓度小的酸奶。

不管宝宝多么能吃，每日的总量应该控制在 1000 毫升以内。

大多数婴儿是每日吃 5 次奶，每次 200 毫升。也有的婴儿 200 毫升不够吃。如果宝宝晚上睡觉前喝 250 毫升奶后，一夜不醒，可以在睡前给予 250 毫升。但要适当减少白天的奶量，即 5 次奶中要有一次减少至 150 毫升，不够的部分可以用果汁或菜汤补充。

➕ 养育小叮咛

选购婴儿餐具请注意

面对市面上琳琅满目的幼儿餐具，家长要把握合格厂牌以及通过检验合格标志为选购原则，碗盘内的设计尽量选择没有图案、色彩不过于鲜艳的款式。

🍀 宝宝辅食制作

浓米汤

原料：大米（小米、高粱米均可）25 克，清水 250 毫升。

做法：将大米、小米、高粱米取其一种，淘洗干净，放入锅内，添加水，煮成烂粥，撇取米汤饮用。

注意：在上午 10 时的喂奶时间添用，每天一次，每次两汤匙，以后逐渐增加到 4 汤匙。

适宜缺奶的婴儿食用。开锅后用微火熬，要熬到米开花、米汤发黏。

综合蔬菜米糊

原料：胡萝卜 15 克，小白菜 15 克，小油菜 15 克，婴儿米粉适量。

做法：❶ 将准备的所有蔬菜洗净，切碎。❷ 将蔬菜放入沸水中，约 2 分钟熄火。❸ 待水稍凉后，将蔬菜滤出，并留下菜汤。❹ 将蔬菜汤加入婴儿米粉中即可。

炒面糊

原料：大米、大麦、黏米适量，大豆、芝麻适量。

做法：❶ 将大米、大麦、黏米等谷物放在蒸锅里蒸。❷ 将蒸后的食物晾干后炒制。❸ 将其磨成粉，即制成炒面。❹ 将炒面用 40℃ 的水冲开搅匀。

注意：喂孩子炒面糊时要注意水是否过热。若在炒面原料中加入大豆、芝麻等，并用牛奶替水喂食，则更有营养。

果汁藕粉糊

原料： 藕粉 100 克，水 100 毫升，时令新鲜水果 40 克。

做法： 将水果榨成汁，把藕粉和水放入锅内均匀混合用微火熬，边熬边用勺搅拌。10 分钟后，将果汁加入锅内，并加少许糖，煮至呈透明状为止。

蔬菜米汤

原料： 大米 2 大匙，土豆 1/5 个，胡萝卜 1/10 个。

做法： ❶ 大米淘净，用水泡好。❷ 将土豆和胡萝卜切成小块。❸ 将大米和切好的蔬菜倒入锅中加适量的水煮。❹ 将煮好的材料过滤一遍。❺ 若适当加些牛奶会更好。

特点： 牛奶含有丰富的蛋白质、脂肪，并含有多种维生素及矿物质。米饭与牛奶同食，可提高蛋白质的营养价值及人体的吸收率。用这个方法煮粥，简单又省时。

肉汤蛋糊

原料： 熟蛋黄 1/4 个，肉汤 1 大匙。

做法： ❶ 将蛋黄捣碎。❷ 将蛋黄与肉汤和在一起搅匀。

育儿难题 Q & A

Q：婴儿米粉的主要成分是什么？

A： 宝宝长到 4～6 个月时，应该及时科学地添加辅食，其中很重要的就是婴儿米粉。婴儿米粉的主要营养成分是碳水化合物，是一天需要的主要能量来源。小宝宝吃米粉，像我们大人吃饭一样，是为了消除饥饿，补充能量。需要提醒妈妈们的是，添加婴儿米粉的同时，还应坚持母乳或配方奶喂养，两种食物在这个阶段是同等重要的。

Q：宝宝多大时吃婴儿米粉？

A： 宝宝在 3 个月内唾液分泌非常少，唾液中所含的淀粉酶和消化道里的淀粉酶也是相当少的，如果这个时候就给宝宝喂婴儿米粉，不容易消化。一般来说，在宝宝 4 个月以后，可以开始为宝宝添加米粉，由少到多，逐量添加。米粉可以吃多长时间，并没有具体规定，等宝宝的牙齿长出来，可以吃粥和面条时，就可以不吃米粉了。

Q：怎么选择婴儿米粉？

A： 按常规，米粉的分类是按照宝宝的月份来分阶段的。第一阶段是 4～6 个月的婴儿米粉，此阶段的米粉中添加和强化的是蔬菜和水果（有的也会添加一些蛋黄），而不是荤的食物，这样有利于小宝宝的消化。第二阶段是 6 个月以后，此时婴儿米粉里常常会添加一些鱼、肝泥、牛肉、猪肉等，营养就会更为丰富。妈妈选择米粉时，可按宝宝的月份选择不同配方的米粉。当然，除了注意月份，妈妈还可以根据自己孩子的需要，挑选不同配方的米粉，如交替喂养胡萝卜配方和蛋黄配方的米粉等，以让宝宝吃得更均衡、更全面。

Q：婴儿米粉中的添加物对宝宝有益吗？

A：现在婴儿米粉都会添加各种各样宝宝容易缺失的维生素和矿物质。对于市场上比较正规的婴儿米粉品牌，妈妈可以按照它的说明书指导去喂养。但是如果是不合格产品，则可能会添加防腐剂等不利于宝宝健康的成分，所以妈妈们在购买时，一定要注重选择。

Q：宝宝吃奶量变少怎么办？

A：6～12 个月的宝宝，总吃奶量通常不会再大量增加，甚至会逐渐减少。家长应先看看宝宝的生长发育是否正常。"生长"指的是体重、身长、头围，可参考幼儿保健手册中的生长百分位是否已低于第 3 百分位，或有无在短时间内急速下降。"发育"指的是宝宝到了该月龄的功能是否已经成熟，如三个月翻身，五六个月坐，七八个月会爬等。

Q：家有宠物，宝宝衣物洗涤时要注意什么？

A：家中若饲养有猫狗，宝宝的衣物（包括内外衣着、纱布巾）最好都和大人衣物分开洗涤。洗涤之后一定要在阳光下暴晒杀菌，或是用熨斗干烫处理之后，再进行收纳。这些步骤的功效除了高温杀菌之外，还能防止衣物潮湿发霉。

Q：宝宝枕头上掉了一堆头发是怎么回事？

A：有些家长看到宝宝在枕头上遗留一堆毛发，或是看到宝宝头上一块块没有毛发的头皮，就担心宝宝是否会发生秃头危机。初生宝宝掉发是正常现象，家长不必紧张。从妈妈肚中带出的胎毛，一出生后就会开始慢慢掉落，宝宝只要在枕头上摩擦头部就会让胎毛掉落，洗头时也会掉，在枕头上摩擦的部位不同，会影响胎毛掉落的位置。而胎毛掉落后，新的头发需要两三个月的成长时间才能将掉落部位的毛发补足，在这种青黄不接的时期，就会发生宝宝头上一块块没有头发的状况，家长需要一点耐心等待。但若是宝宝胎毛掉后过了三四个月甚至更久没有长出新的头发，就要注意宝宝是否有营养不足或是其他身体上的问题，必须就诊询问医生的意见。

Q：宝宝的头发天生比较偏黄？长大会变黑吗？

A：宝宝刚出生的头发就是在妈妈肚子中长的胎毛，胎毛的确比较细软，而且颜色偏黄。宝宝来到这个世界后长的毛发就已经不再是胎毛了。大约在10个月大之前，宝宝的胎毛会渐渐掉落而头发会慢慢成长，这段时间是胎毛与头发转换的时期，新长出的头发会比胎毛硬，颜色也会比较深，这是家长认为宝宝长大头发会变黑变硬的原因。

Q：怎么做可以促进宝宝头发生长？

A：适度地按摩头皮可以促进宝宝头发生长，家长可利用每次帮宝宝洗完头，将头发吹干后，用双手的指腹轻轻帮宝宝按摩头皮，按3～5分钟即可，切忌用指甲去抓抠宝宝的头皮，以免让头皮受伤。

Q：要经常帮宝宝梳头发吗？多梳头发发质会变好吗？

A：头发并不需要多梳，只要将宝宝的头发梳顺即可，过多的刺激反而对头皮不好。若要刺激头发生长，家长可以多用手指指腹帮宝宝按摩头皮。此外，宝宝的头皮很娇嫩，选用梳子时要选用圆头软质的梳子较佳，避免用又硬又尖的梳子，会伤害宝宝头皮。

Q：宝宝洗完头不爱吹头发，可以自然风干吗？

A：宝宝每次洗完头一定要先将头发擦干，再用吹风机隔着适当的距离将头发吹干，若不立即吹干，宝宝头发在自然干的过程会将身体的体温散出，宝宝容易因此而感冒。

Q：宝宝头发上的"旋"越多表示脾气越暴躁吗？

A：头发上的"旋"代表的是头发生长的方向，跟脾气好坏没有关系，宝宝脾气的好坏与天生的气质有关。

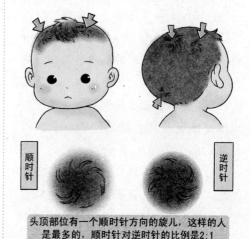

头顶部位有一个顺时针方向的旋儿，这样的人是最多的，顺时针对逆时针的比例是2:1

不同的旋窝

第5个月宝宝的早教方案

🎀 给5～8个月宝宝选玩具

现在宝宝喜欢做某些重复的行为，已经能移动身体，再加上手抓握的能力更好，因此主动性变强了，会自行找东西玩，特别喜欢能与她有互动、会随着她的行为有不同反应的玩具。这些玩具有基本的因果概念，如不倒翁、一触摸就会有音乐和色彩变化同时还会滚动的球以及被摇动时会发出特殊声音的摇铃等。

另外，宝宝不再只喜欢对比强烈的颜色，较大之后，只要是鲜艳的色彩都能吸引她的注意，这也是婴幼儿玩具多半是黄、红、蓝等颜色的原因。

■ 建议购买的玩具

有简单因果关系的玩具：这指的是宝宝只需有一个动作，如手拍、抓、摇、推、压，或是脚踢，玩具就会出现一个反应，常见的有可拍打的小鼓、一推就滚动的球、摇铃、不倒翁、可转动的小熊等，若再搭配上音乐，就更受宝宝喜爱了！

多重操作盘：这一类玩具也具有因果关系，但宝宝手部可进行的动作很多。它通常是一个面板，上面设计了很多小玩具或是游戏，可让宝宝按、压、拉、拨按钮或是转动物体，而每种物体的反应也不同，例如，碰触小狗图案会发出"汪汪"的声音，按压B按钮会跳出某只动物，而上面的小熊玩偶只要用手一拨就会转动。等到宝宝较大之后，爸妈还能带着他认识不同的动物或物体外形。

■ 玩具 DIY

爸妈可以自行制作会发出声音的玩具，例如，利用现成的小盒子，将小东西放在里面，当摇动盒子时就会发出声音。或是使用珠珠做成小球，同时在里头放入一个小铃铛，那么这个小球既可滚动，宝宝用手摇动时还会发出声音。

🎀 对宝宝进行综合感官训练

5个月的宝宝对周围环境更感兴趣了，因此很有必要改变一下环境的布置，使她有新鲜感以便提高她观察、探索的兴趣和能力。不仅床单、衣服、小床周围的玩具、物品，还有墙壁四周和天花板上的色块，小动物头像、图案也要适当变换。有关研究表明，在明快的色彩环境下生活的宝宝，其创造力远比在普通环境下生活的宝宝要高。白色会妨碍宝宝的智力发育，而红色、黄色、橙色、淡黄色和淡绿色等却能发展宝宝的智力。

要让宝宝多看、多听、多摸、多嗅、多尝、多玩。要让宝宝有机会接触更多的物品，同时要注意宝宝的安全。给宝宝的玩具物品应当轻软、有声有色、无毒、无棱角、卫生、不怕啃、不易吞吃、易于抓握玩耍。最好用橡皮筋悬挂玩具，使她能将抓到的玩具拉到自己眼前仔细观察摆弄。注意不要让宝宝把绳子绕在脖子上，要防止玩具上的小珠子、橡胶玩具里的金属哨子等脱落，而被宝宝误吸入气管里。玩玻璃镜子一定要有大人相伴。还可以让她闻闻醋，尝尝酸，嗅嗅香皂、牙膏，听听钟表走、闹钟响的声音，带她上街进公园，观察一下动植物和热闹的人群，增长见识。更重要的是要让她把视、听、触、嗅、尝、运动等感觉联系起来进行综合感官训练。每玩一样东西都应给她看，讲给她听。能摸的都要让她摸一摸，能摇动的都要让

她摇一摇，锻炼宝宝完整的感知事物的能力。

教宝宝认识各种日常用品

现在，你要有计划地教宝宝认识她周围的日常事物了。宝宝最先学会认的是在眼前变化的东西，如能发光的、音调高的或会动的东西，像灯、收录机、机动玩具、猫等。认物一般分两个步骤：一是听物品名称后学会注视；二是学会用手指。开始你指给她东西看时，她可能东张西望，但你要吸引她的注意力，坚持下去，每天至少5~6次。通常学会认第一种东西要用15~20天，学会认第二种东西用12~16天，学会认第三种东西用10~16天。也有1~2天就学会认识一件东西的。这要看你是否能够敏锐地发现她对什么东西最感兴趣，宝宝越感兴趣的东西，认得就越快。要一件一件地学，不要同时认好几件东西，以免延长学习时间。只要教得得法，宝宝5个半月时就能认灯，6个半月能认其他2~3种物品。7~8个月时，如果你问："鼻子呢？"她就会笑眯眯地指着自己的小鼻子。一般的宝宝，常在会走以后才学认五官，而此时开始教育几乎提前了半年。

5个月宝宝的智能测评

❶ 听到物名时：

A. 眼睛找到目标（10分）

B. 眼看大人的手（8分）

C. 眼看大人的脸（6分）

D. 乱看（2分）

以10分为合格（在121～145天内以8分为合格）。

❷ 听到金属着地的声音：

A. 用目光看地面寻找（10分）

B. 眼睛乱找（8分）

C. 不找（2分）

以10分为合格。

❸ 够吊球：

A. 单手够取（10分）

B. 双手抱取（8分）

C. 击中但够不着（6分）

D. 不够取（0分）

以10分为合格。

❹ 仰卧时自由抬腿：

A. 手能抓足（10分）

B. 手够不着足（8分）

C. 不抬腿（4分）

以10分为合格。

❺ 发两个相同音如"爸爸"、"妈妈"、"打打"等：

A. 3个（15分）

B. 2个（10分）

C. 1个（5分）

以10分为合格。

❻ 喜欢玩藏猫猫游戏：

A. 宝宝蒙脸逗大人笑（12分）

B. 大人蒙脸宝宝去拉开会笑（10分）

C. 不会拉开，自己也不蒙脸，少笑（4分）

以12分为合格（140天前10分为合格）。

❼ 吃奶时：

A. 双手抱奶瓶（或抱乳房）（4分）

B. 不动手（0分）

以4分为合格。

❽ 吃奶时：

A. 自己将奶嘴放入口中（或自己寻找乳头）（4分）

B. 大人放入口中（2分）

以4分为合格。

❾ 翻身：

A. 从俯卧翻到仰卧，或从仰卧翻到俯卧，翻180°（10分）

B. 从侧卧转俯卧或仰卧90°（5分）

以10分为合格。

⑩ 挟腋蹦跳：

A. 双腿能短时伸直负重（10分）

B. 双腿屈曲不能伸直负重（4分）

以10分为合格。

⑪ 靠垫扶坐：

A. 头能伸直（10分）

B. 头向前倾（8分）

C. 头向后仰（6分）

以10分为合格。

⑫ 仰卧拉坐时：

A. 双腿伸直能站起来（10分）

B. 头向前倾只能坐起（6分）

C. 头后仰靠人拉起（2分）

以10分为合格。

结果分析

1、2题测认知能力，应得20分；

3、4题测精细动作，应得20分；5题测语言能力，应得10分；6题测社交能力，应得12分；7、8题测自理能力，应得8分；9、10、11、12题测大肌肉运动，应得40分，共计可得110分，总分在90～110分之间为正常，110分以上为优秀，70分以下为暂时落后。如果哪一道题在及格以下可先复习上月相应的试题，全部通过再练本月试题。哪一道题在A以上，可跨过本月的练习题，练习下个月的相应组试题，使优点更加突出。

Part 6

第6个月

女宝宝养育

Di liugeyue Nvbaobao Yangyu

第6个月女宝宝发育特点

女宝宝6个月体格发育指标

项目	年龄组	下限值	上限值
身高	6月	60.1厘米	74.0厘米
体重	6月	5.64千克	10.93千克
头围	6月	约为42.4厘米	
胸围	6月	约为43.6厘米	
牙齿	6月	长出下中切牙，上中切牙	
囟门	6月以后	逐渐骨化而变小	

第6个月宝宝发育状况

到5~6个月时，宝宝已显露出活泼、可爱的体态，而身长、体重等的增长速度较出生后的前3个月偏低。宝宝体重增长速度已经放缓，每天约增加20克。由于个体因素的差异，有的宝宝胖些，有的宝宝瘦些。只要宝宝健康，精神状况良好，即使瘦些，宝宝也是正常的，父母不可因为宝宝比别人的宝宝瘦就拼命地喂食。

多数6个月的宝宝已经出现下切牙（门牙）。长出乳牙的数目，可根据公式

"月龄－（4~6）＝出牙数"来进行推测。如6个月的宝宝，出牙数应是6－（4~6）＝（2~0），也就是6个月的宝宝未出牙或已开始出2颗乳牙。此时宝宝的腹部脂肪厚度在1厘米以上。头部占全身的比例缓缓下降，下半身比上半身长得快，宝宝的身材逐渐变得匀称、丰满。

■ 感觉发育

6个月的宝宝会用表情表达她的想法，能辨别亲人的声音，能认识母亲的脸，能区别熟人和陌生人，不让生人抱，对生人躲避，也就是常说的"认

生"了。这时的宝宝视野扩大了，对周围的一切都很感兴趣，妈妈可以有意识地让宝宝接触各种事物，刺激她的感官发育。

6个月的宝宝听力比以前更灵敏了，能够分辨不同的声音，特别是熟人和陌生人的声音。如果具备一定的环境条件并经过一定的训练，还可以分辨出不同动物的声音来。

6个月的宝宝视力发育有了很大的进步，凡是她双手所能触及的物体，她都要用手去摸一摸；凡是她双眼所能见到的物体，她都要仔细地瞧一瞧（不过，这些物体到她身体的距离须在90厘米以内）。由此证明幼儿对于双眼见到的任何物体，都不肯轻易放弃主动摸索的大好良机。

■ 动作发育

6个月的宝宝已经会翻身了。如果扶着她，她能够站得很直，并且喜欢在扶立时跳跃。把玩具等物品放在宝宝面前，她会伸手去拿，并塞入自己口中。6个月的宝宝已经开始会坐，但还坐得不太好。

■ 语言发育

6个月的宝宝可以和妈妈对话，两人可以无内容地一应一和地交谈几分钟。她自己独处时，可以大声地发出简单的声音，如"妈"、"大"、"爸"等声音。妈妈和宝宝对话，增加了宝宝发声的兴趣，并且丰富了发声的种类。因此在宝宝咿咿呀呀自己说的时候，妈妈要与她一起说，让她观察妈妈的口型。耳聋的宝宝也能发声，只是因为他们听不到别人的声音，不能再学习，失去了发声的兴趣，使言语的发展出现障碍。

■ 心理发育

6个月的宝宝，从运动量、运动方式、心理活动上都有明显的发展。她可以自由自在地翻滚运动，如见了熟人，会有礼貌地"哄"人，向熟人表示微笑，这是很友好的表示。不高兴时会用撅嘴、摔东西来表达内心的不满。照镜子时会用小手拍打镜中的自己。常会用手指向室外，表示内心向往室外的天然美景，示意大人带她到室外活动。

6个月的宝宝，心理活动已经比较复杂了。她的面部表情就像一幅多彩的图画，会表现出内心的活动。高兴时，会眉开眼笑，手舞足蹈，咿呀作语；不高兴时，会又哭又叫。她能听懂严厉或柔和的声音。当你离开她时，她会表现出害怕的情绪。

情绪是宝宝的需求是否得到满足的一种心理表现。宝宝从出生到2岁，是情绪的萌发时期，也是情绪、性格健康发展的敏感期。父母对宝宝的爱、对她生长的各种需求的满足以及温暖的胸怀、香甜的乳汁、富有爱意的眼光、甜蜜的微笑、快乐的游戏过程等，都为宝宝心理健康发展奠定了良好的基础，为智力发展提供了广阔的课堂。

第6个月宝宝的日常保健

6个月的宝宝学坐

一般来说，6个月至6个半月的婴儿开始学坐，但是如果倾倒了，就无法自己恢复坐姿，一直要到八至九个月大时才能不须任何扶助，自己也能坐得好。宝宝坐得稳了，表示其骨骼、神经系统、肌肉协调能力等发育渐渐趋于成熟。当然，此时宝宝的颈部发育也慢慢稳定了。

训练宝宝坐稳主要是训练宝宝腰、背部肌肉和脊柱肌肉的力量，开阔视野，诱导宝宝活动的范围更大，使她探索的世界更宽广。刚开始坐的时候是向前倾着坐的，慢慢地她才能把腰直起来像大人一样坐着。刚开始练习坐着的时候3～5分钟就可以了，以免宝宝的脊柱受到过大的压力。

在宝宝学会坐的时候，应该特别注意宝宝坐的时间不宜太久，因为这个阶段宝宝脊椎骨尚未发育完全，如果长时间让宝宝坐着，容易脊椎侧弯，生长损伤。

要注意的是，如果让宝宝过早学坐，脊柱过早负重，由于脊椎骨缺钙柔软，背部肌肉不发达，自然会出现脊柱侧弯畸形或驼背，并随年龄增长逐渐加重，可造成永久性体态异常，既不美观又有碍健康，酿成终生痛苦与遗憾。

另外，不要让宝宝采取跪姿使两腿形成"W"状或将两腿压在屁股下，如此都容易影响将来腿部的发展，最好的姿势是采用双腿交叉向前盘坐。

有些宝宝坐着时背脊突出，说明宝宝太瘦了；如果发现在背脊突出处有皮肤颜色异常的状况，就更须小心留意。

宝宝蹬被子怎么办

要想解决宝宝爱蹬被子的问题，就必须找出宝宝爱蹬被子的原因，并采取相应的改进措施。一般来说，宝宝爱蹬被子有以下几种原因。

■ 被子太过厚重

因为总担心宝宝受凉，所以给宝宝盖的被子大多都比较厚重。其实除新生儿或3个月以内的小婴儿需要保暖外，绝大多数宝宝正处于生长发育的旺盛期，代谢率高，比较怕热。加上神经调节功能不成熟，很容易出汗，因此宝宝的被子总体上要盖得比成人少一些。

如果宝宝盖得太厚，感觉不舒服，睡觉就不安稳，最终蹬掉被子后才能安稳入睡；而且，被子过厚、过沉还会影响宝宝的呼吸。因此，给宝宝盖得太厚反而容易让宝宝蹬被子受凉。少盖一些，宝宝会把被子裹得好好的，蹬被子现象也就自然消失了。

不妨实验一下，看怎样盖被子会使宝宝睡觉更安稳。第一天先按你的想法盖被子，四周严实；第二天稍减一些被子，四周宽松；第三天再减一些被子，脚部更轻松一些。每天等宝宝睡熟2～4小时后观察情况，你会发现，被子越厚，四周越严实，宝宝蹬得越快。所以，建议给宝宝少盖一些，宝宝就会把被子裹得好好的，蹬被子现象自然消失。

▇ 睡眠时感觉不舒服

宝宝睡觉时感觉不舒服也会蹬被子。不舒服的常见因素有：穿过多衣服睡觉、环境中有光刺激、环境太嘈杂、睡前吃得过饱等。这样，宝宝会频繁地转动身体，加上其神经调节功能不稳定，情绪不稳或出汗，结果将被子蹬掉了。

▇ 疾病导致睡不踏实

患有佝偻病、贫血或感觉统合失调的孩子夜间睡不踏实，爱出汗，容易惊醒。

怎样给宝宝自制睡袋

睡袋的款式有很多种：

❶ 长方形。如信封样，用一条小被子对折，侧边加拉链。这种款式的睡袋结构简单，使用双头拉链底部可以打开，方便更换尿片。但是由于睡袋下部尺寸偏小，束缚了宝宝双腿的活动，宝宝可能不喜欢使用。

❷ 上窄下宽形。为圆底设计，颈部收窄，防止宝宝溜出睡袋或钻到睡袋里，底部圆大，让宝宝双腿可以自由活动，增加了宝宝的舒适度。

❸ 大衣形。有袖、帽，给宝宝穿上睡觉，随宝宝的身高调节睡袋的长度。

❹ 袖被形。普通被子上多出两只袖子。介于睡袋和被子之间，既可以有盖被子一样的舒适和活动自由，又防止了宝宝睡觉时乱动导致的蹬被着凉。用一条压在宝宝身下的带子，保证被子不会掉。

婴儿睡觉时双手上举，双腿膝盖向外弯曲，并需要频繁更换尿片。睡眠中手上下挥舞，双腿如青蛙划水状运动，极易把被子蹬掉。要是限制手脚活动，则会哭闹。因此应该选用宽松型的睡袋，不要给宝宝束缚感。

✚ 养育小叮咛

简易睡袋自制法

　　长方形被子对折，在被子接头处，一边缝死约长 24 厘米，另一边被子边缘装上一条拉链或缝上带子，做成自制睡袋。宝宝睡着舒服，能舒展双手；上下要有开口，大人照料方便；面料轻软，宽松适当，宝宝翻身自如；不要过厚，薄睡袋外加 1 条薄被子比较合适。

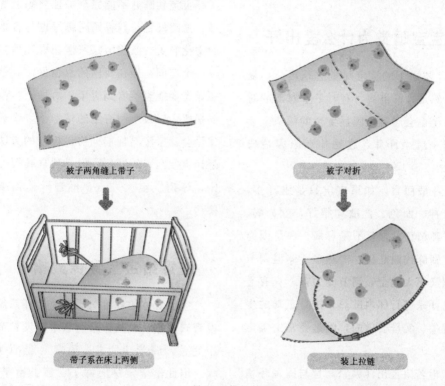

被子两角缝上带子

被子对折

带子系在床上两侧

装上拉链

缝制睡袋的步骤

🌸 预防宝宝夜惊

　　有的宝宝夜里睡觉时突然惊醒，醒后大叫，并有惊恐的表情，有时一夜惊醒数次或连续几夜都发生，搞得父母和宝宝都休息不好。

　　首先，注意养成宝宝良好的睡眠习惯。睡觉时不要趴着，仰卧位时双手不要放于胸前，以免压迫心脏影响血液循环。也不要蒙着头睡觉，以免造成大脑缺氧。其次，在入睡前不要剧烈活动。父母不要讲惊险可怕的故事，也不要和宝宝嬉戏打闹，否则会使宝宝大脑处于一种兴奋状态，夜间容易做噩梦而惊醒。平时也不要打骂和恐吓宝宝，如说"不听话，大灰狼就来咬你"等话，这样会使宝宝的精神高度紧张。有些疾病如癫痫、哮喘等，也可造成宝宝夜惊，父母应注意观察，发现异常情况，及时到医院就诊。

宝宝睡觉为什么爱出汗

1岁以下的宝宝睡觉总是出汗，夏季自然是大汗淋漓，有时冬季寒冷的时候甚至也会看到入睡后宝宝的额头上会布满一层小汗珠，这是什么原因造成的呢？

一般而言，如果宝宝只是出汗多，但精神、面色、食欲均很好，吃、喝、玩、睡都正常，就不是有病。那是因为宝宝新陈代谢旺盛，产热多，体温调节中枢又不太健全，调节能力差，只有通过出汗来进行体内散热，这是正常的生理现象。父母要做的，就是经常给宝宝擦汗。

但若宝宝出汗频繁，且与周围环境温度不成比例，尤其是夜间入睡后出汗多，同时伴有其他症状，如低热、食欲缺乏、睡眠不稳、易惊等，就说明宝宝有些缺钙。如还有方颅、肋外翻、O形腿、X形腿症状，则说明缺钙较严重，需合理补充钙及鱼肝油。此外也有可能是患有结核病和其他神经血管疾病以及慢性消耗性疾病造成的，这时父母应该带宝宝去医院检查，找出病因，及时治疗。

应该让宝宝独睡吗

与爸妈同睡的宝宝是否会依赖性比较强？与爸妈分开睡则会养成独立的个性吗？

宝宝独睡并不能完全与独立画上等号，独睡好还是与爸妈同睡好也与各地的文化有关。欧美国家习惯让婴儿独自睡一个房间，但在我国的习惯做法，是照顾者要能直接看到宝宝，再加上半夜要喂奶，以及空间有限的情形下，多数父母会让宝宝与他们同房。折中的方法是让宝宝与爸妈同房，但是独自睡婴儿床，等到宝宝大一点，再告诉他需要换房。

注意给宝宝穿袜戴帽

宝宝身体的各组织器官、循环系统发育未成熟，尤其体温调节中枢发育尚不完善，调节功能差，很容易受凉生病。因此给宝宝穿上袜子、戴上帽子，可以起到保暖作用，避免受凉。

宝宝穿袜子还可减少损伤的发生。妈妈应为宝宝们选择那些透气性能好、柔软，适合宝宝脚的大小的袜子。

宝宝的头部占全部身长的1/4，成年人仅占1/8。宝宝头部的血管较表浅，没有皮下脂肪的保护，散发热量较多，所以宝宝戴帽子，可保证其头部的温暖，对减少全身热量的散发有重要作用。

在春、秋、冬季给宝宝戴帽子，可起到全身保暖的作用。在炎热的夏天，可给宝宝戴透气好的帽子，以避免头部被阳光强烈照射，发生中暑。

宝宝的乳牙萌出顺序

小儿的乳牙共有 20 颗，上下颌的左右侧各 5 颗，其名称从中线起向两旁，分别为乳中切牙、乳侧切牙、乳尖牙、第一乳磨牙、第二乳磨牙。

乳牙从出生后 6 个月长出（最早 4 个月，最晚 12 个月），2 岁至 2 岁半时出齐。出牙是一种生理现象，个别小儿可有暂时性流涎、睡眠不安及低热等现象。

小儿萌出的乳牙数目，可用公式计算：

乳牙数＝月龄－6（或 4）

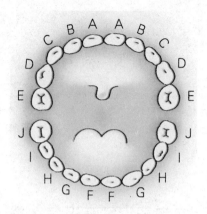

A：乳中切牙 B：乳侧切牙 C：乳尖齿 D：第 1 乳磨齿 E：第 2 乳磨齿 F：乳中切牙 G：乳侧切牙 H：乳尖齿 I：第一乳磨齿 J：第二乳磨齿

例如，13 月龄的幼儿，其估算方法是：

13－6（或 4）＝7（或 9），即宝宝的乳牙应是 7 颗到 9 颗。

乳牙的萌出有一定的发育顺序，见下表：

乳牙发育顺序表		
牙名	上腭	下腭
乳中切牙	6～8 月龄	5～7 月龄
乳侧切牙	7～10 月龄	8～12 月龄
乳尖牙	16～24 月龄	16～24 月龄
第一乳磨牙	18 月龄	18 月龄
第二乳磨牙	20～30 月龄	20～30 月龄

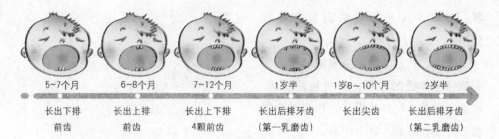

5~7个月	6~8个月	7~12个月	1岁半	1岁8~10个月	2岁半
长出下排 前齿	长出上排 前齿	长出上下排 4颗前齿	长出后排牙齿 （第一乳磨齿）	长出尖齿	长出后排牙齿 （第二乳磨齿）

乳牙萌出顺序图

宝宝牙齿发育迟怎么办

正常的婴儿，一般半岁就要出牙了，早的甚至在出生4个月就萌牙，而晚的在10个月仍未出牙，排除疾病的原因的话都属正常。如果超过12个月仍未出牙，医学上称为"乳牙迟萌"，那就要到医院诊断了。发育好的宝宝出牙及时，牙质优良，反之出牙延迟，牙质欠佳。乳牙迟萌常见的原因有以下几点。

❶ 缺钙，这是最常见的原因。

❷ 内分泌代谢障碍，如甲状腺功能低下，也会妨碍牙胚形成，延迟乳牙萌出。

❸ 某些传染病，以及先天性骨髓发育不全等，都会使牙齿生长发育受到影响。

注意加强宝宝体格锻炼，让她多晒太阳；4~5个月后，可以喂宝宝吃一些面包干、硬饼干等，有利于婴儿乳牙及时顺利地萌出。宝宝5个月开始添加辅食，7~8个月时开始添加固体食物，有助于训练宝宝口腔运动和咀嚼功能。补一段时间钙后，宝宝很快就会长出牙齿。

第6个月宝宝的喂养

 6个月宝宝吃多少

为了宝宝的健康，希望做妈妈的坚持母乳喂养到6个月。

如果条件不允许，可以人工喂养，奶量不再增加，每天喂3~4次，每次喂150~200毫升。可以在早上6：00、中午11：00、下午17：00、晚上10：00

时各喂一次奶。上午 9：00—10：00 及下午 3：00—4：00 时添加 2 次辅食。

6 个月的宝宝每天可吃 2 次粥，每次 1/2～1 小碗，可以吃少量烂面片，应保证每天一个鸡蛋黄，每天要喂些菜泥、鱼泥、肝泥等，但要从少到多，逐渐增加辅食。

6 个月小儿正是出牙的时候，所以，应该给宝宝一些固体食物，如烤馒头片、面包干、饼干等练习咀嚼，磨磨牙床，促进牙齿生长。

注意预防宝宝缺铁

缺铁性贫血是 6 个月到 2 岁的婴幼儿最常见的疾病。宝宝出生后体内储存的铁只能满足 4 个月生长发育的需要，而 4～6 个月的宝宝，体重、身高迅速增长，对铁的需要量增加，因此，容易发生缺铁性贫血。轻度贫血的症状、体征不明显，待有明显症状时，多已属中度贫血，主要表现为口腔黏膜、眼结膜及指甲苍白；肝、脾、淋巴结轻度肿大；食欲减退、烦躁不安、注意力不集中、智力减退；明显贫血时心率增快、心脏扩大，常合并感染等。化验检查血中红细胞变少，血红蛋白数降低，血清铁蛋白降低。

具体预防措施：

❶ 坚持母乳喂养，因母乳中铁的吸收利用率较高。

❷ 及时添加含铁丰富的辅食（如蛋黄、鱼泥、肝泥、肉末、动物血等）。

❸ 及时添加绿色蔬菜、水果等富含维生素 C 的食物，促进铁的吸收。

❹ 应当用铁锅、铁铲做菜、做汤，粥、面不能在铝制餐具里放得太久，因为铝可以阻止人体对铁的吸收。

❺ 定期检查血红蛋白数，出生 6 个月及 9 个月时需各检查一次。

增强宝宝的咀嚼能力

5～6 个月的宝宝渐渐萌出牙齿，要有意识地帮助宝宝学习咀嚼，开始时可用烂粥、烂面条让宝宝感觉半流质食物并适应它。然后给宝宝磨牙棒，让宝宝啃咬。也可给宝宝吃馒头和烤面包，会促进宝宝牙齿的发育。随着宝宝长大，要改变食物状态，从流质到半流质，软质到固体，增强宝宝咀嚼能力。

上班族妈妈成功喂母乳

妈妈重返职场以后，照顾宝宝者将以其他方式喂乳，在这样的情形下，上班妈妈回家后会遇到什么样的状况呢？

■ 乳头混淆

乳头混淆，是宝宝使用奶瓶奶嘴后不再喜欢吸母乳，拒绝妈妈的乳房。

避免乳头混淆产生的方法是使用杯子、汤匙来喂食母乳，这样一来，宝宝不会接触奶嘴，也就无从发生这个问题了。即便如此，妈妈仍应尽量延后给宝宝吸吮奶瓶奶嘴的时间，千万不要抱着先让宝宝熟悉奶瓶奶嘴的想法而提早使用这些工具。

❶ 可以选择流速较慢的奶瓶奶嘴喂食，这样的奶嘴需要宝宝花费力气吸吮，因此较接近吸吮乳房的经验，可让宝宝在两者的转换上比较容易适应，也较不会拒绝吸吮妈妈的乳房。测试流速快慢的方法是将奶瓶倒立，当奶水是以一滴两滴的方式流出，而不是如小水柱般倾倒而出时，就是流速较慢的奶瓶奶嘴，反之，则不适合使用。

❷ 多让宝宝接触妈妈的乳房。假使宝宝发生乳头混淆，不愿意吸吮妈妈乳房，妈妈要做的第一件事就是放轻松，不要太紧张。下班之后，多让宝宝接触乳房，引发其探索乳房的兴趣。

❸ 喂奶前先挤出奶水。宝宝不愿意吸吮乳房也有可能是奶水一开始出来的量较少，这时候妈妈可以在喂奶前先挤出一些奶水，使奶水的流速变快，这个时候宝宝可能会比较愿意吸吮。

❹ 在宝宝肚子有点饿时喂母乳。在宝宝肚子有点饿时喂母乳，宝宝会比较有耐心吸吮乳房。

❺ 在宝宝想睡觉时喂母乳。想睡觉的宝宝分辨能力较差，这时候就可以试着让她接触妈妈的乳房，并且吸吮。

▣ 拒吃奶瓶

有一些宝宝因为熟悉与习惯吸吮母乳，反而会拒绝用奶瓶奶嘴喝奶。

❶ 使用杯子或是汤匙喂奶。因为这些器具与妈妈的乳房完全不同，宝宝较不会与吸吮乳房的经验作比较。

❷ 注意奶水的温度。宝宝拒绝喝奶瓶中的奶水，有可能是因为奶水的温度过高或过低。一般来说，冷藏的奶水退凉后就可喂食，若要隔水加热，无论是冷藏或是冷冻的奶水都不要超过60℃。

❸ 模拟宝宝喝母乳的情境与感觉。例如，请照顾者以妈妈哺乳的姿势抱宝宝，或是先挤出一点奶水在奶嘴上，让宝宝闻到奶水的味道，吸引宝宝吸吮奶瓶奶嘴。

▣ 宝宝白天喝奶太多

如果宝宝白天喝的奶水量太多，有可能导致晚上不喝奶，而妈妈如果缺少宝宝直接吸吮的刺激，久而久之，奶水分泌的量可能会减少。因此假使宝宝白天喝的奶水量增加，有必要采取一些方法来加以改善：

❶ 奶瓶中的奶水流速是否过快。如果奶水流速过快，宝宝所喝的奶量自然就会增加，解决办法就是改用奶嘴洞口较小的奶瓶，避免出现这个现象。

❷ 照顾者是否用喂奶安抚宝宝，使宝宝喝奶太多。

❸ 宝宝吸吮的欲望可能较强。可改用孔径较小的奶瓶奶嘴，宝宝喝奶时就会需要较长的吸吮时间，延长两餐之间的间隔时间，这样一来，不必担心奶水量因此变多。

▣ 宝宝白天喝奶太少

排除宝宝身体不适的情况，而单纯就一个母乳转换成以其他方式喝奶的过程来看，宝宝白天喝奶量太少有以下几个可能的原因：

❶ 想吸吮妈妈乳房。宝宝虽然没有拒绝奶瓶，但是可能还是习惯吸吮妈妈的乳房，想等到妈妈下班后再喝奶。如果是这样，不必强迫宝宝白天非得喝多少，因为宝宝有能力将白天不足的量补回来。所以这个时候要看的是宝宝一天喝的总奶量。而妈妈回家后最好尽可能多跟宝宝在一起，让宝宝想喝奶时就能喝奶。

❷ 不喜欢解冻奶水的味道。母乳冷冻后再加热的味道与宝宝直接吸吮到的味道不同，前者有皂味或是腥味较重，可能会使宝宝不想喝。另外，奶水中的活细胞也会降低。母乳越新鲜越好。因此，挤出来的母乳尽量冷藏，不要冷冻。在喂食宝宝的时候也尽量给最新鲜的奶水，无论是喝冷藏或是冷冻的奶水，应该优先给予宝宝最新鲜的奶水，而不是先喝日期较早的奶水，而冷冻起来的奶水则是作为不备之需，万一奶水不够时再使用。

如果妈妈想要冷冻奶水，又想减少冷冻奶水的皂味，建议可在奶水一挤出来的时候马上隔水加热到起小水泡但不要煮沸，之后再将奶水放冷，并且冷藏或冷冻，这样可以减少脂肪酶的活性，减少皂味。

至于在较早之前冷冻起来的奶水，如果没有喝完，也不必丢弃，当宝宝可以吃辅食的时候，可以加工成好吃的点心。

挤母乳有窍门

当妈妈必须与宝宝短暂分开时，特别是休完产假回去上班时，不得不挤出奶水。挤奶可以很轻松，也可以很费力，那要看妈妈有没有掌握正确的技巧。

用手挤奶不难，可是如果方法不对，妈妈不仅会挤得很辛苦，还可能造成乳房的不适。提供给妈妈几个简单但重要的挤奶原则。

❶ 以手挤压乳晕边缘。因为奶水储存在乳房中的输乳窦，在皮肤表面的位置就是乳晕，因此，正确的挤奶方式是使用大拇指与食指按压乳晕边缘，并且改变按压的角度，才能将乳房中的所有奶水挤出来。通常只要乳腺通畅，用手挤奶水并不会痛。

❷ 手固定在一个位置挤压。手要直接固定在乳晕边缘的位置并且挤压，不要在皮肤上滑动，例如由乳房前方往乳晕的位置推挤，这样一来，附近的皮肤容易不舒服或变粗糙，挤奶效果也不好。

❸ 千万不要挤压乳头。乳头只是奶水的出口，并不是储存奶水的地方，挤乳头不仅挤不出奶水，还会使乳头受伤。

通常，当妈妈开始喂奶之后，宝宝一天需要喝 6～7 次，也就是每隔3～4个小时需要喂一次奶，因此妈妈若模拟宝宝的喝奶时间来挤奶的话，3～4个小时需要挤一次。至于要挤多久，只要挤到乳房舒服，不再胀奶，或是挤到宝宝需要的量即可。挤奶顺利时，通常10～12分钟就可结束，如果奶水较少，有时候必须花半小时才能挤完奶。

当宝宝吸吮乳房时，妈妈也可以用手触摸乳房周围，感觉是否还有哪个部位仍有肿胀，若有肿胀则表示这个部位的奶水尚未移除，此时可用手按压这个部位，帮助奶水流出来。

使用双手挤奶，是妈妈一定要学会的基本功夫，只要妈妈有需要，就随时随地可以挤，不必有任何限制。不过，必须长期将奶水挤出来的妈妈，可用挤奶器代劳，让自己较省时省力。

手动挤奶器和电动吸乳器

手动挤奶器的吸力大小与吸奶的频率皆为人工控制，但设计良好的手动挤奶器拥有强大的吸力，使用起来亦能轻松、便利。在吸力上，妈妈能够单手控制按压把手的力量，来调整吸力大小，如果妈妈的乳腺通畅，有时只要单指按压握手，就能挤出奶水。另外，吸奶频率的大小则是随着妈妈按压的力量大小而有变化，当按压把手到底时，吸力较大，吸奶的频率会较低，反过来，吸力较小时，例如只以单只手指按压，吸奶的频率就会提高。

使用手动挤奶器时，活动比较自由，如果在家中挤奶，照样可以起身接电话，甚至宝宝有任何状况时，都可以照顾，不必待在有插座的地方。

电动吸乳器依吸力大小、吸奶的频率、单边吸奶或双边吸奶等功能上的差异可分为好几种，简单来说，可分为大型电动吸乳器与小型电动吸乳器。

大型电动吸乳器的吸奶频率通常较高，每分钟可达到38～54次，依机器设计的不同，有些机器能够微调吸奶频率，有些提供数种不同频率以供选择，有些吸奶频率是固定的。一般来说，大型机器较接近婴儿实际吸吮母乳的频率，有些机器还模仿婴儿吸奶的方式，采取两个阶段吸奶，第一阶段吸奶的频率较密集，此举可刺激乳房分泌乳汁，而且婴儿一开始吸奶时较为饥饿，吸吮的次数较频繁，而后因为肚子稍微填饱，吸吮的速度会稍微下降。约10分钟后，吸奶频率会稍微降低。一般来说，大型电动吸乳器均可进行单边或双边挤奶。

在吸力大小方面，建议妈妈选择吸力大小范围较广的机器，并且能够微调，那么妈妈就能依据自己的需求调整吸力大小。有一些机器还会依据妈妈设定的吸力大小，自动调整出对应的吸奶频率。不过大型电动吸乳器通常适合固定在一个地方，较不适合外出携带，且价格也会比较昂贵。

宝宝辅食制作

香蕉奶糊

原料：香蕉50克，黄油少许，肉汤100

毫升，牛奶 50 毫升，面粉 20 克。

做法：❶ 将香蕉去皮之后捣碎。❷ 用黄油在锅里炒制面粉，炒好之后倒入肉汤煮并用木勺轻轻搅。❸ 煮至黏稠时放入捣碎的香蕉。❹ 最后加适量牛奶略煮。

特点：香蕉易消化吸收，热量较其他水果高，糖分含量也高。对于有胃肠障碍或腹泻的婴儿更适宜。

土豆苹果糊

原料：土豆 50 克，苹果 20 克，海带清汤 100 毫升。

做法：❶ 将土豆和苹果去皮。❷ 将土豆炖烂之后捣成土豆泥，苹果用擦菜板擦好。❸ 将土豆泥和海带清汤倒入锅中煮。❹ 将苹果用另外的锅加入适量的水煮。❺ 煮至稀粥样时即可将火关掉，将苹果糊放在土豆泥上。

胡萝卜糊

原料：胡萝卜 25 克，苹果 50 克。

做法：❶ 将胡萝卜洗净之后炖烂，并捣碎。❷ 苹果则削好皮用擦菜板擦好。❸ 将捣碎的胡萝卜和擦好的苹果加适量的水用文火煮。

牛奶鸡蛋糊

原料：牛奶 200 毫升，白糖 15 克，面粉 10 克，蛋黄 1 个。

做法：在锅内放入 150 毫升牛奶，煮开，依次加入白糖和面粉，用勺搅拌，使面粉均匀混入奶中，用 50 毫升牛奶加蛋黄调成糊状，加到锅内微火煮至黏稠状，凉凉即可。

豌豆糊

原料：豌豆 8 个，肉汤 2 大匙。

做法：❶ 将豌豆炖烂，并捣碎。❷ 将捣碎的豌豆过滤一遍，与肉汤和在一起搅匀。

特点：豌豆对腹泻有显著疗效。豌豆含丰富的蛋白质、维生素 B_1、维生素 B_6 和胆碱、叶酸等，味道也比大豆好，婴儿大多不会排斥。豌豆对红便也有显著疗效。

鸡肝糊

原料：鸡肝 15 克，鸡架汤 15 毫升。

做法：❶ 将鸡肝放入水中煮，除去血后再换水煮 10 分钟，取出剥去鸡肝外皮，将肝放入碗内研碎。❷ 将鸡架汤放入锅内，加入研碎的鸡肝，煮成糊状即成。

特点：此菜呈糊状，含有丰富的蛋白质、钙、铁、锌及维生素 A、维生素 B_1、维生素 B_2 和尼克酸等多种营养素。尤以维生素 A、铁含量较高，可防治贫血和维生素 A 缺乏症。

鱼糊

原料：新鲜去皮去骨刺鱼肉 50 克，海味汤、白糖、酱油少许。

做法：将海味汤放入锅内，加入研碎的鱼肉，并加入白糖、酱油少许，边煮边搅拌均匀，煮至糊状即可。

虾糊

原料：大虾 1 只，肉汤 50 毫升，淀粉少许。

做法：大虾用开水煮 15 分钟，捞出去皮，放入容器中研碎后，再放入肉汤煮熟，然后加入用水调匀的淀粉，使其呈糊状后即可。

育儿难题 Q&A

Q： 我有个小宝宝 6 个月大，喝母奶，但未长牙，我尝试喂她吃粥、水果泥，但她总是吐出来，这样还要继续喂吗？

A： 通常开始给宝宝尝试固体食物，至少要试 8～10 次才会成功，所以妈妈不要灰心，一次只试一种新的辅食，每次的量不要太多，一小口一小口慢慢来，通常就会成功的。等一种辅食适应了一个星期后，再尝试另一种新的辅食。

Q： 医生通常建议过敏宝宝满 6 个月之后再添加辅食，我的宝宝没有过敏现象，也没有家族史，但我想让她也满 6 个月以后再吃辅食，这样对她的肠胃是不是比较好？

A： 对于健康的宝宝来说，在适当的时间添加辅食是非常重要的，这不仅是因为较大的婴儿需要母乳以及其他食物的营养，而逐步添加辅食也是建立迈向成人饮食的重要过程。因此，除非宝宝有过敏家族史、过敏症状，或有其他代谢异常等疾病，否则不应该延后添加辅食的时机。

Q： 宝宝不肯吃辅食怎么办？

A： 假使宝宝较难接受新食物，最好在她肚子饿的时候先喂食辅食，不要等到宝宝喝完奶之后再来尝试。另外，喂食的环境相当重要，尽量要让宝宝专心地吃东西，不要边吃边玩，分散注意力。有时候如果有大人或是其他婴幼儿在进食，也会吸引她吃东西。要把握的大原则就是有耐心地慢慢引导她接受新食物，千万不要强迫宝宝进食。

Q： 宝宝不喝解冻母奶，怎么办？

A：对上班族妈妈来说，喂母乳实在不易，若宝宝不肯喝解冻后的母乳更令人困扰。建议妈妈不妨等宝宝很饿时再喂奶。当宝宝饿到发慌，对解冻后的母乳的接受度就会提高。倘若宝宝就是不喜欢解冻后的母乳，但妈妈在上班期间又无法回家哺乳，那么妈妈可以参考搭配"配方奶＋母乳"的哺喂方式。上班期间，请家人或保姆先帮忙哺喂配方奶，等妈妈下班后再哺喂母乳。

Q：**宝宝 6 个月了，是不是打预防针越多越好呢？**

A：不是。疫苗是用病菌、病毒及其产生的毒素制成的，虽然经过杀灭和减毒等特殊处理，但仍会有一定毒性，接种后可能发生一些过敏反应，轻者出现皮疹，重者发生休克。这种过敏反应的发生往往随着打针次数的增加而增多。

第 6 个月宝宝的早教方案

培养快乐女宝宝

情绪是宝宝的需求是否得到满足的一种心理生理反应。从出生到半岁再到 1 岁，是宝宝的情绪萌发时期，也是情绪健康发展的敏感期。半岁时，在女宝宝身上似乎产生了一种欢快的情绪惯性，一种身心反应的稳定模式。这是由于你对满足她的需求的敏感性，你的温暖的胸怀、香甜的乳汁、富有魅力的眼神和音容笑貌，以及和她一起活动和游戏的快乐时光，使她经常产生欢快的情绪，从而建立起对你的依恋和对周围世界的信任。

那些缺乏细心照料、需求经常得不到满足的宝宝，起初她还用哭叫来呼唤亲人的爱抚，渐渐地，她发现这些努力都是徒劳的时候，便会减少哭叫，情感就会变得淡漠起来。1～2 岁时，我们可通过宝宝经常的活动和举止，区别出个性倾向不同的宝宝来：如经常快乐的或郁郁寡欢的、活泼的或冷淡的、敏感的或迟钝的、好交际的或羞怯的等。实际上，还在襁褓中，这些秉性就被你的育婴方式、你与宝宝情感交流的质量所左右着了。因此，那种怕宝宝抱惯了，而对宝宝的情感需求漠然置之的做法是不可取的。

要注意，不要在生人刚来时，突然离开宝宝，也不能用恐怖的表情和语言吓唬宝宝，更不能把自己在工作中的怨愤发泄在宝宝身上，对宝宝冷落、不耐烦，甚至打骂等。

要使你的宝宝经常绽开幸福的笑脸，你就必须经常调节并保持愉快的情绪状态。经常愉快地面对宝宝将使你的宝宝开放心理空间，接收和容纳更多的外界信息，更主动地接近他人，探索周围的世界，为心理健康奠定基础，为智力发展提供一片欢乐的"绿洲"。

和宝宝一起去游泳

根据医学研究显示，游泳除了可以增进宝宝和爸妈之间的互动、增强宝宝心肺功能、让宝宝睡眠安稳、吃得更好以外，还有许多意想不到的好处。

世界各国鼓励宝宝开始学习游泳的年龄各不相同。欧美国家鼓励宝宝在出生4～6周后就可下水游泳，日本当地政府则建议宝宝约6个月大时再开始接触游泳；在我国，因为顾及6个月以下的宝宝的抵抗力较弱，加上颈部发育尚未完全，为了避免宝宝在游泳池不慎被别人推挤，伤害到宝宝脆弱的颈部，建议还是等宝宝6个月大之后再让宝宝开始感受游泳的乐趣。

❶ 适合宝宝游泳的水温为30℃～31℃。适合0～6个月大新生儿的水温，在32℃～33℃，6个月大以上的宝宝，水温则维持在30℃～31℃即可。不过，这个温度对同池的成人而言，可能会觉

得水温偏热。

适合宝宝游泳的水温，不能和室温差距太大，以避免宝宝因为温差过大而感冒。因此，宝宝上岸后，家长一定要记得帮宝宝迅速用大毛巾擦干，再稍微冲个温水澡即可。

❷ 泳池中的氯会伤害宝宝的肌肤吗？目前技术上可以做到长时间在水中维持杀菌功能的只有氯，所以一般泳池都会选择加氯以保持水质的清洁。有些家长或许会担心，泳池内的氯含量会不会对宝宝的肌肤造成伤害？倘若宝宝不小心喝到泳池的水，会不会对宝宝身体造成影响？

质量优良的泳池会固定一个小时就检测一次水质，同时告示在明显处。根据目前规定，泳池的含氯量是在0.5～1.0 ppm之间，其实跟家里的自来水无异，家长们还是可以放心地带宝宝一起去享受游泳的乐趣。

基本上水中的压力让宝宝不会容易感到想尿尿或便便，不过，家长如果看到宝宝的表情有类似在用力的样子，最好先抱宝宝上岸。假使宝宝的游泳尿布有少量的尿液流出，游泳池中的氯和臭氧也能迅速杀菌消毒，家长无须过于担心。

❸ 睡前两小时最适合宝宝游泳。适合宝宝的最佳游泳时段是睡前两小时，虽然小宝宝睡觉的时间不一定，家长还是可以尽量挑选宝宝睡前的时段，让宝宝去玩玩水当做睡前运动，游泳后宝宝还能睡得更香甜呢。不过，需注意

的是，游泳时段要避开宝宝疲累或肚子饿的时间。

宝宝游泳好处多多

■ 有助于宝宝的关节伸展

宝宝的音感和语感主要是由左脑发展出来的功用，而游泳有助于增进宝宝的水感，帮助开发宝宝的右脑创造力。在宝宝游泳的过程中，通过拍水、踢水的全身运动，能刺激宝宝的神经系统发育和强健骨骼发展。水压的波动还能按摩宝宝的全身肌肤，让宝宝感到自己好像还是被羊水包围般地舒适。

■ 增强心肺功能，提升肺活量

水温比人体的正常体温低许多，而水的导热性是空气的 26 倍，因此，当宝宝下水后，水中和地面上的温差让人体的末梢血管收缩，接着当身体逐渐适应水温之后，全身的血管又会逐渐扩张。而在血管不断地收缩扩张的循环运动下，刚好能增强宝宝的心脏功能，减少代谢废物在血管壁上的沉积。

水压能增进宝宝的肺活量，提高心肺功能，增加免疫力，改善气喘等问题，对于早产儿宝宝或是有过敏、气喘的宝宝们来说，更有帮助。

■ 强化大脑刺激，训练平衡感

水中的浮力能够帮助宝宝不费力地做任何动作，在宝宝游泳玩水的过程中，无论是扶着宝宝让宝宝在水中踢水或抱着宝宝一起在水中行走，都能训练宝宝的平衡感。

➕ 养育小叮咛

如何挑选质量好的游泳池

① 游泳池采光干净明亮。

② 淋浴间整齐干净，没有斑驳老旧的地面或墙面。

③ 游泳池有固定的清场时间，彻底保持水质干净。

④ 泳池空间的光线良好，地面防滑垫没有斑驳磨损的迹象。

⑤ 随时有救生员或合格教练在泳池旁巡视。

⑥ 泳池内的瓷砖没有斑驳脱落的迹象。

如何观察泳池内水质是否老化

家长可以试着用手拨动水面，观察水面产生的泡泡，如果在 15 秒之内泡泡很快就消失了，就表示水质尚未老化，也就是说水质还保持在很新鲜干净的程度。

■ 增进亲子间的信赖感

根据长年的教学经验来看，宝宝在陌生环境中更需要安全感，因而会更依赖此时在身旁最值得信赖的人。常可以见到爸爸和宝宝在水中玩得不亦乐乎，因此，鼓励让平日不常照顾宝宝的另一半带宝宝来学游泳，定能借机增近亲子关系和互动。

■ 有助于宝宝肠胃吸收和安眠

游泳完毕之后的一小时内，是体内新陈代谢最迅速的时候，也是让宝宝补充营养的最好时机。因为游泳耗损的体力让宝宝感到胃口大开，不仅能让宝宝吃得更好，还能让宝宝睡得更香甜。

6 个月宝宝的智能测评

❶ 听到大人说物名时：

A. 用手指物的方向 2 种（16 分）

B. 用眼看物的方向 2 种（10 分）

C. 眼看 1 种（5 分）

D. 不看（0 分）

以 10 分为合格。

❷ 握物：

A. 两手分别各拿一物（10 分）

B. 用拇指与食、中、无名指和小指相对握物（5 分）

C.5 个手指同方向大把抓握（3 分）

以 10 分为合格。

❸ 传手：

A. 握物时能传手（10 分）

B. 扔掉手中之物再取一物（6 分）

以 10 分为合格（170 天前以 6 分为合格）。

❹ 仰卧时：

A. 手能抓到足，将足趾放入口中啃咬（10 分）

B. 手在体侧抓到足（8 分）

C. 手抓不到足（2 分）

以 10 分为合格。

❺ 发双字音，如"妈妈"、"爸爸"、"拿拿"、"打打"等，能理解其意义，但不是去称呼大人：

A.3 个（10 分）

B.2 个（7 分）

C.1 个（5 分）

以 10 分为合格。

❻ 大人背儿歌时：

A. 会做一种动作（10 分）

B. 只笑不动（5分）

C. 不笑也不会做动作（0分）

以10分为合格。

❼ 照镜子时笑，同镜子说话，用手去摸，同它碰头：

A. 4种（15分）

B. 3种（12分）

C. 2种（6分）

D. 1种（3分）

以12分为合格。

❽ 躲避生人：

A. 将身体藏在母亲身后或躲在怀中（8分）

B. 注视（6分）

C. 完全不避生人（4分）

以8分为合格。

❾ 吃固体食物：

A. 自己拿饼干吃，并咀嚼（8分）

B. 含着慢慢下咽（4分）

C. 不吃硬食物（0分）

以8分为合格。

❿ 大小便前：

A. 出声表示（8分）

B. 用动作表示（6分）

C. 不表示（2分）

以6分为合格。

⓫ 俯卧托胸：

A. 头、躯干、下肢完全持平（10分）

B. 下肢膝屈（8分）

C. 下肢下垂（2分）

以10分为合格。

⓬ 俯卧时上身抬起腹部贴床：

A. 在床上打转360°（6分）

B. 打转180°（4分）

C. 打转90°（2分）

D. 完全不转（0分）

以6分为合格。

结果分析

1题测认知能力，应得10分；2、3、4题测精细活动能力，应得30分；5、6题测语言能力，应得20分；7、8题测社交能力，应得20分；9、10题测自理能力，应得14分；11、12题测大肌肉运动能力，应得16分，共计可得110分。总分在90～110分之间为正常，110分以上为优秀，70分以下为暂时落后。如果哪一道题在及格以下，可先复习上月相应的试题或练习该组的试题，全部通过后再练习本月的题。哪一道题在A以上，可跨月练习下月同组的试题，使优点更加突出。

Part 7

第7个月
女宝宝养育

Di qigeyue Nvbaobao Yangyu

第7个月女宝宝发育特点

女宝宝7个月体格发育指标

项目	年龄组	下限值	上限值
身高	7月	61.3厘米	75.6厘米
体重	7月	5.90千克	11.40千克
头围	7月	约为43.1厘米	
胸围	7月	约为44.1厘米	
牙齿	7月	长出下中切牙，上中切牙，上旁切牙	
囟门	7月以后	逐渐骨化而变小	

 第7个月宝宝发育状况

宝宝6个月后，其生长发育会明显减缓，在体重增长方面，宝宝平均每月增重300克。由于头骨的发育与骨化，宝宝的前囟逐渐缩小，因发育不同，有的宝宝的前囟为1.5厘米×1.5厘米的菱形，而有的则为2.0厘米×2.0厘米。而感觉方面的发育则提高很多，宝宝会变得愈来愈"好玩"。

◾感觉发育

7个月的宝宝，对周围环境的兴趣大为提高，能注视周围更多的人和物体，随不同的事物表现出不同的表情，会把注意力集中到她感兴趣的事物和颜色鲜艳的玩具上，并采取相应的活动。因此，对7个月的宝宝，应经常带她到大自然中去，可以带她到稍微远离住所的地方，如街心花园等去看树，看花草，看蝴蝶、蜻蜓、飞蛾、蚂蚁、金鱼等，这些都是宝宝有兴趣观看的对象。

女孩虽然语言发育早，7个月的宝宝对声音有所反应，但是还不能明白话语的意思。有时候，妈妈会觉得宝宝已经能领悟别人在喊她的名字，那实际上

不过是宝宝熟悉母亲声音的缘故，在宝宝快要进入 11 个月时，宝宝对于词汇会表现出选择性，通常都是"妈妈"、"爸爸"或者"再见"等，宝宝此时会发出各种单音节的音。

7 个月宝宝的远距离视觉开始会有明显的发育，她能注意远处活动的东西，如天上的飞机、飞鸟等。这时宝宝的视觉和听觉有了一定的细察能力和倾听的性质，这是观察力的最初形态。这时期的宝宝，对于周围环境中鲜艳明亮的活动物体都能加以注意，拿到东西后会翻来覆去地看看、摸摸、摇摇，表现出积极的感知倾向，这是观察的萌芽。这种观察不仅和动作相关，而且可以扩大宝宝的认知范围，引起快乐的情感，对发展语言有很大作用。但是，宝宝的观察往往是不准确的、不完全的，而且不能服从于一定的目的和任务。

■ 动作发育

7 个月的宝宝各种动作开始有意向性，会用一只手去拿东西，会把玩具拿起来，在手中来回转动，还会把玩具从一只手递到另一只手或用玩具在桌子上敲着玩。仰卧时会将自己的脚放在嘴里啃。7 个月的宝宝不用人扶能独立坐几分钟。

故意让东西落下

■ 心理发育

这个阶段是宝宝最爱交际的时候，她也许已经学会以伸手、拉人或发音等方式主动与人交往，一定要好好利用这个机会。比如可以带她去郊游，见各种各样的人；教她说"您好"，挥手说"再见"。当你出门或在旁边叫她时，她能意识到自己的名字并把头转过去。当她需要妈妈抱时，不仅会发出声音，而且能有伸开双臂的姿势；当你真的抱起她时，她会高兴地大叫。

第7个月宝宝的日常保健

半岁以后宝宝抗病力下降

7个月以前的宝宝，体内有来自于母体的抗体等抗感染物质以及铁等营养物质。抗体等抗感染物质可防止麻疹等多种感染性疾病的发生，而铁等营养物质则可防止贫血等营养性疾病的发生。

一般从7个月大开始，由于宝宝体内来自于母体的抗体水平逐渐下降，而自身合成抗体的能力又很差，因此，宝宝抵抗感染性疾病的能力逐渐下降，容易患各种传染病以及呼吸道和消化道的感染性疾病。

许多小儿要到9～10岁以后自身的各种抵抗感染的能力才能到达有效抗病的程度，那时，各种感染的机会就会明显减少。

提高抵抗疾病的能力，主要应做好以下几点：

❶ 按期进行预防接种，这是预防小儿传染病的有效措施。

❷ 保证小儿营养，各种营养素如蛋白质、铁、维生素D等都是小儿生长发育所必需的。

❸ 保证充足的睡眠也是增强体质的重要方面。

❹ 进行体格锻炼是增强体质的重要方法，可进行主、被动操以及其他形式的全身运动。

❺ 多到户外活动，多晒太阳和多呼吸新鲜空气。

女孩子不容易生病吗

许多妈妈认为：相比男孩子，女孩子不仅比较不容易生病，而且也不会动不动就受伤。所以，女孩子比较好照顾。

虽然在身高、体重、胸围的平均数值上，男孩子会比女孩子高出许多。可是在成长速度方面，女孩子一直都比男孩子快。这是因为女孩子在出生之后，会比男孩子提早成长3～6周。另外，在进入小学之后，有的甚至发育得比男孩子提早约一年的时间。在进入青春期之后，女孩子的成长则已经比男孩子快两年左右的时间了！

而依照这样来推算的话，到了幼儿期，因为女孩子的成长已经比同年龄的男孩子快上许多，所以，一旦遇到了外界的刺激，抵抗力当然也会比男孩子还要强上一些。

宝宝发烧什么情况去医院

发烧是人体跟病原体作战的反映。人体合适的温度是37℃，细菌病毒生长也适合37℃，当人体发高烧的时候，细菌、病毒也不易繁殖。发烧是人体对抗疾病本能的反应，所以，宝宝发烧不要太紧张。

但是长期发烧消耗比较高，宝宝神经系统发育不完善，高烧会抽风，一般情况下到了38.5℃就要去医院。

另外，宝宝虽然烧得不厉害，但是精神不好，也一定要去医院。发烧时一定要看宝宝身上有没有出血点，要看有没有疹子，嘴里、手上、胸部有没有长疱疹，如果有一定要去医院。宝宝发烧皮肤发红、发斑，这些都提示有严重疾病存在。

精神好的宝宝一定是人体的抵抗力很好，病原微生物无论是细菌还是病毒，它没有足够的力量来战胜宝宝，就没有产生一些严重的反应。所以，精神状况如何是宝宝疾病重不重的指标。

退烧的方法有哪些

孩子发高烧的时候以退烧为主，需要迅速地把体温降下来，会不会着凉是次要的问题。降低体温有几个方法。

对流或温水浴

环境温度越低，越有利于对流，但要注意环境温度太低的时候，容易刺激孩子抽风。有的家长用冰块，其实冰块

是不宜使用的。冰枕和冰帽通常用于超高热，如41℃、42℃的时候，超高热对孩子大脑有损伤，要用冰来物理降温，这是保护脑子。但是38℃、39℃的时候，突然用冰降温孩子会很难受。

那么，除了打开孩子的衣服或者包裹以外，用什么方式散热好呢？温水浴是公认的最好的办法。把门关起来，室温高一点，没有对流风就行。

酒精擦浴

这种方法不适合小孩，小孩皮肤嫩，对酒精吸收快。用酒精擦浴之后，孩子没准就醉了。大一些的儿童用酒精，可以温水兑，要稀释到40%，也不要大量地用。

退烧药

退烧药都有不良反应，例如对肝脏的损伤。退烧效果越好的药，不良反应越强。

孩子反复发烧该怎么办

孩子发烧到38℃、39℃，去了医院，打一针烧退了，回家4小时后又烧，是再抱她去医院还是再吃药呢？

只要孩子精神好，吃饭、喝水没问题，只有发烧，给她吃退烧药就可以了，像对乙酰氨基酚每4个小时吃一次，布洛芬8小时吃一次，一般服用两三天就好了。

无论是病毒感染，还是细菌感染，一般情况下都会烧2～3天。幼儿急疹

烧得非常高，可达39℃～40℃。发病年龄是6～9个月，常常是孩子第一次发烧，一来就高烧。但是这个病不厉害，容易好。所以，发烧高，并不意味着疾病严重，只要精神好，没有皮疹，没有出血点，不伴有黏液脓血便，一般就没有太大问题。

高烧要不要先吃抗生素

孩子发烧以后，家长往往找点抗生素先给孩子吃。有几种情况可用抗生素。例如，一上来就吐、高烧，伴有呕吐的高烧一般情况下都是细菌感染比较多。

常见于急性鼻窦炎，也就是常说的胃肠性感冒。肚子疼，高烧，鼻腔感染，黏液分泌物沿着嗓子流到胃里，鼻涕到胃里面刺激胃，就发生呕吐。鼻窦炎基本上都是细菌感染。还有黏液脓血便，肚子疼，是典型的痢疾。

抗生素分为很多种，孩子不能用喹诺酮类消炎药。如庆大霉素类（氨基糖苷类）的药对肾脏毒性非常强，不到万不得已的情况下也不要用。儿科常用的是青霉素和先锋霉素类、红霉素和阿奇霉素。

发烧的家庭护理方法

❶ 孩子病了以后，一定要保持空气的流通，注意散热。空气流通有利于孩子降温。

❷ 让孩子休息，睡得好孩子的抵抗力就好。

❸ 要让孩子喝足够多的水，喝水多出汗就会多，尿得多，尿会带走很多热量，也是一个散热的方式。

❹ 一定要保证大便通畅，肠道散热是最主要的一个散热方式，大便会带走一部分热量，有的孩子高烧不退的原因就是几天都不排便。

孩子发烧不喝水怎么办

孩子不喝水有两个原因。

❶ 嗓子发炎，嗓子疼，这是最主要的。

❷ 孩子难受恶心，不想喝水。

这时补充水分是第一要务，孩子爱喝可乐就喝可乐，爱喝果汁就喝果汁，至于说喝了之后会不会咳嗽，暂时都不管。

例如，疱疹性咽炎，症状是高烧、嗓子疼。孩子什么都不吃，什么都不喝。孩子如果想吃冰激凌，这时父母不能再说不能吃冰激凌，只要把水喝进去就行。如果实在是喝不下去，就要给孩子输液，给她补充液体。

为什么孩子会经常发烧

孩子偶尔发烧或者一年感冒三四次都是正常的。如果孩子反复发烧，特别是高烧，一定要查原因，可能有一个慢性感染灶，如扁桃体或者咽扁桃体的慢性炎症，把原发病治疗好以后，她就好了。

大便干的孩子容易发烧，要通过调脾胃的方式让大便通畅。孩子最主要的保护物质叫做分泌型 IgA，它主要保护人体的呼吸系统不受感染，它在淋巴系统里面产生。淋巴系统除了淋巴结、淋巴管、扁桃腺以外，还有肠淋巴系统。

大便越干，这个系统功能越不好，大便越通畅，肠淋巴系统功能越强，分泌的 IgA 越多。所以说大便越干越容易感冒发烧。

第 7 个月宝宝的喂养

🌸 7～9个月宝宝这样吃

此时宝宝已经开始长牙齿了，能吃的东西愈来愈多，所以宝宝慢慢地也要和大人一样注意均衡的饮食，才会有均衡的营养，此时可以考虑 1 天喂 2 餐辅食。

➕ 养育小叮咛

素食宝宝营养补充须知

维生素 C：素食宝宝会对植物性来源的铁质吸收率较低，所以建议在餐后补充维生素 C 含量丰富的水果，以利铁质的吸收。

7～9 个月婴儿的食品添加表	
母乳，婴儿配方	一天喂 3～4 次，每次 210～240 毫升
菜汤	1～2 汤匙 /天
果汁或果泥	1～2 汤匙 /天
稀饭或面条	1.25～2 碗 /天（分成 2 次喂食）

断奶中期的食物形式应以能用舌头打碎的硬度为主，例如，水果泥或可用手拿的固体食物，如磨牙饼干、香蕉等。此外，宝宝也会比较喜欢吃甜甜的果泥，应鼓励宝宝自己进食，食物的不同口感，可增进宝宝味觉的发展。

🌸 过敏儿饮食注意事项

❶ 辅食要 6 个月以后再添加。一般婴儿在 4 个月时，即可添加辅食，但过敏宝宝建议 6 个月之后再添加。如果过敏症

状严重时，有些医生甚至建议把辅食的添加时间延至 9 个月以后。

❷ 添加辅食的方法。每周添加一种新食物，从少量开始，每天逐渐增加食用量。在确定不会引起或加重过敏症状时，再换下一种新食物。若出现过敏症状，则立即停止该种食物。不要一会儿给宝宝这种食物，一会儿吃另一种食物，否则，发生过敏症状时，比较难找出是哪种食物引起过敏的。

❸ 添加辅食的顺序。由低致敏性的食物开始慢慢尝试，例如，米粉、果汁（泥）、菜汁（泥）、稀饭等，10 个月之后才开始添加蛋黄、鱼、肉、肝等动物性食物。至于容易引起过敏的食物，如蛋白、有壳海鲜（虾、蟹）、花生坚果类等，最好等 1 岁至 1 岁半以后才食用，不过还是少吃为宜。

❹ 食物过敏会引起的症状。包括腹泻、呕吐、腹痛等肠胃症状；皮肤上会以长疹子、瘙痒、荨麻疹等来表现；此外，咳嗽、流鼻涕、打喷嚏，或原有的过敏症状加重时，也要考虑是否是食物所引起的过敏症状。

❺ 不要害怕添加辅食。有一些父母怕辅食会诱发宝宝的过敏，因此一直不敢添加辅食。其实辅食可训练宝宝的咀嚼及吞咽能力，对促进脑部发育、颜面神经与肌肉的发展有很大的帮助，牙床的发育也会较健康。只要慎选辅食，就不怕诱发过敏。

❻ 多样化的食物种类。不要因为怕宝宝吃到易致敏的食物，就限制食物的种类。多样化的食物种类，才能补充孩子成长所需的营养。只吃少数种类的食物容易导致营养不良，因此父母应该供给宝宝不同种类的食物，并避免易导致过敏的食物。

➕ 养育小叮咛

脱敏奶粉要吃多久

孩子对牛奶过敏，可以吃脱敏奶粉，最短吃 6 个月。如果家庭经济条件允许，一定要吃满两年。两年下来，再吃正常的奶粉就可以了。

不吃过敏食物就不过敏了吗

孩子如果对食物过敏，就可能会对空气的一些东西过敏。把食物过敏源禁掉以后，这个病就会好很多。过敏有一个预知，比如食物过敏 50%，空气的螨虫过敏 20%，就会发病了。如果把食物中 50% 去掉了，只剩下空气中的 20%，就不怎么容易发病。所以并不是把食物全禁了以后就好了，也许空气里的物质也会引起过敏。如果早晚咳嗽、鼻子堵，在床上则跟螨虫有关系，在外边跟空气有关系。所以并不是说停了过敏食物就好了，只能说停了以后治疗起来就更简单了。

➕ 养育小叮咛

以下食物种类不适合作为宝宝的辅食

纤维质过高的食物： 竹笋、牛蒡、空心菜梗这类食物，因为它们的纤维质过高，即使切成小块宝宝也不容易吞入，并且竹笋也是较容易引起过敏的食物，建议应延后给予宝宝。

太硬的食物： 煮不烂的食物，因为很难处理到很细软，而且宝宝也不容易吞咽，所以不适合给予宝宝。

孩子不爱吃辅食可以晚些添加吗

小孩有一个口腔味觉的发展过程，过晚添加辅食可能造成很多味觉都不能适应。对于纯母乳喂养，推荐在 16 周以后、27 周以前开始添加婴儿辅食，也就是满 4 个月，不能晚于 6 个月，在这之间开始婴儿食品的逐渐引入，这是母乳喂养的过程。

这期间开始小孩子需要各种营养素，单纯靠母乳不能完全提供了，随着小孩子年龄的增长，过晚添加会出现断档，小孩在某一阶段可能出现营养素的缺乏。从纯母乳喂养一下转换过来会比较困难，添加辅食是让孩子接受一些新的事物、新的食品、新的口味，要循序渐进，不能急，需要一段时间来适应。可以用勺来适应，这样可锻炼她的口腔运动功能。

宝宝辅食制作

南瓜糊

原料： 甜南瓜 10 克，肉汤 1 大匙。

做法： ❶ 将南瓜去皮之后切成小块，炖熟，并过滤。❷ 将南瓜和肉汤倒入锅中同煮。

菜蛋米粉糊

原料： 高蛋白米粉 100 克，鸡蛋 1 个，胡萝卜 20 克，小白菜 10 克，鸡汤 100 毫升。

做法： ❶ 鸡蛋煮熟，取出蛋黄研成泥状。❷ 将煮软的胡萝卜和烫熟的小白菜剁成菜泥，和蛋黄泥、米粉一起加入煮开的鸡汤中，微火煮 5 分钟，和鸡蛋泥搅拌均匀即可。

香蕉粥

原料：香蕉 1/2 根，牛奶 100 毫升，糖少许。

做法：将香蕉洗干净后去皮，用勺子背把香蕉压成糊状，然后放入锅内加牛奶混合上火煮，边煮边搅拌均匀，停火后加少许糖，混匀即可。

胡萝卜泥

原料：胡萝卜 150 克，牛奶 100 克，白糖适量。

做法：❶ 将胡萝卜洗净，刮去皮，上屉蒸熟，取出后研碎，加入牛奶、白糖搅拌均匀。❷ 把搅拌好的胡萝卜泥放在锅内，加入少许清水，用小火熬成糊状即可。

特点：胡萝卜泥含有较多的钙、磷、铁、胡萝卜素等，是婴幼儿常食用的辅食。

十倍粥

原料：米 1 大匙，水 10 大匙。

做法：大米洗净，用水浸泡 1 小时，放入焖烧锅中，大火煮沸，小火续煮 30～35 分钟，离火焖 10 分钟即成。

菜泥粥

原料：大米 40 克，水 200 毫升，新鲜蔬菜 20 克。

做法：将大米洗净后浸泡 2 小时，然后用中火煮 1 小时左右。将新鲜的菠菜或油菜或小白菜洗净后，在水中煮烂，切成末状，在粥煮成稠状后加入锅中，再煮 10 分钟即可。

育儿难题 Q&A

Q：我的小孩快 7 个月了，每次到药店，店员就会向我介绍营养品，他说 DHA 会帮助婴幼儿脑部发育，吃钙粉会帮助骨骼发育，长得高，乳酸菌、乳铁蛋白能照顾肠胃，避免肠病毒，说得好像如果小孩不吃这些东西就会跟不上别的小孩似的。到底这些东西有没有实质的帮助呢？吃这些营养品会不会对宝宝的肾脏造成负担？

A：钙粉的确有助于骨骼发育，但不宜过量，因为摄食过多的钙可能会与磷酸盐或碳酸盐结合，堆积于肾脏而形成结石。一般正常健康的宝宝只要均衡饮食加上适量牛奶摄取，大多不会有钙质缺乏的问题。

DHA 可促进婴幼儿脑部发育，但不宜摄食过量。

乳酸菌对 6 个月以上的宝宝在临床上有较正面的疗效，可改善便秘、腹泻或胀气等，6 个月前的宝宝不建议使用。

乳铁蛋白除了与铁的吸收有关，另外可增强人体的免疫功能，可对抗部分病菌，如细菌、病毒或霉菌等。

上述营养素对婴幼儿的成长的确有辅助作用，但不宜摄食过量，一般的婴幼儿只要食用牛奶，加上正确的辅食摄取量，大多会正常发育。只要你的宝宝有正常的生长曲线，正常的排便与发育，是否添加上述提及的营养素，可能就不那么重要了。

Q：**老人家常说发烧会烧坏脑袋，我的宝宝常常发高烧，会不会影响她的智力发展？**

A：发烧只是一种现象、一种症状，而不是一种病。面对发烧宝宝，我们主要做的并非只是退烧，而是寻找发烧的原因。如果发烧的原因无关于脑部，也就是说引起发烧的疾病若没有侵犯到脑部，则不会烧坏脑袋。因此小孩发烧最重要的是找出发烧的原因，医生会依发烧的时间、温度的高低、发烧的曲线、相关的症状及仔细的身体检查，来判断可能的疾病。此外，发烧也是一种指标，它可以告诉我们问题是否仍旧

存在、治疗是否有效。因此，家长必须配合医生的指导，观察与追踪，而不是随便用抗生素或一味要求退烧。

Q：**我的宝宝已经将近 7 个月大了，但是她从 2 个半月起就一直拒绝喝奶，而且这个月以来体重开始下降，请问这究竟是怎么回事？实在让人非常担心！**

A：你的宝宝从 2 个半月开始拒绝喝奶，而且体重下降，要考虑可能患有的肠道疾病，如胃食道逆流症、慢性宿便或肠回转不良等疾病，因此建议你的宝宝接受腹部 X 光片、腹部超声波、肠道摄影检查或胃食道逆流的摄影检查以查出病因。除了肠道病因外，一些脑部或其他器官（如肺、心，肝、肾）等疾病也可能会导致宝宝厌食。

Q：**我女儿 7 个月了，最近发现她的膝关节活动的时候，有时候会发出"咔、咔"的声音，但是女儿没有任何不舒服的情况，活动力也很正常，请问为何会有如此的情况呢？**

A：膝关节在活动时发出"咔、咔"声，在婴幼儿时期不算少见，如果没有疼痛或活动上的限制，就不是一种病理的现象，不需要太担心。但如果是髋关节活动时听到声响、帮婴儿换尿布时发现有一侧大腿不易拉开、婴儿长短脚或两大腿后皮肤皱褶不对称时，就应尽早就医作进一步的检查，以排除先天性髋关节脱臼的可能性。

Q：**小孩子 3 岁以前能喝酸奶吗？**

A：可以，但是不能全部代替牛奶。因为酸奶里面有一些益生菌，对小

孩子吸收是有帮助的，但是在一些营养素的强化方面有些不如牛奶，不能完全替代牛奶，只能够代替一部分牛奶。

第7个月宝宝的早教方案

7个月宝宝的玩具

7个月宝宝的身体比半岁前更加灵活，对周围事物的兴趣浓厚，需要用玩具或者借助生活中的一些常见常用的实物来发展感觉。合适的玩具包括：

❶ 易抓的小球、能发出响声的玩具、小型拖拉玩具、小木琴、小鼓、金属盘、不易撕坏的布质的书。

❷ 动物玩具、各种充气玩具、发出声音的玩具。

❸ 发展视觉、听觉和触觉的玩具等。

➕ 词汇解读

感知能力

感知能力主要包括视觉、听觉、触觉、嗅觉、空间直觉和时间知觉等能力。人通过看、听、触摸等活动来认识人和环境，认识物品的颜色、形状、大小、光滑、粗糙等特征，这些都是将来宝宝进行观察、记忆、思考的基础。宝宝年龄越小，抽象性思维越差，对感知觉的依赖性也就越大，周岁以下的宝宝几乎都是靠感知觉来直观地认知世界的。

婴幼儿智力障碍的危险信号

宝宝生下来以后从不哭闹，吃吃睡睡，很少给你添麻烦，你不要以为这宝宝很"乖"，其实，有些婴幼儿因年龄幼小，心理障碍的表现有时更难辨识，躺在那里不哭，不等于宝宝一切都好。这种"乖"的表现是因为她们对周围事物缺乏兴趣，注意力和反应能力较差的缘故。若是由于爸爸妈妈的误解，致使这些宝宝的智力问题没有及时被发现，得不到早期的治疗与训练，这样会耽误宝宝最佳训练时间，造成终生遗憾。

婴幼儿智力障碍的行为表现主要有以下几点。

❶ 很晚才出现微笑（正常宝宝2～3个月会微笑），不注意别人说话，伴有运动发育落后。

❷ 视觉功能发育不良，不注意注视周围人和事物，眼神不会跟踪亮光或物体。

❸ 对声音或声响缺乏反应，常被误诊为耳聋。

❹ 由于咀嚼晚，以致喂养困难，当给固体食物时，出现吞咽障碍并可引起呕吐。

❺ 正常的宝宝在会走以后，走路时两脚就不再互相乱碰了，发育迟缓的宝宝到2～3岁时仍可见到这种情况。

❻ 注视手的动作持续存在。正常宝宝在3～4个月时，时常躺在床上看着自己的双手，反复玩弄双手；智力低下的宝宝在6个月后，这种行为仍持续存在。

❼ 正常宝宝在6～12个月后，经常将东西放进嘴里，当手的动作比较熟练时，就不再用嘴。但智力发育落后的宝宝用嘴的动作持续到很晚，有时到2～3岁还把玩具放进嘴里。在清醒时，智力低下宝宝可见磨牙动作，这是正常宝宝所没有的。

❽ 正常的宝宝在15～16个月后就不再把东西随地乱丢，而发育迟缓的宝宝持续的时间要长。

❾ 智力低下宝宝有时需反复或持续刺激后才能引起啼哭，哭时经常发喉音，有时哭声尖锐，或呈尖叫，或呈高音调，亦有哭声无力。正常宝宝的哭声常有音调变化。

❿ 正常宝宝在1岁时停止淌口水，有缺陷的宝宝持续时间要长。

⓫ 缺乏兴趣及精神不集中是智力低下宝宝的两个很重要的特点。缺乏兴趣表现在对周围事物无兴趣，对玩具兴趣也很短暂，反应迟钝。

⓬ 智力低下宝宝有时表现为多睡和无目的的多动。

7个月宝宝的智能测评

❶ 拿走正在玩的玩具：

A. 尖叫乱动表示反抗（10分）

B. 啼哭反抗（8分）

C. 不察觉（0分）

以10分为合格。

❷ 听到大人说物名会用手指物或用眼看物的方向：

A. 4种（16分）

B. 3种（12分）

C. 2种（8分）

D. 1种（4分）

以12分为合格。

❸ 两手各握一物：

A. 对敲（10分）

B. 会用一手各握一物（8分）

C. 双手抱紧一物放手掉下（6分）

D. 不握物（0分）

以10分为合格。

❹ 拨弄小丸：

A. 一把抓住（12分）

B. 用手掌拨弄（10分）

C. 只看不摸（2分）

以10分为合格。

❺ 懂大人说"不许"：

A. 停止原来动作（10分）

B. 笑，仍继续干（6分）

C. 没有反应（2分）

以10分为合格。

❻ 会用手势表示语言，如再见、谢谢、点头、摆手等：

A. 3种（15分）

B. 2种（10分）

C. 1种（5分）

D. 不会（0分）

以10分为合格。

❼ 懂得大人夸奖和责骂：

A. 语言（8分）

B. 表情（6分）

C. 语言加上表情（4分）

D. 不懂（0分）

以8分为合格。

❽ 记得离开7～10天的熟人：

A. 再见时表示亲热投怀（8分）

B. 对人笑（6分）

C. 手脚舞动（4分）

D. 注视（2分）

以8分为合格。

❾ 大人托杯：

A. 自己双手捧杯喝水（6分）

B. 完全由大人拿杯能喝水（4分）

C. 只会用奶瓶不会用杯（2分）

以4分为合格。

❿ 大小便前：

A. 有声音表示（10分）

B. 能用动作表示（8分）

C. 由大人定时把，自己不表示（4分）

D. 用一次性尿布（2分）

以8分为合格。

⓫ 翻滚：

A. 连续翻360°，打几个滚（10分）

B. 能翻360°1次（8分）

C. 翻身180°（4分）

D. 翻90°（0分）

以10分为合格。

⓬ 坐稳：

A. 双手自由活动（12分）

B. 双手在前面支撑（10分）

C. 身体向前倾斜倒下（8分）

D. 靠坐（4分）

以10分为合格。

结果分析

1、2 题测认知能力，应得 22 分；3、4 题测精细动作能力，应得 20 分；5、6 题测语言能力，应得 20 分；7、8 题测社交能力，应得 16 分；9、10 题测自理能力，应得 12 分；11、12 题测大肌肉活动能力，应得 20 分，共计可得 110 分。总分在 90～110 分之间为正常，110 分以上为优秀，70 分以下为暂时落后。如果哪一道题在合格以下，先复习上月相应试题，或练习该组的试题，全部通过后再练习本月组试题。哪一道题在 A 以上，可跨月练习下个月同组的相应试题，使宝宝进步更加明显。

Part 8

第8个月
女宝宝养育

Di bageyue Nvbaobao Yangyu

第8个月女宝宝发育特点

女宝宝8个月体格发育指标

项目	年龄组	下限值	上限值
身高	8月	62.5 厘米	77.3 厘米
体重	8月	6.13 千克	11.80 千克
头围	8月	约为 43.6 厘米	
胸围	8月	约为 44.5 厘米	
牙齿	8月	长出上中切牙、上旁切牙、下旁切牙	
囟门	6月以后	逐渐骨化而变小	

 **第8个月宝宝发育状况**

8个月宝宝的体重增长已经趋缓，宝宝的体重差异开始增大。宝宝的牙齿发育也有很大的差别，如果宝宝的下门牙以前没有长出来，这个月就会长出来了。

▣ 感觉发育

8个月的宝宝已经能够区分亲人和陌生人，看见看护自己的亲人会高兴，从镜子里看见自己会微笑，如果和她玩藏猫猫的游戏，她会很感兴趣。这时的宝宝会用不同的方式表示自己的情绪，如用笑、哭来表示喜欢和不喜欢。8个月的宝宝有一个十分显著的表现行为，那就是四处观望。她们会东瞧瞧、西望望，似乎永远也不会疲劳。从8个月到3岁大的孩子，会把20％的非睡觉时间，用在观察物体上。

▣ 语言发育

8个月的宝宝对于话语的了解兴趣一周比一周更加浓厚了。由于你的宝宝现在日渐变得通达人情，好像你初交不久的朋友一般，所以，你会开始觉得你有了一位伴侣。当她首次了解话语的时候，她在这段时间内的行为

手帕盖在脸上会拿掉

会顺从。慢慢地，你叫她的名字她就会反应出来；你要她给你一个飞吻，她会遵照你的要求表演一次飞吻；你叫她不要做某件事情，或把物体拿回去，她都会照你的吩咐去办。由于此时宝宝已能把语言和物品联系起来，因此妈妈可以教她认识更多的事物，妈妈可以让宝宝通过摸、看或尝等方式，认识更多的事物。

■ 动作发育

8个月宝宝的手指灵活多了，原来她手里如果有一件东西，再递给她一件东西，她便把手里的扔掉，接住新递过来的东西。现在她不扔了，会用另一只手去接，这样可以一只手拿一件，两件东西都可摇晃，相互敲打。这时宝宝的手如果攥住什么就不轻易放手，妈妈抱着她时，她就攥住妈妈的头发、衣带。对宝宝的这一特点，妈妈可以给她一件

适合她攥住的玩具。另外，她也喜欢用手捅，妈妈抱着她时她会用手捅妈妈的嘴、鼻子。此时的宝宝也喜欢摸摸东西，敲敲打打各种玩具，会把拿到手的东西放到嘴里啃。

宝宝喜欢拉妈妈的头发

■ 心理发育

8个月的宝宝看见熟人会用笑来表示认识他们，看见亲人或看护她的人便要求抱，如果把她喜欢的玩具拿走，就会哭闹，对新鲜的事情会感到惊奇和兴奋。从镜子里看见自己，会到镜子后边去寻找，有时会对着镜子亲吻自己的笑脸。

8个月的宝宝常有怯生感，怕与父母尤其是母亲分开，这是宝宝正常心理的表现，说明宝宝对亲人、熟人与生人能准确、敏锐地分辨清楚。因而怯生标

宝宝喜欢紧跟在妈妈身后

应。为了宝宝的心理健康发展，不要让陌生人突然靠近宝宝、抱走宝宝，也不要在生人面前随便离开宝宝，以免使宝宝不安。

怯生是宝宝心理发展的自然阶段，一般在短时间内可自然消失。对宝宝的怯生，可以在教育方式上加以注意，如经常带宝宝逛逛大街、去去公园，还可以听听收音机、看看电视等，这样可使宝宝怯生的程度减轻。总之，父母要扩大她的接触面，尊重她的个性，不要过度呵护，这样可以培养宝宝勇敢、自信、开朗、友善、富有同情心的良好心理素质。

志着父母与宝宝之间依恋的开始，也说明宝宝需要在依恋的基础上，建立起复杂的情感、性格和能力。对8个月的宝宝来说，这是一种正常的心理应激反

第8个月宝宝的日常保健

宝宝多大时开始会爬

宝宝的粗动作循序发展，依序是头、颈、躯干，坐、爬、站、走、原地跳、上下楼梯、向前跳，简单来说就是由头、躯干往四肢方向发展。虽然每个孩子的状况有所不同，大致说来，爬行的准备动作从出生时就略具雏形，至八九个月大时大致成熟。

婴儿学爬的情形	
阶段	爬行动作
新生儿	俯卧位时就会有反射性的匍匐姿势
2个月	能在俯卧时交替踢腿，好像匍匐前进
3～6个月	可用手肘撑起上半身数分钟
8～9个月	能用手支撑胸腹，使身体离开地面，能开始爬行了

所谓"六坐，八爬，九叫爸"，一般8～9个月大的宝宝已经可以不扶东西就坐得很稳，也会开始爬行来探索这多姿多彩的世界。对宝宝小肌肉的训练及感觉统合的协调来说，爬行扮演着非常重要的角色。

宝宝学爬行步骤

训练宝宝爬行的方法

宝宝要学会爬行，无法一下子就成功，必须循序渐进。

婴儿分阶段学爬要领	
阶段	训练宝宝爬行的要领
准备期（7个月）	当宝宝躺着时，可以用手顶住宝宝的脚，轻轻地推几下，活动宝宝的膝关节，并训练脚的力量
腹爬期（8个月）	俯卧，一般宝宝头会自然抬起，屈肘，腿伸直。此时教宝宝右手上伸，左腿上屈，用右肘及左膝的力量向前爬；然后再换左手和右腿，自然能够前进。注意爬行时腹部不能离开地面，屁股不能翘高
由腹爬到匍匐爬行期（8个月）	爸妈可以用一条毛巾包裹住宝宝的腹部，在宝宝爬行时略微往上提，帮助宝宝以腹部离地的方式往前爬。当宝宝知道这样可以爬得更快时，下次便会尝试腹部离地爬行
由匍匐爬行到手膝爬行（狗爬）期（8个月）	度过一两个星期的不协调期，宝宝的手臂就可以撑地了，借腹部与四肢的力量，带动身体往前爬行。此时可以用玩具吸引宝宝，鼓励宝宝伸手抓取，再渐渐拉远东西放置的距离，激发宝宝爬行的动力

1.匍匐爬行　　2.四肢爬行　　3.翘臀爬行

匍匐爬行－四肢爬行－翘臀爬行

宝宝爬行时的注意事项

训练宝宝学爬首重安全，同时注意宝宝衣着，不要穿得过多、过紧或过长，买玩具激发宝宝爬行的欲望。当宝宝爬得高兴后还可变化高度，让宝宝爬高爬低，但一定要注意安全。

婴儿爬行时的注意事项	
原则	注意事项
安全	布置一个安全的学爬环境，地面要平整，可铺放具有弹性的软垫
舒适	注意手掌、手肘与膝关节的保护，但也不要穿过多的衣服，以免妨碍宝宝的动作
诱导	以能发声或色彩鲜艳的玩具吸引，当宝宝伸手取物时后移，刺激宝宝以爬行取物
进阶	创造可以爬上爬下的斜坡环境，如安全的球池与绳梯，让宝宝发展更好的空间判断力

先是能用双手手掌支撑起上半身

能用手支撑起上半身的时候，另一只手就自由了，想去拿东西

发现身边有感趣的东西，为了拿要旋转身体，这是移动的开始

宝宝移动的原动力是对物体的兴趣和欲求

当宝宝学会翻身、爬行后，误食异物等的危险便会随之增加。宝宝爬行时期，请注意以下几点。

❶ 爬行垫的材质。太柔软会让宝宝动弹不得，甚至有窒息的危险；太粗糙的表面，可能会伤害到宝宝细嫩的皮肤。也有很多家长喜欢去买塑料拼装软垫，给宝宝练习爬行，但是要注意材质，有些甚至会释放出有毒的气体，家长务必要小心选择。另外有的拼装软垫上面会镶嵌可以拆装的小图案或字母，有些宝宝会把这些小东西拆下来吃，同时也容易藏污纳垢，家长应该注意。

❷ 四周的安全环境。不可在楼梯附近练习，以防止宝宝坠落，就算有栏杆，也要小心宝宝会钻出去。在床上练习爬行也要十分注意，曾有妈妈只是起身打电话，一转身宝宝就从床上滚落。散落在四周的小物品也要小心收好，曾有奶奶在旁边缝衣服，小宝宝爬过来就把大针吞下去的案例。

❸ 永远不要低估你的宝宝。她可以在你不注意的时候，把金属插销插进

墙上的插座中，她也会拉扯甚至啃食电线。本来还在学爬的宝宝，会突然扶着桌脚，把餐桌的桌巾拉下来，把热汤淋在身上。她也会从床上爬到梳妆台上，偷吃妈妈的小药片。因此要注意：第一，纽扣、回形针、电池、烟蒂等小件的物品不得放置在宝宝伸手可及之处。第二，因为宝宝会拉桌布来玩，因此不要使用桌布，防止物品掉落发生意外。第三，熨斗不得放置于伸手可及之处。此外，家中最好安装安全插座。

爬得太早有害吗

"翻身—坐—爬—站—走"是婴儿粗动作发展的五大里程碑，循序发展是最令人放心的。有些宝宝还不会坐稳就能站得直，爸妈不要觉得是件值得炫耀的事，有时医生反而会担心是否中枢神经出了问题，导致肌肉张力过高，因此好像很快就会站立了。此外，若邻居或亲戚的小朋友很快就能爬，自己的宝宝比较慢，也不要灰心难过，因为有时是环境狭隘，不利学习；或者爸妈怕宝宝爬行时手脚弄脏容易生病，不鼓励其爬行，也会阻碍宝宝爬行的训练。

不愿意爬就走可以吗

在忙碌的时代，不爬的宝宝越来越多。很多父母顾虑环境安全与怕宝宝弄脏，而很少让宝宝爬，常常抱着或背着宝宝。于是很多宝宝便略过了爬的阶段，直接进入站和走的阶段。即便如此，为人父母也不用过度自责，因为目前医学文献并没有多爬的宝宝比不爬的宝宝智能较高或体能较佳的相关报告。因此父母可以鼓励孩子多爬，但也不需要刻意强逼一个不肯爬且已经学站的孩子非爬不可，此时顺其自然就好。

如何清除宝宝耳屎

耳屎在医学上称为耵聍，是由外耳道中的耵聍腺分泌出来的浅黄色黏液状物质。当外界的灰尘进入外耳道时，被耳毛挡住，被黏液粘住，加上外耳道脱落的上皮细胞干燥以后形成一片片薄薄的耵聍附着在外耳壁上。由于人们不断地吃东西、说话，使下颌关节运动，能把分泌的耵聍挤出去。

当外耳道患有慢性炎症或被堵塞时，外耳道的异物、分泌物增多，若与脱落的上皮细胞和进入外耳道的灰尘混合在一起，耵聍会很坚硬，如不及时清理，会使耵聍越积越多，堵塞外耳道，还可以引起中耳炎，出现全身症状。耳朵内的炎症常常可以造成婴幼儿听力下降，甚至会造成耳聋，使宝宝落下终身残疾。因此有耵聍时应及时清理。

有些成年人喜欢用发夹、耳挖子取耵聍，其实这是很不安全的，容易发生意外事故，尤其对宝宝，更不能采用这种方法，可以用棉签将其卷出来。若是比较坚硬的耵聍，可滴少许苏打水或耵聍水将其泡松，再慢慢地取出。

宝宝的鼓膜薄且弹性差，容易弄破，如果清理耵聍时不加小心，会造成婴幼儿的听力下降。因此清理耵聍是件具有危险性的工作，如果用一般方法无法清理耵聍，应该到医院请医生用耵聍钩将它取出来。

宝宝防蚊

在夏天，蚊虫大量滋生，如果宝宝被蚊虫叮咬就会又痛又痒而大哭大闹，更可怕的是一旦被蚊子咬了，宝宝极易受蚊虫带来的传染性病菌的侵袭。所以，为了避免宝宝受到蚊虫的叮咬，一方面要保持环境的清洁卫生，另一方面要采取合适的方法来防蚊虫。

现在防蚊虫有多种方式，除了传统的用蚊帐来防蚊虫外，许多家庭还用蚊香和杀虫剂来防蚊虫，但宝宝房间最好采用蚊帐来防蚊虫，而不适宜用蚊香和杀虫剂。

蚊香的主要成分是杀虫剂，通常是除虫菊酯类，其毒性较小。但也有一些蚊香选用了有机氯农药、有机磷农药、氨基甲酸酯类农药等，这类蚊香虽然加大了驱蚊作用，但毒性相对就大得多了。婴幼儿房间不宜用蚊香。

现在用电蚊香来防蚊虫也很普遍，它的毒性很小，对一般成人来说是无害的，但对宝宝来说还是尽量不用为好。

宝宝房间禁止喷洒杀虫剂。宝宝如吸入过量杀虫剂，会发生急性溶血反应、器官缺氧，严重者会导致心力衰竭、脏器受损或转为再生障碍性贫血。

第8个月宝宝的喂养

8个月婴儿的食品添加表	
母乳，婴儿配方	一天喂3~4次，每次210~240毫升
菜汤	1~2汤匙/天
果汁或果泥	1~2汤匙/天
稀饭或面条	1.25~2碗/天（分成2次喂食）
肉鱼豆腐泥	1~1.5两/天（分成2次喂食）

从这个月开始，可给宝宝添加肉、鱼、豆腐泥等。需供应各种不同蛋白质食物来源，例如：豆浆、豆腐、肉松等。

帮助宝宝断奶

如果可能，妈妈可哺喂母乳直到宝宝1岁或2岁以上，之后再由两个人的情况一起决定断奶的时间。比较理想的断奶方式是逐步进行，不建议快速退奶（如1～2周之内）。已确定断奶时间的妈妈，可以提早作断奶的准备，如果可能，甚至可将计划时间设定得长一点，不仅时间比较充裕，提早达成的可能性也很高。

原则上，由于妈妈的奶水与宝宝的需求存在着供需关系，只要宝宝不再吸吮妈妈乳房，或是妈妈不再将奶水挤出来，奶水就会逐渐变少。胀奶的时候，可以先挤出一点奶水，再冰敷乳房减轻不适。不过，若妈妈想要更快退奶，就尽量不要挤出来（代价是乳房会胀得很痛）。另外，推荐妈妈使用卷心菜叶冰敷乳房，除了卷心菜叶的形状正好能覆盖在妈妈乳房上之外，它本身也具有良好的消肿效果。另外，民间流传的退奶饮食则是食用韭菜与麦芽水，妈妈亦可试试。

如果妈妈想要更快速地断奶，可以到妇产科就医选择打针或吃药，通常可在一个星期内退奶。虽然理论上打退奶针或吃药会使妈妈退奶，但医生表示，

确实有发生打退奶针的妈妈乳房比怀孕前小的状况。

❶ 慢慢延长哺乳的间隔时间。若宝宝两个小时喝一次奶，可慢慢延长到三四个小时喝一次，或是以其他食物取代。如此，可逐渐减少宝宝喝母奶的次数，而妈妈也会因为宝宝喝得少而减少奶水。

❷ 改变宝宝喝奶的习惯。宝宝会有习惯性的喝奶需求，这种喝奶习惯可以先移除。例如，宝宝早上起床习惯喝母乳，中午必须喝完母乳再睡觉，那么妈妈可以改变自己，让宝宝无法维持这些习惯。例如，妈妈可以比宝宝更早起床，让宝宝无法直接在床上喝奶；中午让宝宝从边喝边睡，改成到公园去玩耍，玩累了就回家睡觉。总之就是尽量让宝宝不要处在想喝母乳的情境。

❸ 睡前喝母乳的习惯可最后改变。对晚上睡觉前习惯喝母乳的宝宝来说，喝母乳代表与妈妈之间的亲密，喂母乳也可以让宝宝停止哭泣，具有安抚的效果。因此，这一餐，可以放到最后再改变。

❹ 以其他方式陪伴宝宝。有些宝宝在妈妈无法陪她玩感到无聊时，也会喝母乳。有的宝宝常爱在妈妈打电话时跑到妈妈身边喝母乳。如果妈妈们遇到类似的情形，就应该少讲电话，或不要在陪伴着宝宝时讲电话，而是陪她玩，或做其他有趣的事情，让宝宝不会感到无聊而想喝奶。

❺ 让宝宝不容易喝母乳。例如，

妈妈可穿上比较紧身的衣服，那么宝宝不容易随意掀开衣服喝母乳。

怎样给宝宝断奶

断奶食品的烹制首先要根据婴儿的实际情况决定。婴儿在用勺的练习阶段，可由父母抱着吃。但若是到了能吃粥的时候还不会坐着吃就不太好办了。因此，父母要让宝宝练习坐的时间。

如果婴儿不喜欢吃牛奶以外的其他食品就不要勉强。若是宝宝伸手去抓盛着米粥的勺子，表现出很想要的样子，那么可以断定断奶过程会比较顺利。

断奶能否成功，并不在于婴儿已长到5个月或是体重已达到6千克等这些外部表征，而是取决于婴儿自身是否有想吃辅食的愿望。但若是因宝宝喜欢吃米粥、面包粥等就无限度地加量也是不可取的。如果宝宝每10日的体重增加超过了300克，就说明饮食过量了。

当然，如果宝宝不喜欢吃米粥、麦片粥等糊状的食物而爱吃鸡蛋、面粉制成的小点心，也不妨喂给宝宝，让宝宝牙齿长齐后直接吃米饭。

婴儿辅食不要用奶精、鸡精

婴儿的肝肾功能不强，容易受到伤害，因此做辅食应该使用天然食材，给孩子吃食物的原味。孩子刚刚品尝食物，跟大人的口味不同，不要为了增加辅食的味道，添加不必要的调料。

一般来说，鸡精应该是用味精、食盐、增鲜剂、鸡肉和鸡骨的粉末及浓缩抽取物等制成的，有鸡肉的鲜香味。但我国至今也没有关于鸡精的强制性标准，仅有一个供企业参照执行的行业标准。究竟什么成分能代表鸡的成分，鸡的成分所占比例多少才算"精"，至今也没有明确。所以给宝宝做饭，不要添加类似的调味料。

"奶精"实际上是植脂末，植脂末是以精炼氢化植物油和多种食品辅料为原料，经调配、乳化、杀菌、喷雾干燥而成。其中没有用到一滴牛奶或奶油，它的主要成分是氢化植物油。氢化植物油对人体的危害大于动物脂肪。而其他如"牛肉精"等食物调味品，也存在混淆概念的现象，都不要给孩子食用。

给孩子做辅食要清洁

给孩子做辅食要注意清洁卫生，有些家长特别是老人在这方面存在认识上的误区：

误区一：有坏味的食物，只要煮一煮，就可以吃了。

有的细菌耐高温，比如能破坏人体中枢神经的肉毒杆菌，其菌芽孢在100℃的沸水中，仍能生存5个多小时。有的细菌虽然被杀死了，但它在食物中繁殖时所产生的毒素或死菌本身的毒素，并不能完全被沸水破坏。所以，变质了的食物，就是加热再吃，也会使宝宝中毒。

误区二：细菌怕盐，所以咸肉、腌鱼等就不用消毒。

实际上，有一种沙门氏菌能够在含盐量高达 10%～15% 的肉类中生存好几个月，用沸水煮 30 分钟才能将其全部杀死。这种细菌能使人肠胃发炎，因此食用腌渍食品时，也需要严格消毒。

误区三：冰冻的食物没有细菌。

有的细菌专门在低温下生活、繁殖，如嗜盐菌，使人发生严重腹泻、失水。这种细菌能在零下 20℃ 的蛋白质内生存 11 周之久。所以，食用冰冻食物时，千万不能大意。

误区四：食物只要经过煮沸，就可以达到消毒、杀菌、防病的目的。

这种说法不全对。食物中毒可分为生物型和化学型两大类。生物型中毒主要是指细菌、病毒、微生物等污染食物，例如腐败食物中的霉菌。这一类食物可用高温蒸煮进行消毒，即使留有少量毒素也不会造成严重危害。但化学型中毒不是高温处理所能避免的，有时煮沸反而会使毒素浓度增大。比如，烂白菜中产生有毒的亚硝酸盐，人吃了就会发生严重的中毒现象。此外，发芽和未成熟土豆中的龙葵碱、油料中的黄曲霉毒素等，均不能通过高温达到消毒目的。

婴幼儿辅食不可多盐

由于婴幼儿机体功能尚未健全，肾脏功能发育不够完善，没有能力充分排出血液中过多的钠，时间长了，就会损害肾脏，同时过多的钠会使体内水分潴留，促使血量增加，血管处于高压状态，于是发生血压升高现象，使心脏负担加重。

此外，摄入盐分太多，还会导致体内的钾从尿中丧失，而钾对于人体活动时肌肉的收缩、放松是必需的。钾丧失过多，会引发心脏衰弱而死亡。

所以父母在给婴幼儿做辅食时一定要注意，1 岁以内的孩子可以不放盐，1 岁多的孩子，每日 1 克盐就够了，千万不要以自己的味觉为准。

宝宝挑食不要勉强

婴儿过了 8 个月，对待食物的好恶也逐渐明显起来了，喜欢吃的食物她想多吃一点，不喜欢吃的食物一点也不想吃。

■ 不要勉强宝宝

对于小宝宝的饮食偏嗜，父母不必急着在婴儿期去强行改变，有许多在婴儿期不喜欢吃的东西，到了幼儿期宝宝就很高兴地去吃了。在一定程度上的努力是可以的，但父母不能太勉强婴儿。

对于那些喂菠菜、卷心菜或胡萝卜等就用舌头向外顶的婴儿，父母可在做这些菜时，想办法做成让婴儿不能选择的食物形式来喂，如切碎放入汤中或做成菜肉蛋卷等让婴儿吃。

孩子即使不喜欢吃菠菜、卷心菜和胡萝卜等，父母也可以给孩子喂其他蔬菜。对无论如何也不吃蔬菜的婴儿，也可以用水果来补充，只要能保证婴儿摄取到足够的营养素就可以了。

婴儿偏食不会导致营养失调

如果婴儿吃米粥、面包、面条等能获得必要的热量，喝牛奶（500毫升）或母乳能满足婴儿身体对蛋白质的最低限度需要，那么婴儿即使对其他辅食有些偏嗜，也不会导致营养失调。

在动物性的鱼、鸡蛋、牛肉、鸡肉和猪肉等食物中，婴儿即使对其中的任何两种一点也不吃，也不会导致营养失调。婴儿只要吃米饭、面包、面条，即使一点也不吃土豆、地瓜，也不会出现糖分不足。在米饭、面包、面条中，即使婴儿对其中的任何两种一点都不吃，只要能好好地吃另一种，也不会引起能量的不足。

宝宝辅食制作

胡萝卜牛肉粥

原料： 大米2汤匙，牛肉汤约3/4杯，煮熟的胡萝卜1～2片。

做法： ❶ 大米洗净，加入清水浸泡1小时。❷ 将胡萝卜压成蓉。❸ 牛肉汤除去汤面的油，放入小煲内煲滚，放入米及水煲滚，慢火煲成稀糊，加入胡萝卜蓉搅匀再煲片刻，待温度适合时即可喂食。

注意： 牛肉汤可用大人吃的，不一定非要给宝宝专门煮牛肉汤。

特点： 胡萝卜有健胃、助消化的功用，含有丰富的维生素A。

核桃汁

原料： 核桃仁100克，白糖30克，清水适量。

做法： ❶ 将核桃仁放入温水中浸泡5～6分钟后，去皮，用食品加工机将核桃仁磨碎成浆汁，用干净的纱布过滤，使核桃汁流入小盆内。❷ 把核桃汁倒入锅中，加适量清水（或牛奶），加入白糖烧沸，温后即可喂食。

注意： 核桃仁去皮要净，核桃汁磨得要细。适宜4个月以上的婴儿食用。但是不要使用市面上出售的核桃露之类的饮料。

特点： 核桃仁含丰富的营养，又是健脑益智、美容长寿的良药，宝宝和妈妈可以同服。婴儿食此汁，可促进淀粉酶的分泌，润肠通便，增加食欲，提高其对营养素的吸收，促进生长和大脑发育。

苹果金团

原料： 红薯50克，苹果50克。

做法： ❶ 将红薯洗净、去皮、切碎，煮软。❷ 把苹果去皮除子后切碎，煮软，与红薯均匀混合即可喂食。

特点： 此果团软烂、香甜，含有丰富的碳水化合物、蛋白质、钙、磷及多种维生素，尤以胡萝卜素含量极为丰富。它是一种生理碱性食品，能与肉、蛋、米、面所产生的酸性物质中和，调节人体的酸碱平稳，对维持婴幼儿身体健康十分有益。制作中，要把红薯、苹果切碎、煮软，再给婴儿喂食。

豆腐羹

原料：豆腐 1/8 块，肉汤 2 大匙。

做法：❶ 将豆腐和肉汤倒入锅中同煮。❷ 在煮的过程中将豆腐捣碎。

薯蓉

原料：马铃薯 1 个，肉汤或鱼汤适量。

做法：❶ 马铃薯削去皮，洗净切薄片，入锅隔水蒸熟，取出压碎成薯蓉。❷ 将薯蓉放入小煲内，加入适量汤拌匀，煮成糊状。待温度适合时即可喂食。

注意：马铃薯可在煮饭时顺便蒸熟，肉汤或鱼汤使用大人正常使用的汤，撇去浮油和汤渣即可。这样既方便又简单，也无须专为婴儿烹煮食物。如汤不适合婴儿肠胃的话，可以用牛奶拌煮。

菜末猪肝泥

原料：碎猪肝 20 克，胡萝卜和白菜各 10 克。

做法：❶ 胡萝卜煮软研碎，白菜切碎。❷ 将胡萝卜、白菜和猪肝放入锅内，加少许水煮 15 分钟即可。

育儿难题 Q&A

Q：我的宝宝已经 8 个多月大了，还不会爬，也坐不太稳，是不是我给她的营养太少呢？或是我太过于担心呢？我给她添加羊奶、米粉、钙粉了，难道这些还不够吗？

A："七坐八爬"的说法可说是大家皆耳熟能详的俗语，虽不完全正确，却有助于父母们初步判断小儿的生长发育是否正常。

一般说来，小儿约在 3 个月大时，脖子开始变得较硬，开始较能控制颈部的动作；六七个月大以后开始会学着坐稳；8 个月大以后开始学爬；1 岁以后开始学走。这是最常见的生长发育模式，但绝不是一旦背离这几个里程碑，就要给她们贴上不正常的标签，因为永远不要忘了，小儿的个体体质是有差异的，尤其是在爬的这个部分。事实上，现代的小儿跳过学爬的阶段，直到 1 岁以后直接开始学走的情形并不少见。

不过，你的宝宝已 8 个多月，若真的还坐得不太稳，倒是有必要注意追踪观察，必要时去找小儿神经科医生当面诊察评估，以确定是否有其他生长发育上的异常。

Q：我的宝宝已经快 8 个月大了，现在都喜欢坐着，不喜欢躺着，想要让她学习爬，该如何从旁协助？俗语说 8 个月会爬，但她没有动静，怎么办？

A：宝宝在成长的过程中，会由本来的躺姿逐渐进步到坐姿，之后又开始有向后及向前的爬行动作产生。大部分的小朋友会按部就班地发展成熟。

有许多认真的家长也常常会很想知道，在这个时期要怎样去帮助宝宝，才能给宝宝最好的协助，同时又不会影响到宝宝的骨骼和肌肉成长。其实最重要的就是顺其自然。宝宝想坐着，你就扶着她坐好，帮她打开两脚，在四周做好安全措施，放一些柔软的垫子，注意一下旁边有没有坚硬的桌角或锐利的玩具。

如果宝宝想要爬行，先注意是否刚吃饱，因为某些容易吐奶或溢奶的宝宝，太激烈的运动或爬行容易造成呕吐。所以在小宝宝刚吃完半个小时内，

要注意不要有太刺激的爬行活动。

Q：我的宝宝爱吃米饭，不爱喝粥，可以给她吃米饭吗？

A：如果你的宝宝从一开始就不爱吃粥而特别想吃饭菜，那么可以先试着给她喂一点，如果没有其他不适的反应，就可以给她喂米饭，只要孩子的体重增加在每日 5～10 克的范围内，即使每日给她喂 3 次米饭都是可以的。婴儿并不会因为没有长牙就不吃米饭，有很多孩子虽然牙还没有长出来，但并不喜欢吃粥而喜欢吃米饭，遇到这种情况时，只要把米饭煮得稍微烂一些就可以了。

Q：我的宝宝 8 个月大，我需要特别纠正她的坐姿吗？让她随便坐会不会影响骨骼发育？婆婆经常会抱着孩子枕着她的手臂睡觉，请问这对孩子的骨骼发育有无影响？

A：婴儿 7 个月大开始会坐，从往前倾用手撑着到坐稳直立，随着神经肌肉力量的发展，动作自然也跟着发展，一般不需特别矫正，而且这个年纪的婴幼儿也不太听大人教导。值得注意的是，一直有异常姿势的孩子是否存在有神经肌肉的疾病，这点就要请专家诊断了。至于睡觉枕着大人的手臂，对孩子并无特别影响，但对大人的那只手臂可能会有神经压迫的伤害，所以并不建议这样做。

第8个月宝宝的早教方案

为8个月婴儿选择玩具

8个月的婴儿眼睛和手的协调性逐步发展，能明确地表示自己的意愿，看见喜欢的东西，会爬过去拿或伸手要，这时父母应该多和她一起游戏玩耍。你可为孩子挑选以下几种类型的一些玩具：

❶ 易抓的小球、能发出响声的玩具、像小型汽车那样可拖拉的玩具、玩具电话、小木琴、小鼓、金属锅和金属盘、当挤压时可以吱吱叫的橡皮玩具及不易撕坏的布质的书。

❷ 积木。8个月大的婴儿面对积木，会开始运用两只手，她们知道两块积木相碰会发出响声，一个叠在另一个上面就会比单独一块积木高。

女孩子比较乖巧文静吗

男孩与女孩在体质以及性格发展方面的确有相当的差异。女孩子比较擅长哪些呢？

❶ 男孩子与女孩子在体质上，与生俱来就有明显的差异，从婴儿时期开始，就可以从活动力、敏感度以及营养

的摄取方面看出。比较之下，男孩子比女孩子活动力强。

❷ 对于温度的差异。肌肤比较敏感且立即反应的是女孩子。

❸ 智能方面。男孩子在推理能力、问题分析以及组织能力上面，大致上都会比女孩子来得较有兴趣。所以，当他们长大了之后，就会比较倾向在数学、体育、物理、政治、财经方面有所发挥。因此在两者相较之下，女孩子在发音、说话、文艺之类的能力，以及手脚的灵活度方面，都会比男孩子来得优秀一些，所以，她们具有在语文、音乐、美术、舞蹈方面较为擅长的倾向。

为什么女宝宝也不听话

8个月到1岁这个时期的宝宝开始会挑战大人的权威了。

孩子说"不"可能是她对于已经学会的东西失去兴趣，想学新的东西。这时候爸妈不妨给她玩玩新的东西，如给她挑战性较高的玩具。

宝宝不听话怎么办？

■ 了解原因→说理→告知后果

以宝宝不吃饭为例，爸妈要先了解

宝宝为何不想吃饭，是胃口不好、生病了，或是因为先吃了点心而吃不下，还是故意闹脾气不吃。若是因为闹脾气而不吃，则可告知不吃的后果可能是晚一点肚子饿也没东西可吃，或者是等会儿要去某个地方，无法再进食等。

有一些爸妈以为孩子小，所以向她说理她听不懂，但孩子并非听不懂，而是在试验谁才是决策者。因此，爸妈还是要耐心地向孩子说明为什么要这样做，为什么那样做不好。

■ 抱持同理心

假使宝宝哭着不肯吃饭，无论原因是否合理，都要先抱着同理心，站在她的角度先安慰她，不要马上说："不行！"以免增加宝宝与大人对抗的趣味（与大人对抗之所以有趣，是因为可以引起大人注意或使大人生气），反而模糊要吃饭这个重点。爸妈可以说："好，那你哭一下，等一下再吃。"或者是先安慰她，但告诉她等会儿还是要吃饭。

■ 使用命令式的语气

直接用命令的方式使她听话，特别是当宝宝会有危险时。

■ 使用生气的眼神加上肢体动作

如果说道理之后，宝宝仍然不听话，爸妈可以用眼神加上肢体动作（如把宝宝抱离危险的地方）来告诉宝宝自己很生气。同时要宝宝注视自己的眼睛，以简单清楚的语气重述对宝宝的要求，或是阻止她进行危险的行为。

■ 转移注意力

无论对多大的宝宝，都可以使用这一招来转移她对某些事的执著，不过并非对每个宝宝都管用。

除了不听话之外，如果宝宝哭闹，爸妈们又该如何面对？以宝宝哭着想吃糖果为例，提供以下几种建议。

❶ 告诉她哭没有用。"你哭我听不懂你在说什么，你说出来。"让宝宝学着以其他方式表达需求。

❷ 预告下次的做法。在她第一次用哭表达她的需求时，可先满足她，等到她心情好时，再清楚地告诉她："你下次要什么东西要说，不要哭，说出来我就会给你糖，我还会给你拍拍手，因为你好棒哦！"这些原则一定要在她哭闹之前告诉她，因为宝宝哭泣时十分不理性，跟她说理是没有用的。当然，下次宝宝想吃或玩时，一定要主动先观察她的需求并提醒他。

❸ 练习。可模拟某些情境，教导宝宝用说的方式而非哭泣来告知需求。当宝宝顺利地说出需求时，记得要给予鼓励。

教养宝宝并不容易，不过只要能坚守几个重要的原则，特别是不要因为宝宝哭泣就放弃自己建立的原则，就会有助于发展出孩子良好的脾气与个性。

➕ 养育小叮咛

尽量避免体罚

面对宝宝不听话，不少爸妈在无计可施的情形下，会采取体罚。只要爸妈愿意耐心思考，一定能用体罚以外的方式来教导宝宝，让她听话，因此不赞同爸妈体罚宝宝。如果要体罚宝宝，只能打手心、脚背与屁股，因为打这些地方比较不会造成意外。要切记绝对不能打耳光，因为打耳光会伤害宝宝的自尊，也可能会伤害到头部。

另外，在体罚宝宝时要注意：绝对不能在情绪不佳时体罚宝宝，同时只能用手来打，不可以用其他工具，因为使用器具会不知道打到宝宝身上的力道有多大，容易误伤了宝宝。

在打宝宝之前，至多可给宝宝两次机会，告诉她应该怎么做，如果她还是不肯听话，就必须清楚地告诉她（要确定宝宝听到了你的话），会打她的手心或屁股，并让她知道你是为她好，打了她，你也非常难过，也不希望这样的情形下次再发生了，千万不要在毫无预警的情形下体罚宝宝。

8个月宝宝的智能测评

❶ 学认第一个身体部位（手、耳、鼻及其他部位）：

　　A. 听声会伸手去摸（12分）

　　B. 听声有动作表示（挤眼、纵鼻、撅嘴等）（10分）

　　C. 眼看（6分）

　　D. 不会（0分）

以10分为合格。

❷ 寻找藏起之物：

　　A. 盖住大半露出一点儿的玩具（8分）

　　B. 露出一半的玩具（6分）

　　C. 露出大半的玩具（4分）

　　D. 眼看手不去拿玩具（2分）

以8分为合格。

❸ 按吩咐把玩具给爸爸、妈妈、奶奶：

　　A. 3人（15分）

B. 2 人（10 分）

C. 1 人（5 分）

D. 不会（0 分）

以 10 分为合格。

❹ 用食指抠洞、转盘、按键、探入瓶中取物：

A. 4 种（12 分）

B. 3 种（10 分）

C. 2 种（8 分）

D. 1 种（4 分）

以 10 分为合格。

❺ 弄响玩具：

A. 捏响（8 分）

B. 摇响（5 分）

C. 踢响（3 分）

D. 不响（0 分）

以 5 分为合格。

❻ 做动作表示"再见"、"谢谢"、"您好"等：

A. 3 种（10 分）

B. 2 种（7 分）

C. 1 种（5 分）

D. 不会（0 分）

以 10 分为合格。

❼ 明白大人的表情：

A. 高兴、悲伤、发怒 3 种（10 分）

B. 高兴、生气 2 种（8 分）

C. 1 种（2 分）

D. 不会（0 分）

以 10 分为合格。

❽ 看到亲人：

A. 展开双手要人抱（5 分）

B. 大声呼叫（4 分）

C. 手足乱动着急（3 分）

D. 无表示（0 分）

以 5 分为合格。

❾ 便前：

A. 出声表示（10 分）

B. 动作表示（8 分）

C. 不表示（0 分）

D. 学会坐盆（加 2 分）

以 10 分为合格。

❿ 学坐或匍行：

A. 自己扶物站起（10 分）

B. 叫唤让人帮助站起（8 分）

C. 不站起（0 分）

以 10 分为合格。

⓫ 手腹匍行：

A. 用手巾吊起腹部可用手、膝爬行（12 分）

B. 手腹向后匍行（10 分）

C. 打转不匍行（4 分）

以 12 分为合格。

⓬ 俯卧时：

A. 自己坐起来（10 分）

B. 扶物翻至仰卧再扶物坐起（8 分）

C. 要大人扶住坐起（6 分）

以 10 分为合格。

结果分析

1、2、3 题测认知能力，应得 28 分；4、5 题测精细动作能力，应得 15 分；6 题测语言能力，应得 10 分；7、8 题测社交能力，应得 15 分；9 题测自理能力，应得 10 分；10、11、12 题测大肌肉运动能力，应得 32 分，共计可得 110 分。总分在 90～110 之间为正常，

110 分以上为优秀，70 分以下为暂时落后。哪道题在合格以下，可先复习上月相应试题，通过后再练习本月组试题。哪道题在 A 以上，可跨月练习下个月同组的相应试题，使宝宝进步更加明显。

Part 9

第9个月
女宝宝养育
Di jiugeyue Nvbaobao Yangyu

第9个月女宝宝发育特点

女宝宝9个月体格发育指标

项目	年龄组	下限值	上限值
身高	9月	63.7厘米	78.9厘米
体重	9月	6.34千克	12.18千克
头围	9月	约为44.1厘米	
胸围	9月	约为44.8厘米	
牙齿	9月	长出上旁切牙、下旁切牙	
囟门	6月以后	逐渐骨化而变小	

第9个月宝宝发育状况

宝宝满9个月后，其身长、体重会有较大的差异。尽管宝宝的身长、体重与营养状况有着密切的关系，但也会受到遗传、母亲的健康状况、生活环境和性别等多种因素的影响，所以，若是宝宝的身高、体重不甚符合父母的期望，只要宝宝精神状况好、活泼，父母就没必要过于担心。

宝宝乳牙萌出时间大部分在6～8个月，最早可在4个月时，最晚在12个月时，一般9个月的宝宝已萌出3～5颗牙。

■ 感觉发育

9个月的宝宝嘴巴仍然是探索物体的重要器官，因为在这个时期的宝宝大多数正是生长牙齿的时候。由于生长牙齿的关系，这个阶段的宝宝都喜欢把物体送进嘴里，这会对宝宝的安全产生不利的影响。

9个月大的宝宝仍是探索家。她想明白每件事情，想摸索每件事物，而且想把每件物体都送到嘴里去吮食一番。只要准许宝宝接近的任何地方，我们都会发现宝宝很认真地表演她的探索工作。你将会觉得，有些东西绝对不需要她去探索和学习，但是，她却对此兴致勃勃。这个时期的宝宝，只要是她眼力所及的范围内的任何东西，她都想去摸摸。

抽纸巾是宝宝喜欢的游戏

■ 语言发育

9个月的宝宝虽然还不会说话，但已经能听懂一些成人简单语言的意思了，对成人发出的声音能应答，当成人用语言说到一个常见的物品时，宝宝会用眼睛看或用手指该物品。这是由于大人平常不断地用语言对宝宝生活的环境和接触的事物进行描述，慢慢地宝宝就熟悉了这些声音，并开始把这些声音与当时能够感觉到的事物联系起来。也就是说，宝宝能够把感知的物体和动作、语言建立起联系。

■ 动作发育

9个月的宝宝能够坐得很稳，能由卧位坐起而后再躺下，能够灵活地前、后爬，能扶着床栏杆站着并扶床栏杆行走。会抱娃娃，模仿成人的动作。双手会灵活地敲积木，会把一块积木搭在另

一块上或用瓶盖去盖瓶子口。

宝宝喜欢啪啪地敲积木的声音

■ 心理发育

9个月的宝宝知道自己的名字，叫她名字时她会答应，如果她想拿某种东西，父母严厉地说："不能动！"她会立即缩回手来，停止行动。这表明，9个月的宝宝已经开始懂得简单的语意了，这时大人和她说再见，她也会向你摆摆手；给她不喜欢的东西，她会摇摇头；玩得高兴时，她会咯咯地笑，并且手舞足蹈，表现得非常欢快活泼。

9个月的宝宝在心理要求上丰富了许多，喜欢翻转起身，能爬行走动，扶着床边栏杆站得很稳；喜欢和小朋友或大人做一些合作性的游戏；喜欢照镜子观察自己，喜欢观察物体的不同形态和构造；喜欢父母对她的语言及动作技能给予表扬和称赞；喜欢用拍手欢迎、招手再见的方式与周围人交往。

9个月的宝宝喜欢别人称赞她，这是因为她的语言行为和情绪都有发展，她能听懂你经常说的表扬类的词句，因

而作出相应的反应。

　　宝宝为家人表演游戏，大人的喝彩、称赞声，会使她高兴地重复她的游戏表演，这也是宝宝内心体验成功与欢乐情绪的体现。对宝宝的鼓励不要吝啬，要用丰富的语言和表情，由衷地表示喝彩、兴奋，可用拍手、竖起大拇指等动作表示赞许。大家一齐称赞的气氛会促使宝宝健康成长，这也是心理学讲的"正强化"教育方法之一。

第9个月宝宝的日常保健

宝宝要定期到医院做体检

　　国家规定的体检有：3岁以内婴幼儿，按照0岁4次、1岁2次、2岁2次的体检原则，可安排在3、6、9（2、5、8）、12、18、24、30、36个月时进行。3～6岁宝宝每年体检一次，为了方便家长，可于每年5—8月宝宝大体检时一次完成。

　　给宝宝定期作全面的体检与预防接种同等重要。宝宝从一出生到青春前期，始终处在一个较为迅速的生长发育过程之中，特别是婴儿期的宝宝，在生理、心理、体格、智力等诸方面可以说每时每刻都或多或少地在发生着变化，有些变化是细微的，以至于家长并不能意识到。即便宝宝已经出现了某些方面的问题，家长也很难发现。所以要通过宝宝的保健医生，判断宝宝生长发育是否正常，是否存在疾病。通过体检可以知道宝宝体格发育情况和智力发育情况，可以发现多种疾病。

我国小儿基础免疫程序是什么

　　卡介苗：新生儿初种，7岁、12岁各复种1次。

　　百白破混合制剂：出生后3个月初种，吸附制剂全程注射2针（非吸附制剂全程注射3针），每针间隔最短不少于1个月，最长不超过3个月，第2年加强1次，

7 岁时再加强一次。以后可根据情况用百日咳菌苗或百日咳菌苗、白喉类毒素混合制剂或吸附精制白喉、破伤风二联类毒素进行加强免疫。

麻疹活疫苗：出生后 8～12 个月初种，为了提高免疫成功率，第二年可考虑复种 1 次，以后在适当时机时进行加强免疫。

脊髓灰质炎活疫苗：出生后 2 个月初种，先服 I 型，间隔 1 个月服用 II、III 型，4 岁时各复服 1 次。

怎么知道接种疫苗是否成功

首先，接种疫苗后 2 周左右即可产生特异性免疫，1 个月时最强。如果接种 2 周后宝宝并未患上所预防的那种传染病，而且是在流行季节，就表明接种的效果较好。

其次，有些疫苗接种后会在全身及接种部位出现反应，并留下永久性的瘢痕，如卡介苗会留下一个凹进去的小瘢痕。如果出现上述反应，则为接种成功。

最后，还可以通过测定血液中抗体增长的情况来判断，如果抗体达到较高的浓度，即为接种成功。

预防接种失败后怎样补救

如果某种疫苗完成免疫程序以后，发生免疫接种失败时，可采取增加该疫苗接种 1～2 针的办法，来提高免疫接种的成功率。这个方法简单、方便，是一个可行的补救措施。

免疫接种失败的原因：第一，疫苗的质量欠佳。事实上多数疫苗质量是很高的，其保护率可以达到 95％，甚至更高。但有些疫苗质量欠佳，保护率还不能尽如人意，需要进一步提高。第二，接种疫苗的操作技术有误，没有严格按照免疫程序和要求进行，影响了免疫效果。第三，疫苗的销售、运输、保存环节条件不当，使得疫苗的质量下降。第四，被接种者个人的特殊原因，如身体虚弱、体质较差、免疫应答能力低下等。

为何疫苗接种次数不同

疫苗大体上可以分为两种，一种是将病原体反复进行培养，使其活性减弱，被称为"减毒活疫苗"；还有一种是将病原体完全杀死，被称为"灭活疫苗"。

婴幼儿要做的预防接种根据疫苗的种类不同，进行接种的次数也会有所不同。活疫苗在体内增殖后，身体就会对病原体产生抗体，体内的 T 细胞和巨噬细胞击退病毒的能力也会增强，因此进行 1 次接种就可以了。灭活疫苗虽然也能使人体内形成抗体，但是通常效果不持久，因此要进行 2 次以上的接种才能达到很好的效果。

接种疫苗后有什么忌口

忌口一般是为了治疗疾病的需要才忌吃某种食物。打防疫针与生病不同，有些父母认为，打完防疫针不能给宝宝吃鸡蛋、鱼、水果等食物，认为这些食物会影响免疫力的生成，这是毫无科学道理的。

接种后获得的免疫作用常常体现在所产生的抗体质量上。如果多吃蛋白质食物，身体吸收后就会使制造抗体的原料增多，因而恰恰能促进免疫力的增强。若是饮食上忌口，便会使体内制造抗体的原料不足，阻碍抗体产生，不利于达到预期的免疫作用。所以饮食上无须让宝宝忌口，除了少吃刺激性的食物外，可多摄取蛋白质和维生素。

目前有哪些计划外免疫

甲肝疫苗：预防甲型肝炎。

口服轮状病毒活疫苗：用于预防婴儿 A 群轮状病毒引起的腹泻。

水痘减毒活疫苗：适用于 12 个月以上健康个体预防水痘的主动免疫。

麻疹、腮腺炎、风疹联合疫苗：接种一针预防三种传染病，即麻疹、流行性腮腺炎和风疹。

Hib 疫苗（b 型流感嗜血杆菌结合疫苗）：适用于 6 周龄以上婴儿的主动免疫，以预防 b 型流感嗜血杆菌引起的侵袭性疾病，如脑膜炎、肺炎、败血症、会厌炎等。

流感疫苗：预防流感病毒引起的急性呼吸道传染病。

风疹疫苗：预防风疹病毒引起的急性传染病。

腮腺炎疫苗：预防腮腺炎病毒引起的急性呼吸道传染病。

如何选择计划外疫苗

❶ 根据宝宝具体生活环境的需要。如果近期要入园，可提前一个月接种水痘疫苗；如经常在外就餐，则接种甲肝疫苗；还有，可以在每年的 3 月份到 9 月底使用轮状病毒疫苗。

❷ 考虑家庭经济状况。有些疫苗可有多种免疫的程序选择，条件稍差的家庭可选择比较经济的一种，也能起到预防疾病的效果。还有，国产疫苗也是经济实用的一种选择。

❸ 考虑宝宝的体质。如果宝宝抵抗力低，容易患病，家长也可选择合适的疫苗。

有先天性心脏病可否预防接种

先天性心脏病早期不至于出现心功能改变，因此预防接种不会对她们产生严重影响。相反，这些宝宝因为心脏有缺陷，所以比健康宝宝更易感染疾病，而且一旦感染疾病也较难治愈，因此更应该预防接种。只有那些青紫型先天性心脏病（如青紫四联症或其他复杂畸形），或已经出现心功能障碍的先天性心脏病患儿，才不能打预防针，但口服脊髓灰质炎糖丸疫苗还是安全的。

什么情况不能接种

一般来说，有免疫缺陷病的宝宝，如先天性缺丙种球蛋白血症；有过敏史及变态反应性疾病的宝宝，如风湿热、哮喘等；有急性传染病接触史而尚未过检疫期的宝宝，如麻疹或百日咳接触后未满 21 天、白喉或流行性脑脊髓膜炎接触后未满 7 天的；如果宝宝属于过敏体质，接种疫苗时需要格外谨慎，接种前需要向医生说明。

预防接种不是对所有宝宝都能进行的，有些宝宝终生或暂时不能进行预防接种，如果忽略了这一点，在预防接种过程中常常会出现一些严重的不良反应，甚至可能产生严重的后果。

打了疫苗能否100％预防

通过预防接种所获得的抵抗力是相对的，而不是绝对的，也就是说，绝大部分人接种了某种疫苗后，可以不再患该种传染病，而少数人还可能患该种传染病。

原因可能包括以下几点：

❶ 在接种疫苗时，宝宝已接触过该种传染病的病人，宝宝正处于这种传染病的潜伏期内，接种疫苗后，还未产生免疫力时，这种传染病的症状就出现了。

❷ 接种疫苗时间过早。宝宝体内大多不能产生有效的免疫力，或者与宝宝体内由母亲转给的尚未完全消失的麻疹抗体中和，使疫苗失效。

❸ 疫苗保存方法不正确。

❹ 未按时作加强免疫。

❺ 疫苗使用不恰当。

❻ 任何一种疫苗接种以后，都不会使接种的人群 100％地产生免疫力，极个别的人接种后如不产生免疫力则仍会患此病。

打预防针哪些反应是正常的

有些疫苗注射以后确实会有反应，发热是一个指征。正常情况下38℃左右的低烧不超过24小时是正常的，而且除了发烧以外没有任何其他症状。但是发烧超过了1天以上的时间，就要考虑宝宝是否有感染，而且如果感染刚好和疫苗的注射耦合在一起，就要引起家长的注意，应及时到医院就诊。

宝宝在注射防疫针后，不论是没有出现反应，还是出现了局部红肿或轻微反应，都属正常，家长不必担心。如果出现较为严重的反应，家长应带宝宝到医院及时进行诊治。

一般接种反应无须特殊处理，经适当休息后常于1～2天内消失。反应较重者可对症治疗，如解热止痛剂的应用、局部热敷等。预防接种的异常反应常与接触者体质有关，有时与制品性质有关，较严重时需及时处理，应立即送医院抢救或治疗。

接种疫苗后出现反应怎么办

人体经接种后，在局部甚至全身可能引起一系列的生理病理反应。这些反应进行过程中所表现出来的临床表现，通称为预防接种的反应。这种反应的表现形式和强度不一，发生反应的原因和性质也各不相同，可分为正常反应、加重反应、异常反应。

疑似预防接种异常反应，是指在预防接种过程中或接种后发生的可能造成受种者机体组织器官功能损害，且怀疑与预防接种有关的反应。预防接种的异常反应是指合格的疫苗在实施规范接种过程中或实施规范接种后，造成受种者机体组织器官功能损害而相关各方均无过错的药品不良反应。

患有中枢神经系统疾病，如脑病、癫痫等或既往病史者，以及属于过敏体质的人不能接种，发热、急性疾病和慢性疾病的急性发作期应缓种。接种第一针或第二针后如出现严重的不良反应（如休克、高热、尖叫、抽搐等），应停止以后针次的接种。

宝宝预防接种后怎么护理

接种疫苗后要加强护理：首先，要好好休息，不要跑跳过多。其次，保护打针部位的清洁，不要用手抓。第三，不吃刺激性的食物，如大蒜、辣椒等。第四，多喝开水。第五，家长随时观察宝宝接种后的反应。

如果局部红肿较轻，可暂不处理。如果局部红肿较重，要注意以下几点。

❶ 最好先抱去请儿科医生仔细检查鉴定一下。

❷ 如果是细菌性炎症，需要使用抗生素治疗。

❸ 局部的红肿通过热敷或覆盖纱布

或可减轻症状，但一定要医生检查并同意后才能实施。

❹ 不可敷用成分不明的中草药。

错过打预防针的时间怎么办

一般的家长都会记得宝宝打各种预防针的时间，可是偶尔也有糊涂的爸妈把这档重要的事给忘了，或是碰巧宝宝身体不舒服，而错过接种的时间，遇到这些状况，是不是可以补救？该如何补救呢？

宝宝的预防注射通常都在两剂以上，时间间隔为1～2个月，错过了第一针施打的时间，可以立刻补打，但是错过第二针或第三针，有些则必须从头补打（卡介苗超过3个月，要作皮肤测试，没有反应的才能补打）。

鸡蛋过敏能否接种麻疹疫苗

麻疹疫苗是由鸡胚成纤维细胞培养制备的，而不是鸡胚培养制备的，麻疹疫苗中并不含有鸡蛋卵清蛋白成分，而鸡蛋过敏者主要是对卵清蛋白过敏。目前国内外学者均认为，鸡蛋过敏不是麻疹疫苗的接种禁忌。

我国新颁布的《中华人民共和国药典》（2010年版）已剔除了旧版《药典》将鸡蛋过敏作为麻疹疫苗的接种禁忌的说明。根据卫生部2010年第5号公告和国家药监局2010年第43号公告，《药典》（2010年版）自2010年10月1日起开始实施。所以，目前我国的麻疹疫苗说明书已将鸡蛋过敏从接种禁忌中剔除。

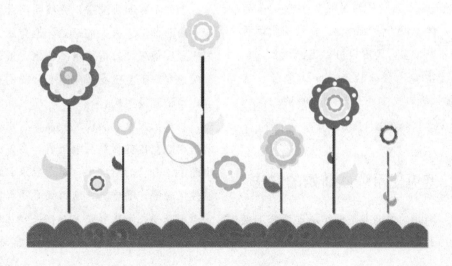

第9个月宝宝的喂养

❀ 为9～12个月的宝宝安排辅食

随着宝宝的逐渐长大，辅食安排也应发生相应的变化。

这个时期宝宝长出了牙齿，咀嚼、消化能力增强了许多，糊状食物内加的动、植物辅食颗粒可以粗一些，以锻炼宝宝的咀嚼能力。可以给宝宝吃烂饭、碎面条、面片以及去皮的碎豆瓣、粗肉末等。这时可再减1～2次母乳或乳制品，增加1次普通类似成人食品，即每日2～3次母乳或乳制品，2～3次辅食。

母乳喂养次数视不同的宝宝个体是否早些或晚些断奶而定，每日仅喂1～2次母乳，就比较容易完全断奶。

随着以后添加的动、植物辅食品种的不断增多，硬度也可以逐渐增加，但由于宝宝乳牙未长齐，缺少磨牙（大牙），所以食物不可过硬，不能给宝宝喂坚硬食品。

❀ 避免使用骤然断奶的方法

断奶的前期准备工作从逐渐添加辅食时开始，不应采取骤然断奶的方法。应在逐渐减少喂奶次数的同时，逐渐增加辅助食品的喂食次数和数量，直至完全不喂奶时为止。

■ 避免盛夏时断奶

断奶时间最好选择在气候较凉爽的春、秋季，不宜在盛夏时断奶，在盛夏时节，由于宝宝的消化功能降低，抵抗力减弱，极易出现消化不良。

断奶时间的选择还应视宝宝的健康状况而定。在宝宝身体虚弱或病后恢复期，不宜进行断奶计划，应适当推迟断奶时间。

■ 突然断奶不可取

事先不作断奶准备，突然断奶会对宝宝的心理造成很大的打击。他会认为妈妈抛弃他，导致情绪极不稳定，进而影响进食。宝宝没有适应断奶食物的过程，也很容易生病。

每日给宝宝3次代乳食品，其中有两次在吃完代乳食品后喂母乳，在怎么也断不了母乳的情况下，是否要采取强制性措施停止喂母乳，这就要看喂母乳是否影响婴儿吃代乳食品。如果婴儿虽然断不了母乳，但并不少吃代乳食品，喂他母乳也没关系。

对只想着吃母乳而排斥代乳食品的婴儿，则必须要想办法停止喂母乳。如果只停喂白天的母乳有困难，则可以连晚上的也一起停喂。如在乳头上贴上橡皮膏，告诉婴儿说"这里痛，不能给你吃"。之所以采取这种强制性措施，主要是为了对付那些不分时间场合、整天缠着母亲想吃奶的婴儿，或长大一些，懂得了撒娇，总是咬着奶头不放而不吃代乳食品的婴儿。如果不是这种情况，而只是在白天的午睡前、晚上临睡前、夜里醒来时吃母乳，代乳食品也能好好吃的婴儿，就不必停喂母乳。

宝宝食品要安全

想要让宝宝不吃到黑心食品，最有效的方法就是"拒买不吃"，但是如何去辨别食物的好坏，以达到"拒买不吃"的目的呢？

■ 买应季蔬菜顺应"自然"

❶ 购买蔬果时，不购买非当季的蔬果，也就是当季盛产什么，哪种蔬果最多、最便宜就吃什么，绝不去花大价钱购买那些抢先上市的蔬果；买蔬果时尽量挑选个头正常，外形看起来不那么光鲜亮丽，该黑的黑，该黄的黄的品种，多少可以避免买到喷洒过多农药、

施加过多化肥以及被漂白的蔬果。一些看起来太白、太"完美干净"的蔬果，有可能是经过漂白或喷洒过多农药的，最好避免购买食用。

水果在去皮时，一定要先洗净。蔬菜买回来后，不要立刻放进冰箱，可以在外面多放置一段时间，多少可让农药挥发掉一点。

❷ 减少甚至不去购买经过多次加工，以及太过精致的食物，如糕饼、面包、比萨、汉堡、鱼丸、肉丸、肉肠、水饺、馄饨等，尽量食用没有经过太多人工或机器工序的"自然粗食"，如不去麸的全麦、糙米，并尽量自己动手去做食物。

❸ 不要迷信药补。尽量以自然食物来养生，除非是从自然食物摄取上有困难，或是疾病需要之故，不要花大价钱去购买保健品或含有药效的食品。

❹ 不喝有色的饮料。从孩子小时就养成她喝白开水的习惯。

■ 购买食品不要贪便宜

对吃进肚里的东西绝对不可存贪便宜的心理。大卖场里所贩卖的促销食品，多半是快过期或有某些问题；卖场里的肉类熟食，也尽量不要购买，因为多半是采用在限期内卖不出的鲜货来制作的。

➕ 养育小叮咛

当心宝宝被动高盐

有的父母常以大人的口味来调节宝宝的日常饮食，让宝宝长期处于被动高盐状态，这对宝宝的健康极为不利。一般来说，宝宝半岁以内可以不吃盐，一岁以内每日不超过一克盐。

宝宝辅食制作

虾蓉粥

原料：鲜虾 100 克，大米 50 克，香菜末、葱花、酱油、淀粉各适量。

做法：❶ 将大米洗净加水煮。❷ 鲜虾去壳、去虾线，用淀粉拌匀。❸ 粥快熟时放入虾再煮至虾熟米烂，离火，放入香菜末、葱花，滴 1 滴酱油即可。

羊肝胡萝卜粥

原料：羊肝 50 克，胡萝卜 30 克，大米 30 克，蒜、葱花、酱油各适量。

做法：❶ 羊肝去筋膜，洗净，刮成蓉。❷ 胡萝卜蒸熟，去皮，碾成泥。❸ 热油爆蒜蓉后，倒入肝泥略炒。❹ 将大米熬成粥，加入胡萝卜泥，焖 15 分钟，再加肝泥，滴 1 滴酱油，撒葱花即可。

猪血粥

原料：猪血 200 克，大米 50 克，葱适量。

做法：❶ 先将米煮粥。❷ 将猪血切块，放清水中浸泡。❸ 粥快熟时加入猪血，煮开。❹ 撒上葱花即可。

油菜粥

原料：油菜 100 克，大米 100 克。

做法：❶ 大米洗净，入锅煮熟。❷ 油菜洗净，剁碎，加入煮熟的大米粥中，小火煮至油菜熟软即可。

特点：治脾胃不和。

山楂粥

原料：去核山楂 30 克，糯米 50 克。

做法：同煮做粥，调蜜服食。

特点：消食积，化液滞。

小米山药粥

原料：山药 45 克（或鲜山药 100 克），小米 50 克，白糖少许。

做法：将山药洗净捣碎，与小米同煮为粥，加少许白糖，空腹食用。

特点：健脾止泻，消食导滞。治小儿脾素虚，消化不良，不思乳食，大便稀溏。

健脾粉

原料: 山药、薏米、芡实各 250 克,淮米 600 克。

做法: ❶ 将山药去皮,薏米、淮米、芡实洗净,晾干水分,所有食材炒至微黄,共研成粉末备用。❷ 食用时取粉末一汤匙,用沸水冲泡成糊状,加糖或少量盐调味。

特点: 此品对于厌食儿童有健脾开胃作用,可增进食欲,促进发育,是婴幼儿理想的添加食品和优良的辅助饮食。

育儿难题 Q & A

Q: 我的宝贝女儿现在 9 个多月,从她一出生开始就很不容易入睡,每天晚上都要一直抱着她摇啊摇、唱催眠曲,经常要搞到一个多小时她才能入睡,我还不敢换手,将她放到她的小床要非常小心,以免惊醒她而前功尽弃,害得我的手酸死了!婆婆说不要抱着她摇,以免惯坏她,可是我要如何才能让女儿乖乖入睡呢?每天这样摇真的好累啊!

A: 你的心情我能体会,小宝宝在 2 岁前很注重安全感的建立,另外个人睡眠周期亦因人而异。可能你的小宝宝在有人摇动时才会感到有人与她在一起,建议其睡觉时灯光尽量暗些,有妈妈的声音陪伴最好。要尽量在她起床时让她可以看到爸爸妈妈的脸。大部分宝宝在 2 岁之后,安全感建立好,此状况应会逐渐改善。

Q: 宝宝感冒或是拉肚子的时候,还是可以照常喝奶吗?如果宝宝已经开始吃辅食的话,要特别注意什么呢?

A: 如果是喂母乳的话,还是可以照常喂食,而且有助于疾病提早痊愈。但是喂食配方奶的宝宝,若是腹泻则应遵照医生指导,适时调整或改喝低乳糖或无乳糖配方奶。单纯的感冒不用改变饮食习惯,腹泻时,则辅食要暂时停止,以免对宝宝的肠胃造成太多负担,但可以考虑继续喂食米汤。

Q: 我的宝宝目前 9 个多月还未长牙,是否宝宝钙质不够?

A: 时常有人会建议,如果牙齿长得慢,可以吃钙片,这种说法在医学上并无根据。牙齿长得慢的小宝宝,如果骨骼发育得很好,没有任何钙质缺乏的症候，补充钙对促进牙齿的生长不但没有帮助，反而会加重肾脏的负担。先天性缺牙是十分罕见的，如到 1 岁仍未有长牙迹象，可找小儿牙科医生检查一下。

第 9 个月宝宝的早教方案

为9～12个月婴儿选择玩具

■ 宝宝发展

这时候的宝宝不仅主动性强，还会有目标地去进行她觉得有趣的事情，例如，想尽办法移动身体去拿某个东西，或是把桌上的东西一个个往下丢等。

不仅喜欢能与她有互动的玩具，也了解到这些玩具的声光变化是因为她的行为所引起的，也就是了解到了因果关系。

宝宝的手可以进行较精细的动作，开始能用手指抓握较小的物体。

慢慢地具有初步的容积概念，也就是某些东西可以被收放在更大的空间的概念，因此她可能会很喜欢开抽屉，把里面的东西通通拿出来，再一一放入。

宝宝对人体或是动物等个体以及周遭常出现的物体有兴趣。

宝宝开始具有初步的物体恒存概念。如果把某个物体遮住一半，她能明白那个物体是有一半被遮住，不会以为那一半不存在、消失了。

■ 建议玩具

❶ 因果关系层次较丰富的玩具。简单因果关系的玩具仍受宝宝喜爱，像是一捏就发出声音的球、拨浪鼓等，但也可试着让她玩因果关系层次较丰富的玩具。以玩具钢琴为例，宝宝在四五个月时只要以手掌拍打琴键就会发出声音，七八个月时则能让她练习以单指按压琴键。到了这个阶段，她不只会按一个琴键，还能够逐一按下好几个琴键，也懂得不同琴键发出的声音不一样。

❷ 弦歌玩具。这些玩具只要用手一拉就会产生音乐，而玩具本身也会动起来，这是宝宝可以玩很久的玩具。在宝宝 4 个月以内时，爸妈可将之挂在婴儿床床头并拉线使玩具移动，吸引宝宝注意；而 5～8 个月的宝宝就会自行用手去拉扯玩具上的线，只是力量不够大；一直到宝宝更大，手指发展更灵活时她就能够施力往下拉。

❸ 图片书或布书。相较于之前只有会移动的物体才能吸引宝宝，她现在也可以看或玩静态的图片书，而且她的

手指较灵活，也可以自行翻书。不过这时她只是用手胡乱翻动，等到 2 岁左右她才能够一页一页地翻纸板书。

❹ 有容积概念的玩具。最常见的是套圈圈，或是套套杯这类玩具。

❺ 可拉着或扶着走路的玩具。因为宝宝在学走路，这类玩具可让她练习走路，或是让她操纵玩具跟着她走。

❻ 动物玩偶。若是宝宝有过敏体质或症状，就不要让她玩绒毛娃娃。

■ 玩具 DIY

准备一个小箱子，里面放入一些小玩具或是宝宝可玩的物体，让宝宝将物体拿出来再一一放进去，这对她来说就是一件好玩的事情！如果箱子能够推动，那玩法就更多样了！而家里的抽屉在没玩具可玩时也可充当玩具。

把很多盒子或易拉罐用线穿在一起，就可让宝宝边走边拉，如果能发出声响就更好了。

男女宝宝的兴趣点一样吗

女宝宝天性爱观察人，喜欢盯着人看，对新事物比较后知后觉，也有畏惧心理。如果用一件玩具去逗引女宝宝，她会专注地看着拿玩具的人而不是玩

具。所以，女宝宝认人、叫人的时间都比男宝宝早，而要求独立的时间却比男宝宝晚。

而男宝宝对新的物品感兴趣，喜欢将新买的东西反复看个究竟，动手能力也比女宝宝强。男宝宝喜欢快速移动的物体，如电视、汽车、电脑等。

男女宝宝不一样的玩耍方式

过了 1 岁半以后，男宝宝、女宝宝在玩耍方式上便显露出性别差异。男宝宝倾向于运动的游戏，喜欢户外玩耍，而且喜欢将玩具用来拆装。

而女宝宝天生就会关心、爱护、照看他人，因此她喜欢对玩具或游戏注入感情，任何玩具在女宝宝的手里都可以变成她的孩子或伙伴，她可以喂它吃东西、给它讲故事、哄它睡觉……女宝宝天生就有当妈妈的潜质。

和女宝宝相比，男宝宝多数喜欢依赖妈妈，相反，女宝宝多数都很独立，一个人独自玩耍也没问题。大概是妈妈觉得"不是很清楚男孩子的事情"，因此容易过于关注男宝宝，这样男宝宝会较喜欢黏着妈妈。而女宝宝长大些，会变得爱对爸爸撒娇。

9个月宝宝的智能测评

❶ 按大人吩咐拿玩具：

A. 5 种（15 分）

B. 4 种（12 分）

C. 3 种（9 分）

D. 2 种（6 分）

以 12 分为合格。

❷ 认识身体部位：

A. 3 处（12 分）

B. 2 处（8 分）

C. 1 处（4 分）

D. 不会（0 分）

以 8 分为合格。

❸ 揭纸取到玩具：

A. 揭开纸再盖上玩（7 分）

B. 揭开纸取到玩具（5 分）

C. 找不着（0 分）

以 5 分为合格。

❹ 用食指按电视、录音机、电灯、收音机等开关：

A. 5 种（14 分）

B. 4 种（12 分）

C. 3 种（10 分）

D. 2 种（8 分）

E. 1 种（4 分）

以 10 分为合格。

❺ 称呼：

A. 见父叫爸，见母叫妈（15 分）

B. 叫爸、妈中一人（10 分）

C. 无人时乱叫（5 分）

以 10 分为合格。

❻ 用姿势表示再见、谢谢、鼓掌、亲亲、虫虫飞、蝴蝶飞及其他：

A. 5 种（15 分）

B. 4 种（12 分）

C. 3 种（6 分）

D. 2 种（6 分）

E. 1 种（3 分）

以 12 分为合格。

❼ 会给娃娃服务：

A. 盖被（5 分）

B. 拍它睡觉（3 分）

C. 抱娃娃哄它勿哭（2 分）

D. 不喜欢娃娃，扔掉或摔它（1 分）

以 5 分为合格。

❽ 懂得害羞：

A. 当别人谈到自己时藏到母亲身后（8 分）

B. 躲到母亲怀中（5 分）

C. 不理会别人谈话（0 分）

以 8 分为合格。

⑨ 会拿勺子：

A. 凹面向上盛到食物（10分）

B. 凸面向上盛不到食物（5分）

C. 拿勺子乱搅不盛食物（2分）

以10分为合格。

⑩ 大人帮助穿衣服时：

A. 会伸手和头配合（10分）

B. 会伸手（5分）

C. 不配合（0分）

以10分为合格。

⑪ 学爬：

A. 手膝爬行（10分）

B. 手腹匍行（5分）

C. 俯卧打转（3分）

D. 俯卧不动（0分）

以10分为合格。

⑫ 扶物站立：

A. 横行跨步（10分）

B. 扶站不稳（5分）

C. 不能从爬行扶起站立（2分）

以10分为合格。

结果分析

1、2题测认知能力，应得20分；3、4题测精细动作能力，应得15分；5、6题测语言能力，应得22分；7、8题测社交能力，应得13分；9、10题测自理能力，应得20分；11、12题测大肌肉运动能力，应得20分，共计可得110分。以90～110分为正常，110分以上为优秀，70分以下为暂时落后。如某题答案在合格以下，可先复习上月该栏目的试题，再练习本月试题。如某题答案在A以上，可跨越本月该试题组的试题，做下个月该栏目的相应试题，使宝宝的进步更加明显。

Part 10

第10个月
女宝宝养育

Di shigeyue Nvbaobao Yangyu

第 10 个月女宝宝发育特点

女宝宝 10 个月体格发育指标

项目	年龄组	下限值	上限值
身高	10 月	64.9 厘米	80.5 厘米
体重	10 月	6.53 千克	12.52 千克
头围	10 月	约为 44.5 厘米	
胸围	10 月	约为 45.2 厘米	
牙齿	10 月	长出上旁切牙、下旁切牙	
囟门	6 月以后	逐渐骨化而变小	

第10个月宝宝发育状况

宝宝在 7～8 个月时发育已经开始放缓，在 9～10 个月时增长速度更是明显减慢。

在体重方面，10 个月的宝宝体重增长不是很快，有时可能不增长。宝宝活动量增大，身体长高，也不如月龄小的宝宝那样胖乎乎的了。

10 个月的宝宝一般出牙 4～6 颗，多为上边 4 颗牙和下边 2 颗牙，也有的宝宝刚出牙，这也是正常的。

■ 感觉发育

10 个月的宝宝还不能意识到自己身体的存在。她会咬自己的手指，并因为咬痛了而放声大哭。但这一咬倒很有作用，宝宝感觉到咬自己的手指和咬别的东西在感觉上不一样，从而形成了最初的自我意识。

■ 动作发育

10 个月的宝宝能稳坐较长的时间，能自由地爬到想去的地方，能扶着东西站得很稳。拇指和食指能协调地拿起小的东西，会做招手、摆手等动作。

宝宝能抓起细小的东西

■ 语言发育

能模仿大人的声音说话，说一些简单的词。10个月的宝宝已经能够理解常用词语的意思，并会一些表示词义的动作。这个阶段的宝宝最喜欢模仿大人说话，父母应抓住这一时期多进行语言教育。父母此时要对宝宝多说话，内容是与她生活密切相关的短语。如周围亲人、食物、玩具名称和日常生活动作等用语。注意不要教孩子儿语，要用正规的语言教她，当宝宝用手势指点要东西时，尽量教她发音，用语言代替手势。在学习的过程中，要让宝宝保持愉快的心情，心理上愉悦健康的宝宝学东西就快。

■ 记忆能力发育

10个月的宝宝开始有明显的记忆能力，能认识自己的玩具、衣物，还能指出鼻子、眼睛、脑袋、胳膊等自己身上的器官或部位。一些宝宝还会有回忆能力，能记起自己非常喜爱的玩具或游戏等。尽管此时的宝宝已有记忆、回忆能力，但记忆保持的时间很短，只有短短的几天，时间一长就会忘记。

宝宝的记忆能力与后天的培养训练有很大的关系，受过良好训练的宝宝记忆力就强很多，所以父母要抓住这段关键时期对宝宝进行记忆培养。另外，宝宝的记忆能力和兴趣也有很大的关系，对于宝宝感兴趣的东西，宝宝会很容易记住，否则就很容易遗忘。

■ 心理发育

10个月的宝宝喜欢模仿着叫妈妈，也开始学迈步、学走路了，她喜欢东瞧瞧、西看看，好像在探索周围的环境。在玩的过程中，还喜欢把小手放进带孔的玩具中，并把一件玩具装进另一件玩具中。

10个月后的宝宝在体格生长上，比以前慢一点儿，因此食欲也会稍下降一些，这是正常生理过程，不必担心。吃饭时千万不要强喂硬塞，如硬让宝宝吃会造成其逆反心理，产生厌食。

第10个月宝宝的日常保健

 让宝宝形成良好的生活规律

吃、玩、睡是宝宝生活的三大环节。根据宝宝的生活节律，要把吃饭、睡觉的次数和时间掌握好，使其生活有条理。

10个月的宝宝，每天吃饭、吃奶共5次（喝水、吃水果除外）。让宝宝与大人坐在餐桌上同时进餐，进一步培养她自用餐具的能力。进餐环境要安静，不要边吃边玩、边吃边说，这样做容易分散宝宝的注意力，影响食欲。

白天可分上、下午睡觉，每次约2个小时，晚上睡10个小时，一昼夜约睡14小时即可。

女宝宝也要注意安全

10个月的宝宝已学会爬、坐、扶、站，一旦能自己扶着走，其活动范围更广，加上好奇心强烈，父母很难预测到宝宝会干出什么事情来。宝宝爬的本领大了，开始会攀高，虽能扶着走，但动作不稳，跌跌撞撞，常会摔倒，她开始感到这个世界是属于她的，她会尽全力去探索和寻找，她既不懂什么东西有危险，更不懂怎样保护自己，因而容易发生一些意外的

事故。此时做好居室安全工作十分重要。

宝宝的脚步不稳，头重脚轻，易摔倒，且头容易碰撞桌椅的棱角，所以这些地方要贴上海绵或橡胶皮，以防止发生危险。如果条件许可，最好让宝宝在空旷的房间玩，应将组合式柜子或桌子等固定好；任何柜子都应该没有可供宝宝踩、抓的地方，使宝宝无法攀爬；室内楼梯应加护栏，桌、椅、床均应远离窗子，防止宝宝攀爬到窗边；宝宝的用品，如坐的椅子应稳重且坚固；床栏应坚固且高度超过宝宝胸部；借用别人的小车应检查挂钩和车轴，以防意外发生。

如果宝宝从高处摔下来，要观察她的神态，若出现呕吐、神志不清，要立即送医院。

隔代教养可能出现的问题

隔代教养已是普遍的现象，然而所衍生出的问题也不少。父母能陪伴在孩子身边当然最好，若不得已必须将孩子委托给祖父母照顾时，怎么做才能取得最佳的平衡点？怎么做对孩子最好呢？

隔代教育的定义很广，有的是祖父母全职照料；或是白天由祖父母照顾，

晚上由双亲轮流照顾模式；或是假日才由双亲照顾等，都算是隔代教养。普遍出现的问题有以下几个方面。

❶ 管教问题。人的心情随着年纪不一样而有所改变。许多当了爷爷奶奶的人，多只是想要疼小孩而不是管小孩，再加上活动力下降，面临孩子的吵闹，变为"吵闹的孩子有糖吃"。这和年轻父母期待培养孩子独立照顾自己的能力是不一样的。此外，两代（祖父母与父母）价值观可能有所不同，面对管教的意见、想法、态度、技巧也有所不同，如果没有良好的沟通，很容易造成彼此的冲突。

❷ 祖父母的体力问题。年迈的两老面对孙子旺盛的活力，常心有余而力不足。除了体力上的限制，祖父母的健康状况也是需要注意的一环。过度的劳累可能会恶化祖父母原本的病情（如高血压、糖尿病等），或是增加发生意外的危险（如制止孙子的追逐而不小心骨折或是跌倒）；有些照顾者出现记忆力下降的情形，也可能影响照护的质量（如重复喂药等问题）。

❸ 语言沟通问题。6 岁以前是孩子各方面发展的黄金时期，语言发展也是非常重要的一环。语言的不同（如祖父母只讲方言）或是语言刺激不足（如祖父母活动力下降，较为沉默）等，皆可能影响孩子的语言发展。

❹ 儿童发展心理层面的影响。婴幼儿期是发展依附关系的重要关键时期。孩子的成长只有一次，孩子的童年也只有一次，父母即使不能时常陪伴在孩子身旁，仍要注意与孩子建立关系。

婴幼儿处于脑部发育的关键时期，最重要的就是借由外界不断的刺激来增进学习。祖父母被认为属于文化刺激较为不足的一群，故被认为较不能提供多样的文化刺激。

当然，隔代教养也有其正面的影响。祖父母除了协助自己的子女照顾孙子孙女，减轻他们的负担之外，有经验的祖父母面对孩子的状况，较能心平气和地处理，不会像有些新手父母的过度焦虑。

另外，祖父母除了扮演抚养照顾的角色，也可以扮演多种角色。在新两代及三代关系中，当亲子之间冲突对立时，祖父母可以成为新两代的桥梁及缓冲。

父母在隔代教养的过程中，应留意下列几点注意事项，妥善处理，以期能增进亲子关系。

❶ 父母的爱是他人无法取代的，对孩子应更加留意、关心，多多抽空陪孩子，并参与她的活动，重质胜于重量。

❷ 注意 3 岁以前的教育，在某些关键期尽量不要缺席，多陪孩子建立关系。

❸ 考虑祖父母的身体、精神状况及意愿。

❹ 父母与祖父母宜多互动，以减少子女适应问题。

❺ 祖父母未能协助孩子课业的部分，应委由他人帮忙。

❻ 注意孩子由祖父母家回到原生家庭的衔接适应问题。

❼ 避免将两代之间的嫌隙战争带

到孩子身上，这对孩子是不公平的。

❽ 有特殊状况须耗心耗力照顾的孩子，不宜由祖父母接手（如自闭症、脑性麻痹等）。

隔代教养不可否认地有其利弊，但当我们面临无可避免的隔代教养时，应该在这之间取得较佳的平衡点，以孩子的最大利益为考虑，提供孩子幸福而理想的成长环境，这是父母与祖父母可以共同携手创造的。

🍀 宝宝什么都拿来舔怎么办

不管是男孩也好女孩也好，总是有些孩子喜欢随便往嘴里塞东西。例如，在沙地里像舔糖果那样舔石子、用牙齿咬玩具车、舔帽子带、咬书、啃积木，有时还会将小珠子、玻璃弹珠等放进嘴巴里。嘴巴就像是宝宝的触觉器官一样。

常舔东西，证明宝宝的好奇心很强，宝宝第一次看见东西时，最先都会用嘴巴来确定物品的触觉。她把东西塞进口中，来判断物品的硬度、形状、质地等。好奇心愈强的小孩，愈有把东西塞进嘴巴里的倾向。遇到这种情况，不要斥责宝宝。往嘴里塞东西的时间，最久的会持续到2岁左右。

这并不是说可以让孩子随便啃咬东西，在她将石子或碎石等脏东西放进嘴巴之前，妈妈就应该予以遏止。母亲要注意孩子的卫生问题。

如果发现孩子把弹珠或圆形干电池放进嘴里，大人如果大声呼喊"啊，不

行！"则孩子有可能因受到惊吓而将它吞下去，遇到这种情况应尽量保持冷静，然后尽快制止。

非危险的物品就让她舔吧。例如，消毒过的积木、毛巾等既不危险又不肮脏的东西，让宝宝充分地体验其触感，以满足她的好奇心。尽量不给孩子塑胶制的物品，给她木制的玩具、纸张类的东西，可以放心地让孩子舔、啃东西，这是个非常重要的成长过程。所以只要没有危险性，就不要制止，只需在一旁看护着她就行了。

🍀 什么样的孩子发烧后会抽风

高热惊厥是儿科常见急症。高热惊厥表现为意识丧失、双眼上翻、牙关紧闭、四肢抽动。惊厥停止后，患儿也随之清醒。什么样的孩子容易抽风呢？

❶ 和遗传有关。高热惊厥可遗传，父母一方或者爷爷奶奶有这个病，孩子就有可能有高热惊厥。

❷ 和温度有关。高热惊厥一定是在体温非常高的时候，一般是在发病初期，特别是温度正常上升到最高的时候抽风，如果已经烧了三四天，一般就不会惊厥了。多是刚开始温度一升高刺激神经系统以后引起的。

❸ 和孩子的年龄有关。一般情况下，1～5岁是惊厥的高发阶段，1岁以下的孩子很少有高热惊厥。1岁以下的孩子如果发生高热惊厥，也许会有其他疾病存在，如脑发育不良等，一定要仔细检查。5岁

以后很少有高热惊厥了，5岁以后如果发生高热惊厥，也是有其他问题。

高热惊厥是否有征兆

高热惊厥一般情况下发生在孩子体温38.5℃以上时，更多的是出现在40℃。一般都有征兆：一是要高烧的时候孩子会手脚冰凉，四肢冰凉。这样预示着马上要高烧，这种高烧一烧都会到39℃～40℃，在发烧初期的时候可能会高热惊厥。二是不哭不闹。孩子哭闹会一头汗，烧就退下来了。不哭不闹老睡觉的孩子要注意。三是捂得严的孩子容易惊厥。小孩发育不完善，越捂体温越高，发烧之后热散不出去，高烧退不下来，越捂越高。因此高热惊厥经常发生在去医院的途中。

孩子发生高热惊厥怎么办

高热惊厥都是在瞬间发生的，时间段很短，一般两分钟不到。这么短的时间家长要做以下几件事：

❶ 不要把孩子抱起来，要迅速平躺，头侧下来，衣服的领子要打开，以免抽风呕吐误吸，呕吐之后吸到气管里面是很危险的。

❷ 孩子抽的时候牙关非常有劲，会把舌头咬断。用筷子绑一个棉的东西放到孩子嘴里面，防止把舌头咬伤。有的孩子抽得厉害，把舌头咬了之后咽下去，会发生窒息。如果孩子抽的时候，一时

没东西，可以把自己的手先放进去。

❸ 可在患儿肛门内放入退热栓。

❹ 孩子惊厥停止后，立即送孩子去医院。如果2～3分钟惊厥没有停止，就不要等待，带孩子尽快去医院。第一次惊厥以后，要给孩子作详尽的检查。

❺ 孩子惊厥时，不要随便掐孩子人中，或者按摩。

长时间惊厥有什么问题

一般情况下的孩子抽一次就不抽了，这叫单纯性高热惊厥，以后注意体温就行了，一般2分钟之内惊厥就结束了。如果孩子抽的时间很长，有以下可能：

❶ 大脑有问题。如原发性癫痫，被高烧诱发了。

❷ 脑子里长了东西。突然高烧以后被诱发了。

❸ 复杂性高热惊厥。容易转为癫痫。

有的孩子在天气热时，没发烧也抽风，可能是癫痫。抽风对大脑是有损伤的，脑细胞要是死了是恢复不了的。

高热惊厥是不是会反复发作

孩子有过一次惊厥以后，发生的机会就更高了。一发烧就抽风，开始抽的时候可能是39℃，以后38℃就抽了。

这样的孩子有高热，一定要降温。一般的孩子38.5℃吃退烧药，高热惊厥的孩子38℃就要给她吃。如果已经出现过两次了，就要提前用一点镇静药，防止抽风。

第 10 个月宝宝的喂养

 ## 10个月宝宝这样吃

这个时期的宝宝，已经开始进入模仿大人的阶段，所以大人可以和宝宝一起吃饭并示范给孩子看。若宝宝有不爱吃的东西或吃的量改变，可换个口味，下次再尝试，千万不要过分勉强喂食，以免造成反效果。

另外要注意，不要给宝宝吃太多甜食、油炸食物或饮料。因为过多的甜食会影响宝宝正餐的食量，甚至会影响宝宝将来的反应能力，有碍健康。

辅食的添加期接近尾声了，为了宝宝的营养以及健康长大，宝宝满周岁后可以和爸妈一起用餐，并且吃一样的东西。而全素食（不吃奶、蛋）的宝宝就必须额外补充维生素 B_{12} 片剂。

10～12 个月婴儿的食品添加表	
母乳	一天喂 3～4 次
婴儿配方奶	每次 210～240 毫升
果汁或果泥	1～2 汤匙 /天
剁碎蔬菜	2～4 汤匙 /天
稀饭或面条	2～3 碗 /天，或干饭 1～1.5 碗 /天
吐司、馒头、麦糊等均可	3 次 /天
肉、鱼、豆腐泥	蛋黄 1～1.5 个，豆腐 1.5～2 个四方块，豆浆 1.5～2 杯（240～360 毫升），鱼、肉、肝泥 50～100 克，鱼松、肉松 30～40 克

注意：

❶ 断奶后期的食物硬度以牙床能打碎的程度为主。

❷ 硬质（坚果、玉米、硬糖、爆米花、洋芋片等）、粗纤维（芹菜、竹笋等）、黏性（口香糖）、大颗粒状（葡萄、果冻、小热狗）等食物不适合食用，以免发生窒息意外。

11～12个月可以开始进食蛋黄泥及一般成人食物，食物形态仍以易咀嚼的为主，依婴儿的能力制备食物。

➕ 养育小叮咛

不要强迫宝宝进食

大人们在喂食时总是担心宝宝吃得不够，但事实上宝宝的胃容量有限，因此她的身体会有保护机制，只要吃饱了就会停止进食，千万不要强迫宝宝非要吃进多少食物量不可。

同样，每个宝宝的味觉与嗅觉敏感度不同，有些宝宝可能会拒绝吃某些气味较特殊的食物。在这种情形下，爸妈们可以用其他有类似营养价值的食物代替，或是用烹调方式去除其气味，重点仍是勿强迫宝宝进食，以免造成反效果。

影响婴幼儿发展的相关营养素		
影响问题	相关营养素	食物来源
视力发展	维生素（A、C、E）、DHA、B族维生素	胡萝卜、动物肝脏、豆制品、蛋、肉类、深海鱼类、牛奶、绿叶蔬菜、水果或新鲜果汁等
骨骼、牙齿	钙、镁、维生素D	牛奶、奶酪、酸奶、小鱼干、蛤、豆制品等
大脑发育	DHA、铁	深海鱼类、牛肉、动物肝脏、谷类、豆制品、海带、海苔、葡萄等

🍼 如何选购市售辅食

虽然说天然新鲜的食物对宝宝最好，但若无法自行制作，市面上也有许多现成产品可供选购，选购的注意事项如下。

❶ 选择较具知名度，有质量保证的品牌。

❷ 须有卫生主管机关的认证。

❸ 注意产品的成分、制造日期、

保存期限与使用方法。

❹ 注意产品包装是否完整，真空包装的瓶装产品瓶盖是否凹陷或凸出。

❺ 多比较几家产品，再依宝宝的需要作选择。

❻ 选择天然原料制成的辅食，最好是不含人工色素、香料、防腐剂或黏稠剂，也没有添加盐、糖等调味料。

❼ 仔细阅读产品上的说明，确定产品适合宝宝的年龄使用。

宝宝缺锌有哪些表现

儿童缺锌主要表现为下肢骨骼发育不良，出现类似关节炎样改变，甚至引起生长发育迟滞，骨龄落后，身材矮小，尚可引起脊柱异常弯曲；在青春期缺锌可导致性发育迟缓、贫血、伤口不愈，厌食、尝味能力下降等。食欲下降是儿童体内缺锌的最常见症状，锌与儿童的智力发育关系也较密切。检测分析表明，智力较高、成绩优良的儿童少年，其血锌和发锌含量相对较高。锌还是肝脏和视网膜内维生素 A 还原酶的组成成分，参与视黄醛的合成和变构。缺锌时酶的活力受影响，影响视黄醛的作用和维生素 A 代谢，导致暗适应功能失常。缺锌还会导致 T 细胞功能明显降低，削弱机体的防御能力。

为什么会缺锌

儿童缺锌既有先天因素，又有后天

影响。母乳喂养是最科学的育婴途径，因为母乳中含有能与锌结合的小分子量配体，有利于锌的吸收，而乳制品中则缺乏这种配体。此外，膳食单一、挑食偏食、精细食物过多都会阻碍宝宝对锌的吸收和利用。

另外，我国大多数人群都喜欢在菜肴中添加味精，味精（谷氨酸钠）随食物进入人体后，在肝脏中被谷氨酸丙酮酸转化，生成谷氨酸后再为人体吸收。但对于婴幼儿，过量的谷氨酸能与血液中的锌发生特异性结合，生成不能被机体利用的谷氨酸锌，随尿液排出体外，从而使婴幼儿体内的锌被逐渐带走，导致机体缺锌。

此外，谷类食物含有较多的磷酸盐，能与锌形成不溶性的复合物而阻碍锌吸收。

怎样预防缺锌

❶ 坚持合理的膳食。保证膳食中动物食品占一定比例是预防缺锌的重要措施。

❷ 纠正不良的饮食习惯。避免吃过多的精制食品，注意多吃富含微量元素的食物，保证每日摄入足够的热量、蛋白质和水分，做到荤素搭配、米面混合，坚持改变只吃荤菜或只吃蔬菜的偏食或挑食的坏习惯。

❸ 提倡母乳喂养。母乳中由于含有特殊促进锌吸收的结合配体，锌具有高度的生物利用率，故提倡母乳喂养对

预防婴儿缺锌是十分必要的。

❹ 用药物补锌最好在医生指导和监测下进行，并有一定的疗程。这是因为体内锌过多也是有害无益的。所以，最理想的补锌方法是吃含锌量较高的食物。因为食物含锌量少，食补很少出现副作用。含锌较多的食物有：麸皮、地衣、蘑菇、炒葵花子、炒南瓜子、山核桃、松子、酸奶、豆类、墨鱼干、螺、花生油等。另外，鱼、蛋、肉、禽等动物性食物中的含锌量高，利用率也较高。

动物性食物是锌的可靠来源。海牡蛎含锌最丰富，以每 100 克食物中的含锌量计，海牡蛎肉含锌超过 100 毫克。畜、禽肉及肝脏、蛋类含锌 2～5 毫克，鱼及一般海产品含锌 1.5 毫克，奶和奶制品含锌 0.3～1.5 毫克，谷类和豆类含锌 1.5～2.0 毫克，蔬菜水果含锌少于 1 毫克。

含锌最多的食物有：母乳、瘦肉、豆类、花生、核桃、小麦、萝卜、大白菜、牡蛎、动物肝、蛋、虾、蟹、芝麻等。

补锌的药有：锌硒宝、葡萄糖酸锌等。

✿ 宝宝断奶的时间和方式

为了宝宝的生长发育和母亲健康的需要，婴儿 10～12 个月时完全断奶是比较合适的。

■ 宝宝完全断奶的时间

断奶要根据具体的实际情况而定。若宝宝正在生病，把母乳换掉，就容易造成宝宝消化不良，使病情加重，故应在宝宝病愈后再断奶。若是母亲体质不错，而且奶量也一直很充足，辅食添加得比较晚，则可以稍晚些再断奶。

另外，还要注意季节。冬、夏季天气时冷时热，宝宝的消化力弱，抵抗力差，突然改变饮食习惯容易导致宝宝生病，所以断奶时间应选在春、秋季。

■ 宝宝断奶的方式

从开始断奶至完全断奶需经过一段时间的适应过程，也就是一顿一顿地用辅食和奶粉代替母乳，逐渐实行断奶。

有些母亲平时未作好给孩子断奶的准备，未能逐渐改变孩子的饮食结构，就采用在乳头上抹黄连、辣椒汁、清凉油等办法，突然不给孩子吃奶，致使婴儿因突然改变饮食而适应不了，连续多日又哭又闹、精神不振、不愿吃饭、体弱消瘦，影响其发育，甚至引发疾病。这种方式显然是不正确的。

正确的断奶方式是：从 4 个月起添加些辅食，如米汤等，逐渐过渡到吃蛋黄、烂面条、菜泥、豆腐等；孩子长牙以后，可吃点饼干、烂饭或面片等，减少哺乳 1～2 次，使宝宝胃肠消化功能逐渐与辅食相适应。这样，断奶时孩子就适应了。

词汇解读

断奶

产后 10 个月，母乳的分泌量及营养成分都减少了很多，而宝宝此时却需要更加丰富的营养，如果不断奶，就会患上佝偻病、贫血等营养不良性疾病。同时，妈妈喂奶的时间太久，会使子宫内膜发生萎缩，引起月经不调，还会因睡眠不好、食欲缺乏、营养消耗过多造成体力透支。因此，适时给宝宝断奶对宝宝和妈妈的健康都非常重要。断奶是指断掉母乳，而不是断掉牛奶或奶粉。此时宝宝的主食仍然是奶类，直到 1 岁以后，再过渡到以奶类为辅、以饭菜为主。

宝宝辅食制作

西红柿面片

原料：西红柿 50 克，鸡蛋 1 个，面片适量，植物油少许。

做法：❶ 西红柿洗净，切成拇指大小的方块；鸡蛋磕入碗中打散。❷ 锅里加少量植物油，放入西红柿，小火翻炒至西红柿变软，炒碎，加适量水，放入面片，煮至八成熟，放入鸡蛋液搅匀即可。

软饭

原料：大米 20 克，豆腐 10 克，青菜 10 克，另备高汤（炖鱼汤、炖鸡汤、炖排骨汤均可）适量。

做法：❶ 将大米淘洗干净，放入小盆内加入清水，上笼蒸成软饭待用。❷ 将青菜择洗干净，切成末。❸ 豆腐放入开水

中焯一下，切成末。❹ 将米饭放入锅内，加入高汤一起煮，煮软后加入豆腐、青菜末稍煮即成。

补血汤

原料：红枣 10 个，鹌鹑蛋 5 个，银耳、枸杞子各适量，冰糖适量。

做法：❶ 红枣、银耳、枸杞子洗净。❷ 鹌鹑蛋煮熟去皮。❸ 将红枣、银耳、枸杞子放入锅中煮开，用小火煮至银耳软烂，再将鹌鹑蛋、冰糖放入锅中稍煮片刻即可。

特点：补气血。

蒸嫩丸子

原料：肉末 60 克，淀粉 1/2 小匙，盐少许。

做法：❶ 肉剁细，加入淀粉拌匀，甩打至有弹性再分搓成一口大小的丸状；

碗中放入少许淀粉、盐，用水调匀成芡汁。❷ 肉丸摆入盘中，用保鲜膜包好，中火蒸 1 小时至肉软烂，淋入芡汁，再蒸 5 分钟即可。

南瓜饭

原料：南瓜 1 片，米 50 克，水 2 杯，白菜嫩叶 1 片，盐少许，植物油 1/2 汤匙。

做法：❶ 南瓜去皮，取 1 片切碎。❷ 米和碎南瓜煮成粥，加盐少许。❸ 出了牙的婴儿，可尝试吃有纤维的食物，可将白菜叶切细丝，放进加油的水内煮软，再将菜丝连同菜水与❷中做好的南瓜粥同煮，待饭熟后再关火闷 10 分钟。

特点：婴儿吃了油腻或粗纤维的难消化食物，都会产生便秘或腹泻，引发腹痛。南瓜有消炎止痛作用，南瓜含维生素 A、维生素 C、B 族维生素和蛋白质等，适合婴儿食用。

什锦豆腐糊

原料：嫩豆腐 1/6 块，煮后切碎的胡萝卜末 1 大匙，绿叶菜末 1 大匙，肉末 1 匙，调匀的鸡蛋黄、肉汤各 1 匙，白糖、酱油少许。

做法：将豆腐放入开水锅中焯一下，去掉水分切成碎块；将肉末放入锅内，加肉汤、白糖和酱油，再把碎豆腐和蔬菜末放入锅中，用小火煮至收汤为止，将调匀的鸡蛋黄倒入，并不断地搅拌，使整个菜成糊状即可。

育儿难题 Q&A

Q：我家宝宝前几天被蚊子咬了几个包，刚开始只有红红的小点点，以为擦一擦清凉油就会没事了，没想到隔天被蚊子咬的地方竟然肿得像面包一样！赶快带她去看医生，打了消炎针又吃药才慢慢消肿，医生说如果破皮又发炎就会变成蜂窝性组织炎。什么是蜂窝性组织炎？只是被蚊子咬为何这么严重？下

次若不小心被蚊子咬该怎么办呢？

A：小婴儿皮肤的皮下组织较松软，在受到蚊虫叮咬后，其反应可能不尽相同，有些只是红肿，有些会合并有水肿产生，一般并不会疼痛。但是常因为痒，小宝宝会去抓搔，若有伤口，会使表皮层之细菌入侵，造成皮下软组织发炎，称为蜂窝性组织炎。

蜂窝性组织炎的症状为皮肤下呈现有红、肿、热、痛等发炎表现，若不及时治疗，等到出现发烧、全身不适、淋巴结肿等症状时，可能是细菌已经侵入血液中，严重者造成败血症，会有生命危险！若发炎情形不是很严重，可使用抗生素治疗；但若已形成脓疡，就必须由外科医生作切开引流及清创，通常7~10天可痊愈。所以当小宝宝被蚊虫叮咬，可以先冰敷，若有伤口（即使是小伤口）则就医比较保险。

Q：我女儿10个多月了，她都习惯用左手，这样代表她是左撇子吗？需要改变她的习惯吗？为何有人右撇子？有人左撇子？

A：人类的大脑分为左脑、右脑，各司其职，功能迥异。左脑支配右半身的活动，掌管语言、文字、计算、分析、抽象思维、逻辑推理等功能，大部分人的左脑占优势，因此左脑又称为"优势半球"，所以右撇子的人比较多。右脑支配左半身的活动，掌管想象、空间概念、情感、韵律、色彩、直觉等功能，左撇子的人则是右脑比较发达。

小宝宝早期运动之发展，约在1岁前，皆是对称性发展，并无所谓惯用左右手；一直到1岁半之后，其左右大脑逐渐分化，才会有左右撇子之分。若在1岁前发现有惯用左手的，建议先带往小儿神经科，进一步检查是否有神经性疾病。若是正常，其实左撇子与右撇子

皆一样聪明，如美国总统布什亦是左撇子，或许你的小宝宝以后是个天才也说不定。

Q：如果宝宝接受了一段时间的辅食，突然间却又不肯再吃辅食，怎么办？

A：这种现象的原因不明，但是通常不会维持太久，有可能是宝宝吃腻原有的食物，可以试着更换食物再试试看，务必耐心地协助宝宝进食。

Q：我想一次制作分量多一点的辅食并冷冻起来，要吃的时候再拿出来解冻，请问这样会不会影响到食物营养？

A：将食物冷冻之后再解冻，并不会影响到食物的营养，用电饭锅或是微波炉加热均可。目前对于以微波炉加热食物是否会影响到食物营养尚未有定论，但微波炉毕竟是非常方便的工具。而在加热过程中容易流失的维生素都可以从新鲜的水果中获得。

建议将单项的辅食分开制作，并用制冰盒做成好几个一小格的冰块后，再拿出来放到密闭的保鲜盒中冷冻到冰箱中，这样即使冷冻好几天也不会让食物沾染到冰箱中的其他味道。

Q：宝宝何时可以开始喝酸奶？

A：酸奶是乳制品，且一般市售的酸奶是针对成人所设计的，通常是脱脂奶粉，由于宝宝的肠胃功能与成人不同，不适合在1岁以下饮用脱脂奶粉，建议在宝宝满1岁以后再给予饮用。

第 10 个月宝宝的早教方案

10个月婴儿的玩具

10个月的婴儿正是蹒跚学步的时候，非常好动，父母应该多和她一起游戏玩耍。你可为孩子挑选以下几种类型的一些玩具：

❶ 像小型汽车那样可拖拉的玩具、可拉着走同时发出音乐或模拟声响的玩具、一些互相撞击可以发出声音的玩具、耐久的塑料杯和塑料碗、漏斗和量勺。

❷ 造型比较简单、数量少、体积大一点、容易拼搭的积木。

后天能提高宝宝的智力吗

人们大都认为智力是天生的，后天的教育只能增加知识，而不能提高智力。例如，中国科技大学少年预备班里的学生，有些在 2 岁时其智商就高达240，他们的智力在进行早期教育之前就是超常的。而有人则认为智力取决于后天的教育、环境的影响和必要的教育。其有力的证据就是印度"狼孩"的故事，"狼孩"卡玛拉在回到人类社会 9 年之后，才学会了 45 个单词，其智力水平甚至无法与 1 岁的宝宝相比，原因

就是她在出生后没有得到及时的教育。

以上两种观点都是不全面的，应该说智力的发育先天是基础，后天的教育及环境是条件，两者都不可忽视。宝宝出生后，来自于先天的智力因素已经固定，而这种先天的智力因素能否成为现实，还受到文化背景、周围环境、家庭和学校的教育等许多因素的影响。有人做过调查，发现智商比较高的宝宝，60%～70%出身于有良好家庭教育的家庭。因此有人将智力超常的宝宝划分为 3 种情况，第一种是他们本身具备优秀的遗传因素；第二种是智力遗传因素一般但受到了良好的教育；第三种是具有优秀的遗传因素再加上良好的后天教育。所以不难发现，后天的教育同样可以提高宝宝的智力。

一个人所具备的能力、智力和性格等，有的是受遗传影响，生来就有的，有的是在出生后从周围环境中学习而掌握的。如宝宝的心理素质方面，是急躁还是稳定，是开朗还是抑郁，是怯懦还是勇敢，主要来自于父母的遗传，后天教育很难改变。而宝宝的思考力、判断力、创造力、想象力等心理活动，受后天环境与教育的影响非常大，并且通过

环境熏陶和教育可掌握智慧性的心理活动，从而使其智力得到充分的发挥。所以每家父母都应该抓住时机，对宝宝进行适当的早期教育，提高她们的智力。

进行赏识教育让女儿自信

10个月的宝宝是喜欢听好话、喜欢受表扬的宝宝。这时一方面她已能听懂你常说的赞扬话，另一方面她的言语动作和情绪也发展了。她会为家人表演游戏，如果听到喝彩、称赞，就会重复原来的语言和动作。这是她能够初次体验成功欢乐的表现。而成功的欢乐是一种巨大的情绪力量，它形成了宝宝从事智慧活动的最佳心理背景，维持着最优的脑的活动状态。它是智力发展的催化剂，它将不断地激活宝宝探索的兴趣和动机，极大地助长她形成自信的个性心理特征，而这些对于宝宝成长来说，都是极为宝贵的。

对宝宝的每一个小小的成就，你都要随时给予鼓励。不要吝啬你的赞扬话，而要用你丰富的表情、由衷的喝彩、兴奋地拍手、竖起大拇指的动作以及一人为主、全家人一起称赞的方法，营造一个强化的亲子气氛。这种"正强化"的心理学方法，会促使你的宝宝健康茁壮地成长。

开朗的女孩最讨人喜欢

自信是开朗以及率真的源泉。对于零岁的小宝宝，都尚未有太多的思考能力，可能谈不上真正的率真、开朗。随着她们的年纪不断地增长，以及各种不同的经验累积，也逐渐学会了类似负面的思考方式。在整个成长教育的过程中，常常在小孩子的心中埋下孤僻、灰色思想的种子。要培养小孩子率真、开朗的性格，积极向她们阐述正面的主题，那就是"爱"和"真善美"。首先要具有"爱自己"的自信心。

母亲要不断地对女儿说："你好可爱！你好可爱⋯⋯"称赞之类的话永不嫌多。父母亲至少要做到的是，要让小孩子感受到父母亲是相信她的，并且给予其高度评价。还要尽可能地包容孩子的需求，让孩子的真性情能够完整自然地表达。让她实际地去感受到自己是被爱的、是被大家所接纳的。孩子如果能够做到这一点的话，那也就称得上乐观了。

✚ 养育小叮咛

在孩子成长的过程当中，难免会发生些让她心头蒙上阴影的经验累积。在这个时候，如何让小孩子的心灵能够健全发展，这也就是要考验各位父母亲智慧的时候了。

10 个月宝宝的智能测评

❶ 认识新的身体部位：

A. 大拇指和小指（或者两处新部位）（10 分）

B. 认识大拇指（或者一个新的部位）（5 分）

C. 认识一根手指如食指（或另一个新的身体部位）（3 分）

D. 不认识新部位（0 分）

以 10 分为合格。

❷ 拉绳取物：

A. 拉绳取环或取到玩具（10 分）

B. 直接去取环或玩具（5 分）

C. 无目的地乱抓（2 分）

以 5 分为合格。

❸ 捏取葡萄干或爆米花：

A. 食指和拇指捏取（10 分）

B. 大把抓（5 分）

C. 用手掌拨弄（3 分）

D. 不理会，不抓取（0 分）

以 10 分为合格。

❹ 在 1 分钟之内把小球放入瓶中：

A. 4 个（12 分）

B. 3 个（9 分）

C. 2 个（6 分）

D. 1 个（3 分）

以 9 分为合格。

❺ 有目的地称呼亲人：

A. 爸爸和妈妈（10 分）

B. 父母中的任一人（5 分）

C. 无人时乱叫（2 分）

以 10 分为合格。

❻ 用姿势表示语言如再见、谢谢、您好、握手、鼓掌、碰头、亲亲、虫虫飞、鸟鸟飞、挤眼睛、咂嘴等：

A. 7 种（15 分）

B. 5 种（12 分）

C. 3 种（9 分）

D. 2 种（6 分）

E. 1 种（3 分）

以 12 分为合格。

❼ 喜欢小朋友，同人打招呼：招手、点头、笑、摇身体、跺脚、尖叫等：

A. 3 种（9 分）

B. 2 种（6 分）

C. 1 种（3 分）

D. 不理（0 分）

以 9 分为合格。

❽ 捧杯喝水：

A. 不用大人扶持，略有洒湿（9 分）

B. 要大人扶持（5分）

C. 不会用杯（0分）

以9分为合格。

❾ 穿衣：

A. 自己把胳臂伸入双侧袖内（6分）

B. 自己会伸入一侧（4分）

C. 大人拿胳臂放入袖内（2分）

以6分为合格。

❿ 爬行：

A. 手足快爬（10分）

B. 手膝慢爬（8分）

C. 腹部靠床匍行（6分）

D. 俯卧打转（3分）

以10分为合格。

⓫ 扶站时：

A. 能蹲下捡物（10分）

B. 蹲下但捡不着物（8分）

C. 不敢蹲下（3分）

以10分为合格。

⓬ 学走：

A. 一手牵着走（12分）

B. 双手牵着走（10分）

C. 靠学步车走（8分）

D. 扶物跨步（6分）

以10分为合格。

结果分析

1、2题测认知能力，应得15分；3、4题测精细动作能力，应得19分；5、6题测语言能力，应得22分；7题测社交能力，应得9分；8、9题测自理能力，应得15分；10、11、12题测大肌肉活动能力，应得30分，共计可得110分。以90～110分为正常范围，120分以上为优秀，70分以下为暂时落后。如某题答案在合格以下，可先复习该栏目的上月试题，完全达标才可练习本月的试题。如果某题答案在A以上，可跨越本月该栏目的试题，练习下个月该栏目的相应题，使宝宝的进步更加明显。

Part 11

第11个月
女宝宝养育

Di shiyigeyue Nvbaobao Yangyu

第11个月女宝宝发育特点

女宝宝11个月体格发育指标

项目	年龄组	下限值	上限值
身高	11 月	66.1 厘米	82.0 厘米
体重	11 月	6.71 千克	12.85 千克
头围	11 月	约为 44.9 厘米	
胸围	11 月	约为 45.3 厘米	
牙齿	11 月	长齐下中切牙、上中切牙、上旁切牙，长出下旁切牙	

第11个月宝宝发育状况

宝宝在近1周岁时的生理发育放缓。11个月的宝宝绝大部分已长齐2颗下中切牙（门牙）和3颗上中切牙，个别宝宝开始长出2颗下外切牙。

■ 感觉发育

这段时期的宝宝好奇心逐渐加强了，她喜欢到处摸、到处看。宝宝常常把家里的抽屉打开，把每件东西都拿出来看看、玩玩；如果有箱子，就会钻进去；她还会把塑料袋套在自己头上，常常因为拿不下来而发急。宝宝的这种行为对开阔其视野、增长其知识是有极大

的帮助的。这时应该提醒一下的是由于此时宝宝的探索行为属于"不负责任"

宝宝爬上柜子又想要从高处下来

的行为，所以父母一定要注意宝宝的安全。

■ 语言发育

11个月的宝宝尽管能够使用的语言还很少，但令人吃惊的是她们能够理解大人说的很多话。对成人的语言由音调的反应发展为能听懂语言的词义。如问宝宝："电灯呢？"她会用手指灯；问她"眼睛呢？"她会用手指自己的眼睛，或眨眨自己的眼睛；听到成人说"再见"，她会摆手表示再见；听到"欢迎、欢迎"的声音，她也会拍手。

■ 动作发育

11个月的宝宝坐着时能自由地左右转动身体，能独自站立，扶着一只手能走，推着小车能向前走。能用手捏起扣子、花生米等小东西，并会试探地往瓶子里装，能从杯子里拿出东西然后再放回去。双手摆弄玩具很灵活。会模仿成人擦鼻涕、用梳子往自己头上梳等动作，会拧开瓶盖，剥开糖纸，不熟练地用杯子喝水。

■ 心理发育

11个月的宝宝喜欢和父母依偎在一起玩游戏、看书画，听大人给她讲故事；喜欢玩藏东西的游戏；喜欢认真仔细地摆弄玩具和观察事物，边玩边咿咿呀呀地说着什么，有时发出的音节让人

莫名其妙。这个时期的宝宝喜欢的活动很多，除了学翻书、讲图书外，还喜欢玩搭积木、滚皮球，还会用棍子够玩具。如果听到喜欢的歌谣就会做出相应的动作来。

11个月的宝宝，每日活动是很丰富的，在动作上从爬、站立到行走技能日益增加，她的好奇心也随之增强，宛如一位侦探，喜欢把房间里每个角落都了解清楚，都要用手摸一摸。

为了宝宝心理健康发展，在安全的情况下，尽量满足她的好奇心，要鼓励她的探索精神不断发展，千万不要随意恐吓宝宝，以免伤害她正萌芽的自尊心和自信心。

说出门宝宝就会去门口等待

第 11 个月宝宝的日常保健

如何观察宝宝的尿液

人体排出的尿，是由肾脏滤过后排出体外的部分水分和代谢废物。在这些代谢废物中，绝大部分是磷酸盐和草酸盐。一般情况下盐类溶解在尿液中，肉眼是看不见的，因此，尿液的外观是清澈的。

若在水分减少或温度改变的情况下，尿中的盐分浓缩，尿液会变得混浊。

夏天天气炎热，出汗较多，尿中的水分相对减少，盐分相对增加，所以出现尿液混浊。由于饮食改变的关系，尿中的盐分增加，也可以使尿液混浊。若天气冷时，尿液排出后温度比体温低，盐分被沉析出来，尿液也会混浊。

宝宝的新陈代谢较旺盛，由肾脏排出的废物较多，若不能给予适当的饮水，使尿量减少，尿液亦会变得混浊。尤其在冬季，外界气温明显低于体温时，更容易出现尿液混浊的现象。

若宝宝尿液呈乳白色或米泔水样，在这种尿液中加醋酸即可澄清，说明这种混浊的尿液中含大量的磷酸盐；若尿液呈粉色的，经加热后可澄清，说明尿液中含草酸。

一般的宝宝尿液混浊，若无其他症状，可不必担心，只要改变饮食结构，多饮水，不用服药亦可恢复正常。

若尿液混浊伴有高热、呕吐、食欲缺乏、精神不振、尿痛和排尿次数频繁，可能患有泌尿系统疾病，应去医院检查，请医生给予诊断治疗。

女孩玩"生殖器官"怎么办

有的女宝宝虽然什么都不懂，却会玩弄自己的"生殖器官"（外阴），从中得到乐趣，这使父母感到困惑。

实际上，宝宝的这种行为，与成人或少年有意识的行为不同。宝宝是在摸玩自己时，发现了抚摩生殖器很舒服。其实孩子在子宫里就能摸了，这是一种生物反应。宝宝玩弄生殖器与玩自己的手指一样。

对宝宝的这种动作，父母不必大惊小怪，也不要呵斥宝宝，使她受到抑制。可以丰富宝宝的生活，在她出现这种动作时，分散她的注意力，吸引她去做别的事。不要让她感到孤独，要给她足够的爱抚，使她不至于皮肤饥饿。多跟她做一些运动性游戏，让她的精力尽量发泄。

宝宝大一些，懂得了道理，父母也不要直接批评她的这种行为，可以让她感觉到父母不希望她这样，而且让她知道这是隐私行为，不能公开做。

不要让宝宝玩猫

温驯而乖巧的小猫是目前许多家庭的宠物，活泼好动的宝宝也很容易和小猫成为玩耍的好朋友。但是，如果宝宝还小的话，家里最好不要养猫，如果一定要养的话，至少也尽量避免宝宝和猫接触。因为宝宝玩猫可引起许多疾病，对宝宝健康有害。

猫身上常常寄生真菌，当宝宝的表皮有损伤，有搔抓性皮肤病，或皮肤多汗及潮湿时，真菌侵犯宝宝的皮肤，使其头部、面部、颈部、胸部等身体各部位长癣，如不及时医治，病程较长，可自身反复传染或传染他人。有的猫消化道中感染了寄生虫，最多的可达十几种，这些寄生虫都可以通过接触，通过口腔或皮肤进入人体，其中肝吸虫和旋毛虫较多见。有的猫身上有跳蚤，当它咬人时，可将鼠疫或斑疹伤寒等病原体传入人体，使宝宝得病。猫的爪子很厉害，当宝宝被猫抓伤或咬伤后，可引起全身性感染，称猫抓病，抓后经数日或数周的潜伏期后，受抓部位皮肤产生血

疹、疱疹或脓疱，持续1～2周后消退，不留瘢痕，再经数日或数周，受伤附近的淋巴结肿大及压痛，有的可以化脓，伴有全身症状，如高热、乏力、全身疼痛、食欲欠佳；有时还能引起狂犬病、出血热、破伤风等，危及人的生命。

因此，父母应注意，家里尽量不要养猫，至少不要让宝宝玩猫。

宝宝大便酸臭怎么办

随着代乳食品如米粥、面包等量的增加，宝宝的大便也逐渐带有粪臭味了，颜色也比只喝奶时变深了。用菠菜、胡萝卜代替了切碎的蔬菜，尽管母亲认为煮得很烂了，可还能从宝宝的大便中看到没有消化的部分，这是很正常的。只要宝宝不腹泻，就可以继续给宝宝吃。

在天气暖和的季节，大部分婴儿的小便是每日10次左右，颜色也随着代乳食品的增加而变黄。

学步车可以用吗

对于学步车，目前欧美的专家多不表赞同。在加拿大甚至已经全面下架，禁止贩卖。主要的原因是使用学步车没有好处，只有隐藏的危险。使用学步车，或许宝宝可以比较早开步走，但是中间跳过了爬行期，缺乏手、脚、眼的协调训练，造成平衡感较差，甚至也有专家认为会影响走路的协调性。而宝宝

坐上学步车之后，滑得更快，冲得更猛，手可以拉到更多的东西，也增加了更多的危险。而学步车若设计不良，又增加更多的隐忧，可调整高度的脚架，也曾有夹伤宝宝的案例。

而且学步车最不合乎生理与自然结构的是，把小宝宝全身的重量加在臀部和一双小脚上。就算直挺挺的脊椎骨累了，宝宝也没有办法自己躺下来休息。而且宝宝1岁前，多还包着尿布，学步车不透气的底层，又紧压着尿布，万一尿湿了，或是便便了，小屁股可就更不舒服了。所以能不坐学步车，就尽量不要坐学步车。

多带宝宝到户外活动

到了11～12个月这个阶段，为了增加宝宝的社会知识、开阔眼界、促进运动机能和智力发育，带宝宝四处玩玩是很有益处的。宝宝一到外面，就会用手指着要到这边去、到那边玩，很不愿意回家。大人也应该边指实物边用简单的话教，比如见了狗就教"汪汪"，见了猫就教"喵喵"等，这样，宝宝不仅会很高兴，而且很快就会记牢。

在外面玩够以后，宝宝就能够单独在家里长时间地玩小汽车等能动的玩具和洋娃娃等其他玩具了。这样，妈妈也可以轻松些。

宝宝玩的时候尽量穿得轻便些，以便能自由活动。

不要常带宝宝到马路边玩

我们提倡宝宝多到户外玩，多晒太阳，但不赞成常抱宝宝在路边玩。

马路上车多人多，宝宝爱看，有些父母认为，只要把宝宝看好，不碰着宝宝，在路边玩耍很省事。其实，马路两边是污染最严重的地方，对宝宝和大人都极有害。

汽车在路上跑，汽车排放的废气中含有大量一氧化碳、碳氢化合物等有害气体，马路上汽车尾气的污染是最严重的；马路上各种汽车鸣笛声、刹车声、发动机声等噪声影响宝宝的听力；马路上的扬尘，含有各种有害物质和病菌、微生物，会损害宝宝的健康。

带宝宝玩耍，要到公园、郊外等空气新鲜的地方。

宝宝从何时开始学步好

宝宝学走路不能过早，否则，对于宝宝的生理和智力发育会产生不良的影响，但是，到了宝宝1岁大的时候，父母们就要慎重考虑宝宝学步的问题了。

一般来说，宝宝在11个月至1岁零8个月期间开始学习走步都属于正常年龄范围。具体到每个宝宝身上，学步的早晚又各不相同。下面为父母们介绍一种简单的判断方法。

宝宝想迈步的时候，一定是在支撑物的帮助下进行，支撑物可以是成人的手、床、沙发、凳子、小桌等。

当宝宝刚刚能够离开支撑物独立站立时，父母切忌急于求成地让宝宝马上独立行走，而应让她继续在支撑物的帮助下练习走步。

只有当宝宝离开支撑物，能够独立地蹲下、站起来并能保持身体平衡时，才真正到了宝宝学步的最佳时机。

具备一定的腿部力量是蹲下、站起并保持身体平衡的前提。因此，父母们应在宝宝学步前让宝宝进行腿脚部力量锻炼的游戏，以增强她的腿部肌肉力量。同时，要给宝宝多吃含钙食物，保证骨骼发育正常。

对努力尝试要站起来的宝宝，你可以布置一个环境，来帮助她移步。如把椅子排成一列，在第一把椅子上放一个玩具，让站在椅子前的宝宝抓玩，然后再把另一个玩具放在第二把椅子上，诱使宝宝倾身向前而迈开步子。开始时，可以把每把椅子紧挨着放，等宝宝脚步较稳时，则把椅子的间距拉大些，让她渐渐少倚靠椅子。

如果宝宝累了，抱抱她，把她放在地上坐着休息一会儿。稍后可以让宝宝自己扶着硬纸板箱子，在屋里推着走。用纸箱比用有轮子的学步车安全些，不至于让宝宝"人仰马翻"，而且也不需要花钱。

宝宝肚胀怎么办

其实婴幼儿在5岁之前，肚子很少是完全平坦的，大多看起来会有一点圆滚滚；然而却有许多的情况，会使得宝宝的腹胀变得很严重，甚至在喝完奶后胀得很厉害。医生用指头轻敲，就好像打鼓一样，更甚者会伴有一些如呕吐、便秘等症状。

宝宝如果肚子鼓鼓的，要先看看是否是生理性的腹胀，例如，刚喂完奶的宝宝，因为本来胃容量就不大，所以肚子会鼓鼓的。这时候要注意有没有相关的症状，如果伴有呕吐，就要小心是否有胃食道逆流或其他肠胃的问题。

其实宝宝肚子鼓鼓的，医生最担心的，还是宝宝胀胀的肚子里是否有一些病理性的潜在问题，例如：a. 腹部肿瘤，是属于实质性肿块，占据腹腔而使肚子鼓鼓的。b. 先天性巨结肠症，因为肠子本身某一段缺少神经细胞而造成紧缩，使得近端的肠子胀大进而导致腹胀，在X光片上可以发现某一段肠子特别地胀。而一般的生理性的胀气看起来大多是整段肠子均匀性的空气较多，而不会有很厉害的某段肠子扩张。c. 还有一种状况的腹胀，既不是实质的肿瘤，也不是肠子本身的胀，而是在肠子外面腹膜腔中有腹水，腹水的原因大多是因为血液中蛋白质浓度太低，或者门静脉压太高。前者可能是因为肝脏功能不好导致蛋白质制造不够，或者是肠道及肾脏的蛋白质流失过多；后者可能是先天性心脏病或者有肝脏硬化等问题。

通常若有病理性腹胀，会伴有其他相关的症状，也较容易有生长发育迟缓的问题，爸妈如果发现宝宝有这些状况，就应该及时看医生。

一般宝宝的肚子之所以鼓鼓的，和喂奶的情况有很大的关系。奶嘴的奶洞太小、太大或太软，会使宝宝在喝奶时吸入过多的空气而形成胀气（同理，如果较大小孩吃饭时爱讲话，也比较容易胀气）。如果宝宝本身喝奶就喝得很快、很猛，也会有相同的状况发生。以上情况可以考虑换一个较为适当的奶嘴，控制宝宝喝奶的速度，腹部胀气自然能够改善。此外，宝宝喝奶的姿势正确与否，也关系着是否会同时吸入过多空气。喂奶后，可让宝宝直立趴在自己肩膀上，再轻拍其背部直到打嗝，以减少胃中胀气。如果有溢奶或吐奶的情形，可让宝宝在喂完奶打嗝后左侧躺20分钟，再右侧躺20分钟，帮助胃的排空。如果宝宝吃了太多的产气食物，例如豆类、苹果与葡萄，也容易肚子鼓鼓的。

综合以上所述，宝宝肚子鼓鼓的可能是喂奶后正常的生理性腹胀，也可能是严重的病理性疾病。身为父母，对各种可能引起宝宝腹胀的原因有正确的认识，才能及早加以处理，并且及时找小儿科医生作正确的诊断与处置。

🌸 感冒后警惕鼻窦炎

如果宝宝感冒时间较长，说话有鼻音，流黄脓鼻涕，家长就需要带宝宝去医院检查，看看宝宝是不是得了鼻窦炎。鼻窦炎是通称，其实正确的名称是副鼻窦炎。副鼻窦是脸部骨骼中充满气体的空腔，这些空腔表面覆盖着黏膜，当黏膜肿胀及发炎时就是副鼻窦炎。我们人体的副鼻窦有4对，包括上颌窦、蝶窦、筛窦与额窦。

鼻窦炎是感冒后不少见的并发症，但有时不易诊断出来，有时又会被过度诊断（不是鼻窦炎的情况诊断为鼻窦炎）。鼻涕变黄不是诊断的唯一依据，因为感冒的恢复期也容易看到鼻涕由大量透明变黄稠（这时候感冒快好了，并不是鼻窦炎）。

上颌窦位于鼻子的左右两边，周岁以后就有可能发炎，临床上最常见；蝶窦位于眼窝的后方，周岁以后也有可能发炎，但临床上少见；筛窦位于眼窝的中间，3～5岁以后才有可能发炎；额窦则位于眼窝的上方，6～10岁以后才有发炎的可能。这4对副鼻窦中，以上颌窦最容易侵犯幼儿了。

■ 鼻窦炎常见两大症状

❶ 超过三四天以上的持续黄脓鼻涕、鼻塞。容易导致鼻涕倒流，也会引起在晚上发作的慢性咳嗽，有时也会出现鼻音。

❷ 脸部肿胀或眼球周围水肿、压痛、头痛等。最常见就是位于鼻子左右两边的上颌窦发炎，所以家长若发现幼儿持续有黄脓鼻涕，可以压一压宝宝的脸，试试看按压鼻子两边会不会诱发幼儿不舒服的表现。

■ 鼻窦炎的感染与治疗

哪些宝宝容易出现鼻窦炎呢？包括

反复的感冒、有过敏的体质如过敏性鼻炎、鼻腔有小玩具等异物、鼻息肉或鼻中隔弯曲导致鼻窦开口受阻、最近牙齿周遭有感染、纤毛功能不良与免疫不全等。这些因素都容易导致鼻窦受到细菌、病毒或霉菌的侵犯，产生鼻窦炎。

除了由宝宝的临床表现与病史可以怀疑是鼻窦炎外，到了医院，医生也可以借着鼻窦 X 光或者计算机断层摄影等方法，来辅助诊断。尤其是出现鼻窦炎的并发症如蜂窝组织炎、脑膜炎、骨髓炎或瘘管等，所幸这些严重并发症的发生率都很低。

正确诊断鼻窦炎后，以内科治疗为先，由于鼻窦炎的首要致病因仍是细菌，所以选择适当的抗生素就很重要，且抗生素的使用时间为 10～14 天，要有恒心地把药物吃完，才能有效根除鼻窦中的细菌。遇到少数案例药物治疗仍无效时，需考虑手术治疗。

■ 过敏性鼻炎让鼻窦炎难以治愈

引起鼻窦炎的原因大都是因为病菌感染了鼻窦黏膜，而过敏性鼻炎的病因是由于环境中的过敏源引起了鼻腔黏膜的过敏反应，这两种疾病在形成的原因上有根本的不同，但是彼此之间却互相影响。

罹患鼻窦炎时，鼻窦里面常常充满着脓性的分泌物。鼻窦炎患者在服用药物以后，鼻窦里面发炎的脓性分泌物如果能够从畅通的鼻窦开口排除，那么在经过一段时间的疗程之后，急性鼻窦炎可以完全治愈。所以在治疗鼻窦炎时，是否能够保持鼻窦开口的通畅，往往是治疗成败的关键。

然而过敏性鼻炎患者的鼻内黏膜比较肿胀，患病的时间越久，肿胀的情形越明显，水肿的鼻黏膜容易堵塞鼻窦的开口区域，鼻黏膜肿胀的程度越大，影响的区域就越广泛，这会让鼻窦的生理功能受损。

虽然在统计上过敏性鼻炎患者不一定会增加感染鼻窦炎的机会，但是当过敏性鼻炎患者一旦得鼻窦炎时，肿胀的鼻黏膜会使得鼻窦内的脓性分泌物不容易排出鼻窦，这不仅增加医生作出正确诊断的难度，也使得鼻窦炎的治疗效果大打折扣。

急性鼻窦炎和急性中耳炎一样，对宝宝来说是常见疾病，在平时就把过敏性鼻炎控制好，就不用担心面对得急性鼻窦炎之后辛苦的治疗过程。

最后再提醒家长，当宝宝得上呼吸道感染，症状持续多时，又出现鼻音与黄鼻涕时，请提高警觉，及时找儿科医生检查，看是否得鼻窦炎了。

第 11 个月宝宝的喂养

婴幼儿喝饮料的学问

婴幼儿每天都需要摄入一定量的水分，尤其在炎热的夏季，出汗较多，水和维生素 C、维生素 B_1 丢失较多，如果都用饮料补充，必然使食欲减退，糖分增加，使婴幼儿虚胖而不健康。另外，饮料中所含的人工色素和香精，也不利于婴幼儿的生长发育。

夏季天热时，父母可以给婴幼儿喝适量牛奶、豆浆和天然果汁，以补充水分和维生素，喝些凉白开水也有益无害。果汁可以选用西红柿汁、西瓜汁，有利于消渴、清热、解暑。饮料不宜多喝。

婴幼儿更不宜喝成人饮料。成人饮料大多是咖啡、可乐等，这些饮料中含有咖啡因，对婴幼儿的中枢神经系统有兴奋作用，会影响脑发育。成人的酒精饮料会刺激婴幼儿胃黏膜、肠黏膜，可造成损伤，影响婴幼儿的正常消化过程。酒精对肝细胞也有损害。碳酸饮料中含有小苏打，可中和胃酸，不利于消化，而且由于胃酸减少，易患胃肠道感染。碳酸饮料中还含有磷酸盐，它影响人体对铁的吸收，也容易造成贫血。

不能给婴幼儿喝茶

有的父母以为喝茶水有利于消化和提神，所以也让宝宝喝茶。其实婴幼儿喝茶不同于成人，这对孩子的健康不利。

茶叶水含有茶碱，婴幼儿对此较为敏感，可使婴幼儿兴奋、心跳加快、尿多、睡眠不安等，还会引起消化道黏膜收缩，造成消化不良。

大量科学实验证明，茶可以影响牛奶中钙和蔬菜中铁的吸收，喝茶后铁元素的吸收率下降 2～3 倍，从而引起缺铁性贫血。婴幼儿正处于发育阶段，需要的铁要比成人多几倍。有关调查表明，国外有饮茶习惯的婴幼儿，其中有 32.6％的婴幼儿患贫血症，而不饮茶的婴幼儿患贫血症的只占 3.5％。这是因为茶叶中含有鞣酸，它能与人体中的铁、钙、锌元素结合成不溶性物质，有碍宝宝对这些物质的吸收和利用。

宝宝要不要补充维生素剂

许多爸妈会问："我的宝宝是否需要补充维生素？"首先要了解一个正常宝宝每天所需的营养素的质与量，再看看从母乳或配方奶当中提供的营养素成分与含量，更重要的是辅食的添加量是否足够，最后再来评估维生素在婴幼儿成长中所扮演的角色。这样一来，自然可以了解宝宝需不需要补充维生素。

■ 宝宝的阶段性营养需求

基本上，1岁是宝宝营养需求的一个重要分水岭，此时从哺乳期逐渐进入杂食阶段。到了周岁以后的幼儿，奶类已成为点心，早晚一次即可，也不一定要喝成长奶粉，全脂鲜奶、优酪乳或乳酪都是很好的钙质和B族维生素的营养来源。这时的宝宝可以和大人一起在餐桌上进食，从蛋、奶、鱼、肉、蔬果、五谷米面等各类食物中均衡摄取营养，并学习自己进食和餐桌礼仪。父母如果在这个阶段让宝宝养成好的饮食习惯，将决定其终生的饮食倾向，很多偏食、体重过轻或过重及便秘的小朋友，都是这个阶段没有注意而造成的，不可不慎。

各种果汁中的水溶性维生素浓度表					
维生素浓度（单位/升）	苹果汁	橙汁	白葡萄汁	红葡萄汁	混合果汁
维生素 B_1（微克）	150	400～600	0	75	225～310
维生素 B_2（微克）	150	230	0～240	150	150～225
维生素 B_3（毫克）	0.75	2.3	0.75～3.2	0.75	0.9～3.1
维生素 B_6（微克）	300	540	540	600	385～770
维生素 C（毫克）	325	325	325	300	325

■ 市售婴幼儿维生素的比较与选购

市售的婴幼儿维生素，大致可分为滴剂和药丸两种，多以水溶性维生素为主。如果小儿专科医生认为确有需要补充时（大多为早产儿、有特殊症状），建议依年龄不同来选择适合的剂型。尽量挑选有信誉的品牌，并注意包装是否完整、有无瑕疵，仔细阅读成分及日期标示，不要觉得贵就一定是最好的。

■ 正常饮食维生素够不够

据报告，一项针对美国3022名4～24个月的婴幼儿所作的服用与不服用维生素的两群婴幼儿的分析研究结论指出：正常的婴幼儿从食物中即可摄取到推荐的维生素量。营养专家鼓励父母让他们的宝宝尽量从食物中摄取维生素；额外的维生素和矿物质添加剂对某些有特殊营养需求的婴幼儿有所帮助，但是必须避免过度摄取，特别是维生素A、锌和叶酸。

此外，另一个针对超过8000人以上的大规模研究调查发现，在出生后的6个月内使用多种维生素的婴儿，长大后发生哮喘的概率增加；对于喂哺婴儿配方奶的婴儿，若在早期使用多种维生素，日后发生食物过敏的危险性也会增加；在晚期（3岁）使用综合维生素的幼儿，不论婴儿时期喂哺母乳或婴儿配方奶粉，她们发生食物过敏的机会也明显增加。由此可见，补充过多的维生素，可能会产生不良的后果。

总而言之，现代婴幼儿营养的状况多属过剩，小儿大多不需再额外补充维生素。许多爸妈可能忽视了，最根本的营养，就是在适当的阶段，吃适当而均衡的食物，过与不及都可能危害身体健康。

不过如果婴幼儿真有偏食情形或已有病状，也要请教医生慎选维生素，且别忘了加强正常饮食。

宝宝辅食制作

菜泥面条

原料：面条50克，小白菜、油菜、黄瓜等新鲜蔬菜各20克，大虾1只，植物油、葱、香油、盐各少许。

做法：❶锅中倒油烧开，加入葱花爆锅，再加水，煮开后放入面条。❷将切成碎末的虾肉放入锅中煮30分钟。❸将小白菜、油菜、黄瓜等切成菜泥放入锅中，加盐，继续煮至面条软烂，熄火，加少许香油，也可以在锅中打一个鸡蛋，用筷子搅开，混匀，凉凉后即可。

羊肝疙瘩汤

原料：面粉50克，煮熟菠菜20克，羊肝10克，植物油、葱、盐、香油各少许。

做法：❶在锅内放入植物油少许，大火烧至油开后，加入葱末爆锅，加水煮开。❷面粉中加入少许水，用筷子搅成小疙瘩，倒入锅中，同时加入切成碎末的菠菜和羊肝，加入盐、香油，开锅后，中火煮20分钟即可。

西红柿通心面

原料：通心面40克，西红柿1个，肉汤200毫升。

做法：将西红柿切成小块，放入肉汤中煮20～30分钟，再将切碎的通心面放入锅中，中火煮至通心面变软为止。

栗子粥

原料：栗子5个，海带清汤1/2杯。

做法：❶将栗子煮熟之后去皮，捣碎。❷海带清汤煮沸后加栗子同煮。

特点：栗子可增强肠胃功能，有助于消化。婴儿腹泻时食用栗子，效果较好。

大火煮开，放入红枣、山药，煮至熟烂即可。

红枣山药粥

原料：红枣，山药，大米。

做法：❶ 红枣涨发，去核切丁；山药去皮切丁。❷ 大米入锅，加适量水，

萝卜粳米粥

原料：萝卜500克，粳米30克。

做法：将萝卜煮熟，取汁。煮粳米粥时加入萝卜汁同煮。

育儿难题 Q&A

Q：宝宝便秘怎么办？

A：1岁以内的宝宝若出现便秘的情形，是因为宝宝的肠胃功能还很脆弱，因此不建议以药物来帮助宝宝排便。建议妈妈准备一支肛温计，在宝宝的肛门口擦点凡士林，然后慢慢将肛温计旋转插入再慢慢旋转拔出，借由肛表刺激，也可以达到帮助宝宝解除便秘的困扰。

Q：我的宝宝1岁了，不爱喝水怎么办？只有加蜂蜜或葡萄糖她才会喝，这样好吗？会不会养成她爱吃甜食的习惯，结果变成胖妞？可是不给她喝水又担心她会脱水，该怎么办呢？

A：一般婴幼儿的水分来源以奶水为主，其他汤汁、果汁也能提供水分，若没有特别的水分丧失，孩子不会无缘无故脱水。但当宝宝出现嘴唇干燥、尿

量减少，则是水分不足的征兆。口渴会想喝水其实是个反射机制，只是若有选择，有人会喜欢喝汽水，有人喜欢喝茶。1岁之前的宝宝不能喝蜂蜜，而葡萄糖水除了水分外，也供给了糖分，这就会像零食一样，只提供热量，让孩子觉得有饱足感，较不会饿，但并不能提供其他营养成分，还可能让正餐吃得较少，可谓得不偿失！所以我们并不鼓励宝宝常常喝葡萄糖水，若宝宝因生病而出现水分不足的现象，则应依照医生的指导来处理，或许这时候婴幼儿专用的口服电解质液会更适合。

Q：什么是孩子感官敏感期？

A：孩子从出生起，就会借着听觉、视觉、味觉、触觉等感官来熟悉环境、了解事物。3岁前，孩子透过潜意

识的"吸收性心智"来感受周遭事物。3～6岁则更能具体地透过感官分析、判断环境里的事物。为了孩子感官发育，教育家蒙特梭利设计了许多感官教具，比如听觉筒、触觉板等，以刺激孩子的感官，引导孩子自己产生智慧。你也可以在家中准备多样的感官教材，或在生活中随机引导孩子运用五官，感受周遭事物。尤其当孩子充满探索欲望时，只要是不具危险性或不侵犯他人他物时，应尽可能满足孩子的需求。

Q：**遗传对孩子身高有多大的影响？**

A：孩子的身长高矮，很重要的是遗传因素。遗传对身高的决定因素大概占到了75%，女孩子的身高是父身高＋母身高减去13再除以2。

通常的身高变化范围在5厘米左右，超过正常的范围，就可能是一些疾病。这就是遗传度的问题。女孩子骨龄16岁闭合，男孩子骨龄18岁闭合。

有的父母都很矮，孩子很高，或者父母很高，孩子很矮。有隔代遗传的问题，所以很矮的父母可能生出来很高的孩子，另外父母可能是因为后天因素引起的矮，是不遗传的。

第11个月宝宝的早教方案

为11个月婴儿选择玩具

11个月的婴儿已能自如地扶着东西站立，有的能扶着东西走，有的甚至什么也不扶而能独自站立，手的动作也更加自如了。父母应该多和她一起游戏玩耍，可为孩子挑选以下几种类型的一些玩具。

❶用柔软材料诸如橡皮、塑料或泡沫材料等制成的易抓的各种球类，能发出响声的玩具，滑梯，童车，像小型汽车那样可拖拉的玩具，玩具电话，小木琴，小鼓，金属锅和金属盘，当挤压时可吱吱叫的橡皮玩具及不易撕坏的布质的书。

❷简单的游戏拼图，简单的建筑模型，旧杂志，篮子，带盖的罐子或容器，橡皮泥，活动玩具如小火车，小卡车，假想的劳动工具和厨房用品，各种角色的木偶，适合搂抱的玩具动物或玩具娃娃。

除了以上适龄适性原则之外，爸妈还需要注意以下几点。

■ **安全**

安全是最重要的原则，特别是对婴儿来说更是如此，几个简单的原则如下。

❶ 具有标准检验核发的合格玩具标志，以及经过玩具研发中心测试通过的"ST"标志。

❷ 玩具上应标有名称、适用年龄、主要成分、使用方法，以及制造商名称、地址、电话等信息。

❸ 玩具表面或容易接触到的地方不可有尖角，以免弄伤宝宝或大人。

❹ 玩具上的线或绳索长度不要超过30厘米，以免宝宝缠绕到颈部。

❺ 玩具的材质坚固不易碎，且用手拉或弯曲表面的突出物也不会断裂。

❻ 表面涂料不易脱落，因为宝宝常会咬或舔食玩具，若是玩具表面容易掉漆，可能有金属中毒的顾虑。

❼ 填充玩偶或是布娃娃等有缝线的玩具，其缝线或是上方的纽扣必须要牢固，没有破洞，以免宝宝将里面的填充物挖出且误食。

❽ 玩具或是玩具的零件不要太小，若是小于硬币，则不应让宝宝玩，以免发生吞食意外。

■ **具有一两种刺激功能即可**

以玩偶为例，玩偶可让宝宝认识个体，而宝宝在触摸时也能刺激她的触觉发展，同时也是心理上认同的对象，至少到宝宝3岁为止，玩偶都会是她喜欢的玩具。而积木可以让宝宝随意堆放，作各式变化，宝宝即使重复玩也不会腻。这里要强调的是，玩具并非功能越多就越好玩，有时变化太多反而无法使宝宝专注地玩。

■ **适用月龄长**

宝宝的感官以及逻辑发展是渐进式的，玩具的适用月龄或年龄范围最好能长一点，可随着宝宝的成长而有不同玩法，以免刚买的玩具没多久就被宝宝弃置在一旁，这样也较为经济。

■ **有互动性**

宝宝能够操作并随着她的探索而有不同变化、反应的玩具，特别能引发她的兴趣，像是有因果关系的玩具、活动中心等。如果大人也能加入和宝宝一起玩，让亲子间也有互动，例如，通过活动中心教导宝宝认识动物，这样会更好玩！

➕ **养育小叮咛**

买玩具勿贪小便宜，也并非贵就好

有一些爸妈认为玩具是消耗品，喜欢买便宜的玩具，但是重点应在于玩具是否安全，是否对于宝宝的学习有帮助。同样的，玩具也并非贵就好！设计上安全，并能够刺激宝宝的学习成长才是真正的关键因素。

■ 宝宝需要多少玩具

在每个阶段可为宝宝准备 3～5 个玩具，每一次可让宝宝玩 2～3 个，让她有选择，且玩腻了某个玩具能够再改玩其他玩具。等到玩腻了一个玩具，再换其他玩具，等到下一次，就可以再拿出第一次给她的玩具，尝试新的玩法。而随着她的身心发展的变化，同样的玩具也能产生不同玩法。

另外，玩具虽有设计好的玩法，但宝宝经常会自行发展出不同的玩法，有些家长会加以制止，但事实上玩具的玩法没有对错与否，重要的是宝宝觉得好玩。在玩的过程当中，也一样会刺激到她的身心发展。

除了掌握上述玩具选购原则之外，也得观察、了解宝宝的个性特质，才能找到宝宝喜欢的玩具。另外要提醒爸妈的是：可别放着宝宝一个人玩，陪她玩才能让玩玩具的过程更有乐趣！

给孩子独自玩耍的空间

在宝宝情绪好的时候，父母可将一些玩具放在宝宝周围，让她自己玩一会儿，训练宝宝自己玩，有利于女孩养成从小独立支配自己时间的好习惯。

有些父母爱女心切，只要宝宝醒着就逗她玩，长此以往，宝宝就不善于自己嬉戏，一会儿也不肯自己玩。然而父母是不可能永远守在宝宝身边的，一旦宝宝醒来，发现父母不在身边，便会哭喊。有些宝宝习惯了让人逗着玩，时时

刻刻都要缠着父母，形成严重的依赖性。

由于宝宝的个性差异很大，所以究竟让宝宝自己玩多长时间要视具体情况而定。应注意不要宝宝一闹就抱，但也不要让宝宝哭得太厉害。可以有计划地逐渐延长宝宝自己玩的时间，宝宝独自玩耍时，父母应经常留心观看，确保宝宝的安全。

宝宝智力低下的原因

引起小儿智力低下的原因有很多，除了遗传因素之外，母亲孕期疾病的影响、保健措施不利、小儿出生时难产以及出生后疾病的影响等也是重要原因。一般父母是智力低下，子女也容易出现智力低下。

母亲在孕期保健措施不利，如怀孕早期感染风疹病毒，不仅会引起胎儿畸形，还会影响小儿的智力。母亲孕期严重营养不良，尤其是缺乏蛋白质和 B 族维生素，将会使胎儿的脑神经发育受到影响。母亲长期处于紧张、焦虑状态，也对胎儿智力的发育不利。

小儿出生时难产，常会造成小儿脑组织缺氧或引起颅内出血，都可不同程度地影响小儿的智力。而较长时间的缺氧、窒息，常会给脑神经组织造成不可恢复的损伤。早产儿及低出生体重儿的脑神经发育还不成熟，所以发生智力低下的机会要比正常足月儿多。

一些先天性疾病可引起小儿智力低下，如先天性内分泌疾病、部分染色体

异常疾病，都常伴有智力低下。小儿出生后许多疾病可以影响到智力，如婴幼儿时期严重营养不良或患中枢神经系统各种疾病，包括脑积水、脑炎、脑膜炎以及脑外伤等。

但是在智力低下的小儿当中，仅有 25％ 的患儿可以在医学上查明异常情况，其余 75％ 的患儿无法从医学上找到病因。

女孩因为有父母的疼爱而更自信

有个样貌普通的女孩，在她小的时候，她的母亲就一直不断地对她说："你好可爱！你好可爱！"之类称赞的话。长大以后她总是说："很感谢妈妈，我一直到现在，也从来没有为自己的容貌而烦恼过。也许是因为妈妈从小就一直这么灌输我很可爱，所以我现在不管在打扮以及化妆方面，都很勇于挑战与尝试。"

父母亲至少要做到的是，要让小孩子感受到父母亲是相信她的，并且给予其高度评价和肯定。这样一来，以这种方式教育出来的女孩子，在日后就会很自信。

另外，女孩子都会有想要向人撒娇的心理，要让她很率真地自然表达出来。所以，为人父母者如果希望自己的女儿将来可以变成率真、开朗的人，就要尽可能地包容孩子的需求，让孩子的真性情能够完整自然地表达。让她感受到自己是被爱的，是被人所接纳的。这说起来容易，或许并不是那么容易办到，如果能够做到这一点的话，孩子的性格往往就是乐观的了。

➕ 养育小叮咛

在教育小孩子的过程当中，切记要让孩子感受到"不管别人怎样，爸爸妈妈永远是站在我这一边的"，让她了解父母亲会是自己永远的避风港。

11个月宝宝的智能测评

❶ 按吩咐拣出图片、书页或字卡：

A. 4 张（12 分）

B. 3 张（10 分）

C. 2 张（7 分）

D. 1 张（4 分）

以 10 分为合格。

❷ 放上杯盖：

A. 放正（5 分）

B. 放歪（3 分）

C. 乱放（0 分）

以 5 分为合格。

❸ 用手解开纸包取食物：

A. 手指打开（10 分）

B. 撕开（5 分）

C. 要大人打开（0 分）

以 10 分为合格。

❹ 从大瓶中取糖果：

A. 食指抠出（10 分）

B. 倒出（8 分）

C. 打翻瓶子取（7 分）

D. 让大人拿取（0 分）

以 10 分为合格。

❺ 从形板中抠出形块：

A. 抠出 3 个形块（9 分）

B. 抠出 2 个形块（3 分）

C. 抠出 1 个形块（3 分）

D. 放入圆形（12 分）

以 9 分为合格。

❻ 回答"你几岁啦"：

A. 竖起食指表示"我 1 岁"（10 分）

B. 乱竖指头表示（8 分）

C. 不表示（0 分）

以 10 分为合格。

❼ 称呼大人：

A. 4 人（18 分）

B. 3 人（15 分）

C. 2 人（10 分）

D. 1 人（5 分）

E. 不会（0 分）

以 10 分为合格。

❽ 依恋大人：

A. 当母亲或照料人抱别的宝宝时拉扯着要抱自己（12 分）

B. 靠在母亲或照料人身边不离开（10 分）

C. 靠到父亲或其他亲人身边（8 分）

D. 母亲离开时不在乎（4 分）

以 12 分为合格。

❾ 穿裤子：

A. 自己伸腿入裤管内（9 分）

B. 大人握腿放入裤内（3分）

C. 不肯穿裤子（0分）

以9分为合格。

⑩ 脱鞋袜：

A. 自己用腿蹬去鞋袜（10分）

B. 蹬去鞋子（5分）

C. 让大人帮助脱掉（0分）

以10分为合格。

⑪ 学走：

A. 在大人之间放手走1～2步（15分）

B. 自己扶家具走（8分）

C. 大人一手牵着走（8分）

D. 在学步车内走（2分）

以10分为合格。

⑫ 爬高：

A. 自己用手足爬上台阶（5分）

B. 大人牵着上一级台阶（3分）

C. 不敢上高（0分）

以5分为合格。

结果分析

1题测认知能力，应得10分；2、3、4、5题测精细动作能力，应得34分；6、7题测语言能力，应得20分；8题测社交能力，应得12分；9、10题测自理能力，应得19分；11、12题测大肌肉活动能力，应得15分，共计可得110分。90～110分为正常范围，120分以上为优秀，70分以下为暂时落后。如果某题在合格以下，可先复习上月该栏目的试题，然后再练习本月的试题。如果某题在A以上，可跨越本月试题，练习下月同一栏目相关的试题，使宝宝进步更加明显。

Part 12

第12个月
女宝宝养育

Di shiergeyue Nvbaobao Yangyu

第12个月女宝宝发育特点

女宝宝12个月体格发育指标

项目	年龄组	下限值	上限值
身高	12月	67.2厘米	83.4厘米
体重	12月	6.87千克	13.15千克
头围	12月	约为45.1厘米	
胸围	12月	约为45.4厘米	
牙齿	12月	长齐下中切牙、上中切牙、上旁切牙，长出下旁切牙	

第12个月宝宝发育状况

宝宝已经整整1周岁，进入幼儿期了。总的来说，这时的宝宝不像半岁以前看起来胖乎乎的，有些宝宝开始显得瘦高，而同期宝宝的胸围和头围大约相等或者胸围稍微比头围大些。

■ 感觉发育

12个月的宝宝，虽然刚刚能独自走几步，但是总想蹒跚地到处跑。她喜欢到户外活动，观察外边的世界，她对人群、车辆、动物都会产生极大兴趣。喜欢模仿大人做一些家务事。如果父母让她帮助拿一些东西，她会很高兴地尽力拿给你，并想得到你的夸奖。

这时的宝宝更喜欢看图画、学儿歌、听故事，并且能模仿大人的动作，能搭1～2块积木，会盖瓶盖。有偏于使用某一只手的习惯。喜欢用晃头表达自己的意思。如果你问她喜欢这个玩具吗？她会用点头或摇头来表达。你要问她几岁了，她会用眼注视着你，竖起食指表示1岁了。

■ 语言发育

12个月的宝宝已经能够理解大人的许多话，而且对于大人说话的声调和语气也发生了兴趣。这时宝宝已经开始能说许多话，并且很喜欢开口，喜欢和别人交谈。不过其发音还不太准确，常常会说一些让人莫名其妙的话，或用一些手势或姿势来表达其意图。

■ 动作发育

宝宝会模仿大人吃饭的方法

12个月的宝宝已经能够直立行走了，这一变化使宝宝的眼界豁然开阔。宝宝开始厌烦母亲喂饭了，虽然自己能拿着食物吃得很好，但还用不好勺子。她对别人的帮助很不满意，有时还大哭大闹以示反抗。她要试着自己穿衣服，

拿起袜子知道往脚上穿，拿起手表往自己手上戴，给她一根香蕉她也要拿着自己剥皮。这些都说明宝宝的独立意识在增强。

■ 心理发育

12个月的宝宝虽然会说几个常用的词汇，但是，语言能力还处在萌芽期，很多内心世界的需要和愿望不会用关键的词来表达，还会经常用哭、闹、发脾气来表达内心的挫折。这时，父母该怎么办呢？千万不要用发脾气的方法来对付宝宝。应该尽量用经验和智慧来理解她的愿望，猜测宝宝需要什么，尝试用不同方法来满足宝宝，或者转移她的注意力，让她高兴起来，忘掉自己原来的要求。

让宝宝有轻松愉快的情绪，就要对宝宝不舒适的表示及时作出反应，让宝宝感到随时处于关怀之中，这样宝宝才会对环境产生安全感，对他人产生信任感。父母不要担心这样会把宝宝宠坏了，其实，宝宝在父母的亲切关心下，得到安抚和快乐，有利于学习和探索新的事物。

第 12 个月宝宝的日常保健

女宝宝不宜穿开裆裤

传统习惯中，父母总是让宝宝穿着开裆裤，即使是寒冷的冬季，宝宝身上虽裹得严严实实，但小屁股依然露在外面冻得通红，这样容易使宝宝受凉感冒。所以在冬季要给宝宝穿满裆的罩裤和满裆的棉裤，或穿带松紧带的毛裤。

穿开裆裤还很不卫生。宝宝穿开裆裤坐在地上，地表上的灰尘、垃圾都可能粘在屁股上。此外，地上的小蚂蚁等昆虫或小的蠕虫也可能钻到外生殖器或肛门里，引起瘙痒，甚至因此而造成感染。穿开裆裤还会使宝宝在活动时不便，如玩滑梯不容易滑下来，并且宝宝穿开裆裤摔倒、跌倒后容易受外伤。

穿开裆裤的另一大弊处是交叉感染蛲虫。蛲虫是生活在结肠内的一种寄生虫，在遇到温度变化时便会爬到肛门附近产卵，引起肛门瘙痒，宝宝因穿开裆裤便会情不自禁地用手直接抓抠。这样，手指甲里便会有虫卵，宝宝吸吮手指时通过手又将早虫卵吃进体内，重新感染，而且还会通过玩玩具、坐滑梯使其他小朋友受蛲虫感染。

注意宝宝的玩具卫生

玩具容易沾上许多细菌、病毒和寄生虫卵。已消毒的玩具给宝宝玩 10 天后，玩具上的细菌可达几千个，有不少是大肠杆菌和痢疾杆菌。因而，应注意：

❶ 玩具应每周清洁、消毒一次，杀灭玩具上的细菌。可用肥皂水或清洁剂浸泡半小时后洗净，在阳光下暴晒 4～6 小时。

❷ 防止宝宝用口直接咬嚼未经消毒的玩具。

❸ 摆弄玩具时，不要让宝宝揉眼睛，更不能用手抓东西吃，不能边吃边玩。

❹ 宝宝玩过玩具后，要及时洗手。

不要把女儿养成小胖妞

人们都喜欢胖娃娃，把胖作为健康的标志。其实宝宝过于肥胖是一种异常状态，到成年后也容易产生许多疾病。

■ 宝宝肥胖的危害

❶ 宝宝过于肥胖，其血压高于一

般宝宝，到成人期就易形成高血压。

❷ 肥胖儿总是胆固醇高，易过早地出现动脉粥样硬化，为成人冠心病留下隐患。

❸ 过于肥胖使呼吸肌负担加重，呼吸功能受到限制，呼吸道抵抗力降低，易出现"肥胖性心脏综合征"和呼吸道感染。

❹ 肥胖使肝细胞脂肪含量增加。

❺ 过度肥胖妨碍运动。

❻ 肥胖宝宝学会走路也要晚些，而且易患膝外翻或内翻、髋内翻及扁平足。

肥胖的标准一般是指体重超过同年龄、同性别小儿平均体重的 10％ 为超重，超过 20％ 为轻度肥胖，超过 30％ 为中度肥胖，超过 50％ 为重度肥胖，超过 60％ 为极度肥胖。

小儿肥胖大多是单纯性肥胖，与多食及食油腻甘甜的食物有关。预防单纯性肥胖主要是加强饮食管理，控制热量摄入，使摄入热量低于身体的需要量。在限制摄入热量的同时，应使饮食多样化，并多吃些蔬菜和水果，增加充足的维生素及饱腹感，鼓励宝宝多活动。

■ 预防肥胖的方法

❶ 按生长发育需要提供食物，不可超量喂养。

❷ 饮食要有规律，少给零食，不可用食物来逗哄宝宝。

❸ 多吃蔬菜、水果，不吃多奶油食物，少吃糖。

❹ 锻炼身体，多活动。

女宝宝预防八字脚

所谓"八字脚"，就是指在走路时两脚分开像"八"字。"八字脚"走路时步态难看，姿势不正，步态不稳，步子迈不开，给体力劳动和运动带来不便。通常将"八字脚"分为"内八字"和"外八字"。"内八字"的人走路时足尖相对，足底朝外；"外八字"的人走路时则相反。宝宝从小形成"八字脚"，成年后很难纠正。因此，父母要经常注意观察宝宝的走路姿势，若发现宝宝走路有"八字脚"倾向，应及时进行纠正。

对宝宝可能形成"八字脚"，要做到早预防，其主要的预防方法有：

❶ 穿布鞋。在宝宝初学走路时，应给宝宝穿布鞋或胶底鞋，不要给宝宝过早地穿硬质皮鞋。

❷ 鞋应合脚。宝宝不要穿过大的鞋，也不能穿挤脚的小鞋，应穿合脚的鞋。宝宝的脚长得快，买鞋时，买大一号就可以了。一旦鞋子挤脚，就必须更换，不能凑合穿。

❸ 不过早走路。不要让宝宝过早学走路，同时给予宝宝充足的含蛋白质、钙质和维生素 D 丰富的食物，并让宝宝多晒太阳。

总之，只要注意上述各点，就可以有效地预防宝宝形成"八字脚"。

刚出生宝宝的内八字　　刚开始走路宝宝的外八字

常见内八字与外八字

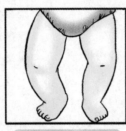
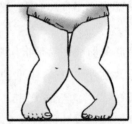

从脚踝开始向内侧扭曲的内翻足　　程度较严重的O形腿　　程度较严重的X形腿

需要注意的内八字与外八字

预防宝宝铅中毒的措施

为什么宝宝容易铅中毒

❶ 通常铅尘被人们吸入后附在呼吸道黏膜上，成人可以通过吐痰排出去大部分，而宝宝由于发育不成熟，形不成这种反应，就全吸收了。

❷ 宝宝有较多的手口动作，导致铅从口入。

❸ 宝宝对食物和氧的需求量大，铅摄入多。

❹ 宝宝组织稚嫩，铅毒极易透过肺和胃肠吸收入血。

❺ 80％以上的铅流动在离地面1米以下，这正好是宝宝的生活圈。

❻ 宝宝经肾脏仅能排除2/3的铅。

如何预防铅中毒

❶ 注意宝宝的卫生：勤洗手，勤剪指甲。

❷ 经常清洗宝宝的玩具和可能被宝宝放到口中的物品。

❸ 燃煤的家庭应尽量多开窗通风。临街多尘的居室，要经常用湿布抹去灰尘。食品和奶瓶的奶嘴上面要加罩。

❹ 不要带小孩到汽车流量大的马路和铅作业工厂附近逗留。

❺ 从事铅作业的人必须在洗澡、更换清洁衣物后才能接触宝宝。

❻ 应定时进食，空腹时铅在肠道的吸收率增加。少食含铅较高的食物，如普通皮蛋、爆米花等。补充足够的钙、铁和锌。

❼ 每日早上用自来水时，将可能被铅污染的前段水丢弃，不可用以烹食和为小孩调制奶粉。

1岁后头发会自然生长

有的宝宝出生后头发又黄又细，妈妈们煞是着急，实际上，每个孩子长发的时间都不同，有的快有的慢，大约1岁可说是一个分界点。原因是1岁之前的孩子，身体的器官都尚未发育完成，需要很多的养分供给到这些器官，跟这些器官比起来，头发需要养分的顺序被排到比较后面，所以在1岁前只要确定宝宝的营养状况是好的，身体状况也没有问题，头发稀疏是没有关系的。有许多例子是宝宝在1岁前头发很稀少，几乎看起来像是没有头发，1岁多之后才开始长头发，而且发量正常，这就表示1岁之后身体的器官逐渐成熟，而且宝宝开始有行动的能力，需要头发来保护头部，养分渐渐较多可以供应给头发，头发自然会正常生长。

怎样有助于宝宝长头发

均衡的营养是有助于头发生长的，

所以家长要按照时程让宝宝接触辅食，不要因为喂食牛奶较方便而延后让宝宝接触辅食的时间。宝宝约6个月大就可以开始接触辅食了，在4个月左右就可以添加蛋黄这个重要的食物，因为蛋黄含有铁质、卵磷脂以及人体细胞成长所需的胆固醇，是很好的营养来源，但蛋白则要延后添加，因为蛋白分子较大，容易引起宝宝过敏，建议等宝宝1岁以后再加入蛋白的喂食。宝宝约满周岁就可以接受跟大人一样的固体食物，可吃的食物种类更为丰富，如海带、紫菜、芝麻等都对头发生长有益。虽然带壳的海鲜对宝宝头发的生长有帮助，但有很多研究报告指出，像是虾子、螃蟹等带壳海鲜容易引起1岁以前的宝宝过敏，所以在1岁前海鲜食品尽量少吃，等宝宝大一点再吃这类食物。

耳垢过多可能造成的影响

耳垢有其功能，可以区隔外界的细微异物，使其不易深入耳内。此外，耳垢含有腺体的分泌物及免疫蛋白，也具有抑制细菌滋长的作用。

成人因耳道较宽，耳垢不易完全阻塞住，有些还会自行排出，但婴幼儿因耳道狭窄，耳垢时常会发生下列问题：

❶ 过多耳垢使耳道封闭，易滋生细菌发炎，尤其在洗澡或游泳时，耳朵进水后，耳垢会吸水膨胀，在温湿封闭的耳朵内，更易繁殖细菌。

❷ 婴幼儿感冒时常因咽喉部位的感染

并发中耳炎，过多耳垢堆积在耳朵内阻断了检查的视线，会使医生不易检查潜藏在内的中耳发炎、耳膜穿孔，甚至化脓，进而导致更严重的失聪或脑膜炎、脑炎。

❸ 长期耳塞，影响听力，使婴幼儿的学习及语言能力受阻。

❹ 因耳垢阻挡在耳膜前方，以耳温枪测量耳温时所显示的温度会不准确。

宝宝耳孔附近的耳垢很容易清除，但有许多耳垢是积在深处，不易掏除的，如果是散状耳垢，通常以小棉花棒深入耳孔1厘米清理即可；如果是块状的耳垢，小棉花棒则反而会将耳垢挤入更深部。尤其一般人若不了解耳道内部的构造，很容易在清理时伤到耳道，引起出血或发炎等问题，因此若是宝宝耳垢过多，应交专业医生来清洁。

通常医生处理耳垢的方法分为下面两种。

❶ 直接清除。医生会以特殊器械来清除。父母因为对耳朵内的结构不明了，切勿自己强行清理，以免伤及宝宝外耳道或耳膜。

❷ 药水融化。若为块状的大耳垢，无法以器械清除时，每日可以耳药水滴入耳道内，头反向侧置3分钟，使药水充分融入耳垢中，块状的坚硬耳垢会逐渐柔软液化，自然流出耳外。

你的宝宝敏感吗

皮肤、鼻子、气管、牙齿等敏感都是耳熟能详的体质敏感性问题，除了这些看得见的器官或构造可能存在着过敏问题外，看不见的感觉系统（如触觉、前庭觉、听觉、视觉等）也潜藏着敏感的可能性，且容易被忽视。

器官或构造的过敏大多会产生一些外显的症状，例如，皮肤过敏可能会产生红肿、发痒，鼻过敏可能会打喷嚏，牙齿敏感的人喝冰水的时候会酸痛等。然而，感觉系统出现敏感的问题时，就不是可以轻易透过外显的症状来判断的。

■ 为何感觉系统会出现敏感问题

我们必须先了解感觉信息在进入感觉神经系统后，这些感觉信息会先做"登录"的动作，例如，脚踢到石头时的感觉在经过"登录"后会产生痛觉，这就是所谓的"感觉登录"；在感觉登录后，大脑即会对登录的感觉信息作出适当的反应，例如，当脚踢到石头产生痛觉后，我们会立刻抬起脚，用手去抓住踢到的部位，这就是所谓的"感觉定向"。接着，我们还必须了解另外一个名词"感觉调节"，这是指大脑去调节与适应不同感觉信息的频率、强度或类型的能力。感觉调节正常的小朋友平常都可以将登录的感觉信息调整成为我们可以接受的程度，例如，手碰到适当温度的洗澡水时我们可以感觉到舒适感。然而，当感觉调节出现问题时，可能会有以下两种情形出现，且可能都会给日常生活带来不便，甚至是伤害。

❶ 反应迟钝。这就是感觉登录出现问题，会容易忽略外来的感觉信息，因而产生过少的感觉定向，例如，手放

入冰水时不会有刺痛感，不会将手移出，因而造成冻伤。

❷ 反应过度。这就是对感觉信息产生过度的感觉定向，例如，小朋友在游戏中会与其他人产生肌肤上的接触，如果感觉调节不佳，无法将这样的感觉信息调整成舒适且可接受的程度，这时小朋友就可能产生退缩甚至攻击他人的行为，进而影响人际关系。

反应过度是造成感觉敏感的主因。

■ 观察孩子是否有感觉敏感的问题

以下我们就容易发生敏感问题的感觉系统提供一些在日常生活中可以观察到的表征，来协助家长判断孩子是否有感觉敏感的问题存在。

❶ 触觉过度敏感

不喜欢被拥抱，拥抱时会有逃脱、哭闹的情形出现。

会刻意躲开需与他人肢体接触的游戏（须先排除有人际互动退缩的情形）。

只喜欢穿特定材质的衣服，或不喜欢接触特定的材质。

触摸头、鼻、口、耳等部位时会出现抗拒或明显的情绪反应，甚至会有攻击的行为。

不喜欢赤脚走路，尤其是踩在草地、地毯上；或站在特定材质的地面上会出现踮脚或用脚后跟走路、脚趾或脚踝不断扭动的情形。

讨厌洗澡、洗头、洗脸、剪指甲、剪头发、涂抹乳液或保养品、刷牙等日常生活活动。

不喜欢吃硬的或粗糙的食物，或偏爱软的或流质的食物（口腔敏感）。

❷ 前庭觉过度敏感

走路小心翼翼，不喜欢大动作的移动（如跨步、快跑），对突如其来的外力感到害怕。

异常怕高，即使是只有十几厘米的高度。

不喜欢走在摇晃的平面（如吊桥、平衡板）或无法预测平稳度的平面（如草地、沙滩）上。

当头部突然改变位置与动作时（特别是往后或往下），例如，将小朋友抱起往下俯冲的游戏，会拒绝或害怕。

对于搭电梯、走楼梯、爬梯等活动感到焦虑，例如迟迟不进电梯或看到爬梯会哭闹。

抗拒大动作的游戏，尤其是需要大量改变姿势的游戏。

不喜欢不平稳的动作，如单脚站、跳弹簧床等。

❸ 听觉过度敏感

即使是很微小的声音都会感到很吵而产生情绪反应，如生气、烦躁等。

对于特定声音感到特别敏感而害怕不安，例如，摩擦声、翻报纸声、吸尘器的声音。

害怕爆竹、气球等爆破声，严重者可能连看到气球都会感到不安。

对于突如其来的巨大声响产生过度惊吓，例如，在安静的环境下突然听到妈妈大声呼唤。

容易受声音干扰而分心，即使是很微小的声音；或做事情时无法忍受周遭存在不相关的声音，如电视机的声音。

常用手捂住自己的耳朵。

❹ 视觉过度敏感

对于光线过度敏感，例如在一般光线下过度眨眼或眯眼，因此喜欢在光线较暗的空间里做事情。

白天出门坚持要戴帽子，如脱下帽子会有用手遮眼或不停眨眼的情形出现，严重者可能会拒绝在白天出门。

不喜欢玩声光玩具，或玩声光玩具时只听声音而眼睛却刻意逃避光线。

不喜欢色彩鲜艳的玩具或图画，画图时亦可能只选择较暗的色系。

较难适应亮光，即使同样环境下的其他人都已经适应。

如果各位家长在检视过后发现小朋友有上述的问题出现时，不代表一定有过度敏感的问题存在，而是相对存在着较高的危险因子，建议寻求专业职业治疗师的协助，作更加缜密的评估。如果真的有感觉过度敏感的情形出现，只要妥善接受专业职能治疗师所提供的感觉统合介入，将对小朋友有莫大的帮助。

第 12 个月宝宝的喂养

宝宝的健脑食品

▣ 豆类

对于大脑发育来说，豆类富含人体不可缺少的植物蛋白质，黄豆、花生米、豌豆等都有很高的营养价值。

▣ 糙米杂粮

糙米的营养成分比精白米多，标准面粉比精白面粉的营养价值高，这是因为在细加工的过程中，很大一部分营养成分损失掉了。要给宝宝多吃杂粮，包括糙米、玉米、小米、红小豆、绿豆

等，这些杂粮的营养成分适合身体发育的需要，食用氨基酸能使宝宝得到全面的营养，有利于大脑的发育。

▣ 动物内脏

动物的肝、脑等补血又健脑，是宝宝很好的营养品。

▣ 鱼虾类及其他

鱼、虾、蛋黄等食品中含有一种胆碱物质，这种物质进入人体后，能被大脑从血液中直接吸收，在脑中转化成乙酰胆碱，可提高脑细胞的功能。尤其是蛋黄，含卵磷脂较多，被分解后能释放

出较多的胆碱，所以宝宝最好每日吃点儿蛋黄和鱼肉等食品。

如何给宝宝吃蔬菜

蔬菜种类很多，可交替给宝宝食用。如胡萝卜、土豆、白薯等，可将它们洗净后，用锅蒸熟或用水煮软，研成细泥状喂宝宝，菜类可选用白菜心、油菜、菠菜等。把菜洗净后，切成细末，再用少许植物油炒熟即可食用。

应该注意的是，菠菜中含草酸较多，草酸容易与钙质结合形成草酸钙，不能被人体所吸收。所以在制作菠菜时，要先将洗净的菠菜用开水焯一下，再放入冷水中浸泡15分钟，切成细末，放在炉火上继续煮2～3分钟才可食用。这样便可去掉菠菜中大部分草酸，减少草酸与人体中钙的结合。

不管给宝宝食用何种蔬菜，都要注意既要新鲜，又要多样。初始时要少量，从一小匙开始，逐渐增多，同时注意观察宝宝身体是否适应，如出现呕吐和腹泻的情况，要立即停止食用，找出原因。

在各种蔬菜中，胡萝卜是小儿最理想的食物。胡萝卜营养丰富，是合成人体内维生素A的主要来源。要知道，人体如果缺了维生素A，眼睛发育会出现障碍，易患夜盲症并伴有皮肤粗糙等病变。

宝宝吃什么能增强免疫力

影响免疫力的因素包括：a. 遗传因素：如某些先天性免疫缺陷病。b. 年龄：年龄越小，免疫力越差。c. 营养：不仅与摄入蛋白质和热卡的量相关，和营养的均衡也有很大的关系，比较明显的是维生素和微量元素缺乏。d. 疾病：如宝宝患有结核、贫血时，免疫力会降低。e. 环境：如空气污染，宝宝患有铅中毒会削弱免疫力。f. 护理不当。

补充足够的水分，多吃黄色或绿色蔬菜、菇类、糙米、薏米、番茄、优酪乳，均可以提高宝宝的免疫力。不要给宝宝吃高油、高糖的精致加工食品。多吃天然食品，多吃富含维生素和矿物质的蔬菜、水果。此外，不要让宝宝因偏食而导致营养失调。均衡、优质的营养，才能造就宝宝优质的免疫力，轻轻松松远离病菌。

宝宝排铅吃什么

补充一些铁、钙、锌等元素，膳食中增加蛋白质成分，多吃富含维生素C的食品和酸类食品。如大蒜、胡萝卜、海带、绿豆、酸奶、茶叶、乌梅、菠菜、卷心菜、生菜、柠檬、柿子、葡萄、香蕉、苹果、豆制品等食物或中药，有的能与铅结合使铅毒性降低或变为无毒，有的能促进铅排出体外。铅的累积只要达到一定程度，就会严重影响宝宝的身体健康成长，影响其神经系统、造血系统、骨骼系统、心血管系统，导致宝宝智力和体格发育迟缓、学习成绩差、身体免疫力差。

便秘的家庭防治

有的宝宝经常排便困难，严重时半天解不出大便，有时虽解出来却使肛门破裂出血，甚至引发痔疮。

要预防便秘，可以从以下几方面着手。

❶ 改善饮食。在饮食中加入适当粗粮，如玉米面、红薯。适当吃一些粗纤维食品，如芹菜、水果。要多饮水，使肠道不至于因过分缺水而蠕动缓慢。同时可以适当增加宝宝的食欲，使排便次数增多。

❷ 定时排便。每天定时排便，最好养成早上排便的习惯，因为晚上肠胃把一天的食物已经消化吸收好，早上排便可以将残物尽快排出体外，避免粪便在肠内停留时间过长，否则肠道会遭受毒素的毒害。

便秘的一般处理方法有：

❶ 宝宝便秘时，应鼓励她不要害怕，把开塞露剪开，润滑后插入肛门，挤入药水，可起润滑作用。上药后鼓励宝宝多憋一会儿，然后去排便。

❷ 如没有开塞露，也可将肥皂头切成长条，使表面光滑，湿润后（用水泡一下）放入肛门。肥皂的刺激也可引起排便。

宝宝辅食制作

肉松软饭

原料：软米饭 75 克，鸡肉 20 克，白糖、盐各少许，胡萝卜 1 片。

做法：❶ 将鸡肉洗净，剁成极细的末，放入锅内，加入白糖、盐，边煮边用筷子搅拌，使其均匀混合，煮好后放在米饭上面一起焖熟。❷ 饭熟后盛入小碗内，切一片花形胡萝卜作为装饰，可起诱发宝宝食欲的作用。

注意：饭要软，鸡肉末要碎。

特点：鸡肉含有丰富的蛋白质、维生素 B_1、维生素 B_2、尼克酸、维生素 E 及铁、钙、磷、钠、钾等营养素，脂肪含量低，和米饭同煮食，营养更加全面，能促进婴儿生长发育。

西红柿猪肝蒸米饭

原料：小西红柿 2 个，猪肝、大米各适量。

做法：将猪肝剁碎，大米淘净，取饭碗先装大米，放适量水，再放入猪肝，将饭碗放入蒸锅内蒸至九成熟，放切成丁的西红柿，蒸熟即食。

特点：补充铁、蛋白质、维生素、碳水化合物。

西红柿饭卷

原料：软米饭 20 克，切碎的胡萝卜末、葱末各 10 克，西红柿 40 克，鸡蛋 1 个，面、盐、植物油各适量。

做法：❶ 把鸡蛋和面调匀后放在平底锅内摊成薄鸡蛋饼。❷ 将切碎的胡萝卜末和葱末用植物油炒软，再加上米饭和西红柿翻炒片刻并拌匀，加少许盐。❸ 将炒后的米饭平摊在蛋皮上然后卷成卷儿，切成小卷状即可。

育儿难题 Q&A

Q： 我的宝宝刚满 1 岁，生气的时候爱抓别人，爱拉别人的头发，还会瞪人（我生气的时候会瞪她），打她小手她现在也会回手。我发现她开始模仿大人，但讲道理她又不明白，到底该怎么教她呢？真不知如何是好。

A： 这种年纪的小儿不懂得什么道理，她就是爱模仿，有样学样。但她的学习行为，会从大人们的反应里得到正回馈或是负回馈。得到正回馈，如大人的惊叹、微笑、赞赏等，她就会倾向于重复同样的行为；相反地，若得到了负回馈，如大人的怒目、斥责等，她就会倾向于避免同样行为的出现。

但是，有一点很重要的是，大人们的生气及责备需要明确地表达，才不会让小儿误以为是在跟她玩，否则负回馈反而成了正回馈，当然就会强化小儿的不当行为。

Q： 宝宝腹泻，可以吃什么呢？

A： 宝宝若有腹泻情形，首先是以补充电解质为优先。如果宝宝处于开始尝试辅食的阶段，在烹调辅食上要降低油脂的比例，可以让宝宝喝点稀饭上层的米汤水，或是表面烤得微黄的面包片或白馒头，因为烤过的面包片或白馒头的纤维较脆，比较方便宝宝咀嚼消化。

Q： 熬煮给宝宝吃的软稀饭，可以用大骨汤或鸡骨、香菇熬煮的高汤吗？

A： 原则上可以利用鱼汤、肉汤、鸡汤来熬煮稀饭，不过需注意的是，在事先炖煮高汤的时候，并不用再添加盐。因为对宝宝来说，宝宝这时候正处于味觉探索的时刻，食物的原味就已经足够，并不需要再添加盐或其他调味料。

Q： 辅食可以用微波炉加热吗？

A： 若要利用微波炉加温辅食，妈妈要注意尽量将食物平铺在微波炉专用盘中，让食物均匀受热；微波加热后，妈妈也要先尝尝看食材是否都均匀受热，是否中间的部分还是冷冷的，会不会太烫嘴。一切确定无误之后，才能让宝宝享用大餐！

第12个月宝宝的早教方案

为12个月宝宝选择玩具

　　1岁是孩子器官协调、肌肉发展和对物品发生兴趣的敏感期，这时期被称为"学步期"。孩子开始尝试运动自己的身体，开始学站立、走路。

　　❶ 球。玩球可锻炼宝宝全身。宝宝从1周岁起开始玩球，先是玩小皮球，用手拍。接着就是玩小排球、小足球、羽毛球，用手打、用脚踢。

　　❷ 积木。孩子在玩积木的过程中，认识了图形，学会了正确分类，提高了她们的思维能力，促进了她们的智力发展。她们用积木块组装正方体、长方体及"大楼"。先按大小、长短把积木块分成组，按红、黄、蓝、绿颜色把积木块分成类，然后把积木块配成对，还可按大小、长短、颜色多个标准统一起来，进行更复杂的分类组合排序的游戏，进而将积木块组成大小不一、颜色不同等各种类型的正方体、长方体、三角体、棱体、锥体和楼群等。

发展女孩的自我意识

　　对于女宝宝来说，家长往往要求听话，不重视女孩自我意识的培养。事实上发展宝宝的自我意识能力，是父母的重要责任之一，那种认为"女孩只要温顺听话就好"的想法是错误的。

　　宝宝1岁以后，能把自己的动作和动作的对象区分开来，把主体和客体区分开来。如开始知道由于自己摇动了挂着的铃铛玩具，铃铛就会发出声音，并从中认识到自己跟事物的关系。有的父母常常发现宝宝把床上的各种玩具一件件地抓起来扔到床外，一边扔还一边咿咿呀呀地说个不停，这是因为宝宝发现通过自己的小手可以让玩具"响了""跑了""飞了"，她开始意识到自己的威力，感受到自己的存在和自己的力量，这就是自我意识的最初表现。这种现象的出现，在宝宝的自我发展过程中具有重要意义。

　　如何发展宝宝的自我意识呢？首先，在与宝宝玩耍时，要有意识地让宝宝知道她在空间的位置，比如让宝宝知道她自己和父母之间的位置关系，引导宝宝认识自身与外部世界的关系。另外，还可发挥宝宝手的触动作用，让她扔彩色气球、抓抓奶瓶、摸摸小娃娃，同时热情鼓励宝宝，激发她的欢快情绪，促进她早期自我意识的发展。

教宝宝和小朋友们打招呼

宝宝同小朋友们打招呼会用3种动作表示——笑、招手和叫，有时还会点头或鼓掌，当看到小朋友摔跤或有什么大动作时会大声叫喊，希望大人也去帮助他们。这时父母最好扶着宝宝在旁边站立，或让宝宝在学步车内随意行走，也可一手扶着宝宝，逐渐走近小朋友的队伍。

如果宝宝不会同小朋友们打招呼，主要是因为没有机会同小朋友接触。当宝宝开始学站立时或牵手学走时最好到附近有小朋友的地方，看着会走的宝宝玩耍，这会增强宝宝的交往意识。

宝宝已学会用姿势来表达语言，说明宝宝语言前的交往能力良好。还可进一步让宝宝学习面部表情和身体的表达，使语言前的表达更加丰富。

宝宝的表达方式不多，是由于大人未做榜样，或者对宝宝照料太周到，不必表达就什么都有了。如果父母注意在外出之前先指帽子和衣服，宝宝要吃东西时指指东西再指嘴巴，要排便时先要自己蹲下，这些都是用姿势表示语言和需要，可随遇随学。

宝宝为什么爱乱扔东西

1岁左右的宝宝喜欢故意扔东西玩，她一本正经地把一件一件玩具、一块一块食品或其他东西扔掉，扔完了就要大人帮着捡起来，然后又把它们统统扔掉。许多父母对此很反感，认为给自己带来了很多麻烦。然而他们不知道，对宝宝来说，这是一件很有意义的事情。首先，这标志着宝宝能够初步有意识地控制自己的手了，这是大脑、骨骼、肌肉以及手眼协调活动的结果。反复扔物对于训练宝宝眼和手活动的协调大有好处，对于听觉、触觉的发展以及手腕、上臂、肩部肌肉的发展也有促进作用。其次，通过扔东西，可使宝宝看到自己的动作能够影响其他物体，使之发生位置或形态上的变化。由此可见，扔物是宝宝身心发展自然而正常的需要，父母不应极力制止、限制宝宝扔物，而要允许宝宝扔物。当然，给宝宝扔的物品应是可以扔的东西，如塑料玩具、积木、皮球等，不能扔的东西应该放到宝宝拿不到的地方。还要注意不能让宝宝扔吃的东西，发现宝宝扔吃的，应该马上把食物拿走，并告诉宝宝"这是吃的东西，不能扔"等，但不要骂宝宝。

男女宝宝的智力有差别吗

许多家长有这样一种看法，认为男

孩比女孩聪明，或者说小时候女孩可能比男孩聪明，但长大特别是上高中以后，女孩就不行了。对此，许多专家进行了反复研究讨论，认为虽然男女儿童在身体结构、体质等方面有一定的差异，但性别的差异并不影响人智力的高低。就整体而言，智力在男女儿童之间并不存在差异，只是各有高低。

人的智力活动是有其物质基础的，这就是大脑结构与其机能，它们在男女之间都是相同的。既然进行智力活动的物质基础是相同的，男女之间的智力也就不会有必然的明显差异。男女儿童在智力的某些方面有不同的特点，主要表现在以下几个方面。

❶ 男孩、女孩智力分布情况稍有差异。从整体上看，女孩智力分布比较集中，而男孩的智力差异稍大些。也就是说，在男孩群体中不同的智力水平悬殊较大，而女孩智力比较平均。

❷ 在智力活动的某些方面，男女儿童各有所长。一般女孩的触觉、痛觉及听觉分辨能力比较敏锐，尤其是手指尖的感觉发展较快，能较早地学会做比较精细的动作，而男孩以视觉分辨及视觉空间能力见长。女孩的语言表达能力常优于男孩，一般女孩说话早，词汇比较丰富，语言缺陷较少，口吃患者以男孩多见，而男孩的判断推理能力以及摆弄拆装物体的能力常胜于女孩。另外，女孩的形象思维比较好，考虑问题周到、细致，男孩则抽象思维和创造性思维较强。

❸ 男女儿童之间存在特殊才能的差异。一般来说，女孩表演才能占优势，而男孩操作和运动方面的才能占优势。

虽然男女儿童智力各具特色，但对每个具体的人来说又能出现各种不同的情况，因此每个家长要针对自己孩子的才能扬长避短，发挥优势，使孩子的潜能充分发挥出来。

鼓励女孩子勇敢些

到了 11 个月左右，孩子逐渐地学会了站立及走路。这个时候如果看到没见过面的人进了家里面，女孩可能会又哭又闹地想要躲在妈妈后面。像这样的状况，只是个过渡时期而已，过了一段时间之后，小孩子开始喜欢探索，这种状况自然就会消失了。

婴儿"怕生"，喜欢跟在妈妈身后，将来才会慢慢适应人群，才会建立安全感。这时候怎么办呢？如果遇到这样的状况，可以鼓励孩子在安全范围内独处一会儿，慢慢增加她的勇气。

　　我女儿从 8 个月开始到 3 岁期间非常怕生。每一次看到生人时，她都会号响大哭，我真的觉得很不好意思。到公园玩时，她一看到有很多小朋友，就想要回家。我很担心她上幼儿园后，不能跟其他小朋友玩在一起。后来看，这样的担心是多余的，孩子要适应一个新环境，或许还需要花上一点时间，然而，怕生的情况也逐渐地减少了。

——雯雯妈妈

女孩的特质是什么

　　刚出生时男孩与女孩没有差别，但是在教养过程中，会慢慢出现不同的特质。

　　小婴儿时，如果没有特别穿上有明显性别的衣服和饰品，男孩或是女孩很难一眼就看出来。但是，过了 1 岁以后，女孩逐渐就有女孩的特质了。养育女儿的乐趣就越来越明显了。

　　现在不少妈妈不想以传统旧式的方法来教育自己的女儿，喜欢照着自己的喜好来打扮教育小宝宝。也有不少妈妈认为女孩子就是要教育成女孩子该有的样子，想要把她教育成小淑女，将"女孩子就是应该要如此"的观念灌输在小女孩的脑中。如小孩子往高爬的时候，男孩的父母亲不会大惊小怪。如果发生在女孩子身上，父母亲大多会担心"会受伤，多危险"。父母会很在意家中的小女孩"像不像个女孩子，动作要淑女一点"。这些都没有错。因为小孩子逐渐长大，会不断意识到了"自己是个女孩子"，凡事都非常重视，而后又出现"对于自己的性别非常排斥"的阶段。在不断重复的过程中，孩子就会发现属于自己的"女孩子特质"了。

　　我的女儿没出生时，我想将来一定不让女儿有女孩观念的束缚规范，要让她自由地成长。可是真生了女儿，到她懂事之后，她完完全全长成了女孩子的样子。有人问她将来的梦想是什么？她竟回答："新娘。"
——月月妈妈

12个月宝宝的智能测评

❶ 认识身体部位：

A. 6处（12分）

B. 5处（10分）

C. 4处（8分）

D. 3处（6分）

E. 2处（4分）

以10分为合格。

❷ 指图：动物、水果、用品、车辆：

A. 8幅（14分）

B. 6幅（12分）

C. 4幅（8分）

D. 2幅（4分）

E. 1幅（2分）

以12分为合格。

❸ 配大小瓶盖：

A. 正确配上大小瓶盖（10分）

B. 正确配上1个（5分）

C. 配1个且放歪（3分）

D. 未配上（0分）

以10分为合格。

❹ 蜡笔画：

A. 乱涂纸上，有痕迹（10分）

B. 扎上小点（5分）

C. 空中乱画（3分）

D. 不会握笔（0分）

以10分为合格。

❺ 1分钟内把小丸投入瓶中：

A. 6个（12分）

B. 5个（10分）

C. 4个（8分）

D. 3个（6分）

E. 1个（4分）

以10分为合格。

❻ 模仿拿着细线使蜡丸摇晃：

A. 摇成圆圈（9分）

B. 前后晃荡（5分）

C. 不会摇动（0分）

以9分为合格。

❼ 模仿动物叫：猫、狗、羊、鸭、鸡、牛、虎：

A. 6个（12分）

B. 5个（10分）

C. 4个（8分）

D. 3个（6分）

E. 2个（4分）

以10分为合格。

❽ 用动作表演一首儿歌：

A. 动作4种（12分）

B. 动作3种（9分）

C. 动作 2 种（6 分）

D. 动作 1 种（3 分）

以 12 分为合格。

❾ 会用勺：

A. 盛饭送入嘴里 1～2 勺（5 分）

B. 盛上饭，但未送到嘴里（4 分）

C. 凸面向上盛不到东西（2 分）

D. 乱搅，不盛物（0 分）

以 5 分为合格。

❿ 戴帽：

A. 放头顶上拉正（8 分）

B. 放稳（6 分）

C. 放不稳，掉下（4 分）

D. 不会（0 分）

以 6 分为合格。

⓫ 学站：

A. 不扶物站稳 3 秒（9 分）

B. 扶物站稳（5 分）

C. 牵着站（3 分）

以 9 分为合格。

⓬ 会走：

A. 自己走 10 步（15 分）

B. 自己走 5 步（12 分）

C. 自己走 1～2 步（9 分）

D. 牵着走（6 分）

以 9 分为合格。

结果分析

1、2 题测认知能力，应得 22 分；3、4、5、6 题测精细能力，应得 39 分；7 题测语言能力，应得 10 分；8 题测社交能力，应得 10 分；9、10 题测自理能力，应得 11 分；11、12 题测大肌肉活动，应得 18 分，共计应得 110 分，90～110 分为正常范围；120 分以上为优秀，70 分以下为暂时落后。如果答题在合格以下，可先复习上月该栏目的试题，然后再练习本月的试题。如果某题在 A 以上，可跨越本月试题，练习下月同一栏目相关的试题，使宝宝进步更加明显。

Part 13

第13~14个月

女宝宝养育

Di shisan~shisigeyue Nvbaobao Yangyu

第 13～14 个月女宝宝发育特点

女宝宝 13～14 个月体格发育指标

项目	年龄组	下限值	上限值
身高	13～14 个月	68.2 厘米	86.1 厘米
体重	13～14 个月	7.03 千克	13.73 千克
头围	14 个月	约为 45.6 厘米	
胸围	14 个月	约为 45.8 厘米	
牙齿	13～14 月	可长出 8 颗乳牙	

第13～14个月宝宝发育状况

宝宝在满周岁后，其生长发育的增长指标明显减慢。

■ 感觉发育

13 个月的宝宝感觉发育很快，不再同于以前的那个小宝宝了，她能辨认物品的大小和多少了，如能分辨出各种颜色，还能盯着移动的物体仔细地观察，还想去摸摸。

14 个月的宝宝能积极地观察事物，可以有选择性地观察一些感兴趣的事物，其注意力可以持续集中三四分钟。当然，她注意力集中的地方是她感兴趣的一些游戏和活动。

■ 运动发育

13 个月的宝宝可以手脚并用地爬上 1～2 级楼梯，可以将 2 块积木堆起来，还可以独立地脱掉鞋、帽。

14 个月的宝宝可以将帽子放到头顶上，可能还戴不好。宝宝灵巧的小手还会将小东西拾起放入瓶口内。

■ 语言和听力发育

13 个月的宝宝试图用语言表达出自己的要求，尽管此时父母还不能完全听明白，此时的宝宝一个词可能会表达多种意思。在听力方面，当听到父母喊自己的名字时会一摇一晃地走过来。

14个月的宝宝已经能够听懂"不"的含意，还能听懂父母讲的简单故事。当父母下达"拿过来""走过去"等口令时，宝宝会认认真真地执行，而且执行得颇为卖力。

■ 心理发育

13个月的宝宝会尝试着发现各种新的东西，喜欢牵着父母的手行走，似乎不知疲倦似的。而且此期宝宝的面部表情会越来越丰富，从宝宝的面部表情可以看出宝宝是否高兴。

14个月，会走路的宝宝喜欢拖着玩具到处走动，也喜欢动手堆积木，还想尝试着自己穿衣、脱衣。

第 13～14 个月宝宝的日常保健

培养女孩的独立生活能力

随着宝宝动作技能和自我意识的发展，开始有了学习自我服务并为家人服务的愿望和兴趣。例如，一旦学会了走，她就乐意走来走去，帮大人拿东西；一旦学会了将勺子凹面装上食物，她就乐此不疲地练习自己刚刚掌握的这一技能。这正是培养宝宝独立生活能力的契机。及时鼓励和培养宝宝有规律、有条理的生活卫生习惯和能力，不仅能促进宝宝动作技能的发展，提高健康水平，还能增强宝宝的独立性、自信心，使宝宝保持愉快的情绪状态。宝宝一旦形成了良好的生活卫生习惯和能力，对于她个人的气质以及将来的家庭，都将会受益终生。

生活卫生习惯和能力主要有饮食、睡眠、大小便、穿衣以及日常生活中的卫生习惯和能力。宝宝独立生活习惯和能力的养成，关键在于父母能根据宝宝的生长发育特点，把握宝宝学习的最佳时期，这样才能收到事半功倍的效果。

1～2岁宝宝应具备的独立生活能力表		
独立生活能力	开始教育时间	多数宝宝学会时间
学拿勺子凹面向上装上食物（但吃不到嘴里）	300 天	12 个月
成人为她穿衣服时懂得配合（穿衣时会伸手入袖，穿裤时自己抬腿）	300 天	13 个月
大便前会叫"嗯"	330 天	13 个月
开饭时知道食物烫，能安静等待，不动手打翻食物	345 天	14 个月
会抓帽子放在头顶上	12 个月	14 个月
会自己用勺盛食物放入口内	12 个月	14.5 个月

给宝宝建立生活时间表

可根据家庭情况参考下表给宝宝制订每日生活时间表，使宝宝的生活规律化。

6：30—7：00 起床，大、小便

7：00—7：30 洗手，洗脸

7：30—8：00 早饭

8：00—9：00 户内、户外活动，喝水，大、小便

9：00—10：30 睡眠

10：30—11：00 起床，小便，洗手

11：00—11：30 活动

11：30—12：00 午饭

13：00—13：30 户内、户外活动，喝水，大、小便

13：30—15：00 睡眠

15：00—15：30 起床，小便，洗手，午点

15：30—17：00 户内、户外活动

17：00—17：30 小便，洗手，作吃饭前准备

17：30—18：00 晚饭

18：00—19：30 户内、户外活动

19：30—20：00 晚点，洗漱，小便，准备睡觉

20：00～次日晨 睡眠

宝宝怎么还不会走

男孩子学步较快，约在 10 个月大时，就会踏出第一步，女孩子稍晚一些。较早踏出这一步，并不代表宝宝马上就可以行走。一开始宝宝会从 2～3 步、5 步、10 步，逐渐学会走路。有些小孩得花一周以上的时间才会再跨出下一步，有些则一天天地增加步数，每个孩子都不相同。

而周岁才踏出第一步的小孩，当她

们满 1 岁零 2 个月时，其所走的步数与步行的速度都几乎与早学步的孩子一样。也就是说，较晚学步的小孩学会走路所花的时间反而比较短。可见孩子学步"愈早愈好"的观念，只是大人们单方面的期盼罢了。事实上不管早学步、晚学步，都与孩子的成长无关。

孩子踏出第一步以后，不要强迫她练习走路。因为有些小孩被迫练习走路后，即会暂时停下来不愿走了。

何时走路取决于孩子的身体时钟，最好的方法就是放松心情看护她。

✚ 妈妈经验谈

我女儿一直到 1 岁零 2 个月还不会走路。邻居的男孩子 10 个月就开始学走路了，我真担心她发育有问题。

然而没想到两个月以后，我女儿走路的速度就赶上了那个小孩，1 岁半以后会爬滑梯了。看来每个孩子的成长仅是个体差异而已。

——秀秀妈妈

宝宝的学步鞋怎么选

当宝宝开始学习踏出成功的第一步之后，就该为宝宝挑选合适的学步鞋了。

市面上的学步鞋种类繁多，挑选时，该注意哪些方面呢？宝宝不会说话，因此更需要家长费心观察宝宝的反应，为她们细心挑选一双好鞋。

■ 宝宝的脚丫和成人有何不同

差异 1：脂肪层比较肥厚。宝宝的脚掌肥肥厚厚，看起来圆滚滚的真可爱！那是因为宝宝的脚掌脂肪层厚，脚掌的足弓尚未发育完全，无法完全吸震，所以宝宝走起路来总是摇摇晃晃，重心无法像大人一般稳固。

差异 2：较容易流汗。宝宝除了脚掌的脂肪层较厚之外，因为新陈代谢速度较快，所以很容易就出很多汗。

■ 鞋子不合脚，让宝宝愈走愈受挫

0～3 岁期间是宝宝足部脚骨和形状的发育时期。宝宝约 1 岁时开始学步，当宝宝的脚丫还没发育完全，穿着合适的学步鞋能帮助宝宝稳固重心，保护宝宝脆弱的脚踝。鞋面太软的学步鞋，支撑力不足，连带地使足部保护力也会下降。当宝宝穿着不合适的鞋子行走时，脚趾无法完全伸展，脚掌无法确实贴地，鞋子无法有效吸震，久而久之，便容易造成宝宝的脚趾变形弯曲、拇指外翻等情形。时间一久，因为宝宝一直无法顺利学步行走，一再的挫折也会影响宝宝的心理健康。

宝宝的脚丫生长阶段表	
不同生长阶段	**该选怎样的鞋子**
婴儿期（0～1岁）	因为脚部脂肪层肥厚，宝宝还不会走路，因此选择材质摸起来柔软、穿起来舒适、具有保暖功效的鞋款即可
幼儿学步期（1～3岁）	宝宝开始学走喽！这时候该选择包覆性佳、鞋面支撑力足够、鞋底防滑效果好的鞋款
幼童期（3～7岁）	宝宝的脚掌开始变宽，足弓也开始发育，这时候可以选择有尼龙搭扣设计、好穿脱的童鞋，也能帮助孩子自己学习穿鞋子

■ **挑选学步鞋的技巧**

❶ 鞋头部要宽松。因为宝宝脚掌的足弓尚未发育完全，加上脚趾较短，所以当宝宝站立的时候，脚趾是呈现张开的状态，选择宽鞋头的鞋款，才能让宝宝的脚趾获得完全伸展。另外也要有足够的抓地力，让宝宝在学习走路时更加稳固。

因为宝宝的脚丫生长速度相当快，家长可以每隔3～4个月，就观察宝宝的鞋子是否太小。简单的测量方式是先帮宝宝穿好鞋子，然后将自己的手指伸进鞋内，摸摸看手指离鞋面、宝宝的脚后跟距离鞋子是否还有0.5～1厘米的距离。一般来说，鞋子的大小以长宽各有1厘米左右的安全空隙最为理想，不会太大，也不会小到脚趾伸缩困难。如果空间小于约半根手指头粗细、宝宝的脚趾已经有点弯曲、鞋头隐约可摸到宝

宝的脚趾，就表示该为宝宝换双大一点的鞋子了。

❷ 鞋垫柔软、透气吸汗。宝宝的新陈代谢较快，脚掌容易流汗，因此选择宝宝的学步鞋要挑选皮革材质的吸汗鞋垫，让宝宝的脚丫保持干燥舒爽。此外，鞋底的部分也不能太硬或缺乏弹性，以免宝宝行动起来很吃力。可以试着压压看鞋底是否够柔软，中底是否具有吸震力，外底是否具有抓地力。

❸ 尼龙搭扣设计，穿脱更容易。学步期间的宝宝脚丫很厚，使用尼龙搭扣的鞋子，开口较大，方便帮宝宝穿脱鞋子。另外，鞋子的脚后跟设计，也要考虑是否有保护和稳固宝宝脚后跟的功能。高筒式的学步鞋除了能稳定重心外，也能保护宝宝在学步时不会容易扭伤。

❹ 脱下鞋之后，不应有勒痕。留

意鞋子脱下来之后，宝宝的脚上是否有压迫的痕迹。假使有明显勒痕，或是后脚跟泛红，就表示这双鞋对宝宝来说太小了。

❺ 防滑鞋底才安全。因为宝宝的脚丫还没发育好，在学走路时，经常会走得摇摇晃晃，因此选择鞋底有防滑设计的鞋款，才能帮助宝宝预防跌跤。

■ 选鞋要点

❶ 帮宝宝套上鞋子，先感觉鞋子穿上去时，好不好套上。

❷ 检查宝宝脚丫的大脚趾多出的范围多少，鞋口部分是否不舒服，会不会磨到脚后跟。

❸ 最后让宝宝下来动一动、走一走，看会不会太紧，太松，不好走。

■ 零码或二手童鞋，挑选要更小心

选择二手鞋或是零码鞋，得注意更多小细节。在选购时，一定得留意鞋面的缝线是否脱线，鞋底的防滑橡胶是否有剥落的情形？鞋衬内里是否完好。此外，最好还能带着宝宝前往，让宝宝实际试穿、试走，观察宝宝走路的姿势，摸摸看鞋子和宝宝的脚丫之间是否还预留空隙。

鞋子不合脚就该淘汰

宝宝的脚丫生长速度为每年1.5～2厘米，假使发现鞋底已经磨损，就该为宝宝换双鞋。有时候亲朋好友赠送的鞋子尺寸太大，可以先收起来，等宝宝大一些再穿，避免让宝宝穿着不合脚的鞋子，否则长期下来对宝宝的脚骨发育、学步心理都会有不良影响。此外，适时让宝宝光着脚丫行走，能帮助宝宝的脚丫得到更多刺激，对于足部发育也相当有助益。

➕ 养育小叮咛

如何清洁保存学步鞋

宝宝的鞋子娇小可爱，如果鞋子弄脏了，可以用旧牙刷来刷洗童鞋上的脏污，尤其是鞋底防滑设计的纹路和鞋面上的缝线，都能刷洗得一干二净。

第13～14个月宝宝的喂养

1岁幼儿每日吃多少食物

幼儿应该吃的食物量是由其所需的营养素来决定的。而周岁幼儿所需的营养素可参考我国营养学会推荐的不同年龄每日膳食中热量与营养素的供给量标准。

■ 周岁幼儿所需要的食物

根据我国营养学会的推荐，1岁幼儿每日所需热量4605千焦，蛋白质35克，钙600毫克，铁10毫克，锌10毫克以及各种维生素。

以上这些热量与营养素可从下面列出的食物中得到（全部以生食计算，在做成熟食时要考虑幼儿的胃容量和消化能力）：粮食包括粗、细粮约100克，肉、蛋、鱼类食物80～100克，牛奶250毫升，蔬菜类约150克，每日一个水果，再吃适当的植物油及砂糖。蔬菜中有1/2～2/3是绿叶菜及橙黄色菜（如胡萝卜、南瓜等）。

■ 幼儿食物要注意调配

据生理学家研究，周岁幼儿的胃容量为200～300毫升，个体之间略有差异，每日进餐次数以4次为宜。

为了达到将上述列举的食物让幼儿吃下去的目的，父母应注意食物的调配。如早餐除喝奶外还要配一些馒头、面包等干食。这些食物容积不大，但可提高热量。中餐或晚餐要吃肉、蛋、鱼及蔬菜类，主食可做成软米饭。

幼儿需要多少蛋白质

一般来说，年龄越小，对蛋白质的需要量就越多。1岁以内的婴儿，母乳喂养者每日每千克体重需供给蛋白质2.0～2.5克。牛奶供养者需供3～4克。1岁的幼儿每日大约需要蛋白质35克，其中至少应有50％是动物蛋白质。具体地说，1岁的幼儿每日最好吃250～300毫升牛奶、1个鸡蛋、30克瘦肉和一些豆制品，有条件时再吃一些肝、鱼，这样就基本能够满足幼儿生长发育所需的蛋白质了。

保证宝宝的饮食合理

一般来说，此时宝宝每天的食量为：40多克的肉类，鸡蛋1个，牛奶或豆浆250克，豆制品为30~40克，蔬菜、水果200克左右，油10克左右，糖10克左右。

让宝宝多吃菜，以辅食为主。此时为宝宝准备菜时要烧得烂一些，太硬和过生的蔬菜不易被宝宝消化和吸收。花样品种应尽量丰富些，可以有蔬菜、水果、海藻类等。

宝宝三餐若没吃好，妈妈可以给她吃点儿点心，吃点心时间也要尽量固定。点心可以由牛奶、水果或妈妈做的食物充当。

1岁之后过敏儿饮食注意事项

❶ 较易导致过敏的食物尽量少吃。以下食物的成分有较高的抗原性，理论上较易引起过敏，应少吃：

a. 异种蛋白质类：包括蛋白以及有壳的海鲜类如虾、螃蟹、蛤、牡蛎、干贝等，不新鲜的鱼贝类也不可吃。

b. 蔬果类：荔枝、芒果、草莓、柑橘类等。

c. 核果类：核桃、腰果、干果等。

d. 豆类：花生、黄豆、豌豆等。

❷ 奶类、蛋白、面粉、鱼类可以吃。并非所有的海鲜都会诱发过敏，有壳的海鲜才容易引起过敏。鱼类对宝宝而言是很好的营养品，不应限制这类食物。虽然奶类、蛋白、面粉较易引起过敏，但这些食物遍布于各种食物中，减少摄取容易导致营养不良。因此，除非由医生判断这些食物会引起宝宝的过敏，否则1岁之后不应限制这些食物。

❸ 勿吃冰冷的食物及饮料：冰冷的食物、饮料会引起神经及内分泌过度反应，导致咳嗽、打喷嚏、流鼻涕等过敏症状。

❹ 勿吃高热量或油炸的食物：这些食物会让体内的发炎物质增加，加重过敏症状。

❺ 避免刺激性食物：太刺激、太咸、添加人工添加物的食物要避免，饮食宜清淡。因为刺激性食物（如芥末、姜、胡椒、辣椒等）会刺激气管、鼻腔，使过敏症状加重。添加人工添加物的食物包括蜜饯、加工过的金针菇和某些糖果，都应尽量少吃。

❻ 多吃可降低自由基的食物：包括绿色蔬菜、水果、深海鱼油等。空气污染、油炸类食物等会导致体内自由基增加，引起体内炎症反应。绿色蔬菜及水果富含维生素 C、胡萝卜素，可降低体内自由基，深海鱼油也有类似作用。

➕ 词汇解读

什么是自由基

自由基（free radical）是指带有不成对（奇数）电子的分子或原子。它很不稳定，很容易从其他分子抢夺一个电子来稳定自身结构。自由基之所以有害，是因为它活泼的化学特性，会和体内的细胞组织产生化学反应，使细胞组织失去功能而遭到破坏。此外，自由基也会和细胞内的 DNA 发生反应，因而破坏 DNA、加速细胞老化并增大致癌概率。

导致过敏疾病发生及恶化的原因很多，包括吸入性过敏源、空气污染、情绪压力及食物等因素。治疗及防范过敏疾病，需从接受治疗、作好环境控制、减轻情绪压力及饮食控制等各方面着手。单纯注意饮食而忽略其他因素，是无法完全预防或改善过敏疾病的。

不适合婴幼儿食用的食物

一般生硬、带壳、粗糙、过于油腻及带刺激性的食物对宝宝都不相宜。有的食物需要加工后才能给宝宝食用。

刺激性食品如酒、咖啡、辣椒、胡椒等应避免给宝宝食用。

鱼类、虾蟹、排骨肉都要认真检查是否有刺和骨渣后方可加工食用。

豆类不能直接食用，如花生米、黄豆等。另外杏仁、核桃仁等这一类的食品应磨碎或制熟后再给宝宝食用。

含粗纤维的蔬菜，如芹菜、金针菜等，因 2 岁以下小儿乳牙未长齐，咀嚼力差，不宜食用。

易产气胀肚的蔬菜，像洋葱、生萝卜、豆类等，宜少食用。

注意宝宝饮食安全

❶ 不吃变质、腐烂的水果、蔬菜等食物。袋装食品食用前首先要看是否过期、变味，已有异味的食物和含油量大的点心不能让宝宝吃，否则会引起胃肠道疾病或食物中毒。

❷ 不要吃剩菜、剩饭。饭菜宜现炒现吃。营养丰富的剩饭菜细菌极易繁殖，吃后易出现恶心、呕吐、腹泻等急性肠道症状。如食用剩饭菜，首先要检查食物有无异味，同时需加热到100℃，持续 20 分钟左右。

❸ 不要给宝宝选用熟肉制品、腌

渍品。熟肉制品如火腿肠、红肠、粉肠、肉罐头、袋装烤鸡、烤鸭等。这些食物加入了一定的防腐剂和色素，且细菌易繁殖，必须高度警惕。而腌渍品，如鸭蛋、松花蛋经长期腌渍，内部积累了大量硝盐酸，食入会积累中毒。

育儿难题 Q&A

Q: 我的宝宝1岁零2个月，跟她说话好像似懂非懂，我担心她发育得比别人慢，请问宝宝多大时才会明白大人在讲什么？

A: 宝宝10～12个月会模仿大人说话，有意识地叫"爸爸""妈妈"，对自己的名字有反应，会挥手表示再见，会和其他小孩一起玩，但各玩各的，也会用手指出要去的地方等。如果怀疑宝宝语言发育较慢，通常需先确定听力是否正常，可以借由听力检测来诊断。

Q: 宝宝无理大哭时该怎么办？

A: 满1岁后，宝宝的个性就会越来越强，当宝宝想向父母表达"想要，想做"的意思时，由于不会用语言表达，所以只好通过发脾气来表达，宝宝的这种表现，不可一概定为任性。所以，父母要仔细观察宝宝的举止，要懂得宝宝想干什么，希望得到什么，但也不能事事迁就她。

第 13～14 个月宝宝的早教方案

为13～14个月宝宝选玩具

■ 宝宝发展

❶ 开始有试误概念，也就是能试着把相同形状的物体作配对的概念，最基本的图形配对就是三角形、圆形还有正方形。

❷ 宝宝的手部动作发展得更好，也开始具有使用工具来做事的概念，包括想抢汤匙自己吃、转开瓶盖、叠小积木、推购物车等。

❸ 宝宝不仅认得玩偶，还会与玩偶互动、玩耍。

❹ 开始有立体的空间概念。

❺ 发展出进一步的物体恒存概念。在这个阶段，宝宝若看到你把某个东西藏起来，或是球滚到地上，她会明白球并没有消失。但前提是她必须先看到球滚下去或是东西被藏起来。等到再大一点，她还会自行去找消失的物体。

■ 建议玩具

简单的图形配对玩具：可从基本的三角形、圆形还有正方形图形配对做起。

具有使用工具概念的玩具：例如，以小槌子打球、洗澡时使用小水瓢，或是敲打其他东西等玩具。使用工具概念玩具，还可以含有其他概念，例如，用小槌子打球，球会滚进管道中又出现，这能帮助宝宝了解物体恒存概念；而用槌子打某个地方，会有动物跳出来则具有因果关系。选择含有 2～3 种玩法或是概念的玩具能让宝宝乐趣横生。

简单的叠积木：宝宝在较小时玩积木，她只会把每块积木排成一列，但现在她会懂得把积木叠起来。一般的木质积木或是大尺寸的乐高积木都可以让她玩得开心。

进阶的藏猫猫游戏：爸妈可躲在某处，然后整个跳出来让宝宝看见，再躲回去。等到宝宝走路走得很好时，她还会主动去找出你在哪里。

让宝宝早识字好吗

如果宝宝能在父母的正确引导下，对识字有极大的兴趣，而且是在轻松愉快和各种各样的游戏活动中学习的，那么，让她在学龄前学会识字、阅读就并非是一件坏事。我国的汉字实质上是一个个的图形，如果宝宝已经能辨认生熟人的面孔——最复杂的几何图形，并有一定的专注力，就说明宝宝已经具备识字的基本条件了。这时的"识字"，只是一个视觉刺激信号而已，和认一幅图并没有什么两样。而结合宝宝爱吃的食物、爱玩的玩具、认得的亲人以及日常家具、物品等进行无意识的学习，对宝宝来说并非是一件困难的事。目前在我国，早期学会识字、阅读，已不是什么特别新鲜的事了。宝宝早期识字，只能作为一种记忆游戏，家长功利心不能太强，如果宝宝不喜欢这种游戏则不要勉强。

解读"女孩富养"

养女儿要尽可能让她懂点艺术、上好学校、穿好衣服，培养她优雅的举止和良好的气质；而养儿子要让他从小学会吃苦，养成坚韧、自强、自立、自信的品质，这没有错。爸爸妈妈应该促进宝宝的性别角色社会化，对男孩、女孩分别对待抚养。但是，那种认为只体现在物质条件上的不同的富养和穷养说法，是从传统的"男主外、女主内"性别角色定位的，不符合现代社会的价值观。当今社会，女孩和男孩一样，都要有自立能力和开拓精神。过分娇惯女儿，不利于其未来的发展。在讲究个性张扬的现在，要注重个性培养。

"富养"不仅仅指生活的富足，更是教育的富足。富养女孩不是娇生惯养，而是给她精细的生活，让她自信自立，眼界开阔，尊重他人，做一个有品位、有气质的女孩。

"富养"养出宝宝开阔的眼界、丰富的知识、宽广的心胸、得体的举止、文明高雅的生活习惯，"穷养"养出宝宝坚强、独立自主、勤俭持家等品质。

女孩需要培养同情心和爱心，让她给花浇水，给小金鱼喂食，为下班回家的妈妈倒杯水。在点点滴滴中，让女孩学会体贴、关怀，这也是一种家庭责任感的培养。

女孩子天生较贴心

当卵子与精子相遇 6 周后，具有 Y 染色体的受精卵开始促使母体分泌雄性激素——睾丸酮，从此时起，男孩和女孩的脑子开始不一样。男孩子出生以后，脑内还有残存的睾丸酮，所以男孩通常比女孩好动。除睾丸酮外，男孩脑中的杏仁体体积比女孩的大 2.5 倍，同样容易让男孩容易好动、冲动。反之，女孩的 XX 染色体继续生长，其掌控沟通与解读的神经元也就继续快速生长，所以女孩天生较贴心，女孩的父母会感受到养女儿的幸福。

女孩听觉较为敏锐

由于语言能力的发展，女性和多元智能中的语言文字智能较高的人比较会使用听觉学习。这也是由于在构造上，女孩的听觉比男孩的敏锐。有关研究发现听莫扎特音乐对早产儿有益，研究人员尝试放音乐给早产的宝宝听，结果女宝宝比男宝宝提早两星期出院。研究团队开始讨论为什么会出现这样的结果，其中有人就说了："你们音乐放那么小声，谁听得到？"这时女医生们才惊觉，原来女性觉得刚好的音量，男性竟然是听不到的。于是当他们把音乐音量调大声后，小男孩便也能提早两星期出院。这也就说明，看电视时男孩开的音量为什么总是比较大声，而在班上为什么总是听到老师跟小男孩说："说话小声一点儿！"所以，女孩子可以早一点儿进行语言培养和音乐训练。

13～14个月宝宝的智能测评

❶ 从杂色积木和珠子之中挑出红色的积木和红色的珠子：

A. 挑出 2 种（10 分）

B. 挑出 1 种（5 分）

C. 不会（0 分）

以 10 分为合格。

❷ 将环套入棍子上：

A. 套入 5 个（10 分）

B. 套入 4 个（8 分）

C. 套入 3 个（6 分）

套入时会说：

A. 2 个（10 分）

B. 1 个（5 分）

以 10 分为合格。

❸ 正着看书，从头起，翻开，翻页，合上：

A. 做对 4 种（12 分）

B. 做对 3 种（9 分）

B. 做对 2 种（6 分）

D. 做对 1 种（3 分）

E. 会翻页（记 15 分）

以 9 分为合格。

❹ 用积木搭高楼：

A. 搭 2 块（8 分）

B. 搭 1 块（4 分）

C. 将积木放回盒内（每块 1 分）

以 10 分为合格。

❺ 用棍子够取远处玩具：

A. 能够取到（9 分）

B. 推得更远（6 分）

以 9 分为合格。

❻ 别人叫自己名字：

A. 会走过来（8 分）

B. 转头看，不走动（4 分）

以 8 分为合格。

❼ 称呼家人：

A. 5 人（15 分）

B. 4 人（12 分）

C. 3 人（9 分）

D. 2 人（6 分）

以 12 分为合格。

❽ 哄娃娃勿哭、喂它吃饭（奶）、盖好睡觉：

A. 做到 3 项（10 分）

B. 做到 2 项（7 分）

C. 做到 1 项（3 分）

以 10 分为合格。

❾ 用手能力：

A. 会用食指与拇指捏取食物（4 分）

B. 大把抓（2 分）

以 4 分为合格。

❿ 自己走稳：

A. 10 步（12 分）

B. 5 步（10 分）

C. 3 步（4 分）

以 10 分为合格。

⓫ 扶栏上小滑梯，双足踏一台阶，扶住坐下，扶栏滑下：

A. 做到 3 项（10 分）

B. 做到 2 项（7 分）

C. 做到 1 项（3 分）

以 10 分为合格。

⓬ 蹬上板凳，爬上椅子，再上桌子，取到玩具：

A. 做到 4 项（8 分）

B. 做到 3 项（6 分）

C. 做到 2 项（4 分）

D. 做到 1 项（2 分）

以 6 分为合格。

结果分析

1、2 题测认知能力，应得 20 分；3、4、5 题测手的灵巧，应得 28 分；6、7 题测语言能力，应得 20 分；8 题测社交能力，应得 10 分；9 题测自理能力，应得 4 分；10、11、12 题测运动能力，应得 28 分，共计可得 110 分。90～110 分为正常范围，120 分以上为优秀，70 分以下为暂时落后。哪道题在合格以下，可先练习上月该栏目的试题，然后再练习本月的试题。如果某题在 A 以上，可跨越本月试题，练习下个月同一栏目的相关试题，使宝宝优点更加突出。

Part 14

第15~16个月

女宝宝养育

第15～16个月女宝宝发育特点

女宝宝15～16个月体格发育指标

项目	年龄组	下限值	上限值
身高	15～16个月	70.2厘米	88.6厘米
体重	15～16个月	7.34千克	14.31千克
头围	16个月	约为46.0厘米	
胸围	16个月	约为46.7厘米	
牙齿	15～16个月	可长出9～11颗乳牙	
囟门	15～16个月	大部分宝宝的囟门已经闭合，少数还未闭合	

第15～16个月宝宝发育状况

15～16个月的宝宝腹部仍比较大，并向前凸出。这时的宝宝已经能够控制自己的大便了，在白天也能控制小便，如果来不及而尿湿了裤子也会主动示意。

■ 感觉发育

15～16个月的宝宝的观察有着极浓的个人色彩，根本不受意志控制，全凭她的个人爱好，若是新奇的事物，宝宝更是追着观察，这表明宝宝的意识、个性开始显露。此期宝宝会指认红色，也能认出身体的5～7个部位。

这个阶段的宝宝喜欢观察周围的新鲜事物，特别喜欢观察几何图形的物品。此时宝宝对颜色的辨认能力也增强了，她能够辨认出几种不同的颜色。宝宝开始积极有意识地注意事物，其有效注意力可集中4分钟以上。

■ 动作发育

宝宝会独自走来走去，还会用脚踢球，用手抛球，想大小便时知道找便盆坐下。

宝宝双臂模仿大人做4个方向的动作，也会用小手指抓起积木进行堆积，一般的宝宝可堆起4块积木，她还会弯腰用手脱裤子，虽然动作有些笨拙。宝宝还会很高兴地拖着物品行走。

■ **语言发育**

　　此时的宝宝会说一些很简单的句子，如"妈妈抱""爸爸走"等，她所说的一个词可能会表达出多种意思，如宝宝说"水"，可能表示她要喝水，也可能表明她看到别人在喝水、在玩水等。当一些词还不太会说时，聪明的宝宝会边用手指边夹杂简单的词语表达出自己的意思。此期的宝宝对父母说话已能听懂更多，这表明其语言理解能力有了进一步提高。

■ **心理发育**

　　这个时期的宝宝喜欢模仿大人的动作，看到父母收拾床铺她也想插上一手，喜欢探索，喜欢要自己不知道的东西，如把小东西装进小桶中，她一个人会耐心地玩上1个小时。对于滚动的小球，宝宝也特别感兴趣。

■ **其他发育**

　　这个时期的宝宝记忆持续时间更加长了，她会开始创造性地寻找玩具的新玩法，能更多地领悟到儿歌的韵律，还会逐渐认识"1""2""3"。

　　活动范围扩大了的宝宝喜欢在家里和父母追逐打闹，喜欢拖着玩具小鸭子到处走，也喜欢到室外和父母、其他小朋友一起玩耍。对父母的动作和语言有更进一步了解的心理，想模仿父母。

　　宝宝开始注意到物品位置改变，对藏起来的物品可以探索找到，会指出身体的多个部位。可以随着父母进行简单的哼唱，还能用竖起的1个指头表示"我已经1岁了"，当别人说和她握握手时，知道伸出手并握住。

第15～16个月宝宝的日常保健

怎样给宝宝作冷水浴

　　1～3岁的宝宝，除了进行户外活动、开窗睡眠、做操，进行空气浴、日光浴以外，用冷水锻炼身体，也是增强体质、防病抗病的好方法。

　　❶ 冷水洗手、洗脸、洗脚：宝宝

身体的局部受寒冷刺激，会反射性地引起全身一系列复杂的反应，能有效地增强宝宝的耐寒能力，少得感冒。水温以20℃～30℃为宜。但晚上盥洗时仍要用32℃～40℃的温水，避免刺激宝宝神经兴奋，影响睡眠。

　　❷ 冷水擦身：先把毛巾在冷水中浸

透，稍稍拧干，先擦宝宝的四肢，再依次擦颈、胸、腹、背部。擦过的和尚未擦过的部位都要用干的浴巾盖好。湿毛巾擦完后，再用干毛巾擦。开始擦时的水温，最好与体温相等，每隔2～3天降低1℃，冬季一般降至22℃，擦身时室温以16℃～18℃为宜。夏季可随自然温度用冷水给宝宝擦身。

父母可以斥责宝宝吗

对于1岁多一点的宝宝来说，父母的斥责应该只限于专门制止宝宝的瞬间行为的目的。如果想让宝宝做父母所期待的事时，比起斥责，最好是夸奖宝宝。大凡人都是受到表扬时非常高兴，所谓的记忆快乐、忘却烦恼是人之常情。所以，让某人做某件事时，与愉快结合起来就容易做得成。

宝宝不能按父母的意愿做事而被斥责，在这个年龄段中，往往都是因为父母对宝宝的期望过高，宝宝还不能从头到尾都做得很好。如果宝宝不能告诉父母要小便，就是斥责宝宝也没有用，因为这个年龄的宝宝还不能很出色地做好这些事。宝宝不能按父母的意图行事，在批评斥责宝宝之前首先应该考虑一下宝宝为什么要那样做。斥责宝宝，必须内容明确、语调严厉、表情严肃，这样做，才能在宝宝的心目中留下父母与往日不同、是可怕的这种不愉快感。

宝宝在这个年龄段，惩罚是没有意义的。因为宝宝还不能将自己的行为与惩罚联系在一起来记忆，宝宝只能记得被父母惩罚过。当然，想制止宝宝拿打火机点火时，可以打宝宝的手，这是因为宝宝用打火机点火的行为与被父母打了手的疼痛记忆几乎同时发生。

让宝宝养成漱口的好习惯

幼儿的乳牙应当受到精心的保护，宝宝从1岁开始就应接受早晚漱口的训练，并逐渐养成这个良好的习惯。

需要注意的是，幼儿漱口要用温开水（夏天可用凉白开水）。这是因为宝宝在开始学习时不可能马上学会漱口动作，漱不好就可能把水吞咽下去，所以刚开始的一段时间最好用温开水。训练时先为宝宝准备好杯子，父母在前几次可为宝宝做示范动作，把一口水含在嘴里做漱口动作，而后吐出，反复几次，宝宝很快就能学会。

在训练过程中，父母注意不要让宝宝昂着头漱口，这样很容易呛着宝宝的气管，甚至发生意外。另外，父母要不断地督促宝宝，每日早晚坚持不断，这样日子一长就能养成好习惯。

不要让孩子喝空奶瓶

有些父母在婴儿吵闹的时候或在婴儿睡觉前给婴儿喝空奶瓶，其实这是不好的。因为这不仅达不到哄孩子的目的，而且孩子嘬空奶瓶是一种坏习惯。嘬空奶瓶时容易把大量的空气吸入胃内，引起婴儿腹部不适、呕吐或腹泻。长期如此还容易造成婴儿牙齿生长不整齐。

如果孩子已经形成了不嘬空奶瓶就不睡觉的习惯，父母要帮孩子改掉。父母可以利用转移孩子注意力的方法，使她忘记空奶瓶，即使孩子大声哭闹，也不可让步，可以让她先哭一会儿，不理睬她，过一会儿再给她喜欢的玩具，让孩子在不知不觉中忘记空奶瓶。

5岁以下宝宝胳膊拉不得

有时家长给孩子穿衣服，拉了一下孩子的胳膊，她就开始哭闹，胳膊不能动了；有的妈妈陪孩子玩耍时，拉了一下孩子胳膊，她就吵胳膊疼；还有的家长拉着小孩上街，小孩的上肢上举，家长的手突然提拉小孩的手后，小孩出现肘部疼痛，不肯用该手取物和活动肘部，不让人触碰。如果孩子不会说话，家长就会更加不知所措。这是由于牵拉导致孩子的肘部关节脱位（桡骨小头半脱位）。

桡骨小头半脱位只发生于5岁以下的小孩。0岁～5岁的小孩，桡骨小头还没有完全发育成形，包绕它周围的韧带只是一片薄膜，较软又无力，所以未发育好的桡骨小头很容易从韧带中滑出然后将韧带卡压在关节内。5岁以上的孩子及成人，桡骨小头已经发育成形，

而且环状韧带增厚，力量加强，就不再容易因为牵拉而发生脱位了。

治疗肘部关节脱位不需要麻醉，直接手法复位，复位后也不必固定。但若再次牵拉，会再次复发，若多次复发，韧带会变得更加松弛，从而导致习惯性脱位。所以，家长们切记小孩的胳膊拉不得。

保护婴幼儿的肝脏

肝脏是人体的重要器官，如果在孩子幼时，不注重对其肝脏的保护，会给孩子以后的生活埋下隐患。那么，婴幼儿期该如何来保护孩子的肝脏呢？

❶ 注意饮食卫生，预防肝炎。按时注射乙肝疫苗，预防乙肝。

❷ 注意饮食安全，避免吃有农药的蔬果损害婴幼儿的肝脏。

❸ 不要给孩子吃过多的橘子或橘子汁。

❹ 避免食品添加剂，如防腐剂、色素等，不要购买颜色、香味过重的饮料、糕点。

❺ 不要给婴幼儿吃腌渍、熏渍的食物，如火腿、熏肉、咸鱼等。

❻ 避免吃含激素的食品，否则会加重婴幼儿的肝脏、肾脏负担。

❼ 不要给孩子吃生鱼片、炝虾、糟蟹或糟虾等生、冷海鲜。

❽ 霉变的花生、红薯、土豆，过期的食品，隔夜的剩菜不能给宝宝吃。

❾ 不要把水果、蔬菜霉烂部分切

除后食用其他部分。

⑩ 谨慎用药，不要给孩子服用成人用药。防止滥用抗生素。不要给婴幼儿吃成人的退烧药。激素类药物不要长时间使用。不能给宝宝服用过期药品。

⑪ 家中少用樟脑丸，慎用风油精、白花油等含樟脑成分的药物，樟脑可能会造成肝脏伤害。

⑫ 尽量不用或少用塑料用品及软胶玩具。

第15～16个月宝宝的喂养

宝宝一日喂养安排举例

■ 食谱 A

早餐 6：00—6：30 牛奶 200～300 毫升，每日喂鱼肝油 1～2 滴

早点 8：00—8：30 面包 1～2 小片，奶酪 5 克，稀粥 1/2～1 小碗

午餐 12：00—12：30 意大利面 1/2 碗，鸡蛋 1 个，肉 30 克，蔬菜 2 勺

午点 15：00—15：30 正餐之间可给宝宝多喝些白开水，吃水果、牛奶、点心，但不可过多，以免影响正餐食欲

晚餐 18：00—18：30 米饭一小碗，鱼半块，蔬菜 2 勺，豆腐 1/4 块

晚点 21：00—21：30 牛奶 200～300 毫升，每日保证供奶 400～600 毫升

■ 食谱 B

早餐 6：00—6：30 牛奶 200～300 毫升，每日喂鱼肝油 1～2 滴

早点 8：00—8：30 粥一小碗，肉饼或面包一块，苹果半个，米饭要软一些，菜要淡一些

午餐 12：00—12：30 米饭 1/2 碗，鱼半块，肉或肝 30 克，蔬菜 30～50 克

午点 15：00—15：30 正餐之间要喂适量的水果、牛奶、点心，但不宜过多

晚餐 18：00—18：30 稀饭一小碗，鸡蛋 1 个，蔬菜 30～50 克，动物血 20 克

晚点 21：00—21：30 牛奶 200～300 毫升，每日保证供奶 400～600 毫升

宝宝饮食营养要平衡

宝宝开始以饭菜为主食，在这个食物的转变过程中，妈妈必须注意到宝宝膳食中各种营养素的摄入平衡，也就是人们常说的平衡膳食。不能大人吃什么

孩子吃什么，或者把大人的饭菜煮烂点给孩子吃。要做到平衡膳食，需遵循以下原则：

❶ 品种多样化。粗细粮合理搭配，肉、蛋、鱼、蔬菜、水果、油、糖等食物都要吃。

❷ 各类食物的比例适当。蛋白质、脂肪和糖类最好按12％～15％、25％～30％、60％～70％的量供给。也就是说，身体需要的热量有50％以上应由糖类供给，并且数量要够。

❸ 食物之间要调配得快，烹调合理。要注意动物性食物与植物性食物的搭配、粗粮与细粮的搭配、干与稀的搭配、甜与咸的搭配。

❹ 幼儿每顿饭食的量要合适。既要考虑到幼儿的食量，也要考虑到让孩子摄入足够的各种营养素。

幼儿的健脑食品有哪些

从健脑这个角度来说，母乳是婴儿最理想的健脑食品。正常母乳中牛磺酸的含量达425毫克/升，是牛奶的10～30倍。牛磺酸对婴幼儿神经系统和视网膜的发育有重要作用，对婴幼儿的大脑发育具有特殊意义。

■ 鱼类的健脑作用

科学研究表明，鱼体中含有的DHA（二十二碳六烯酸，俗名脑黄金），对人类来说是一种不可缺少的必需脂肪酸，而且是高度不饱和脂肪酸。

经研究发现，DHA有增强记忆能力的作用，而它只存在于鱼油中，猪油和牛油中一点儿也没有。

怎样给身体补充DHA呢？很简单，吃鱼就可以给身体补充DHA，什么鱼都行，怎么吃都可以，DHA都不会被破坏。

■ 豆类和瘦肉的健脑作用

对于大脑发育来说，豆类是不可缺少的提供优质植物蛋白质的食品。黄豆、豌豆和花生豆等都有很高的营养价值，豆类还可以提供不饱和脂肪酸以及大脑活动需要的葡萄糖等。

■ 其他

动物的瘦肉、内脏和脑等可以提供蛋白质及人体需要的脂肪酸、卵磷脂等，对健脑也极为有益。

粗粮、蔬菜和水果可以为人体提供各种矿物质和维生素，其中的维生素A和B族维生素是脑力活动不可缺少的重要物质。

总之，父母一定要利用各种各样的健脑食品，让孩子吃了更聪明。

给宝宝良好的就餐环境

为了增进宝宝的食欲，促进消化吸收，保证身体健康，应该为宝宝提供一个良好的就餐环境和就餐气氛。

❶ 不要在宝宝吃饭的时候批评她，影响她的就餐情绪。在宝宝情绪不好时，大脑皮层对外界环境反应的兴奋性降低，使胃肠分泌的消化液减少，胃肠

蠕动减弱，从而降低对食物的消化吸收功能。这样就使食物在胃中停留的时间延长，使人没有饥饿感，吃不下饭，即使勉强吃下去，也常感到肚子不舒服。

❷ 不要过分要求宝宝吃饭速度，提倡细嚼慢咽。由于宝宝的胃肠道发育还不完善，胃蠕动能力较差，胃腺的数量较少，分泌胃液的质和量均不如成人。如果在进食时充分咀嚼，在口腔中就能将食物充分地研磨和初步消化，就可以减轻下一步胃肠道消化食物的负担，提高宝宝对食物的消化吸收能力，保护胃肠道，促进营养素的充分吸收和利用。

❸ 不要让宝宝边听故事边吃饭、边看电视边吃饭。这样做分散了宝宝的注意力，宝宝吃饭心不在焉，会减少胃肠道的血液供给及消化系统消化液的分泌，进而影响宝宝对食物中营养的消化吸收，而造成宝宝食欲不好、消化不良等。应该给宝宝固定就餐位置，大人也不要一边看电视一边吃饭，引导宝宝养成良好的就餐习惯。

给宝宝吃水果要适度

水果多性寒、凉，而小儿"脾常不足"，一旦饮食失节，可致脾胃功能紊乱。如橘子性热燥，可"上火"，令口舌发燥，过量食用会导致皮肤与小便发黄及便秘等；又如柿子，若空腹时吃得过多，易导致"柿石症"，症状为腹痛、腹胀、呕吐；还如荔枝，吃多可导致四肢冰凉、多汗、无力等；菠萝多吃易发生过敏反应，出现头晕、腹痛。

宝宝只吃奶不吃饭怎么办

有的父母非常发愁，宝宝为什么总爱吃奶不爱吃饭？这该怎么办呢？出现这种情况的原因，主要是由于父母没有根据幼儿的生长需要及时添加辅食，使幼儿出现了只爱吃长期吃惯了的奶，而不愿吃其他食物的毛病。

出现这种情况时，父母应该立即予以纠正，不可等闲视之。

因为随着幼儿的生长，光靠吃奶已不能满足其生长需要，必须靠补充其他食物才能供给幼儿丰富的营养，否则就会出现营养缺乏症。所以要早发现早纠正，对幼儿的生长才有好处。

在纠正幼儿只吃奶不吃饭的毛病时，父母应该注意以下几点：

❶ 首先应该减少幼儿吃奶的次数。在幼儿有饥饿表现时，给她吃些米粥、软饭、面条类的辅食，要注意把饭做得软、味道香，这样才能吸引幼儿。

❷ 由于幼儿长期已习惯了吃奶这样的流食，所以在刚开始时要让幼儿适应吃稀软的食物，并且每日都要坚持喂几次，食物也要不断更新换样。时间一长，宝宝也就慢慢地不会只想吃奶，而会逐渐喜欢吃其他食物了。

❸ 要纠正幼儿只吃奶不吃饭的毛病，父母一定要每日坚持，不能怕幼儿饥饿或因幼儿的哭闹而动摇决心。有的

父母禁不起幼儿的哭闹，一看幼儿不爱吃米粥等就马上换上奶。幼儿虽然立即得到了满足，但只吃奶不吃饭的毛病却更难纠正。

只有每日坚持纠正，小儿吃奶的次数才能逐渐减少，吃饭的次数才能逐渐增加，不用多长时间幼儿就会改掉这个毛病。

育儿难题 Q & A

Q：我女儿1岁多，很黏我，随时随地都要我抱，爸爸、奶奶或其他人陪都不行，我上个厕所，她就在门口敲门、号啕大哭，直到我出来抱她为止，甚至有一回连煮饭都要背着她才行。婆婆说我太宠小孩了，我也真的好累，要怎么样才能让孩子不那么黏人呢？

A：在孩子成长的过程中，常常会出现类似的情形。首先，对于1岁多的孩子来说，其移动能力、语言能力都还没有发展得很好，当家长离开视线时她会有无助、焦虑的表现，应属合理的反应。在行为的处理方面，建议家长可以从行为改变的观点介入，也就是说在处理之前，请妈妈先拟订要处理的行为（随时要妈妈抱），设定合宜的目标（如抱的时间短一点，或者在特定的场合不用妈妈抱），在特定的场合中，以孩子喜欢的物品来吸引孩子的注意力，并增强孩子出现上述设定的目标行为（如孩子可以在特定场合自己玩的时候给予称赞）。

此外，不要在孩子出现不合宜的行为时满足她，例如，在大哭的时候去抱她，这是增强孩子哭的行为。此外，建议在爸爸抱她的时候，让孩子知道妈妈不会消失，再以渐进的方式拉开距离，慢慢地，孩子便能接受爸爸或奶奶陪她一起玩了。

Q：怎样给宝宝选择牙刷？

A：帮宝宝选择牙刷时，牙刷头的长度，以相当于4颗门牙的宽度为宜；牙刷的软硬度，则以不刷痛孩子牙龈为原则，以免让孩子有不舒服的感觉而排斥刷牙。

市售的儿童专用牙刷有为各阶段宝宝设计的小刷头，容易深入儿童窄小的口腔，柔软的刷毛及软垫刷头，可保护宝宝幼嫩牙龈。设计成粗胖的握柄，适合手掌肌肉尚未发育完全的幼儿来掌握，有些还有可爱的卡通图案，很受小朋友欢迎，爸妈可多加利用。

Q: 宝宝刷牙时需要使用牙膏吗？

A: 在宝宝还无法理解"不要吞下去"的意思时，或者是还无法控制时，先不要使用牙膏，毕竟正确的刷牙方法比使用牙膏更重要。到了宝宝能够理解也能控制不吞下牙膏时，就可开始使用牙膏。尽量不要使用刺激性强的牙膏，以免造成宝宝排斥刷牙。一般市售儿童牙膏会有甜甜的味道、不具刺激性，还有可爱的卡通图案，甚至能挤出有趣的

牙膏形状，宝宝的接受度较高。

Q: 宝宝刷牙后把牙膏泡沫及漱口的水吞下去，有关系吗？

A: 首先要注意牙膏的用量不要太多，对于刚学会吐口水动作的幼儿，在牙刷上挤薄薄一层的含氟牙膏即可；大一点比较会吐口水的孩子，可以使用约一颗豌豆大小的含氟牙膏。原则上还是要提醒孩子将泡沫吐出，以及漱口漱干净，万一吞入少量含氟牙膏，对身体是不会有害的。

第 15～16 个月宝宝的早教方案

让宝宝满心欢喜地涂鸦

美国的科学家做过这样的实验：他们有意识地把纸和绘画的工具给一个15～18个月的宝宝，结果宝宝便乱涂起来。他们发现这个宝宝只要一看到自己在纸上画的东西时，就咿呀学语地哈哈大笑起来，一边还会继续画画。但是当她手中的笔在纸上没有留下痕迹时，她就停下来了，这一现象很明显地说明绘画时，宝宝的视觉因素与语言表达有密切关系。画画的活动足以刺激宝宝的语言表达，特别是对那些说话能力差或语言发展较缓慢的小儿更是如此。

语言文字是用来表达人的思想的一种形式，而图画则是另一种更为直截了当的形式。人们常常用符号来表示国际性的图表，如航线、山川、道路，不同语言的人都能一目了然。宝宝们的涂鸦也是这个道理，当她们兴致勃勃地涂着画着时，小小的脑瓜中一定有一些只有她们自己才知道的幼稚、离奇的想法，如果她边画边讲边叫，一定是思维极为兴奋，在积极活动着，要表达出来，她发出的各种声音就是她表达的语言形式，只是大人们尚不了解或不完全了解。这种活动及表达方式，能促进小儿左右脑的发育。

在宝宝涂鸦期，父母要为宝宝准备些书及涂写的工具，在宝宝高兴时，让她随心所欲地涂涂画画，并且父母也应参与到这种有趣的活动中来，要用语言鼓励她，不懂她画什么时，也要假装十分理解，高高兴兴地同她讲话，注意帮助她养成画好一张图就仔细看看、讲讲的好习惯，这对培养宝宝的口语表达能力和今后的阅读能力有着直接的好处。

盯着人看，对新事物比较后知后觉。所以，女宝宝认人、叫人的时间都比男宝宝早，而要求独立的时间却比男宝宝晚。

对于新事物，女宝宝往往抱有畏惧心理，态度比较矜持，总要先观察上一阵，等人演示后才会动手去试。女宝宝天生心理感受比男宝宝丰富、细腻，更善于语言沟通。所以女人的敏感是从出生就开始的。

女孩会察言观色

曾有个这样的实验：把 9 个月大的婴儿放到房间里，女婴会一直观察妈妈的反应，男婴则不理会妈妈的反应与提醒，自顾自地东摸西碰，探索环境。而这也是由于男女大脑构造有所不同的关系。女孩的前额叶和脑垂体要比男孩的大，所以女孩天生就比较会察言观色。我们也常说女孩会比较贴心，其实这个贴心来自于脑，也就是主掌人际关系、社会依附系统的地方。例如，在家里常会发现，妈妈脸色不好时，当姐姐的很容易就会察觉，因而知道不要去招惹妈妈或问问妈妈是否身体不适。而这时，当弟弟的通常都还在状况外。男孩常见的人际关系方式就是一起玩，而女孩们就比较会彼此嘘寒问暖。

如果有人用一件玩具去逗引女宝宝，她会专注地看着拿玩具的人而不是玩具。女宝宝天性爱观察人，喜欢

女孩喜欢对玩具注入感情

女宝宝在雌激素的驱动下，天生就会关心、爱护、照看他人，因此她喜欢对玩具或游戏注入感情。于是，任何玩具交给男宝宝都可能成为一件拆装玩具，而在女宝宝的手里则都可以变成她的孩子、病人或伙伴，她可以喂它吃东西、给它讲故事、哄它睡觉……如果她把一个手工台当炉子用，那一点儿也不奇怪。

千百年来，女宝宝就是从不断地照料虚拟宝宝的过程中慢慢长大，到自己真正做了妈妈后就开始照料真实的宝宝。生育并抚养自己的宝宝，是激素不断提醒女宝宝的终极目标，所以说女宝宝天生就是妈妈。

女儿爱对爸爸撒娇

女宝宝通常爱对爸爸撒娇，要与妈妈比漂亮。女宝宝 1～2 岁起就对项链、

口红、内衣、高跟鞋这些很女人的物品感兴趣，小小年纪就会拿着妈妈的首饰在自己身上比画。

女儿不愿见陌生人怎么办

一般来说，8～9个月的宝宝开始认生，1岁多的女孩在陌生人面前有点拘谨是正常的，随着年龄的增加和社会交往的增加，宝宝会逐渐变得大方起来。但宝宝见到陌生人就特别紧张，一提起去某个人的家，宝宝怎么也不肯去，这就算是一种缺点了。要帮助宝宝克服怕生的缺点，帮助她形成热情爽朗的性格，提高交际能力，以便能适应未来的社会。

当宝宝在1～2岁时，父母就应有意识地抱宝宝出去走走，让生人抱抱、逗逗，使宝宝习惯于见到陌生人的脸孔。到了适合送幼儿园的年龄和条件时，应该将宝宝送到幼儿园，去过集体生活，这对宝宝是大有好处的，在家里也可经常鼓励宝宝和邻居、亲友的宝宝一起玩，经常带宝宝到朋友家串串门，或者到公园等处玩玩，以便增长见识，开阔宝宝视野。

如果发现宝宝已经存在怕生这一缺点时，不要强迫或用训斥等方法来改正，应该逐步地为宝宝创造条件，帮助她克服。如果采取强制的手段逼着宝宝去见陌生人，则只能增加宝宝的恐惧，

对其身心健康是有害无益的。

要纠正宝宝的错误发音

刚学会说话的宝宝普遍存在着发音不准的现象，如把"吃"说成"七"，把"狮子"说成"希几"，"苹果"说成"苹朵"等，这是因为小儿发音器官发育不够完善，听觉的分辨能力和发音器官的调节能力都比较弱，还不能正确地掌握某些音的发音方法，不会运用发音器官的某些部位。如在发"吃""狮"的音时，舌向上卷，呈勺状，有种悬空感，而宝宝不会做这种动作，就把舌头放平了，于是错音就出来了。对于宝宝的不准确或者错误发音，父母应及时纠正这种发音，用正确的语言来和宝宝说话，而不要学宝宝的发音，强化宝宝的错误发音。通过父母在语音上的指导，可以使宝宝的发音尽快回归正确。

给孩子一张大纸

孩子用的图画纸通常16开到8开大小，对于孩子而言，或许太小了。她经常会画到纸外，弄脏了地板。画画时孩子会希望把心里体验到的、感受到的东西画在纸上。给孩子一张大纸，让她尽情地发挥。

如果孩子不停地更换不同颜色的彩笔，胡乱地涂鸦时，表示她感受到了缤纷的色彩。这时应该告诉孩子："五颜六色的画好漂亮。"如果孩子热衷于颜色，可以让她试试水彩。在调色时孩子可是会相当好奇的。

🌸 玩拼图好处多

拼图对宝宝具有吸引力，除了每片都有自身的鲜艳颜色外，各式各样的有趣形状也是其特色之一。拼图对宝宝而言，有许多发展和启发上的优势。当孩子能将每一块拼图找到正确的放置地方，不仅是锻炼其手眼的协调能力，还可提高其动作技能，培养孩子对形状认知的能力；而这些能力，都是孩子将来在学习阅读时必须拥有的技能。

■ 好处一：透彻了解喜好的领域

孩子透过拼图的游戏，因为用手触摸到拼图的形状，可以了解各种形状的区别；透过眼睛看到不同的颜色和图像，借以认识有关动物、水果、花草等知识。随着年龄的增长，孩子可以玩的拼图类型也会变得越来越复杂，但是认知发展会越来越好。喜欢花草的孩子开始了解各种花草的长相，喜欢小狗的孩子可以认识更多种类的狗狗，并说出不同。

■ 好处二：增加图像思考能力

所谓的直觉图像是由德国的爱尔里·希伊恩休教授于1909年命名而来的。这种能力主要是来自于右脑的能力，最常出现在0～6岁的孩童中。当右脑机能处于优势时，其所拥有的能力（图像）就得以显露。右脑被称做是"印象的脑"，它拥有卓越的造型能力和敏感听觉，所以它有绝对的音感，也因此右脑亦被称为"艺术的脑"。右脑运作能力强的人，往往会有非凡的成就。倘若孩子也能幸运地保留右脑的直觉图像思维，对于未来读书和求知都有很大的帮助。因为直观方法更能将事物深刻铭记于心，而几何学、实验、音乐、美术等皆可刺激右脑的开发；但遗憾的是，人类习惯于左脑教育，导致右脑的能力渐渐萎缩。而拼图就是训练右脑的好方法，因其融合了认知、理解图像和形状的能力。

因为孩子老是乱涂，我便画了朵花。结果孩子竟然不画了，说："妈妈画。"从此，我就让孩子自由发挥，不再干预了。

———囡囡妈妈

■ 好处三：提高与人合作的能力

拼图是一种老少咸宜的益智活动，小到1岁多孩子玩的形状配对教具，大至成人的千片拼图或是3D立体拼图的类型多样。因为一张拼图可以多人同玩，所以拼图还可以视为家庭活动。一开始教导孩子如何操作跟拼排的时候，可以让她成为助手，找出一些相关的联结和蛛丝马迹。

渐渐地，爸爸妈妈就可以退居幕后，让孩子学习完全靠自己拼排图片；适时地给予提示，再分享其完成后的自豪和成就。拼图的好处还在于若家中不只有一个孩子时，拼图会让他们团结互助并和平相处（跟以往两人总是争抢一个玩具的情形大相径庭）。

■ 好处四：训练手眼协调能力

拼图需要孩子耐心的操作，以及手眼协调能力，是加强视觉能力及少许手部精细动作能力的好方法。毕竟，若是手眼有其一发生不协调，就不能将色块放在正确的位置上。但一开始不会的孩子，只要多练习还是可以进入状态的。

首先，最重要的就是必须从一堆拼图中找出真正需要的那一片，就必须用眼睛去寻找，眼睛这时就会产生许多刺激（颜色、形状），渐渐发展成较完整的视觉。其次，各式的拼图都剪裁成不同的形状，孩子通过拼图可以了解各式的几何图形，对于形状的敏感度会提高。

知道将某一片拼图放置在哪个部分和角落，也是视觉完形的训练；能区辨目标物和背景的差别，例如：能在一大堆各种形状的拼图中，找到要拿的圆形拼图，这是主题背景的训练。

■ 好处五：懂得逻辑、秩序

在拼图游戏中，爸爸妈妈可让孩子知道许多的小部分可以拼凑出一个"全部且完整的图像"，这种"一个完整的全部"是由许多部分所组成的概念，就是逻辑思考的雏形。当然，拼图是一种平面组合的概念，不像积木是立体的组合，但是必须在局限的2D范围里拼出一个完整图像，其实就是训练空间逻辑的能力。

许多小朋友在一开始接触多片拼图时，自然就知道要从边缘开始拼起，其实是学习顺序、秩序及逻辑的意义。而且拼图必须有正确的拼法才能拼出正确的图像，所以过程中必须有好的观察与判断能力。

❀ 怎样选购拼图类型

大多数拼图都会清晰地标示适合的宝宝年龄，爸爸妈妈可以在选择时注意拼图的块数。孩子因为才开始学习将每一块都能放入正确形状的空格中，所以第一个拼图片数应该都不多。

市面上的拼图种类很多，现在还有触摸型的，透过柔顺的触感让孩子喜欢上拼图的时光。刚开始玩拼图时，爸爸妈妈一定要在旁协助，让孩子感受到陪伴的力量，就会愿意继续进行；孩子拼图拼得很受挫折时，爸爸妈妈不妨拿出以前玩过的拼图，让孩子重新找回自信心。

该选择哪种拼图

买的每个拼图都可以让孩子至少玩上 1 年，但拼图的种类还是要视年龄提供，小块型的纸板拼图不适合 3 岁以下的孩子。另外，爸爸妈妈可以在家中的某一角落放置"拼图专区"，可存放各种拼图，让孩子随时可以依照心情选择适合的拼图玩耍，度过一个快乐的下午或假日时光。

0~1岁图案大 & 片数少

1 岁前的宝宝，身体发育尚未成熟，所以活动的空间也有限。此时期可以选择色彩对比鲜明、线条简单清晰、图案较大的类型；还有色彩要选用红、黄、蓝、绿这 4 原色为主，可以作为宝宝发展视觉图像认知的准备。

1~2岁从拼装玩具入门

1 岁左右的宝宝开始会走路，所看到的视野变得开阔，所以对于事物和图像的认知能力大大提升。此时期可以给予简单的拼装玩具，来增加组合的概念；市售一些家家酒的玩具（如可拆装的萝卜、动物玩偶等玩具），都是不错的选择。

拆装的玩具是因为宝宝还不太认得物体的名称，对于完整图像概念还有点模糊，透过拆分到拼装的过程，可以初步建立"整体拆解成局部，局部又装成整体"的概念，同时促进手部小肌肉的运动和发展。

1~2 岁后的孩子，可提供简单的几何形状配对教具，选择较厚的木制拼版或是好握的拼图，方便手部功能尚未成熟的孩子开始学习。

2~3岁正式拼图入境

2 岁后的孩子就可以正式进入"拼图世界"，但记得循序渐进、由简到难的步骤；让孩子从片数少的拼图玩起（目前以 4 片算最少），拼图的线条必须大而清晰，适合用颜色分区块的拼图游戏。

2~3 岁的孩子则开始有一些挑战，选择简单图案的拼图，或者颜色鲜明的拼图（如黄色的鸭子、红色的苹果等）。当孩子渐渐产生信心后，片数就可以慢慢增加。

3~4岁图案复杂化

3~4 岁后的孩子，片数可增加到 10 片左右，形状也可以较不规则；当孩子完成图案时，要给予夸奖并鼓励继续挑战。

4 岁后的片数可以到 30 多片，而且图案的选择已可尝试较复杂的类型，如卡通或是同色系为主的拼图。

15～16个月宝宝的智能测评

❶ 配上认识的水果或动物图片：

A. 6 对（12 分）

B. 5 对（10 分）

C. 4 对（8 分）

D. 3 对（6 分）

以 8 分为合格。

❷ 指出身体部位：

A. 9 处（18 分）

B. 7 处（14 分）

C. 5 处（10 分）

D. 3 处（6 分）

以 10 分为合格。

❸ 背数到：

A. 10（14 分）

B. 5（10 分）

C. 3（7 分）

D. 2（5 分）

会拿：

A. 2 个（5 分）

B. 1 个（3 分）

C. 不会（0 分）

两项相加以 10 分为合格。

❹ 按吩咐从形板或积木中找出圆形、方形、三角形：

A. 3 个（15 分）

B. 2 个（10 分）

C. 1 个（5 分）

以 10 分为合格。

❺ 拿书顺着看，从开头翻书，每次可翻 2～3 页，每翻一次为 1 页：

A. 做对 4 项（10 分）

B. 做对 3 项（8 分）

C. 做对 2 项（4 分）

D. 做对 1 项（2 分）

以 8 分为合格。

❻ 用积木搭高楼或排火车：

A. 搭 4 块（12 分）

B. 搭 3 块（10 分）

C. 2 块（8 分）

D. 1 块（4 分）

以 10 分为合格。

❼ 准确将 3 个形块放入三形板的相应孔内：

A. 3 块（12 分）

B. 2 块（8 分）

C. 1 块（4 分）

以 8 分为合格。

❽ 说出自己的小名：

A. 会（5 分）

B. 不会（0 分）

用单音说物名：

A. 5 种（10 分）

B. 4 种（8 分）

C. 3 种（6 分）

D. 2 种（4 分）

两项相加以 10 分为合格。

❾ 背儿歌：

A. 背头两句（11 分）

B. 背全首押韵的字（9 分）

C. 背头一句（5 分）

D. 背 1～2 个押韵的字（3 分）

以 9 分为合格。

❿ 从胡同口：

A. 找到自己的家门口（10 分）

B. 找到自己的门号或楼门口（8 分）

C. 走到门口不敢认门（4 分）

以 10 分为合格。

⓫ 会用小勺自己吃：

A. 全顿饭（12 分）

B. 半顿饭（10 分）

C. 完全由大人喂（2 分）

D. 跑来跑去追着喂（0 分）

以 10 分为合格。

⓬ 上楼梯：

A. 自己扶栏上，两脚交替上台阶（10 分）

B. 大人牵一手上，双足踏一阶（7 分）

C. 抱着上楼梯（0 分）

以 7 分为合格。

结果分析

1、2、3、4 题测认知能力，应得 38 分；5、6、7 题测手的精巧，应得 26 分；8、9 题测语言能力，应得 19 分；10 题测社交能力，应得 10 分；11 题测自理能力，应得 10 分；12 题测运动能力，应得 7 分，共计可得 110 分。90～110 分为正常范围，120 分以上为优秀，70 分以下为暂时落后。哪道题在合格以下，可先复习上月该栏目的试题，然后再练习本月的试题。如果某题在 A 以上，可跨越本月试题，练习下月同一栏目相关的试题，使宝宝优点更加突出。

Part 15

第17~18个月
女宝宝养育

Di shiqi~shibageyue Nvbaobao Yangyu

第17～18个月女宝宝发育特点

女宝宝 17～18 个月体格发育指标

项目	年龄组	下限值	上限值
身高	17～18 个月	71.9 厘米	91.0 厘米
体重	17～18 个月	7.64 千克	14.90 千克
头围	18 个月	约为 46.4 厘米	
胸围	18 个月	约为 46.9 厘米	
牙齿	17～18 个月	出牙 10～12 颗	
囟门	18～30 个月	闭合	

第17～18个月宝宝发育状况

■ 感觉发育

宝宝一个月一个月地长大了，她对于新奇的事物给予越来越多的关注，对客体的永久性认识也日益成熟，注意力也更容易集中，其有效注意力可达 5 分钟左右。17 个月的宝宝能够说出几种颜色，图片可认出四五种物品，会认识三角形，会模仿着用笔画线。

这时的宝宝对各种事物都有着很强的好奇心理，她会经常观察自己感兴趣的事物，如她会经常观察父母的动作并进行模仿。此时的宝宝已有一定的辨认和分类能力，她会辨认出自己的物品，也能认出经常出现在她周围的人的物品。

■ 动作发育

宝宝的手指精细动作越来越灵活，她会用小勺吃饭，会自己端着杯子喝水，还会自己脱鞋子、帽子，还能一个台级两步地上楼梯。

宝宝现在喜欢爬上爬下，椅子、沙发、楼梯等都是她乐此不疲的玩具，而且宝宝身手敏捷，一不注意，你就会发现她爬到了危险的地方。宝宝不仅喜欢爬行，她还喜欢在父母的牵引下上下楼梯。这时的宝宝已经能自己戴上帽子，还会穿上不系鞋带的鞋子。

■ 语言发育

17个月的宝宝能够说出自己的小名，也会使用一些简单的句子和父母进行交流，当然，她已能理解更多的词语含义，父母发现此时的宝宝差不多已是一个可以平等对话的小人儿了。高兴的时候她还会哼唱一些简单的歌曲。

宝宝掌握的词汇量明显增多，可以有目的地说一些日常短语，如"再见"，她开始认真地学习语言，愿意和小朋友进行对话，也喜欢和父母唧唧喳喳地说个不停。

■ 心理发育

17个月的宝宝特别喜欢和人玩耍，愿意替父母拿这拿那，喜欢和父母玩追逐打闹的游戏，喜欢父母和她玩搭积木的游戏，已会背诵儿歌、诗词，会很卖力地在人前人后背诵。这个月龄的宝宝差不多都特别喜欢玩水。

探索的天性在宝宝那里依然很强烈，她喜欢爬椅子或钻到桌子下面去探索未知的世界，总想着独立地完成任务。喜欢从事冒险的活动，这个时期的宝宝也喜欢玩竞争游戏，当父母输给她时她更是乐不可支。

■ 其他发育

宝宝的记忆能力有了很大的提高，她能够记住父母给她讲的故事的大概情节，也爱听父母讲故事并能够听懂，她会依照指令将物品归类，将积木堆积起来。在音乐理解方面，她会随着音乐节奏扭动身体，并能够记住常听的音乐。她会区别多少，可以用手指表示数字。这个月的宝宝已能主动运用表情表达自己的喜、怒、哀、乐等。

宝宝逐渐意识到自己可以帮助父母做事，并感到很高兴。宝宝会按照父母的指示在电话机话盘上拨号。在音乐理解方面，她会做出相应的动作，喜欢喜庆欢快的音乐。在记忆力方面，她会将书翻到自己喜欢的地方，并煞有介事地看书。她还能听懂情节简单的故事。

第 17～18 个月宝宝的日常保健

此时训练宝宝大小便比较好

训练宝宝大小便，通常在宝宝 1 岁零 6 个月到 2 岁之间可以开始进行，选择气候较好时，不穿裤子也不会冷的室温下来训练较为合适，如春末、夏天或秋初。

父母或主要照顾者要先做好心理准备，了解每个宝宝的身心发展速度不一，理解能力也不同，因此宝宝需花多长的时间才能学会自己大小便也当然不同。

训练宝宝排便的最佳时机

当宝宝肌肉、神经（能走路、蹲下、起立）发育与心智发展（有模仿能力、理解能力）到一定的程度，就表示已到了训练大小便的最佳时机。以下是观察何时较适合开始训练宝宝大小便的时机。

❶ 每天排便的时间已较有规则性。在直肠括约肌发育得比较完全，能让大便在直肠中停留较长的时间以后。

❷ 尿布能保持 2～3 小时以上的干爽。表示膀胱已发育得较为成熟，可用膀胱括约肌的力量来控制。

❸ 听得懂父母的指示。当宝宝认知能力逐渐进步，能了解某些单字或语句之后，才能听得懂父母或照顾者对她所提出的口语指令，如宝宝该"嗯嗯""嘘嘘"等日常生活中所必须的行为，并且愿意配合。

❹ 能够出现想上厕所的表情或动作。经由语言或脸上表情或改变身体姿势或在游戏中忽然停下来，摸着自己的肚子，或已能感觉出便意或尿意，来要求你带她去厕所。

❺ 能够自己表达想上厕所的意愿。在宝宝感受到膀胱胀尿或下腹胀想上厕所时，能立即向大人表达。而且喜欢跟着你一起进到厕所，看着你上厕所，表现出好奇、想模仿的样子。

❻ 可以自己走到便盆前、脱下裤子、坐上便盆等。

如何训练宝宝大小便

首先，准备属于宝宝自己的儿童马桶，放置在明显且方便取得之处，例如小宝宝房间或最近的厕所等处。

接下来要谈的是，如何开始作训练？

❶ 刚开始训练时，先让宝宝习惯坐儿童马桶。此时期让他穿着衣服坐着即可，不用脱裤子坐，主要是告诉小宝宝，并让他熟悉马桶的用途及何时使用。

❷ 宝宝熟悉自己的儿童马桶之后，可以尝试将尿布拿掉坐在上面。要注意儿童马桶须稳固且让小宝宝双脚能完全着力，因为这对排便运动相当重要，然后可以逐渐增加坐儿童马桶的次数，成

为宝宝生活的一部分。

❸ 宝宝习惯且没有压力之后，如果来不及到马桶就已经尿下去或大便了，可以将脏尿片丢在马桶内，然后告诉小宝宝这是排泄物该去的地方。

❹ 接下来在没有垫尿布的情形下，可以在定期地点提醒她是否要去尿尿或解便，此时可以穿一些训练用的裤子。

❺ 夜间的训练通常是在白天没问题之后才开始，记得宝宝睡前及醒来应马上带她去上厕所。夜晚小便训练有可能要到 3～5 岁才能完成。

➕ 养育小叮咛

训练宝宝大小便，男女宝宝有无差异

　　根据目前临床上的研究及统计数据，都显示出女宝宝能比男宝宝较早学会控制大小便，训练期也较短。一般而言，宝宝刚开始不太能区分大小便，然而女宝宝完成大便训练后，比较会区分大小便的不同。女孩由母亲教较为合适，因为女宝宝除了在大人的协助指示下自己学习外，也可经由模仿女性长辈上厕所的历程，累积经验，由于照顾者多是女性，自然学得比男宝宝来得快；男孩则由父亲教，尿尿也可逐渐由坐着变成站着。

🌸 训练宝宝大小便要有耐心

　　每一个孩子有其各自的发展脚步，有的可能快一点，有的可能慢一点，平均 1 岁零 6 个月到 2 岁之间都可开始训练大小便，而学习的快慢和小宝宝的发展成熟度有关。在这个发展过程，父母亲扮演了重要的角色，因此父母亲的态度很重要，对于宝宝如厕训练的达成，

应给予正向的鼓励，即使只是简单奖励或一句赞美的话，都能使她们的表现更好。千万不可表现出不耐烦、惩罚、怒骂，如此不但没有帮助，反而会使宝宝产生不愉悦，甚至害怕退缩。

　　教导及训练宝宝如何自我控制大小便，这是必经的过程，父母需要有相当大的耐心与爱心，不要给孩子太大的压力。尽可能使同龄的孩子大小便时，互

相观摩学习、互相称赞，较易达到训练及学习的效果。然而每个孩子的人格特质是有相当大的差异的，千万不可拿来相互比较，否则也会有反效果出现。

🌸 早训练宝宝大小便好吗

有一些父母为了想要向别人炫耀或证明自己的孩子有多厉害，会过早进行孩子的大小便训练；另外，有些压力可能来自孩子的爷爷或奶奶，因为他们通常会较急于训练孙女大小便；或有些幼儿学校希望宝宝已训练好大小便才准予入学。在训练初期，难免会碰上一些问题，有可能是时机未到，或宝宝身心发展还不到一定程度，太早训练只会徒劳无功。目前许多研究经验告诉我们，如果在1岁零6个月以前训练大小便，反而会让时间拉长至4岁才完成；相反地，如果大约在2岁以后开始进行大小便的训练，则平均在2岁零6个月左右便可完成大小便的训练。

在门诊常常遇见有些幼儿因为便秘，造成排便困难或肛门疼痛而不愿上厕所，碰到这种问题时，千万不要责骂或惩罚宝宝，以免孩子因害怕而心生恐惧，只会更加排斥。若是因便秘所引起的，只要给予适当治疗（如改变饮食习惯或给予药物辅助），问题便能解决；若是宝宝还未准备好，再给她一些时间，操之过急或态度严厉，只会造成反效果；若宝宝是因为不喜欢与便盆直接接触，可以暂时让她先包着尿布，坐在便盆上大小便。

大小便是一种自然的生理需求与本能，当小宝宝有某方面的成熟度，准备好了再开始训练如厕，比较有效，而不是以父母的认知来决定何时开始训练大小便。现今的研究已普遍认为，愈早训练宝宝大小便，则训练期反而愈长！

如厕训练是小宝宝发展的一个重要阶段，和她本身的器官发育成熟度与心智发展有大的关联。好好地陪小宝宝经历这段过程，常常拍拍手并且说"好棒哦"！除了自信与成就感的喜悦，更能增进亲子间的互动。

当然，如果你的宝宝到了4足岁，白天仍未能达成脱离尿布时，就要怀疑有些可能是先天泌尿系统异常造成，必须带去医院，让小儿科医生作进一步的检查与治疗。

🌸 小时头发稀疏长大会好吗

头发对女孩子而言，就如同面貌一样重要。所以如果头发比较稀，而且长得慢的话，一定会让父母相当地担心。然而，头发的量因人而异，即使在出生的时候头发少，也不必担心。

而性激素与体毛的生长有相当大的关系。婴儿在刚出生的时候，身上会覆盖着细细的胎毛。逐渐长大了之后，柔软并且细细的体毛，就会代替原本的胎毛。到了青春期，男孩子就会分泌男性激素，长出胡子以及体毛，并抑制头发的生长。女孩子到青春期，也会分泌女性激素。女性激素会促进头发的生长，并抑制胡子以及体毛的生长，所以女性秃头的概率就没有男性那么多。

头发稀也能打扮，如果女儿头发稀也不必太过于担心，可以替她选择一顶帽子。各式各样的帽子搭配衣服，可以做出许多可爱的造型。等到小孩子稍微大一些，可以给她戴上发圈。

➕ **妈妈经验谈**

我闺女的头发真的是少得可怜。所以，每次外出，我都会给她戴上帽子。不过，当她越大，头发也越长越多，2 岁的时候她的发量就和其他孩子差不多了。所以孩子年幼的时候发量少不需要太过于担心。

——圆圆妈妈

父母应放手让孩子活动

宝宝走得稳了，活动范围扩大了，随之而来的是开始有了独立性的萌芽。你也会明显地感到，能自由活动的宝宝更接近于一个完整意义上的人了。

对待初步独立的宝宝，你的态度开始发生改变，宝宝不再完全地依赖你了，所以，这时的你要弄清楚宝宝能做些什么，不能做什么，要让宝宝有适当的独立活动的机会和自由。

这时的宝宝对一切都充满好奇心，有一种喜欢活动、喜欢探索的冲动。你对她的温情和爱抚在她的眼中已经不如以前重要了，你的关照有时可能变成了一种限制，宝宝甚至不愿接受。所以，你不妨适当地放开手，如一块安全的空地、秋千、木马等，对喜爱摇晃、跳跃的宝宝，是很有用的。

宝宝已不容易长时间安静地坐住了。她喜欢大人带她出去散步、兜风。一个在家里不安分的宝宝一旦外出，往往把全部兴趣都指向外部环境，能够安静地在娃娃车上让你推很长时间。因此要善于利用你的观察，找出宝宝喜好的活动。

日常起居时间的安排，也要尽可能地富于弹性。如果宝宝不喜欢某项作息时间，不妨暂时停止执行，等宝宝已经忘记反抗了，再继续试行。这样会省去很多纠缠时间。

第 17～18 个月宝宝的喂养

被人叫小胖妞怎么办

婴儿时期长得圆圆滚滚的是很普遍的，家长一般不用过于担心。但是如果1岁多了还是胖胖乎乎的体型，妈妈自然要担心了。在这一个时期，小孩子在身高以及体重方面，都是属于个人差异性蛮大的时期，所以，如果家长很担心的话，不妨试着绘制婴儿的成长曲线。

如果发现孩子的成长曲线，有稍微超出标准曲线的趋势，不要因此就减少辅食。但是要注意均衡的营养，控制油脂。食物如果比较松软，孩子就会吃得比较多一些，营养的吸收也会比较好一点。可以适时地让她吃一些比较硬的食物。如果活动多一些的话，身材自然就会比较苗条了。

小胖子形成的原因，绝大部分是出在遗传。如果双亲是属于肥胖型的，而小孩子也是小胖子的比例则非常的高。如果双亲不是肥胖型，小胖子的概率就会比较少一点，并非一定不会肥胖。也不能确定，即使是继承了父母亲的肥胖体质，就一定会变成小胖子。这是因为肥胖和饮食生活有很大的关系。

肥胖的家庭把过度的饮食当成很平常的习惯，肥胖的遗传体质，再加上变本加厉的过度饮食，这样肥胖会很自然地发生。所以，如果家中有人肥胖的话，要从小减少孩子油脂以及糖分的摄取。如果大人的饮食生活有所改善的话，孩子将来就能适应清淡饮食。

➕ 妈妈经验谈

我家女儿非常喜欢吃冰淇淋和果汁，每当她哭闹不休时，为了要让她安静下来，我就会给她吃这些东西。可是，当她逐渐长大之后，我发现她的体重增加得非常快速。所以，给她吃这些甜品的次数也就逐渐减少了。最近，她已经明显瘦下来了。

——娟娟妈妈

激素食品时代捍卫孩子健康

健康人体内的激素分泌处于平衡状态。如果过量进食激素会导致人体内分泌失衡，促使人体发胖，导致一些器官发生病变。对正在成长的儿童来说，避免食品与环境中的有害物质，警惕塑料制品中所含的化学成分影响健康非常重要。

食物中的激素来源于两种，一是食品中所固有的内源性激素，如大豆中的雌激素。另一种是人为添加的外源性激素，如饲养鸡养殖鱼类等水产品使用激素，种蔬果也会加入激素。给孩子选购食品要注意以下三点：

❶ 禽肉中的激素残余主要集中在家禽头颈部分，很容易造成孩子性早熟，所以要让孩子少吃鸡头、鸭头。

❷ 大量地摄入冬虫夏草、人参、桂圆干、荔枝干、黄芪、沙参等滋补中药，容易引起孩子性早熟，所以，家长不要过多给孩子进补。

❸ 花粉成分复杂，含有一些药效成分及性激素。儿童食用花粉制品，可能会出现性早熟及其他生理功能失调。

肉食中的激素残留更应引起重视，肉食中残留的主要是雌激素和雄激素，一般在肝脏、肾脏中浓度高；脂溶性药物容易在蛋黄中蓄积。豆类食品中的异黄酮含量是很低的，日常食用豆类食品不会造成性早熟。

注意孩子不要过量进食

人们总以为孩子吃得多，身体才会健壮。实际上进食过量对宝宝是不利的，主要有以下几方面的害处。

❶ 增加胃肠道负担。过量进食后，胃肠道要分泌更多的消化液和增加蠕动，如果超过宝宝的消化能力，就会引起功能紊乱，发生呕吐、腹泻。

❷ 造成肥胖症。长期过量进食，造成宝宝营养过剩，体内脂肪堆积，成为肥胖症。

❸ 影响智能发育，导致"脂肪脑"。因摄入的热能过多，糖可转变为脂肪沉积在体内，也沉积在脑组织，形成肥胖，使脑沟变浅，沟回减少，神经网络发育欠佳，使智能下降。过食可引起脑血流量减少，因为饱餐后，血液相对地集中于消化器官的时间较长，使脑部血流量减少的时间也延长，经常过食，使脑经常处于相对缺血状态，势必影响宝宝脑发育。过食可使宝宝大脑的语言、记忆、思维能力下降。由于过食后，使大脑负责消化吸收的中枢高度兴奋，而抑制了其他中枢，故影响智能的发育。总之，宝宝进食不是多多益善，而是必须养成适量进食的习惯。

另外，更不应该提倡睡前吃得过饱。其害处有：晚餐进食太多，睡觉易做噩梦，影响消化吸收，本来睡眠状态下胃肠道消化功能应减少，因过食就会增加胃肠道负担。易导致消化紊乱性疾病，造成夜间磨牙，发生遗尿，造成宝宝睡眠惊醒、烦躁不安。

哪些食物含钙多

对于宝宝来说，奶类是其补充钙的最好来源，500毫升母乳中含钙170毫克，500毫升牛奶含钙600毫克，500毫升羊奶含钙700毫克，奶中的钙容易被消化吸收。蔬菜中含钙质高的是绿叶菜，如大家熟悉的油菜、雪里红、空心菜、太古菜等，食后吸收也比较好。给宝宝食用绿叶菜，最好洗净后用开水烫一下，这样可以去掉大部分的草酸，有利于钙的吸收。豆类含钙也比较丰富，每100克黄豆中含360毫克的钙质，每100克豆皮中含钙284毫克。每天给孩子吃50克豆制品也是不错的选择。含钙特别高的食品还有海带、虾片、紫菜、芝麻酱、骨髓酱等，不过虽然含钙高，但吃的量应是有限的。

钙含量丰富的食物表			(以100克可食部计算)
食物名称	含量（毫克）	食物名称	含量（毫克）
虾米（海米）	555	白芝麻	620
牛乳粉	1797	鲮鱼（罐头）	598
芝麻酱	1170	奶豆腐	597
豆腐干	1019	脱水菠菜	411
虾皮	991	草虾、白米虾	403
榛子（炒）	815	羊奶酪	363
黑芝麻	780	芸豆（杂、带皮）	349
奶酪干	730	海带（干）	348
虾脑酱	667	河虾	325
荠菜	656	千张	319

资料来源：杨月欣.营养配餐和膳食评价实用指导.北京：人民卫生出版社.

宝宝生病怎样调整饮食

宝宝一旦生病，消化功能难免会受到影响，引起食欲减退。作为父母千万不可操之过急，而应合理调整宝宝饮食，例如：

❶ 对于持续高热、胃肠功能紊乱的患儿，考虑给其喂食流质食物，如米汤、牛奶、藕粉之类。

❷ 病情好转则应由流质食物改为半流质食物，除煮烂的面条、蒸蛋外还可酌情增加少量饼干或面包之类。

❸ 倘若患儿疾病已经康复，但消化能力还未恢复，表现为食欲欠佳或咀嚼能力较弱时，则可提供易消化且富于营养的软饭、菜肴。

❹ 宝宝恢复如初，饮食上就不必加以限制。这时应注意营养的补充，包括各类维生素的供给，并应尽量避免给宝宝吃油腻和带刺激性的食物。

给孩子适当吃些硬食

给宝宝吃些细软的食物，有利于消化和吸收。但宝宝若长期吃得过于细软，则会影响牙齿及上下颌骨的发育。因为宝宝咀嚼细软食物时费力小，咀嚼时间也短，可引起咀嚼肌的发育不良，结果上下颌骨都不能得到充分的发育，而此时牙齿仍然在生长，会出现牙齿拥挤，排列不齐及其他类型的牙颌畸形。

若常吃些粗糙耐嚼的食物，可提高宝宝的咀嚼功能，乳牙的咀嚼是一种功能性刺激，有利于颌骨的发育和恒牙的萌出，对于保证乳牙排列的形态完整和功能完整很重要。宝宝平时宜吃的一些粗糙耐嚼的食物，有红薯干、肉干、生黄瓜、水果、萝卜等。

鲜奶和配方奶粉哪个对孩子更合适

从科学上说一定是配方奶好。蛋白质构成、母乳以及根据母乳研制生产出来的配方粉都是乳清蛋白为主，酪蛋白为辅，这两个比例是6∶4，乳清蛋白占6，酪蛋白占4，而牛奶的比例是反过来的，甚至以酪蛋白为主，酪蛋白高，在胃里会形成凝块，不会消化，使孩子消化吸收不好，同时这些代谢要从肾脏排出，使小孩子肾脏负荷变重。还有钙、磷比例，虽然牛奶里钙的含量比配方奶粉和母乳里的都高，但是钙的吸收需要钙和磷有恰当的比例，牛奶比例不恰当，所以母乳和配方奶粉肯定会优于牛奶。配方奶粉里还有碳水化合物、脂肪以及维生素的添加，铁的强化，这是牛奶里不具备的。因此推荐 1 岁以内的婴儿用配方奶粉，因为它适合小孩子的生长发育，能够更接近母乳，使孩子生长发育更均衡，而不会出现过度的肠道和肾脏功能的负荷。1 岁以上或者 3 岁以上，可以选择鲜奶。3 岁以内都有专门的配方奶粉，营养素都是强化的。

育儿难题 Q & A

Q：我的宝宝 1 岁半，前一阵子她生病时流鼻水，我不知道鼻水到底要不要吸出来？不吸出来会怎样？

A：鼻水多时常会伴随鼻塞、鼻子不通，甚至需要张开嘴巴呼吸，弄得宝宝吃不好也睡不好，让家长们很棘手。

导致流鼻水的原因非常多，而导致的原因也与后续的治疗息息相关。常见造成鼻水的原因包括病毒感染或接触到一些过敏源，此时鼻黏膜上的微血管会扩张而引起鼻充血以及过多的分泌物产生，若伴随有细菌性感染时，则可能流出黄绿色的流脓鼻涕。

治疗方面，多喝水、多休息。另外增加空气中的湿度亦有帮助（尤其是洗澡时的热气）。清除鼻水时，可以将鼻孔外侧的分泌物用棉花棒以慢慢旋转的方式清除，绝对不建议使用机器去吸鼻水，因为会使肿胀的鼻黏膜受到二次伤害。药物治疗的效果在于减轻症状，同时也要注意嗜睡、心跳加速或冒冷汗等不良反应。

绝大部分感冒引起的鼻水会于一星期内缓解，如持续时间过长或反复时，过敏性鼻炎的机会也大大提升，此时应就医作进一步的诊断。

Q：乳牙迟早要掉落，是不是蛀掉也没关系，等恒牙长出来再保养就可以了？

A：这是极为错误的观念。事实上，乳牙绝对会影响日后恒牙的发展，因此乳牙的保健十分重要。其原因包括：

❶ 当乳牙蛀到牙神经处，除了宝宝会感到不适及影响咀嚼功能外，一旦恶化向下侵犯到下面发育中的恒牙牙胚，就有可能影响恒牙的发育。

❷ 一颗牙齿蛀掉后，与其相邻的牙齿就会往前推进，将来会阻碍恒牙的生长空间，使得宝宝长大后，齿列变得拥挤、不整齐，将来还必须作牙齿矫正，花费的时间和金钱更多。

Q：我宝宝的牙缝好大，有关系吗？

A：这是正常的现象，爸妈不必担心，因为将来的恒牙比乳牙大且颗数多，牙缝大，将来才有长恒牙的空间。要担心的反而是乳牙的牙缝太密合，将来宽大的恒牙长出来时空间不够，太挤就会造成齿列不整齐。

Q：宝宝长牙会发烧吗？

A：宝宝长牙时轻微的发烧是正常的，这是牙齿穿出口腔黏膜时，所引起的正常发炎反应。但若发烧超过38.5℃则要注意，因为在婴儿长牙阶段（约6个月大）时，从妈妈身体所产生的抗体已逐渐消失，正是婴儿免疫力青黄不接的时期，所以可能罹患感染性疾病。

第17～18个月宝宝的早教方案

孩子要从小有时间概念

1岁半的宝宝的时间概念是借助于生活中具体事情或周围的现象作为指标的，比如早晨就是起床时间，晚上就是上床睡觉时间。待宝宝长到5岁左右，才能根据天气变化理解时间。时间概念教育主要是让孩子养成不磨磨唧唧、拖拖拉拉的生活习惯。

❶ 从小就应该让宝宝养成规律的生活习惯。让宝宝知道早上要穿好衣服出门，晚上等爸爸或妈妈下班，虽不必让宝宝知道确切时间，但可经常使用"吃完午饭后"、"等爸爸回来后"、"睡醒觉后"等话作为时间的概念传达给宝宝，而且让宝宝等到应诺的时间。

❷ 充分利用钟表。宝宝虽然认识钟表所代表的含义，但还得要宝宝明白表走到几点就可以干哪些事情了。比如用形象化的语言告诉宝宝："看，那是表，那两个长棍棍合在一起，我们就吃午饭了，12点了……"给宝宝在手上画个手表："宝宝几点了？我们该干什么了？"不断地这样问宝宝，让宝宝有看表的意识。

❸ 父母要以身作则，答应宝宝的事一定要在说好的时间内做到，这样才能在宝宝心目中树立守时的观念。也要培养宝宝节约时间的习惯，父母自己树立榜样，不拖拉。常常在讲故事、做游戏等时间里告诉宝宝要抓紧时间，不能浪费时间。

父母要鼓励宝宝多用左手

人的大脑是非常复杂但又精巧的。多数人因经常使用右手而使其左脑能得到足够刺激，语言与逻辑分析、数字处理及记忆等都由左脑"掌管"。但应变能力、创造力、形象思维能力是由右脑管辖的。因此要开发宝宝的右脑，鼓励宝宝使用左手是很有必要的，因为人的双手与左右脑是交叉支配的。现在的宝宝使用左右手的时候，总是随机的，父母不要因为宝宝使用左手而进行纠正。

宝宝语言发育迟缓的原因

小儿到了 18 个月仍不会说话，或者在 3 岁半时说不出整句句子，一般属于语言发育迟缓。那么，是哪些因素造成幼儿语言发育迟缓呢？

❶ 听觉问题。听觉的问题大致有 3 种：失聪、环境太宁静及环境太嘈杂。失聪的宝宝可能完全听不到声音，或者听不到某些音频的声音，这样或多或少影响了宝宝接收外界声音的能力，也妨碍了发展语言的能力。环境太宁静会减慢宝宝的语言能力发展，而且是十分常见的原因。父母往往忙于工作，抽不出时间跟宝宝沟通，宝宝身处这样的环境下，缺乏外来的启发，要学会说话自然较慢；环境太嘈杂对宝宝的语言能力发展同样没有好处。例如家里的电视机声音十分大，宝宝根本听不清楚外界的声音，谈不上可以吸收外界的说话信息。

❷ 脑部问题。如果宝宝的智力发展迟缓，说话能力通常会受影响。

❸ 发声器官问题。例如，宝宝出生时已经有舌头或咽喉肌肉动作不协调，这些缺陷可以令宝宝较难发展语言能力。

❹ 遗传方面问题。假如父母幼年时都较迟才会说话，他们的子女亦有较大机会步父母的后尘。

让宝宝尽早学会说话，最重要的还是让宝宝接受适量的外界刺激，要让宝宝多听说话及声音，才可以刺激他们的语言能力发展。父母要与宝宝多说话、多沟通。

做孩子的数学启蒙老师

❶ 吃水果的时候，告诉宝宝大的重、小的轻。

❷ 给宝宝喝水的时候，用不同大小或不同形状的杯子装。

❸ 切蛋糕的时候，告诉宝宝一个蛋糕可以切成许多块。

❹ 吃糖把糖纸留下，叠成小人，让宝宝按花色分类。

❺ 吃饭的时候，让宝宝分发碗筷，知道一个人要两根筷子、一个碗。

❻ 带宝宝出门，和宝宝一起数数楼梯。

❼ 带宝宝上街，教宝宝看橱窗。

❽ 吃饼干的时候，问问她喜欢方的还是圆的。

❾ 和宝宝一起数数，从沙发走到厨房要走多少步。

⑩ 买玩具时，注意买和数学学习有关的玩具，比如天平、拼图等。

催促，会对孩子产生负面影响

不经意脱口而出的催促却可能造成孩子的学习危机！对于正在学习各种事物的孩子来说，赞美是她建立自信心的重要基石，然而你的催促、不满意，极可能让孩子出现以下的负面表现。

❶ 不专心。因为她过去经常在专心学习时被人打扰、被人催促，造成她有随时随地会被人中断的危机感，因此不容易专心去做事情，会经常表现出分心、三心二意的态度。

❷ 不持续。因为不专心，就不会在做事的过程中发掘趣味，因此变得对事物没有耐心，做什么事情都有不容易持续的问题。

❸ 不独立。催促的语言经常伴随着不满意的成分，敏感的孩子往往更加没有自信，久而久之，她会习惯等大人来帮她完成事情，以免多做多错，也会比较没有责任感。

❹ 不主动。当父母"急"习惯了，通常会变成自己来比较快的结果。于是父母决定了孩子起床、出门、洗澡的时间，因为反正到时候有人会像闹钟般地准时催促她，孩子因此逐渐丧失自动自发的能力。

■ 你是"急"父母吗

□孩子玩具收得慢，会忍不住过去帮忙收。

□孩子吃饭拖拖拉拉，会认为妈妈来喂比较快。

□每天都在对孩子说"赶快""快一点"！

□孩子自己穿衣或穿鞋的过程，经常让你等得很不耐烦。

□不论吃什么、穿什么、买什么，总是主动帮孩子作决定。

你打了几个钩？超过 3 个钩，请妈妈思考一下，你留给孩子的时间是否总是太短、太急促！

孩子老是慢吞吞的原因

在谈解决办法之前，家长必须先了解孩子拖延的原因。其实孩子大部分是无意的，但有意拖延的因素也占一小部分。

❶ 天生慢吞吞型。天生气质属于趋避性比较强、适应度比较低的孩子，她接收

到一个新事物或新指令时，都需要时间调适一下才能进入状况。

❷ 注意力分散度较低。注意力分散度较低的孩子，因为专注于前一件事，无法在接获一个新指令时，马上回神来处理，也会给人慢半拍的感觉。

❸ 感觉动作失调。由于社会的变迁，目前感觉动作失调的孩子比例不低，情况较轻者常见手脚笨拙，做起事来会有慢吞吞、杂乱无章的现象。

❹ 缺乏时间观念和次序感。5足岁以下的孩子，还没有明确的时间观念，如果家长经常用"限你10分钟内做完"这类指令来要求孩子，孩子不明白10分钟到底有多长，因而会让家长觉得她爱拖延。

❺ 缺乏生活自理经验。大人保护过度及父母过度代劳，这类型的孩子因为实践经验少，一旦要独立做事时，就容易显得笨手笨脚、慢吞吞。

此外，父母个性太急而主观认定孩子拖拖拉拉；从小让孩子过度自由，孩子习惯不动手不动脑做事，造成凡事懒散、拖延的不良习惯；或者孩子对该做的事缺乏兴趣或觉得困难，只要遇到没兴趣或困难的事就用拖来逃避则属于有意拖延。

■ 你家有"慢"孩子吗

□ 我的孩子生活大小事，凡事要人催。

□ 家中宝贝缺乏实际的生活自理经验。

□ 对于大人的催赶，经常是嘴巴回答说"好"，却没有实际付诸行动。

□ 面对较困难、不擅长或不好玩的事会出现逃避、不想做的反应。

□ 在接收到新事物或新指令时，都需要时间调适一下才能进入状况。

一共有几个钩？若超过3个钩，面对家中的"慢"孩子，妈妈要多体谅并配合，通过适当的沟通与教养，亲子关系会更和谐。

"急"父母必修"慢"教学

台湾专家游乾桂在《嬉游记——用玩乐启发孩子的大智慧》一书中写道："我发现孩子身上一直遗留着父母的特质，不论好坏照单全收，而看见的多数是坏的，比方说叫嚷着快快快的孩子，一定有着急惊风的父母，他们的生活不优雅，犹如快速部队。老了之后我们将发现快的坏处，当我们以慢为师时，儿女也许会在你进入他的车子时，不耐烦地对你喊快快快。"

你也是一天当中多次说着"快一点"这类催促语言的父母吗？请你想一想，为什么需要催促孩子？催促往往是时间紧迫的意思，是孩子的时间不够，还是大人的时间不够？而且孩子有因为你的催促而快一点，或者更快学会一件事了吗？如果没有，为何还要不厌其烦地继续催赶呢？

换句话对孩子说吧！"慢慢来，我等你"这句话说起来不难，也请家长实际试着这么做。放慢你的思绪与脚步，给孩子多一点学习与玩乐的时间，多花一点时间陪伴孩子做她想做的事，让我们和孩子一起学习与实践慢工出细活的道理，并从中获得宝贵的经验及无价的快乐。

尊重孩子的先天气质

每个孩子有她自己与生俱来的独特特质，我们称之为"气质"。所有父母都应该培养对孩子的敏感度，要从细微处去观察孩子，发现孩子的先天气质，如果孩子做每一件事都是没有理由的"慢"，那很可能她先天就是所谓的"慢郎中"；或许她的大脑思考比别人要多一些时间，或许她在思考时会比别人想得更多，或许她需要一定程度的喘息才能作出反应，这些都需要父母的了解与包容。

此外，孩子有个别差异，发展快慢各有不同，而根据0～6岁婴幼儿发展历程来看孩子，在2岁前后，是独立自主性最强的时期。这时期的孩子比较自我，会很想自己把事情做好，例如想自己穿鞋、穿衣服等，此时父母若不给机会或是不给足够的时间让孩子学习与练习，那么孩子日后可能会干脆要你帮她穿，因为你总是嫌她做得慢、做得不好。

事有轻重缓急，若是在有时间限制的情况下，像是上学、看表演等事情，就要事先提醒她避免迟到；而若非紧急事件，如吃饭、洗澡等，不妨就让孩子自在轻松些，父母可以不用催促她，让她自己选择完成的时间。和孩子之间尽量维持良好的互动，不要让亲子关系因催促、怒骂变得紧张兮兮。

教女孩子不疾不徐稳重有序

■ 刺激感觉动作的协调发展

❶ 掌握0～6岁的关键期。孩子0～6岁之间神经系统和感官知觉的发展良好与否，是她将来各方面认知学习是否良好的重要基础。所以父母在这段时期，应提供适当的活动空间和机会，来协助孩子的感官知觉及动作连续发展。

❷ 养成良好的生活习惯。孩子的习惯常规养成从小开始，父母自己就要先做好榜样，例如，吃饭前要先洗手，睡觉前一定要刷牙，起床后将棉被折好，不边看电视边吃饭，玩具玩完归位……让孩子学习你的好习惯。

❸ 给予生活自理的机会。从学龄前开始，就要依孩子的年纪与能力，让她学习打理自己的生活，如自己吃饭、穿衣、收拾玩具等，家长要适当鼓励并教导孩子自己去做。

■ 建立时间观念和次序感

❶ 从生活教育建立起。5岁以下、还看不懂时间的孩子可利用生活教育教导时段观念，例如，吃饭前要把玩具收好，吃完饭后可以做什么，出门前要先做什么事等，可以建立孩子的次序感和

时段观念。

❷ 改变你的教养模式。大人和孩子的时间观念不同，若你希望孩子能早点起床，最好的方法是和孩子一起早点上床睡觉并提早起床，给孩子充裕的准备时间，父母就不用心急，这是解决问题并防止自己发脾气的好方法。

❸ 改变亲子对话方式。父母凡事催促，除了孩子拖之外，也源于父母自己的急和不恰当的教育习惯。若孩子真的需要人催时，把"快一点"改成"现在8点喽"，要出门时问她"出门之前该做哪些事啊"，她如果说不出来，可以把该做的事先叙述一遍，并请她复述一遍再去进行。

■ "急"父母请以身作则

❶ 做好自己的时间管理。学龄前的孩子并没有时间规划的能力，生活节奏大部分依赖父母的安排，因此父母最好在催促孩子快一点之前，先将自己的生活计划好，时间管理好。

❷ 别拿高标准面对孩子。如果你是急性子的家长更应该谨慎对待要求孩子的标准。每个孩子都是经过完整的历程——探索、发现、学习，才能将所学的事情运用出来，这是父母急不得也催不来的，请小心别扼杀了孩子的学习乐趣。

❸ 提供充分的学习时间。给孩子足够的时间和空间去学习，"错中学"为她预留第二次学习的机会，甚至三次比两次好，让孩子花点时间去思考、去体验挫折，有经过"完整学习内涵"的孩子才能有比别人"快"的优势！

❹ 别让"快一点"变成口头禅。大人不经意的言语或行为，很容易打击到孩子的信心，如果孩子已经表现得不错，千万不要有口无心地再催促孩子，或者在其他人面前数落她，这些都会让孩子无所适从，没了自信心。

17～18个月宝宝的智能测评

❶ 认识几种交通工具：汽车、马车、自行车、飞机、火车、轮船等：

A. 6种（12分）

B. 5种（10分）

C. 4种（8分）

D. 3种（6分）

E. 2 种（4 分）（7 种以上每种递增
1 分）

以 10 分为合格。

❷ 认颜色：红、黑、白、黄等：

A. 3 种（15 分）

B. 2 种（10 分）

C. 1 种（5 分）（3 种以上每种递增
3 分）

以 10 分为合格。

❸ 认数字或汉字：

A. 3 个（15 分）

B. 2 个（9 分）

C. 1 个（5 分）

（4 个以上每个 3 分，5 个以上每个
2 分，10 个以上每个 1 分递增）

以 9 分为合格。

❹ 认识家庭照片中的亲人：

A. 6 人（14 分）

B. 4 人（12 分）

C. 3 人（9 分）

D. 2 人（6 分）

E. 1 人（3 分）（6 人以上每人增加
2 分）

以 12 分为合格。

❺ 拿蜡笔画长线，为鱼点眼睛，
会画圆（封闭的曲线）：

A. 3 项（15 分）

B. 2 项（10 分）

C. 1 项（5 分）

以 10 分为合格。

❻ 说出自己"1 岁"，伸食指表示：

A. 会说（6 分）

B. 伸指（3 分）

以 6 分为合格。

❼ 背儿歌：

A. 全首（15 分）

B. 背两句（10 分）

C. 背押韵字（6 分）（每首儿歌递
增 5 分）

以 10 分为合格。

❽ 替大人拿东西，如拖鞋、板凳、
日用品：

A. 4 种（10 分）

B. 3 种（8 分）

C. 2 种（4 分）

D. 1 种（2 分）（4 种以上每种递增
2 分）

以 10 分为合格。

❾ 自己端杯喝水，少洒：

A. 自己端杯（5 分）

B. 大人端杯（3 分）

C. 用奶瓶（0 分）

以 5 分为合格。

❿ 自己会去坐便盆：

A. 白天不湿裤子（12 分）

B. 偶湿裤子（9 分）

C. 每次要大人提醒（6 分）

D. 要人把（0 分）

以 9 分为合格。

⓫ 跑步：

A. 自己渐慢停止（12 分）

B. 扶人扶物停止（10 分）

C. 大人牵着跑步（5 分）

D. 不敢跑（记 0 分）（跑得快增加
3 分）

以 10 分为合格。

⑫ 踢球：

A. 不必扶物或扶人（9分）

B. 扶人扶物才踢球（6分）

C. 牵手踢球（3分）（跑步踢球增加3分）

以9分为合格。

结果分析

1、2、3、4题测认知能力，应得41分；5题测手的技巧，应得10分；6、7题测语言能力，应得16分；8题测社交能力，应得10分；9、10题测自理能力，应得14分；11、12题测运动能力，应得19分，共可得110分。90～110分为正常范围，120分为优秀，70分为暂时落后。哪道题在合格以下，可先复习上月该栏目的试题，然后再练习本月的试题。如果某题在A以上，可跨越本月试题，练习下月同一栏目相关的试题，使宝宝优点更加突出。

Part 16

第19~20个月
女宝宝养育

Di shijiu~ershigeyue Nvbaobao Yangyu

第 19～20 个月女宝宝发育特点

女宝宝 19～20 个月体格发育指标

项目	年龄组	下限值	上限值
身高	19～20 个月	73.5 厘米	93.3 厘米
体重	19～20 个月	7.95 千克	15.53 千克
头围	20 个月	约为 46.7 厘米	
胸围	20 个月	约为 47.3 厘米	
牙齿	19～20 个月	出牙 11～13 颗	
囟门	18～30 个月	闭合	

第19～20个月宝宝发育状况

1 岁半多的宝宝腹部前突已较以前减轻，大小便已完全能够自我控制。

■ 感觉发育

19 个月的宝宝更注意观察父母的一些动作并努力模仿。宝宝能观察并认识物体的性质和特征，并能根据父母的指示找出正方形和三角形，这个时期的宝宝已能看到很远地方的物体。

■ 动作发育

这段时期的宝宝似乎总是闲不住，一会儿跑到这里，一会儿会爬到桌子底下、沙发背后，爱动是这个时期宝宝的最大特点。宝宝会向不同的方向抛掷皮球，还会用蜡笔在纸上画出线条等。

宝宝已能用 6～7 块积木进行堆积，会用脚尖走 3～4 步远，一些宝宝还特别喜欢玩剪刀剪纸的游戏。

■ 语言发育

这个时期的宝宝说话明显增多，大约已能说出 50 个以上的单词，宝宝开始进入双词句阶段，慢慢地将两个词合在一起练习，父母要注意在这个时期加强对宝宝语言方面的训练。

■ 心理发育

这个时期的宝宝喜欢爬上爬下，还喜欢伴随着音乐跳舞，喜欢念儿歌，听父母讲童话故事，还喜欢数数字。

宝宝的语言能力有了进一步的提高，她能有目的地说出一些句子，还能指着图片说出物体的特征来。喜欢把周围的各种物体提来提去忙个不停。她喜欢听父母讲童话故事，也很乐意帮父母跑腿。

■ 其他方面发育

在思维方面，宝宝会对新事物有很强的好奇心，喜欢观察新鲜的物体，在音乐理解力方面，宝宝开始唱较长的但旋律简单的歌曲，还会随着音乐做模仿动作等。

宝宝有着极强的好奇心，她会认识物品的多少，给她少的东西她会不干。在情绪方面，宝宝会表现出比较复杂的感情，如嫉妒等。

第 19～20 个月宝宝的日常保健

让宝宝安全舒适地过夏天

夏天，宝宝（特别是 2 岁以前的婴幼儿）调节体温的中枢神经系统还没有发育完善，对外界的高温不能适应，加上炎热天气的影响，使胃肠道分泌液减少，容易造成消化功能下降，很容易得病。所以妈妈要注意夏天的保健工作，让宝宝健康地过好夏天。

❶ 衣着要柔软、轻薄、透气性强。宝宝衣服的样式要简单，像小背心、三角裤、小短裙，既能吸汗又穿脱方便，容易洗涤。

衣服不要用化纤的料子，最好用布、纱、丝绸等吸水性强、透气性好的料子，这样宝宝不容易得皮炎或生痱子。

❷ 食物应既富有营养又讲究卫生。夏天，宝宝宜食用清淡而富有营养的食物，少吃油炸、煎烹等油腻食物。

夏天给宝宝喂牛奶的饮具要消毒。鲜牛奶要随购随饮，其他饮料也一样，放置不要超过 4 小时，如超过 4 小时，应煮沸再喝，察觉到变质，千万不要让宝宝食用，以免引起消化道疾病。另外，生吃瓜果要洗净、消毒，水果必须洗净后再削皮食用。夏季，细菌繁殖传播很快，宝宝抵抗力差，很容易引起腹泻。所以，冷饮之类的食物不要给宝宝多吃。

❸ 勤洗澡。每天可洗 1～2 次，为防止宝宝生痱子，妈妈可用马齿苋（一

种药用植物）煮水给宝宝洗澡，防痱子效果不错。

❹ 保证宝宝有足够的睡眠。无论如何，也要保证宝宝足够的睡眠时间。夏天宝宝睡着后，往往身上会出现许多汗水，此时切不要开电风扇，以免宝宝着凉。既要避免宝宝睡时穿得太多，也不可让宝宝赤身裸体睡觉。睡觉时应该在宝宝肚子上盖一条薄的小毛巾被。

❺ 补充水分。夏天出汗多，妈妈要给宝宝补充水分。否则，会使宝宝因体内水分减少而发生口渴、尿少。西瓜汁不但能消暑解渴，还能补充糖类与维生素等营养物质，应给宝宝适当饮用一些，但不可喂得太多而伤脾胃。

不要忽视生活中的小事情

日常生活中有一些小事，往往容易被人忽视，但忽视了它们，就有可能影响到宝宝的健康。

有些父母买回水果用水冲洗后，还习惯用布擦一下才给宝宝吃，殊不知抹布很容易沾染致病微生物。

宝宝皮肤瘙痒时，父母少不了帮助搔抓止痒，但父母手指甲缝的细菌很容易在搔抓时通过宝宝破损的皮肤进入体内，而引起皮肤感染。

有的父母为了让宝宝脱衣服方便，喜欢给宝宝穿腰间勒松紧带的衣服。松紧带勒得太紧，会影响宝宝胃肠蠕动和血液循环，甚至影响胸部的正常发育。

大多数父母因爱宝宝而喜欢搂着他睡觉，但这种做法却是不卫生的。因为父母呼出的二氧化碳会被宝宝再吸进去，从而会影响宝宝的健康，造成宝宝缺氧，呼吸困难。

"是药三分毒"，不管是什么药，都要谨慎，别轻易给宝宝服用。

有些父母用报纸为宝宝包食物或擦屁股，这也很不卫生。报纸是用油墨印成的，加之经众人之手，会染上许多细菌，易使宝宝患病。

此外，有的家长一边哄宝宝一边抽烟，像这样的小事都是对宝宝的健康不利的。

教宝宝正确地擤鼻涕

感冒是小儿最常见的疾病之一。小儿受凉后容易感冒，感冒时鼻黏膜发炎，鼻涕增多，并含有大量病菌，造成鼻子堵塞，呼吸不畅。这个年龄的小儿生活自理能力还很差，对流出的鼻涕不知如何处理，有的宝宝就用衣服袖子一抹，弄得到处都是，有的宝宝鼻涕多了不擤，而是使劲一吸，咽到肚子里，这是很不卫生的，会影响身体健康，同时也会将病菌通过污染的空气、玩具传染给别人。因此教会宝宝正确的擤鼻涕方法是很有必要的。

在日常生活中，最常见的一种错误擤鼻涕方法就是捏住两个鼻孔用力擤，因为感冒容易鼻塞，宝宝希望通过擤鼻涕让鼻子通气。这样做不卫生，容易把带有细菌的鼻涕通过咽鼓管（鼻耳之间的通道）弄到中耳腔内，引起中耳炎，使宝宝听力减退，严重时由中耳炎引起脑脓肿而危及生命。因此父母一定要纠正宝宝这种不正确的擤鼻涕方法。

正确的擤鼻涕方法是要教宝宝用手绢或卫生纸盖住鼻孔，两个鼻孔分别轻轻地擤，即先按住一侧鼻翼，擤另一侧鼻腔里的鼻涕，然后再用同样的方法擤另一侧鼻孔。用卫生纸擤鼻涕时，要多用几层纸，以免宝宝没经验，把纸弄破，搞得满手都是鼻涕，再在身上乱擦，极不卫生。

孩子穿多少衣服合适

婴幼儿不能表达身体的感受，父母应该根据天气情况给宝宝增减衣服。怎样判断应该多加衣服或减少衣服呢？天气转凉时，多又不是，少更不是，多怕热着宝宝，少呢，又怕冻着宝宝，着实令父母很头痛，很费心。

一般情况下父母都会为宝宝穿上比较多的衣服。结果，湿了的皮肤和衣服被凉风一吹，便易着凉，这才是"内热"的真正原因。孩子一般不怕冻着，最常见和最易发生的反而是热着。有经验的老人也常说，宝宝冻着的病一服药就能治好，宝宝热着的病十服药才能治好。

父母穿多少，宝宝穿多少。同时要保持宝宝皮肤和衣服的干爽，如此宝宝既不会受到热着的威胁，也不会受到冻着的威胁，父母也就可以放心地照料宝宝了。

宝宝为什么会恋物

你的宝宝有从不离手的心爱玩具吗？当你把宝宝的玩具抢走，她会大哭大闹甚至不吃不喝吗？更有甚者，宝宝除了心爱玩具，对任何其他人和事都不会表现得如此依恋。同时，她好像很难适应新的环境，闷闷不乐、少言寡语。面对这样的宝宝，父母就要当心，她可能恋物成瘾了。

宝宝的恋物现象大多与情绪和环境有关。在婴幼儿期，宝宝会对妈妈形成一种依恋，例如，她会喜欢偎依在妈妈的怀抱里，这是一种积极的、充满情感的依恋。一般来说，宝宝从6个月起，就出现了依恋。2～3岁是建立宝宝与父母之间依恋感的关键时期，在这个时期，父母需要多花一些时间来与宝宝相处，建立良好的亲子互动。

如果宝宝经常与父母分离，或是因为疾病、恐惧，没有游戏、玩具及正常的人际交往等，便不能形成良好的依恋关系。于是，宝宝在情感发展过程中往往会出于情感需要而与某些物品建立起一种亲密的联系，将依恋转移到物品上。当感觉孤独、焦虑和恐惧时，她会紧紧地抱住物品，试图产生一种安全感——这就是宝宝恋物的原因。

以前这样的症状并没有引起父母们的重视，近年来，随着生活节奏的变快、竞争压力的增加，父母更强调对孩子的教育，而忽略了亲情的互动，导致有恋物瘾的宝宝越来越多。"恋物瘾"其实是一种轻微的孤独症。

1岁半还不会走路怎么办

1岁半的宝宝还不会走路，就属于发育落后了，一般弱智儿在大运动方面也都表现出发育落后。宝宝不会走路的原因有很多，首先应考虑宝宝大脑的发育有没有问题，腿的关节、肌肉有没有病；再者，父母有没有训练过宝宝走路，宝宝是否爬过，站得好不好，曾是否用屁股坐在地上蹭行过，是否过早地用了学步车，这些因素都会影响宝宝学会走路的时间。

宝宝一般在1岁左右就会走了，如果到了1岁还不能站稳，可以看看他的脚弓是不是扁平足。扁平足是足部骨骼未形成弓形，足弓处的肌肉下垂所致，父母可以帮她按摩按摩，并帮她站站跳跳。有的宝宝是脚部肌肉无力，无法支撑全身重量，大人要帮她增加肌肉力量。如果到了1岁半宝宝还不会走路，最好请医生检查一下，对症治疗。

怎样给宝宝捏脊

捏脊是一种帮助孩子祛病强身、效果明显且适于家庭操作的推拿法。小孩偏食、厌食、消化不良、营养不良、易感冒及一些慢性疾病都是适应证。

■ 捏脊的方法

❶ 让宝宝俯卧于床上，背部保持平直、放松。

❷ 捏脊的人站在宝宝后方，两手的中指、无名指和小指握成半拳状。

❸ 食指半屈，用双手食指中节靠拇指的侧面，抵在孩子的尾骨处；大拇指与食指相对，向上捏起皮肤，同时向上捻动。两手交替，沿脊柱两侧自长强穴（肛门后上3～5厘米处）向上边推，边捏边放，一直推到大椎穴（颈后平肩的骨突部位），算做捏脊一遍。

❹ 第2、3、4遍仍按前法捏脊，但每捏3下需将背部皮肤向上提一次。再重复第一遍的动作2遍，共6遍。

❺ 最后用两拇指分别自上而下揉按脊柱两侧3～5次。

一般每天捏一次，连续7～10天为一疗程。疗效出现较晚的宝宝可连续做两个疗程。

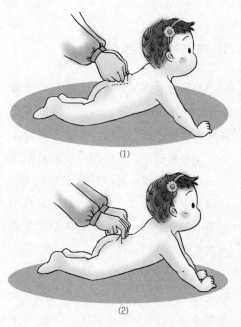

(1)

(2)

捏脊图

■ 捏脊要注意什么

❶ 时间。捏脊在早晨起床后或晚上临睡前进行疗效较好。每次捏脊时间不宜太长，以3～5分钟为宜。

❷ 温度。捏脊时室内温度要适中，捏脊者的指甲要修整光滑，手部要温暖。

❸ 年龄。捏脊疗法适于半岁以上到7岁左右的宝宝。年龄过小的宝宝皮肤娇嫩，掌握不好力度容易造成皮肤破损；年龄过大则因为背肌较厚，不易提起，穴位点按不到位而影响疗效。

❹ 手法。捏脊前要让宝宝露出整个背部，力求背部平、正、肌肉放松。手法宜轻柔、敏捷，用力及速度要均等，捏脊中途最好不要停止。

❺ 禁忌。宝宝背部皮肤有破损，患有疖肿、皮肤病及发高烧时要暂停。

第19～20个月宝宝的喂养

宝宝的喂养特点

有的宝宝快2岁了，仍然只爱吃流质食物，不爱吃固体食物，这主要是没有养成咀嚼习惯。2岁的宝宝牙齿快出齐了，咀嚼已经不成问题，所以，对于快2岁还没养成咀嚼习惯的宝宝只能加强锻炼而不能任其吃流食。有的父母图省事，让宝宝继续用奶瓶，这对宝宝心理发育是不利的。

宝宝对甜味特别敏感，喝惯了糖水的宝宝，就不愿喝白开水。但是甜水喝多了，既会损坏牙齿，又会影响食欲。父母不要给宝宝养成只喝糖水的习惯，已经形成习惯的，可以逐渐地减低糖水的浓度。吃糖也要限定时间和次数，一般每天不超过两块糖，慢慢地纠正这种习惯。你会发现，糖吃得少了，糖水喂得少了，宝宝的食欲却增加了。

这个阶段的宝宝每天吃多少合适呢？每个宝宝情况不同。一般来说，每天应保证主食100～150克，蔬菜150～250克，牛奶250毫升，豆类及豆制品10～20克，肉类25克左右，鸡蛋1个，水果40克左右，糖20克左右，油10毫升左右。另外，要注意给宝宝吃点粗粮，将近2岁的宝宝可以吃些玉米面粥、窝头片等。

怎样给宝宝选择零食

零食占儿童每天吃的食物的 20％ 左右，因此，妈妈要正确地给宝宝选择零食。色香味十足的市售儿童食品对宝宝来说难以抗拒，但把握尺度的还是妈妈。

■ 谷类零食

❶ 可经常食用：煮玉米、无糖或低糖燕麦片、全麦饼干、无糖或低糖全麦面包等。这些都属于低脂、低盐、低糖的食品。

❷ 适当食用：月饼、蛋糕及甜点。宝宝可以适当吃一些甜食，但不可过量，因为其中添加了中等量的脂肪、盐和糖。

❸ 限制食用：膨化食品、巧克力派、奶油夹心饼、方便面、奶油蛋糕等。这类食品最好不吃，因为含有较高脂肪、盐及糖。尤其是膨化食品，更是高油、高能量、高盐、高糖、高味精集于一身，长期大量食用会造成营养不足和脂肪积累。如果在饭前吃，还易造成饱胀感，影响正常进餐，而其中含有的铅还会影响儿童生长发育。

■ 薯类零食

❶ 可经常食用：蒸煮烤制的红薯、土豆等。薯类食物营养价值高，蒸煮是最好的烹饪方法，加工温度在 100℃左右，不会产生有害物质，而且有利于食物营养成分的保存与消化吸收，最益于人体健康。

❷ 适当食用：添加盐糖的甘薯球、地瓜干等。食品店销售的这类食品，是经过加工的，含有添加剂，不要经常给宝宝吃。

❸ 限制食用：炸薯片和炸薯条。这类食品的加工方式导致食物中含有很高的油脂、盐、糖和味精，长期摄取会导致肥胖或相关疾病，如糖尿病、冠心病和高脂血症等。

■ 坚果类零食

❶ 可经常食用：花生米、核桃仁、瓜子、松子、榛子等。坚果富含多种维生素和矿物质，富含的卵磷脂对儿童、青少年有补脑健脑作用。孩子小时可以压碎食用，大了可以整粒食用。

❷ 适当食用：琥珀核桃仁、鱼皮花生、盐焗腰果等。这类食物经过加工，已穿上糖或盐的外衣，给宝宝吃要适量。炒瓜子、炒花生虽没有添加辅料，但因油脂含量高，如保存不当，受高温和高湿度的影响，容易变质，食用时一定要当心。

■ 饮料类零食

❶ 可经常食用：不加糖的鲜榨橙汁、西瓜汁、芹菜汁、胡萝卜汁等，这类食物最好是家中自制，现榨现吃，新鲜蔬菜瓜果榨汁是最好的饮料。

❷ 适当食用：加了糖，并且果汁含量超过 30％ 的果蔬饮料，如山楂饮料、杏仁露、乳酸饮料等。购买这类食品，妈妈要仔细阅读说明。

❸ 限制食用：甜度高或加鲜艳色素的高糖分汽水或可乐等碳酸饮料。

■ 奶及奶制品

❶ 可经常食用：纯鲜牛奶、酸奶、奶粉等奶制品，这类食品营养丰富，富含蛋白质、钙、铁、锌等元素，有益健康。

❷ 适当食用：奶酪、奶片等奶制品。

❸ 限制食用：全脂或低脂炼乳。炼乳含糖量太高。

■ 蔬菜水果类零食

❶ 可经常食用：香蕉、苹果、柑橘、西瓜、西红柿、黄瓜等新鲜、天然食物。

❷ 适当食用：海苔片、苹果干、葡萄干、香蕉干等。这类已用糖或盐加工的果蔬干，虽挂水果名，但营养已大打折扣。

❸ 限制食用：水果罐头、果脯、枣脯等。在制作糖渍食品时，会损失原料的部分营养，而且蜜饯等通常含糖量较高，有些产品还会加入较多食盐或大量甜味剂、防腐剂和色素等，因此这类食品最好不吃。

■ 肉类、蛋类零食

❶ 可经常食用：水煮蛋等。这一类零食低脂、低盐、低糖，天然又极少加工。

❷ 适当食用：牛肉干、松花蛋、火腿肠、肉脯、卤蛋、鱼片等。这些零食虽然也有营养，但多数都是熏制及酱卤出来的，含有大量食用油、盐、糖、酱油、味精等调味品，并在制作中损失了很多营养成分，还添加了少量亚硝酸

钠作为防腐剂和增色剂，因此过量或长期食用会对人体造成伤害。

❸ 限制食用：炸鸡块、鸡翅、烤鸡等。这类食品主要成分为高脂肪和高盐，缺乏人体所需其他营养素，尽量少给孩子吃这类零食，以免增加肥胖、高血压及其他慢性病风险。

■ 豆及豆制品零食

❶ 可经常食用：豆浆、烤黄豆等。豆制品营养丰富，蛋白质含量高，对人体补充钙成分有极大的好处。

❷ 适当食用：经过加工的豆腐卷、怪味蚕豆、卤豆干等。

■ 糖果类零食

❶ 适当食用：黑巧克力、牛奶纯巧克力等。巧克力营养素含量相对丰富，却含有一定脂肪、添加糖，只能适当食用。

❷ 限制食用：棉花糖、奶糖、糖豆、软糖、水果糖及话梅糖等。吃糖太多不仅对牙齿不好，还会影响食欲，导致发胖。孩子吃糖太多会使眼睛糖化，从而导致近视。

■ 冷饮类零食

❶ 适当食用：质量好的鲜奶冰激凌、水果冰激凌等。这类冷饮不太甜，以鲜奶和水果为主。

❷ 限制食用：那些特别甜、色彩很鲜艳的雪糕、冰激凌等。过多摄入冷饮会引起小儿胃肠道疾病，也会伤害牙齿。

🍀 不适于幼儿食用的食物

❶ 一般生硬、带壳、粗糙、过于油腻及带刺激性的食物对幼儿都不相宜。有的食物需要加工后才能给孩子食用。

❷ 刺激性食品如酒、咖啡、辣椒、胡椒等应避免给孩子食用。

❸ 鱼类、虾、排骨肉都要认真检查是否有刺和骨渣后方可给宝宝食用。

❹ 豆类不能直接食用，如花生仁、黄豆等，另外杏仁、核桃仁等这一类的食品应磨碎或制熟后再给孩子食用。

❺ 含粗纤维的蔬菜，如芹菜、金针菜等，因两岁以下幼儿乳牙未长齐，咀嚼力差，不宜食用。

❻ 易产气胀肚的蔬菜，如洋葱、生萝卜、豆类等，宜少食用。

❼ 油炸食品。

🍀 豆制品不宜吃得过多

豆制品可以吃，但也不宜过多。因为豆类中含有一种能致甲状腺肿大的因子，可促使甲状腺素排出体外，结果体内甲状腺素缺乏。机体为了适应需要，就会促使甲状腺体积增大，以增加甲状腺素的分泌，而由于过多地分泌甲状腺素，就可能导致碘的缺乏，所以说豆制品可以吃，但也不宜吃的过多。

🍀 幼儿食品安全须知

■ 保色剂中的磷酸与硝酸盐类

磷酸盐（磷酸盐包括了磷酸钙、磷酸钾、磷酸钠等）在食品添加物里很常见，摄取过多磷酸盐时，就会影响钙质的吸收。

硝酸盐的毒性比较低，但硝酸盐容易受细菌分解而变成亚硝酸盐，而亚硝酸盐的毒性就高多了。含有亚硝酸盐的食品，容易产生名为亚硝胺的致癌物质。亚硝胺的产生来自以下几种情况：

❶ 高温加热。

❷ 吃了含有亚硝酸盐类的食品后，又吃进含有胺类的食品（如海产的干类或零嘴，虾干、鱼干、鱿鱼干）。海产干富含胺类物质，与含有亚硝酸盐类的食品合吃，也容易产生亚硝胺。孩子一周若食用（1次或1次以上）含有这类物质的产品，其得白血病的风险会因此增加76％。喜欢吃蔬菜和大豆制品的小朋友，相同情况下得白血病的风险则会减少50％，所以火腿、腊肉、培根、香肠、热狗这类制品，对孩子而言，还是建议少吃为妙。

亚硝胺还会出现在哪里呢？一些含有蛋白质且为腌渍的食品，像是大豆（黄豆）豆瓣酱、豆腐乳、咸鱼等。因为在腌渍过程中常常会出现粗盐，粗盐中就含有硝酸盐，硝酸盐经由细菌分解就成为亚硝酸盐，加上本身含蛋白质，经细菌分解后产生胺，因此两者相加就会产生亚硝胺。

该如何减少亚硝酸盐释出呢？火腿、腊肉等在烹调前要先煮过，煮过之后可使腌渍物的亚硝酸盐减少，烹调时形成亚硝胺的机会就会减少。此外，在吃这些食品的时候，与蔬菜同吃，则可抑制亚硝胺的产生。如腊肉炒蒜苗就是一例，腊肉在正式烹调前通常都会先蒸过、煮过，让亚硝酸盐含量减少，再加上蒜苗含有抗氧化物质，对抑制亚硝胺的形成达到双重的帮助。多吃蔬菜可降低亚硝胺产生的概率达50％，但多吃水果时，同样的风险并无降低。

幼儿阶段尽量不要去接触致癌物质，烧烤物或油炸物除了油脂含量较高外，也会让营养物质变性，同时，烹饪时将温度控制在一般温度（即100℃，蒸或煮的方式），因为这种方式不会让蛋白质变性成可能致癌的物质。

■ 膨松剂中的铝

多年前，铝锅因为有释出铝质而可能导致引发老年痴呆症的疑虑，一度让大家谈铝色变。实际上，很多人爱吃的开胃菜海蜇皮，以及不少人吃的早餐或点心松饼，日前也被验出含有铝的成分。

铝在食品上的运用很广，像膨松剂或某些奶精，成分里都可能含有铝。海蜇皮在加工时会添加明矾，而明矾是铝的复合物。铝的坏处最主要在于，对肾脏不好的人易造成负担。对肾脏尚未发育成熟的幼儿而言，也要尽量避免食用含铝食物。对肾脏好的人来说，其实

99％的铝都可以借由身体的正常运作来排泄出去。对肾脏不好的人来说，铝则容易引起贫血，因为铝会使铁质的利用受到干扰。

■ 食品中的肉毒杆菌

一直以来，大家购买真空包装的豆制品、腌渍食品，以为是清洁的，但肉毒杆菌属于厌氧的菌，因此真空包装食品不等于灭菌食品，建议加热后再食用。

家庭可能摄食的嫌疑食品包括真空包装豆干制品、塑料罐装腌渍蔬菜、腌猪肉及香肠等，原因多在食品处理、装罐或保存期间杀菌不完全，肉毒杆菌的孢子在无氧且低酸性的环境中发芽增殖，并产生神经性毒素。肉毒杆菌最容易为人所忽略同时也是最可怕的情况，就是家中自制腌渍物的制作或保存过程不当所引起的食物中毒。需经"长霉程序"而成的腌渍物，如咸菜、霉干菜、豆瓣酱、豆腐乳，因为经由长霉程序而来的食品常有黄曲毒素污染之虞，而黄曲毒素本身可能会引起肝硬化、肝炎、肝癌，因而降低人体的免疫力。孩童因为身体的解毒能力不好，所以更应少吃这类食品，最好能免则免。一般家庭浅腌即食的小菜则不包含在内。

所有真空包装的产品不要开袋即食，而是需要先煮沸10分钟，才比较安全。要防止中毒事件，有以下几点需留意：

❶ 勿购买或食用来路不明的罐头，或真空包装常温储存的非干燥食品。

❷ 选购罐头食品要注意有效期限与罐头外观的完整性。

❸ 家庭于腌渍或保存食品时，应将食物煮沸至少3分钟且要搅拌，或将 pH 控制在 4.5 以下。

❹ 食用真空包装的烟熏或腌渍食品，在食用前最好能充分加热。

■ 防腐剂 & 色素

防腐剂和色素用于食品的广泛度相当惊人！人工色素可使食物保色或改色，有的甚至可能引起孩子过动症，有的防腐剂则会引起过敏。

蛋糕、蒟蒻类产品等都含有过量防腐剂。虽然加了防腐剂的东西不会有肉毒杆菌，但坏处是，即使是法定用量，对孩子来说也可能会产生不良影响。常见的防腐剂己二烯酸与苯甲酸都容易引起小朋友的过敏反应（如异位性皮炎、气喘发作等，以皮肤过敏的形式最常见），对幼儿来说，接触到苯甲酸更为不妥。

有些食品名称为"草莓×××"，但实际上经检验后，发现并未使用草莓，其草莓味应是来自香料，如有些草莓夹心面包中的草莓酱实际上是食用色素红色6号，未使用草莓果实。家长在购买之前应该仔细看包装，是注明属"芒果口味"或"葡萄口味"等还是真正含有真实水果，才不会被误导。

有些人工色素对小朋友来说特别不好，像蓝色1号容易引发过敏；黄色4号、5号，红色6号、40号，则容易引起小朋友的过动。美国食品暨药物管理局（FDA）就规定，产品中若添加黄色4号、5号就要加注"可能使孩子过动"的警语。过动会使孩子的注意力不集中，以致影响学习，孩子出现这样的问题，很少人将之与每天吃的东西联系起来。

■ 此糖非彼糖

人工糖分的添加常出现在强调零热量的食品当中，有的人工甜味剂甚至有毒性。甜精是一种人造甜味剂，甜度比一般蔗糖高约 30～40 倍，所以常被添加在梅子或是李子类的蜜饯产品中，但豆浆内绝不可添加。甜精可用在瓜子及蜜饯的用量在 1.0 克/千克以下，碳酸饮料是 0.2 克/千克以下。过量的甜精会引起口干、肠胃不适、恶心及呕吐，长期食用更可能致癌。甜精的毒性比糖精更强，在法定使用上的规定很严格，只限于使用在蜜饯和碳酸饮料中，能添加的量也比糖精来得少。

■ 远离加工物

天然与新鲜的食物，本身含有的养分属于完整无缺的状态，包含所有原始的酵素、生命力和营养，因此对人体有维持、强健和滋养的作用。而加工食品已经失去许多有时甚至是全部的重要元素，以至于它们不但无法提供完整的营养，反而间接夺取了身体中的养分，导致身体衰竭或退化。

尽量吃生鲜食物，不吃加工品；多吃新鲜蔬果，果汁则要现打（最好自己打，打完后尽速饮用），超市内买到的果汁常常不是100％的纯果汁，若是100％的，也有可能被添加防腐剂，所以审视标示是很重要的。很多时候，我们会被加工食品上的标签误导，但其实不少加工品已失去大部分对身体有益的酵素和纤维素，而且，很多大品牌的加工食品也都含有化学添加剂，即使符合法定含量，但仍含有毒性，若不谨慎食用，很容易引发许多症状和疾病。如《最敢揭发加工食品的真相报告》一书说的："现代人吃进肚子里的东西有部分不是食物，而是被分解、合成、再制，以及添加许多化学物质的假食物。"这种食物是否跟饲料没什么两样？尽量让孩子远离加工品，也许才是上上策。

育儿难题 Q&A

Q：宝宝一着凉就流鼻涕、鼻塞，怎样护理？有什么缓解方法？

A：❶ 热敷：用湿热毛巾在宝宝鼻子上施行热敷。鼻黏膜遇热收缩后，鼻腔会比较通畅，黏稠的鼻涕也较容易水化而流出来。

❷ 垫高头部：在宝宝头部的床垫下方，垫上几个小枕头，让床垫有30°的倾斜度。鼻塞或流鼻水有时会影响宝宝的睡眠，此法只能稍微缓解宝宝的症状，但效果不长。

❸ 蒸脸器：蒸气湿润宝宝鼻腔，将大量鼻涕快速、自然地排除。蒸脸器不要太靠近宝宝，一次使用时间不宜太长，约3分钟即可。

❹ 吸鼻器：吸鼻器有电动式和人工式，一次可以吸取大量鼻涕和分泌物。

使用前，建议先检查宝宝鼻腔内是否有鼻屎，如果有，可用湿热的棉花棒软化异物，再使用吸鼻器，并注意动作保持轻柔。

❺ 温度和湿度：尽量将室温维持在25℃～27℃，相对湿度60％～80％。

Q：宝宝在生病的时候还可以进行锻炼吗？

A：幼儿进行锻炼一定要根据婴儿的身体情况灵活掌握，不能强求一致。同时在进行锻炼的过程中要循序渐进，如遇身体不适或有病，应停止锻炼。

Q：最近几天，发现宝宝走路时总是双脚向外，有没有办法矫治啊？

A：如果宝宝已形成了"八字脚"，应早期进行纠正练习。年龄较小的宝宝，在训练时家长可在宝宝背后，将两手放在宝宝的双腋下，让宝宝沿着一条较宽的直线行走。行走时要注意使宝宝膝盖的方向始终向前，使宝宝的脚离开地面时重点在足趾上，屈膝向前迈步时让两膝之间有一个轻微的碰擦过程。每天练习 2 次，长期坚持定有效果。年龄较大的宝宝，可让宝宝自己在镜前的地板上每天沿着一条胶带或直线走 1～2 次。练习时，要求宝宝注意脚背和脚尖的动作，只要反复练习，时间长了便可纠正"八字脚"的姿势。

第 19～20 个月宝宝的早教方案

为19～20个月宝宝选玩具

■ 宝宝发展

试误观念发展得更好，能够进一步为较复杂的图形配对，例如，三角形、圆形、正方形之外的图形，或是阿拉伯数字、英文字母等。

女孩子开始能玩有模仿或是需要假扮和想象的玩具或游戏，她想象的事情通常都是她在日常生活中经常接触的事情，常见的就是扮过家家、切各种食物、煮东西、洗衣服等。

约满 1 岁的宝宝对空间或物体的完整概念发展得更好，可尝试将切割的物体回复为完整的模样。

宝宝已经知道镜中的人像是自己了。

■ 建议玩具

较复杂的图形配对玩具。

角色扮演或是模仿日常生活的活动。例如学医生问诊、打电话与人聊天、切水果、煮东西、洗衣服等。

简易拼图：可让宝宝试着拼只有两块的拼图。

再给她镜子玩，宝宝会有不同的乐趣。

从9种气质了解女儿

每个宝宝出生时就伴随有天生独特的个性，一般将其命名为"气质"。而宝宝天生对外在或内在的刺激，具有独特的反应方式，这些天生反应的方式（包含行为、情绪、人际互动等方面）都有个别的差异，而这些差异也让每个人是独一无二的。若是能先了解孩子专属的特有气质，就能找出合适的教养方式，进而建立良好的亲子关系。

◼ 活动力

孩子在活动中，其动作节奏的快慢及活动频率的高低有别。可以看到的是，有些孩子喜欢冲来撞去，而有些孩子则是安静地坐着，即便是婴儿时期也都喜欢乖乖地躺着。这些其实就是很好的观察指标。

活动力较强的孩子，相对的较不怕生，愿意与人打成一片；而活动力较弱的孩子，因为安静时候居多，所以也就内向和容易被忽视。

◼ 规律性

指孩子反复性的生理机能，如睡眠、清醒的时间、饥饿和食量等是否有规律，而这个向度的表现，在婴儿时期最为显著。有些孩子很容易养成早睡早起、三餐定时的习惯，有些孩子就必须仰赖父母的帮忙，像是上学，吃饭等。

缺乏规律性的孩子，其情绪平稳度不高且易怒，相对影响孩子的社交活动。大家都喜欢跟脾气好且好相处的人来往，所以养成孩子的规律性很重要，可在后天慢慢地培养矫正。

◼ 注意力

指孩子是否容易受外界刺激的影响（声光、环境、人事物等）而改变或妨碍正在进行的活动。妈妈要帮宝宝换尿布时，都会拿玩具转移其目标（宝宝都不喜欢被换尿布），而这样的转移方式

是否有效，即可看出孩子的注意力。

这会影响孩子在慢慢长大和在就学时是否容易分心或可以专注的指标。而专注性较高的孩子可以在融入团体后专心地一起游戏；专注力容易分散的孩子，则对于新的人事物都只有3分钟热度，对人处事上也比较容易分心。

◼ 坚持度

指当孩子进行学习或是想要做某件事时，若遭到困难或挫折，仍然能继续原活动的意愿或是行动。早期较不容易观察出宝宝坚持度的高低，一旦进入学步期，父母就可以看出孩子的坚持度怎样。走路对孩子而言是一个极为重要的里程碑，因为孩子可以不靠成人的力量，自己独立探索身边的世界。

当孩子正在学走路时，总是爸爸妈妈最头痛的时期，因为爸妈永远来不及阻止孩子的好奇心，但这是开启孩子好奇心的开始，也可以让孩子接触更多更新的人事物。因此，坚持度的高低会影响孩子认识新事物的进程。

◼ 趋进性

指当孩子第一次接触人事物场所和情况等新刺激时，表现接受或拒绝的态度。趋进性高的孩子，表现出大方的态度，当处于新环境或是面对新朋友时，可以马上融入和大家玩成一片；而趋进性低的孩子，因为内向害羞所以需要长时间的观察和适应，才能勇敢地迈出第一步。爸爸妈妈还可以借由宝宝面对新保姆的适应、换不同牌子奶粉的反应等

来观察孩子的趋进性。随着孩子年龄的增加，爸爸妈妈可从其尝试新的食物、对新朋友的反应等来观察。

此外，面对亲友来家里拜访，趋进性低的孩子总是躲在爸爸妈妈背后，或是黏着照顾者行动，表示需要比别人更多的时间适应新环境。所以，要让这类孩子大方起来，除了多接触新事物外，爸爸妈妈的陪伴与安全感的建立也是极为重要的。

■ 适应性

指孩子适应新的人事物、场所和情况的难易度和时间的长短。适应性可以理解为孩子在趋进性的表现后，需要花多长时间去适应新的人事物。有些孩子趋进性低（害羞内向），但是有好的适应能力，那么只要短时间一样可以在新环境中自处，融入团体生活；但有些孩子不但趋进性低，适应力也低，那就需要一段时间的调适，才能比较大方地接受新事物。

观察孩子与不熟的小朋友玩耍时的情况：拥有较强适应力的孩子，其实很快就可以和小朋友玩成一片。放长假回到老家或去亲戚家住上一阵子，会作息大乱，甚至吃不好、睡不好就属于适应性低，若可以很快回复到正常作息就算适应性强的孩子。

■ 情绪度

指孩子在一天中，行为表现的愉快感、友善程度的比例。形容一个孩子笑眯眯或是气呼呼，就是在说一个孩子的情绪本质。通常见人就会笑的孩子比较受人欢迎，看起来也总是心情愉快。但有些孩子则容易表现出生气或是不开心的模样，好像很难逗她开心，这就是情绪本质的不同。

爸爸妈妈可以观察孩子与小朋友玩游戏时，是否很容易生气地跑来告状。身体不舒服时，孩子可以马上被安抚还是不停安抚仍持续哭闹。

■ 敏感度

指引起孩子反应所需要的刺激量。敏感度高的孩子在感官上就会特别敏感。过于敏感的孩子很难与人相处，也很容易有回避亲友到访的现象。而敏感度低的孩子，比较容易与人亲近，没有设限。

当宝宝的尿布湿了，就会表现出非常不舒服的样子或是有点声音就睡不着觉等，这类孩子就属于敏感度高的；愿意大方分享或"神经大条"的孩子，敏感度较低，其与人相处就比较直爽也大度。

■ 反应度

指孩子对内在和外在刺激所产生反应的激烈程度。反应强度高的孩子在行为上非常明显，如遇到不喜欢的长辈，显得很没礼貌；讨厌吃的东西吃一口就吐掉；被责骂时，会有明显的情绪起伏，这些都是反应强度的观察指标。

而有些孩子对于别人的欺负，则是选择默不做声；或是当身体不舒服时，会选择隐忍或啜泣，因此在爸爸妈妈眼中反应度低的孩子比较乖巧听话，也常常容易被忽略，个性内向较不大方。

当然，孩子的气质并不是单一的，往往是几种气质的混杂，这需要家长仔细观察辨别。

手指运动有利于宝宝健脑

手指运动对脑力的影响，已日益受到专家们的重视。一位对手脑关系作过多年研究的日本学者曾经说过："如果想培养出智力发达、头脑聪明的宝宝，那就必须让他锻炼手指的活动能力，由于手指的活动而刺激脑髓的手指运动中枢，就能使智力提高。"有的学者为了发展幼儿的大脑而提倡翻花、折纸等复杂的手指游戏。宝宝们为了准确无误地完成游戏，对每一个动作都不轻易放过，思想也高度集中，这种复杂的手指训练，还培养了宝宝的集中力和耐心。

凡是能使手指的活动，如玩泥巴、折纸、剪纸都有助于发展智力。所以，父母在开发宝宝智力的时候，应该重视宝宝的手指运动，以此促进宝宝健脑。

让孩子学会表达自己的情感

以前，宝宝只是通过哭闹来表达自己的感情，现在已经能够用各种各样的表情、动作来表现喜、怒、哀、乐了。

女孩子在不认识的人面前，往往会害羞，还会嫉妒，表现出从未有过的复杂感。在这一时期的宝宝，一方面什么都想自己去做，另一方面又总想依赖大人（特别是妈妈）。因而，这一时期，父母要注意引导宝宝的情绪。比如，当宝宝发现别的小朋友在玩一种游戏或一种玩具，而自己却不能参与或拥有时，她会表现出一种极强的破坏欲，她会把别人搭的积木弄翻，会把别人的拼图打乱。当有这样的情绪表现时，父母应首先让宝宝意识到她所造成的糟糕局面，造成别的宝宝哭或游戏不能进行等，然后再帮助她重新开始，并安慰宝宝别着急，可以先看小朋友怎么玩。在帮助宝宝与其他小朋友的沟通中，让其自然地加入其中，使宝宝的情绪得以转换。

妈妈是女儿的良师益友

■ 妈妈应该培养女儿的气质

女宝宝从小就要带她出入各种场合，开阔她的视野，增加她的阅历，从而大大增强她的见识。如此一来，长大以后她就不易被各种浮世的繁华和虚荣所捕获。因为见多识广，就不易受他人诱惑。

■ 女宝宝该在温言软语中成长

对待女宝宝，心一定要放到最温柔，就像对待那些娇嫩的花，细致婉约，容不得任何粗糙。作为家长特别是妈妈，需要了解小女生的心理需要，包括她的小手段和小虚荣心。妈妈应该成为她理所当然的朋友，共同应对这个社会。

■ 要培养女宝宝温柔、健康、懂得爱

培养女宝宝，重要的是让她有一个健康的心态，一个温柔贤惠的性格，一个干净健康的身体。爸妈自然会对宝宝宠着点，但并非娇生惯养。要让她见识多广、独立、有主见、明智，很清楚自己要的是什么，什么是自己真正值得追求的东西，从而能够坚守自己的信仰而不是被外界势力所左右，失去真我。

家长特别是妈妈要根据女宝宝的行为优势，有针对性地制订一些具体的教养方法，从锻炼宝宝的肢体协调能力、感觉统合能力、专注力和气质等方面入手，提升多种优势智能，培养一个优雅、聪慧、大方的宝宝。

■ 要注意和女宝宝的沟通

从婴儿期开始，女宝宝就喜欢和谐、融洽的交流，无拘无束地与人相处。她不喜欢竞争，只是在寻求一种关系，在这种关系中，她追求平等付出与获得，她是关系中的一分子并对它负有责任。沟通和交流是她维持联系的方式，渴望关爱和友谊等亲密情感是她的天性。所以，女宝宝生来就是社交家。

女宝宝通过交流获得关心、理解、尊重、忠诚、体贴和安慰。爸妈就要学会倾听女宝宝的"真实意图"，让她根据自己的"内部指导系统"而不是别人的意见来决定自己的发展方向。

■ 妈妈是女宝宝的良师益友

俗话说"女儿是妈妈的贴心小棉袄"，意思是说女宝宝温柔体贴，能与妈妈心灵相通。同父子关系相比，母女关系往往看起来更为亲密。事实上，这种亲密的关系对女宝宝的成长是十分有益的。亲密的母女关系带给女孩沟通、交流的经验，有利于发展女宝宝的亲密感和感受性，使她感受到更多的情感支持。这种对女宝宝心理需求的满足，还有谁会比母亲做得更好？正是与母亲的共性，使女宝宝有了借鉴的榜样，并从中发展自我。如果妈妈自信、果断，她的女儿也往往会有同样的品质。生个女儿，是妈妈的福气，把她培养成什么样子，更是妈妈的责任。

礼貌教育很重要

家长都希望女孩子在大人面前讲话，不畏畏缩缩，表现得落落大方。在日常生活中的打招呼以及问候是培养这一气质决定性的关键。宝宝如果在面对外人时能大方地打招呼问候，必定能够给人"这小女孩的家教真好！"的好印象。从孩子小的时候，父母亲身体力行，使孩子从小养成主动打招呼的习惯。其中的方法之一，就是在孩子还是小婴儿的时候，父母就天天说"早安""谢谢""我要出门了""我回来了"之类的一些基本问候语，这点是非常重要的。因为，这么做的话，小婴儿会从中体会到在什么样的情境时说出问候语。等到孩子两三岁的时候，她也就自然而然地会主动与人打招呼了。

19～20个月宝宝的智能测评

❶ 从 9～10 张物名相同的图片当中，找出哪几张完全相同：

A. 3 对（10 分）

B. 2 对（6 分）

C. 1 对（3 分）

以 10 分为合格。

❷ 当着宝宝面把娃娃藏在第一个地方，再取出来藏到第二个地方，看宝宝能否找出：

A. 马上找出（9 分）

B. 到第一个地方寻找（6 分）

C. 乱找（0 分）

以 9 分为合格。

❸ 说出物品用途：肥皂、碗、勺子、剪刀、钥匙、鞋、笔、娃娃、枕头、梳子：

A. 6 种（16 分）

B. 5 种（14 分）

C. 4 种（12 分）

D. 3 种（9 分）

E. 2 种（6 分）

以 12 分为合格。

❹ 用积木搭高楼：

A. 10 块（10 分）

B. 8 块（8 分）

C. 6 块（6 分）

D. 4 块（4 分）

E. 积木搭桥（4 分）

以 10 分为合格。

❺ 穿珠子：

A. 穿上 2 颗（12 分）

B. 穿上 1 颗（9 分）

C. 穿入别针（6 分）

D. 穿上套环（3 分）（2 颗以上每颗加 3 分）

以 9 分为合格。

❻ 指着宝宝的衣服问"这是××的吧？"回答：

A. "我的"（10 分）

B. "宝宝（名字）的"（8 分）

C. 拍拍自己（4 分）

D. 点点头（2 分）

以 10 分为合格。

❼ 背诵儿歌：

A. 背诵全首（10 分）

B. 背前两句（8 分）

C. 背押韵的字（4 分）

D. 不会（0 分）

以 10 分为合格。

❽ 同小朋友在一起时：

A. 有笑容，喜欢同小朋友在一起（12 分）

B. 动手抢别人的玩具（10 分）

C. 躲开别人自己玩（8 分）

D. 在母亲身边不与别人接近（4 分）

以 12 分为合格。

❾ 会做家务：抹桌子、拿东西、掸土、把东西放好、扫地：

A. 4 种（12 分）

B. 3 种（9 分）

C. 2 种（6 分）

D. 1 种（3 分）

以 9 分为合格。

❿ 擦鼻涕：

A. 自己会用手绢擦完放好（5 分）

B. 自己会用手纸擦完扔掉（4 分）

C. 擦衣服上（2 分）

D. 擦玩具或家具上（1 分）

以 5 分为合格。

⓫ 脱衣服：

A. 脱去已脱一袖的上衣（9 分）

B. 拉下松紧带裤子（8 分）

C. 扒开开裆裤（7 分）

D. 能伸手仰头让大人脱（2 分）

以 9 分为合格。

⓬ 倒退着走：

A. 7 步（7 分）

B. 5 步（5 分）

C. 3 步（3 分）

D. 2 步（2 分）

以 5 分为合格。

结果分析

1、2、3 题测认知能力，应得 31 分；4、5 题测手的技巧，应得 19 分；6、7 题测语言能力，应得 20 分；8 题测社交能力，应得 12 分；9、10 题测自理能力，应得 14 分；11、12 题测运动能力，应得 14 分，共计可得 110 分。90～110 分为正常范围，120 分以上为优秀，70 分以下为暂时落后。哪道题在合格以下，可先复习上月该栏目的试题，然后再练习本月的试题。如果某道题在 A 以上，可跨越本月试题，练习下月同一栏目相关的试题，使宝宝优点更加突出。

Part 17

第21~22个月

女宝宝养育

Di ershiyi~ershiergeyue Nvbaobao Yangyu

第21~22个月女宝宝发育特点

女宝宝21~22个月体格发育指标

项目	年龄组	下限值	上限值
身高	21~22个月	75.1厘米	95.7厘米
体重	21~22个月	8.26千克	16.16千克
头围	22个月	约为47.0厘米	
胸围	22个月	约为48.0厘米	
牙齿	21~22个月	出牙13~15颗	
囟门	18~30个月	闭合	

第21~22个月宝宝发育状况

■ 感觉发育

宝宝有效的注意力有了很大的提高，她能对自己感兴趣的事物产生关注并能记住，而且，宝宝观察图片能力也有了很大的加强，小花猫、正方形在宝宝的记忆中已能留下印象。

宝宝的注意对象有了较大的扩展，她现在的注意范围已从身边的事物扩展到了周围的一切，她开始观察物体的形状，且开始认识物体的性质。她对各种各样的声音反应越来越敏感，而且她还能复述或模仿一些声音。

■ 动作发育

宝宝的动作发育在父母眼里是一天一个变化，宝宝现在能扶着墙上3~5级楼梯，也会拖着小鸭子快步行走，当然，一些调皮的宝宝也会倒着走。宝宝会跑了，但还不会自己停下来。等到宝宝的神经进一步发育了，宝宝就会自己停下来，宝宝手的动作有了很大的发育，其精细动作发育很快，会用手捏小豆豆，也会翻书。

宝宝在走路的方面进步较大，她已能从平稳走逐渐过渡到能倒着玩、踢球走或跨障碍行走。在手的动作方面，宝宝手的肌肉动作方面有了较大的发展，她能投掷物品，而且其转角度也在提高，精细动作也越来越灵敏。

■ 语言发育

宝宝的词汇量逐渐增多，已能说出100个左右的单字或词，宝宝还会将双词或单词简单地组合在一起表达出自己的意思，如"宝宝睡觉""宝宝出去"等。随着宝宝语言理解力和表达能力的提高，宝宝越来越喜欢和别人进行语言交流。

在语言方面，宝宝的自我意识开始加强，日常话语中"我要××"的句式多了起来，也开始使用自己的名字，如"××要抱"。这个时期的宝宝也能说出常见物的用途，如桌子的用途、碗的用途等。

■ 心理发育

宝宝喜欢模仿成人做事，喜欢自己奔跑、上下楼梯，也喜欢拼折物体，玩橡皮泥，能回答父母提出的一些简单问题，喜欢哼唱儿歌，也喜欢在纸上信手涂鸦。

宝宝仍然喜欢模仿成人的各种行为，他们会手忙脚乱地"扫地""收拾桌子"。宝宝还喜欢玩气球，喜欢带着物品上床玩，她也喜欢将熟悉的物品根据其形状进行匹配。一些简单的宝宝乐器，如小鼓、小电子琴等都是她喜欢玩弄的。

■ 其他发育

宝宝的记忆能力越来越强，能认出几个月前见过的亲人，当然，一些日常用品的名称宝宝也能记住，其思维处于直觉行动的初级阶段，想象力处于初步的萌芽阶段。在数学能力方面，宝宝已能分辨出大的、小的、圆的与方的物体，能理解全部和部分的概念。

宝宝的独立性发展表现突出，常喜欢"自己干"，尽管其常常"干"不好，但在父母帮助或"干涉"她时，她会闹脾气。当宝宝高兴时，她会积极主动地与父母"沟通""交流"感情。宝宝独立意识的增强还表现在她会将玩具的玩法改变，如她可能会将汽车移到水中让它游泳，这既是宝宝独立性增强的表现，也是宝宝思维和创造力提高的表现。在音乐理解力方面，宝宝的发音控制能力增强，其身体对音乐的刺激反应也增强。宝宝不仅在音乐方面有了较大的提高，在数学方面，宝宝的进步也是很大的，她已会进行同类比较，如她能指出一张照片与另一张照片的区别，还能指认出1~3个以内的东西。

第21～22个月宝宝的日常保健

要配合孩子的生活作息

因为大人有自己的社交生活，所以有的时候，孩子会配合晚归的父亲，变得晚睡。不过，为了确保孩子能够有良好的睡眠品质，爸爸妈妈最好能够以孩子的生理时钟为主，将自己的生活作调整。想要达成有规律的生活步调，注意以下问题：

尽可能地在6～7点之间起床。爸爸妈妈要渐渐地养成早起的好习惯，这对孩子是有好处的。

孩子的就寝时间，最好能够在9点。对于一些晚归的父亲，最好是能够在早上出门之前，让父亲跟孩子亲热一下，培养一下感情再去上班。

女孩要有一双修长的美腿

将两脚的脚踝并拢的时候，膝盖之间会有缝隙，看起来就像是一个O的形状，这样的腿形，我们称它为O形腿。在一般的新生儿当中，有O形腿是相当普遍的。而且一直到了小孩子2岁左

右，还是会有一些轻微的O形腿。后来会有一段时间双腿是笔直的，而接下来则是会有轻微的X形腿，到了小孩7岁左右，双腿就会自然地矫正，转变成成人的腿形了。因此，如果在婴儿时期，腿看起来虽然有一点儿弯曲，但是孩子能够健康地活动的话，家长其实不用过度担心。

对于某一些比较严重的O形腿，还是必须要加以治疗。大部分的O形腿，并不只是单纯在膝盖的部分弯曲而已，而是在小腿骨的内侧也有弯曲、扭曲的情形。因此，当孩子走路的时候，会有"内八字"的走法。另外，更因为O形腿在走路时不稳，所以会容易跌倒。如果症状较轻微，就先别太担心，但如果是个女孩子的话，将来有可能会因为O形腿而自卑。所以，在小孩2岁左右一定要特别注意一下她的腿形。

等小孩到了2岁的时候，可以让孩子脚踝并拢地站立着，如果说在她的两个膝盖之间，可以放进大人三根以上的手指头的话（约5厘米），那就有必要请医生来作详细的检查了。

曾听有人这么说过："如果常常背小孩子的话，孩子很容易就会变成O形腿。"所以我尽可能地不去背她。另外，更为了让她有更美丽的腿形及美好的体态，从她4岁开始，我就让她去学芭蕾舞，一直到现在，她已经7岁了，成果就如当初所预期的一样，有一双笔直又匀称的腿。

——秀秀妈妈

如何让宝宝别尿床

小儿经常夜间尿床是一件让父母感到非常头疼的事，但并非不可避免。小儿夜间尿床是因为这个年龄的宝宝在熟睡时不能察觉到体内尿急的信号。父母要为宝宝制定合适的生活制度，尽量避免能够导致宝宝夜间尿床的因素，如晚餐不能太稀，少喝汤水，入睡前一小时不要让宝宝喝水，上床前要让宝宝排尽大小便，入睡后父母要定时叫醒宝宝排尿，一般宝宝隔3小时左右需排一次尿。也有些宝宝晚上可以不排尿，父母要掌握好宝宝排尿的规律。夜间排尿时，一定等宝宝清醒后让其坐盆排尿，很多5～6岁甚至更大些的宝宝尿床，都是由于幼儿时夜间经常在蒙眬状态下排尿而形成的习惯。一般宝宝通过以上办法都可以成功地避免尿床。也有些宝宝刚开始可能不配合，一叫醒她就哭闹，不肯排尿，这时父母一定要有耐心，注意观察宝宝排尿时间、规律，在宝宝排尿之前叫尿，时间长了，形成习惯，宝宝就不会尿床了。即使偶尔宝宝的被褥尿湿了，父母也不要责备宝宝，以免伤害宝宝的自尊心，造成宝宝心理紧张，使得症状加重。

女孩穿男装好看吗

有不少妈妈偏爱黑色、咖啡色系，这种色彩偏好，常会反映在孩子的穿着上面。婴儿服以及童装，没有太大男女差别。颜色方面，男孩子就要穿蓝色的衣服，而女孩子就要穿红色的衣服的观念已经不常见了。如果带小孩子回老家的话，想必要在长辈们面前亮相。在这样的场合之中，应尽可能地让她穿上有可爱小花以及缎带之类的衣服，让小孩子更具女孩子的味道。

如果女儿穿上比较有女孩子味道的服装仍然被人看做是男孩子的话，可以试试把头发留长一点，剪一个女孩子的发型。教导她在一举一动、日常生活起居中，注意小细节。

宝宝的手总生倒刺怎么办

倒刺，医学上称为逆剥，是指端表面近指甲根部的皮肤裂开，形成的翘起的三角形肉刺，是一种浅表皮肤损伤，并不是大问题。

❶ 长倒刺的原因。宝宝活泼好动，经常用手抓玩具、啃咬指甲，或者小手与其他物体有过多的摩擦，使得她们娇嫩的皮肤长出倒刺。皮肤干燥，指甲下面的皮肤得不到油脂滋润，容易长出倒刺。有些宝宝缺少维生素C或其他微量元素，会通过皮肤表现出来。

❷ 去除倒刺的正确方法。先用温水浸泡有倒刺的手，使指甲及周围的皮肤变柔软，然后剪掉倒刺，用含维生素E的营养油按摩指甲四周及指关节。也可在去除倒刺后，把宝宝的手放在加果汁（如柠檬、苹果、西柚）的温水中浸泡10～15分钟，让宝宝的皮肤更加水嫩。

❸ 预防的方法。经常剪指甲，保持卫生，教育宝宝不啃咬指甲。让宝宝多喝水、多吃水果，每天涂抹无刺激的护肤霜；如果宝宝缺少维生素或微量元素，最好去医院检查一下。

把宝宝的小手洗干净，将橄榄油涂在小手上，并进行按摩，既营养皮肤，又可以防止倒刺的生成。

➕ 养育小叮咛

长了倒刺千万不要硬拔，这样会造成倒刺根部皮肤真皮层暴露，引起感染，不仅会疼痛出血，严重时还可能导致甲沟炎。

宝宝特别缠人怎么办

宝宝总想靠近妈妈，待在妈妈跟前，跟妈妈依偎在一起撒娇。

这一类宝宝的心理状态也许是她渴望着母爱，热烈地寻求着母爱。所以妈妈让她到旁边玩，她感到妈妈太无情了。

不理解宝宝这种心理的母亲，始终在考虑如何赶走宝宝，例如，说一些冷淡疏远的话或做出推开宝宝的举动。这样一来，宝宝觉得她对母亲的感情遭到了拒绝，越发增强了执拗的性格。

母亲越想推开宝宝，宝宝就越想接近母亲，恰好产生了相反的效果。这时候，母亲就应该想一想："宝宝真可怜。我上班没有很多时间照顾她，所以应该加倍地爱抚她，让她相信母亲对她的爱。"

当宝宝陷入这种状态的时候，母亲的温情就显得特别重要。抚爱是必要的。对于形影不离、紧紧缠着妈妈不放的宝宝，除了给她极大的满足之外，别无他法。

女孩子可以早拿掉尿布吗

不管是男孩子或是女孩子，如果小便的间隔时间够长，就可以训练大小便了。女孩子比较早就不用包尿布了，有以下三个原因。

❶ 为了能够早日让家中可爱的女儿穿上裙子，所以，有不少妈妈为早日拿掉尿布而努力。

❷ 在尿布有回漏的状况时，如果宝宝是穿裙子的话，只要更换她的内裤，就可以解决了。所以可以让女儿穿内裤，而不用包尿布了。

❸ 如果一穿上裙子的话，女孩对于是否已经拿掉尿布这件事变得在意起来。

不过，还是劝妈妈们不要过于心急地太早训练孩子自己大小便。宝宝小便的间隔至少维持在1个半小时至2个小时左右，才是可以开始训练大小便的基本条件，这并没有所谓男女间的差异存在。

➕ 妈妈经验谈

我一直很想训练孩子上厕所，可是女儿对于小便的感觉相当迟钝，一直到她快要满3岁时，才能完全不用包尿布。别人见了常说："女孩子这么大了还包着尿布呀？"现在我觉得，还是不要太过在意别人说什么为好。

——帆帆妈妈

宝宝口臭怎么办

口腔对外是接受生理所需物质的入口，对内与牙齿、牙龈、咽喉、扁桃腺、唾液腺、耳腔、呼吸道、消化道有极大关联性，当这些部位发生问题时，会在口腔产生独特的气味，也就是俗称的"口臭"。

发生口臭的原因除了与上述部位相关，还可进一步区分为生理性及病理性，生理性口臭可经移除发生原因后自行恢复，至于病理性口臭则需要透过治疗才能获得解决。

■ 口腔卫生不佳

大部分生理性口臭都是因为口腔清洁不够彻底所引起，例如，宝宝喝奶后未立即刷牙、漱口，残留在口腔内的乳汁经分解发酵后，就会产生异味；牙齿表面的牙垢或牙间隙的食物残渣若未清洁彻底，被细菌分解后也会产生腐败气味。

■ 生理性口臭

❶ 食物气味暂留。某些具有辛香味或腥臭味的食物，如葱、姜、蒜、洋葱、韭菜、鱼、虾等，吃下肚子后，会产生暂时性的口臭，这类型的口臭对健康无害，但可能会影响人际关系，大约在进食8小时后即可慢慢地散去。

❷ 水分摄取不足。喝水就如同漱口，可以带走口腔内的食物残渣，减少细菌于口腔内大量繁殖，若平时摄水量不足，即有可能出现口臭症状。

❸ 饮食习惯不佳。喜欢吃零食、甜点、高蛋白、高脂肪等食物的宝宝，容易因为消化不良或是微生物分解作用，在口腔内形成难闻的气味。

■ 病理性口臭

❶ 口腔疾病。口腔若有疾病，如：龋齿、牙结石、牙龈炎、牙髓炎、牙周病、口腔溃疡、疱疹性口腔炎，这些疾病都会造成口内异味；有些则是因为患

有干口症，唾液分泌量过少，导致口腔内太过干燥，唾液中的抗体无法适当发挥杀菌功能，使嘴巴出现不佳口气。

❷ 耳鼻喉腔疾病。当发生感冒、鼻子过敏、鼻窦炎等疾病而出现流鼻水症状时，鼻水的腥臭味有可能经由口腔散发出来，如有鼻塞症状，鼻腔内会增加脓状黏液，滋生细菌，加上宝宝可能因为改由嘴巴呼吸，造成口腔干燥，使口臭更加严重；某些治疗鼻过敏、鼻窦炎的药物，因为含有抗组胺成分，不良反应会导致口干，同样也会加重口臭问题。

罹患中耳炎、扁桃体发炎及咽喉炎的宝宝，说话或呼吸时所发出的气体也可能带有阵阵臭味。在门诊中也曾发生宝宝误将异物塞入鼻腔内，造成鼻腔发炎、出血，亦可能导致口腔内出现臭味。

❸ 呼吸道疾病。如果宝宝患有气管炎、肺炎、肺脓肿、支气管扩张等呼吸道疾病，痰液积留于肺部及气管内，会使细菌大量繁殖，产生难闻的腐败气息，再经由呼吸带出口腔成为口臭。

❹ 消化道疾病。若宝宝的肠胃功能失调，发生消化不良、肠胃溃疡、胃食道逆流或是感染胃幽门杆菌，这些消化道疾病将使宝宝表现出厌食、口臭及便秘现象，消化失调会在口中出现酸臭气味，若发生严重便秘，口中会出现浓浓的粪臭味。

▉ 口腔去味方法

当宝宝出现口臭，家长应该先找出口臭原因，再对症治疗，如果确认非其他部位疾病所引起，则可透过养成日常良好习惯的方式改善宝宝口腔内的难闻气息。

❶ 餐后清洁。刷牙、漱口、喝水都有助于清除口内残留食物，减少微生物繁殖，家长应该从宝宝出生起就让其保持良好的口腔清洁习惯，每次喝完奶后用纱布蘸水彻底清洁宝宝口腔，大一点的宝宝则改以漱口或喝水的方式，冲去停留在口中的食物，或使用软毛牙刷清洁牙齿表面、牙间隙及舌苔。

❷ 保持良好饮食习惯。多吃新鲜蔬果及高含水食物，可帮助身体获得大量膳食纤维，大一点的宝宝则可进食部分粗粮，以此促进肠道蠕动，减少便秘发生；此外家长应养成宝宝不偏食、不暴食的良好饮食习惯，睡前不给予甜食或过度油腻的食物。

❸ 增加水分摄取。从小养成宝宝多喝水的好习惯，保持口腔湿润，减少口腔疾病发生，尽量避免给予饮料或在开水中加入糖分，以免造成宝宝龋齿，或养成宝宝嗜吃甜食的坏习惯。

❹ 不与宝宝共食。有些家长喜欢和宝宝共食，或使用同一套餐具喂食宝宝，这样的行为将可能把成人口中的细菌传染给宝宝，造成宝宝发生蛀牙。

❺ 定期检查牙齿。即使乳牙也要妥善照护，以免将蛀牙情况延续至恒齿。家长应定期带宝宝检查牙齿，了解牙齿保养状况，在牙齿上涂抹氟剂也有助于降低蛀牙发生率。

第 21～22 个月宝宝的喂养

宝宝可常吃猪血

猪血是抗癌保健的佳品。猪血中的血浆蛋白被人的胃酸分解后，可产生一种能消毒、滑肠的分解物。这种物质能与侵入人体内的粉尘和有害金属微粒起生化反应，最后从消化道排出体外。

猪血是一种良好的动物蛋白资源，它的蛋白质含量比猪肉、鸡蛋都高，它含有 18 种人体所必需的氨基酸。

猪血具有补血功能，其中所含的微量元素铬，可防治动脉硬化；钴，可防止恶性肺病的生长。

猪血中还能分离出一种"创伤激素"的物质，这种物质可将坏死和损伤的细胞除掉，使受伤组织逐渐痊愈。这种激素对器官移植、心脏病、癌症的治疗都有重要作用。

把握宝宝脂肪的摄入量

目前，人们谈脂色变，唯恐摄入脂肪多了，会影响身体健康。但对于处在生长发育阶段的宝宝，机体新陈代谢旺盛，所需各种营养素相对较成人多，故

脂肪也不可缺少，否则易造成以下不良影响。

❶ 热能不足。每克脂肪在体内氧化后，可产生热量 37.6 千焦，为同量糖类和蛋白质产热量的 2 倍多，若饮食中含脂肪太少，就会使蛋白质转而供给热能，势必影响体内组织的建造和修补。

❷ 影响脑髓发育。脂肪中的不饱和脂肪酸，是合成磷脂的必需物质，而磷脂又是神经发育的重要原料，因此，脂肪摄入不足，就会影响宝宝大脑的发育。

❸ 可使体内组织受损。脂肪在体内广泛分布于各组织间，宝宝各组织器官娇嫩，发育未致完善，更需脂肪庇护，若体脂不足，体重下降，抵御能力低下，机体各器官受伤害机会就会增多。

❹ 减弱溶剂作用。脂肪是脂溶性维生素的溶剂，宝宝生长发育和必需的脂溶性维生素 A、维生素 D、维生素 E、维生素 K，必须经脂肪溶解后才能为人体吸收利用。因此，饮食中缺乏脂肪，即可导致脂溶性维生素缺乏。

脂肪是人的一种营养素，饮食中有适量脂肪是必需的。脂肪能够使人增加食欲，如果膳食中缺乏脂肪，小儿往往食欲缺乏，体重增长减慢或不增长，皮肤干燥、脱屑，易患感染性疾病，甚至发生脂溶性维生素缺乏症；但是脂肪摄入过多，小儿易发生肥胖症。因此，小儿膳食中脂肪摄入要适量。

🍀 宝宝挑食偏食怎么办

宝宝1岁左右已会挑选她自己喜欢吃的食物了，如果处理不好，很容易造成宝宝挑食偏食的习惯，如偏爱甜食；偏爱吃肉、鱼，不吃蔬菜；偏爱咸辣等。长期挑食偏食，很容易造成营养失调，影响宝宝正常生长发育和身体健康。怎样使宝宝不挑食、不偏食呢？

❶ 引起兴趣。宝宝一般习惯于吃熟悉的食物，因此对宝宝开始出现偏食现象时不必急躁、紧张和责骂，应采用多种方法引起宝宝对各种食物的兴趣，如对偏爱吃肉不吃蔬菜的宝宝可告诉她："小白兔最爱吃蔬菜。"以引起宝宝的兴趣。

❷ 以身作则。宝宝的饮食习惯受父母的影响非常大，所以父母要为宝宝做出榜样，不要在宝宝面前议论哪种菜好吃，哪种菜不好吃；不要说自己爱吃什么，不爱吃什么；更不能因自己不喜欢吃某种食物，就不让宝宝吃，或不买、少买。为了宝宝的健康，父母应改变和调整自己的饮食习惯，努力让你的

宝宝吃到各种各样的食品，以保证宝宝生长发育所需的营养素。

❸ 食物品种、烹调方法的多样化。每餐菜种类不一定多，2～3种即可，但要尽量使宝宝吃到各种各样的食物。对宝宝不喜欢的食物，可在烹调上下工夫，如宝宝不吃胡萝卜，可把胡萝卜掺在她喜欢的肉内，做成丸子或做成饺子馅，逐渐让宝宝适应。

❹ 不要轻易放弃。切不可发现宝宝不吃某种食物，以后就不再做。一定要想适当办法逐渐予以纠正。除上述方法外，还可以在宝宝饥饿时增加少量新食物，以后逐渐增多，使宝宝慢慢适应。

❺ 不要强迫进食。如果想尽办法，宝宝仍不愿吃某种食物，也不必着急，可用与这种食物营养成分相似的食品代替，或过一段时间再让他吃。切记不能强迫宝宝进食，或者大声责骂他，这样一旦形成了条件反射，吃饭便成了一种"苦差事"，反而欲速则不达。

❻ 要正确地对待小儿的食欲、食量。宝宝不可能每餐饭胃口都很好，因此，不可强迫宝宝进食，如违背宝宝的意愿强迫宝宝进食，会引起宝宝对食物的厌恶和产生反抗心理，造成神经性厌食。

🍀 培养宝宝良好的饮食习惯

❶ 定时进餐。如果宝宝正玩得高兴，不宜立刻打断她，而应提前几分钟

告诉她"快要吃饭了";如果到时她仍迷恋手中的玩具,可让宝宝协助成人摆放碗筷,转移注意力,做到按时就餐。

❷ 愉快进餐。饭前半小时要让宝宝保持安静而愉快的情绪,不能过度兴奋或疲劳,不要责骂宝宝。培养宝宝对食物的兴趣爱好,引起宝宝的食欲。

❸ 专心进餐。吃饭时不说笑,不玩玩具,不看电视,保持环境安静。

❹ 定量进餐。根据宝宝一日营养的需求安排饮食量。如果宝宝偶尔进食量较少,不要强迫进食,以免造成厌食。还要合理安排零食,饭前1小时内不要吃零食,以免影响正餐。不要过多进食冷饮和凉食。

❺ 进餐习惯。尽可能根据当地情况和季节选用多种食物,经常变换饭菜花样,这能引起宝宝的食欲。培养宝宝不偏食、不挑食的习惯。

进餐时间不要太长,也不要过快。不要催促宝宝,培养宝宝细嚼慢咽的习惯。

饭桌上特别可口的食物应根据进餐人数适当分配,培养宝宝关心他人、不独自享用的好习惯。

培养宝宝正确地使用餐具和独立吃饭的能力,可在宝宝专用的小碗中装小半碗饭菜,要求宝宝一手扶碗,一手拿勺吃饭。

边吃边玩是一种很坏的饮食习惯。在正常情况下,进餐期间,血液聚集到胃,以加强对食物的消化和吸收。边吃边玩,就会使一部分血液供应到身体的其他部位,从而减少了胃的血流量,使消化机能减弱,继而使食欲缺乏。而且宝宝此时好动,吃几口,玩一会儿,延长了进餐时间,饭菜就会变凉,总吃凉的饭菜对身体极其不利。这样不但损害了宝宝的身体健康,也养成了做事不认真的坏习惯,等宝宝长大后精力不易集中。

❻ 进餐卫生。注意桌面清洁、餐具卫生,为宝宝准备一条干净的餐巾,让她随时擦嘴,保持进餐卫生。

育儿难题 Q&A

Q: 为什么我与保姆关系处理不好?

A: 保姆一般只接受过简单的培训,或者没有培训过。所以,她上岗后要加强管理。保姆不是家人,她与你好比单位的雇主和员工。因此可以注意以下几点：

❶ 不要把保姆当家人，闲来无事推心置腹。人与人之间需要交流，但距离过近就不利于管理了。

❷ 不要把保姆当救济对象，小恩小惠不断。这种没有原则的恩惠经常会让保姆的欲望变大，可能会分不清哪些是应得的报酬。

❸ 不要盲目相信沟通的力量。有的问题可以通过沟通来解决，有的问题则不可以。如果企业管理如果都靠将心比心就不用制定制度了。

❹ 要对保姆正面提出要求。说话太婉转、字斟句酌、小心翼翼不利于管理。其实对保姆提要求只要简单明确就好，特别是保姆刚来的时候，把所有的要求一定要说得清清楚楚，实在不行写在纸上。保姆做得不对的地方，一定要明确地说不行，这样才能让保姆意识到你的真正意图。

Q：**宝宝总是说肚子疼，可紧接着再问她，她又说不疼了，不知道她是真疼还是假疼，是不是肚子里有虫子，可她吃饭从来不挑食，身体也不错，是不是小孩都有这样的阶段？**

A：宝宝肚子疼不一定都是蛔虫。现在随着卫生条件的好转，蛔虫病已不多见。腹疼的原因很多，不光是蛔虫。有时候吃饭吃得不合适，吃饭的时候情绪不好，都会影响宝宝的胃肠功能，有时候可能只是一过性的胃肠痉挛，只是小宝宝不会描述，许多感觉都说成是疼。你要观察一下宝宝脸色怎么样，当时还玩不玩，如果她的表情很痛苦，则要提高警惕。必要时要去医院检查，如果一会儿就过了，可能就是一过性痉挛。

Q：**宝宝尿黄需要补水吗？**

A：一般来说，如果宝宝尿偏黄、尿味浓，并且尿的次数偏少，有可能是水量偏少。如果水量没有太多变化，但是宝宝出汗比较多，天气比较热，就是尿浓缩的情况。这个时候应该给宝宝适当多喝一点水，喝水的方法就是两次正餐之间提供两次白开水即可。如果宝宝有饥渴的状态，宝宝会有喝水的愿望。如果宝宝缺水会主动喝水，这个时候注意不要给果汁或者偏甜的水，否则会对宝宝的味觉产生干扰，即使以后在渴的状态下她也不会喝白开水了。

第 21～22 个月宝宝的早教方案

宝宝常看电视有损语言发育

有关研究结果证实，看电视时间特别长的宝宝，语言能力、阅读能力和注意力的发展明显比其他宝宝差。这个结论是德国心理学家对 330 个家庭的宝宝进行了长达 6 年的观察，对参加试验的宝宝进行经常性的语言能力、阅读能力和注意力等项目的测试后得出的。专家认为电视占用了宝宝的阅读时间，电视里播放的娱乐节目比书本更有吸引力，而活动的图像又干扰了宝宝的注意力，这些对宝宝语言和阅读能力的培养都是不利的。

让宝宝学着为家人服务

当爸爸回家时，让宝宝帮忙拿拖鞋；当奶奶做饭时，让宝宝给奶奶拿板凳等。从生活中的点滴教育宝宝。

首先让宝宝熟知家庭用品的存放地点，其次让宝宝觉得为家人服务是很荣幸的事情，逐步培养宝宝关心他人的主动性，才能使宝宝在今后的成长过程中懂得相互关心的重要性。尤其要注意让宝宝保持这样的习惯，先是服务于家人，再服务于来家的客人或玩伴，逐渐增加宝宝的社会性。

多让孩子接触大自然

幼儿阶段宝宝所处的生活空间是十分有限的，大多数家庭的宝宝是在家中度过的。室外可活动的空间越来越狭窄，限制了宝宝与社会自然接触的机会。宝宝整天只玩儿一些玩具，无论从视野、亲身体验，还是从思维空间的广度和深度来讲都十分缺乏，这就抹杀了宝宝许多天赋。

曾有一对父母带宝宝到郊外的草地上玩，一段时间后，他们发现宝宝没有离开自己身旁 2～3 米远，无论怎样鼓励都没有效果，这是为什么？他们思索很长时间之后才恍然大悟，那个范围刚好是宝宝的游戏空间。千篇一律的生活环境，使宝宝绘画、语言都呈现贫乏的状态。大部分宝宝认识动物、外面的世界都依靠一些图片，而图片都是一些"死"的东西。

父母要经常改变宝宝的生活空间，让宝宝从生活环境中获得信息，增长智慧。能否让宝宝时时都有好奇心，这对宝宝头脑的好坏有决定性影响。父母要创造条件让孩子直接接触外面的世界，亲眼见鸟儿在天空中飞翔，鱼儿在水中游，大树、小草、虫子都是什么样的，听听自然界的声音，使宝宝对外界的事物有了主体的认识，让她通过自己的观察去了解周围的事物。

该如何处理孩子之间的纷争

小孩子不到 1 岁的时候，和年龄相近的小孩子相处，不太容易发生明显的争执，游戏时也不会和其他同伴一起玩，多是自得其乐。到了 1 岁半的时候，小孩会提高对朋友的关心和注意，会和小朋友们一起游戏和互动，发现与别人一起玩要比自己一个人玩快乐。但正是孩子们的互相试探，导致孩子之间的争吵也会增多，如彼此争夺玩具。小孩不管自己手中有多少玩具，还是会伸手去拿别人的玩具，甚至还会抢夺别人的玩具。

这种行为如果是发生在女孩子身上的话，就会让人觉得"女孩子怎么那么粗野"，妈妈会感到无地自容。实际上，孩子们在一起玩，除了快乐，还在学习交往，想要对方的东西，也就表示孩子已经开始注意到对方了。女孩子发育快些，所以她会对同伴比较早就产生关心，在不知不觉中，会伸手去拿对方的东西。

1 岁多的小孩子，还不会说"借我一下""再等一会儿"之类的对话，因此，这时候需要妈妈替自己的小孩把意思说出来，例如说"你想要跟他借吗"或者"别人正在玩呢！你等一会儿"这样的话。家长们要不断反复告诉孩子，一定要向对方说"可不可以借我一下呢"这样礼貌的话。

➕ 养育小叮咛

在小孩还不能够说话之前，小孩就能够从父母亲的表情、语调的高低来分辨出什么事情可以做、什么事情不能做、什么事会让父母高兴、什么事会让父母不高兴。所以，家长们可以借由目光传达情绪，来告诉小孩一些是非，或者用手势来表达"不"的意思。要很有耐心地来教导小孩子，告诉她一些社会生活的礼仪及规范。

绘画是培养宝宝创造性的最佳手段

孩子是世界上最可爱的精灵。在绘画的过程中，不但宝宝们的思想能够得到充分的表达，宝宝独特的个性、丰富的想象力、敏锐的观察力和感受力以及创造性思维也能得到长足的发展。绘画是开启宝宝心智、培养宝宝创造性思维的最佳手段之一。

■ 在宝宝脑海中储存丰富的形象

妈妈要在平时的生活中有意识地启发宝宝，让宝宝多观察生活，多接触丰富多彩的大自然，使宝宝的头脑中积累起丰富的生活经验和生活感受。

春天，妈妈可以带宝宝到野外郊游，让宝宝看一看绿茵茵的草地，五颜六色的花朵，各种各样的小动物；夏天，妈妈可以带宝宝到游泳池戏水，让宝宝感受一下水的神奇，观察一下人们在游泳时的各种姿态；秋天，妈妈可以带宝宝去秋游，让宝宝欣赏一下色彩斑斓的落叶和挂满了果实的树林；冬天，妈妈还可以带着宝宝去堆雪人、打雪仗，尽情享受大雪给人们带来的种种快乐。

■ 鼓励宝宝大胆地画

在宝宝绘画的过程中，根据自己的想象大胆地进行表达是宝宝创造性思维培养的关键，这就要求妈妈一定要注意尊重宝宝，不要轻易否定宝宝，反而要鼓励宝宝大胆地打破常规，画出与众不同的东西来。

➕ 妈妈经验谈

我女儿，在她 1 岁左右的时候相当地凶，但是到 2 岁的时候，就变得很会说话了。会说"借我一下!""换着玩好不好?""按顺序玩吧!"之类的话，变得善于与人沟通了。

——萱萱妈妈

例如，宝宝画了一个绿色的太阳，如果妈妈从自己的认识出发批评宝宝："太阳是红色的，这样画不对。"宝宝可能就会因为妈妈的批评而放弃了自己原来的想法，从此以后只画红色的太阳，不敢再作其他尝试。如果妈妈对宝宝说："好奇怪啊，宝宝画了一个绿色的太阳，能给妈妈讲一讲为什么吗?"宝宝就可能把她画绿色太阳时的想法对妈妈讲出来，这时候妈妈再对宝宝进行引导，不但肯定了宝宝的创造，还可能从中发现宝宝思想中的闪光点。

🍀 要注意培养宝宝的记忆力

记忆能力是需要培养的。父母可以利用宝宝形象记忆的特点，有意识地利用新鲜生动的实体，培养她的记忆力。要坚持不懈地培养，才有可能让宝宝的记忆力得到最大限度的提高。不要小看了宝宝的记忆能力，它是人们积累知识、经验最有效的武器。加强幼儿语言能力，幼儿的记忆与语言能力的发展有密切关系。无论识记或回忆，语言都起着重要作用。记住记忆任务、理解记忆事物、复述记忆内容等各环节都离不开语言，因此，增强幼儿的语言能力，是提高幼儿记忆能力的重要方法。

幼儿时期宝宝的记忆力以无意记忆为主，形象记忆占主导地位。记忆力的一个特点是容易遗忘，因此一般人记不住 3 岁以前的事情，心理学称之为"人类幼年健忘"。这个时期的宝宝，对鲜明、生动、有趣的事物非常感兴趣，这些事物能引起她的情绪反应，重复多次后使宝宝能够不费力地记住，如喜爱的玩具、动物、道路、词汇等。但这还是无意记忆、形象记忆，经不起时间的考验。父母可以给幼儿明确的记忆任务。幼儿的有意记忆较差，如果预先告诉宝宝要记住什么，宝宝明确了自己要记住些什么，记忆效果会更好。如在讲故事前，告诉宝宝在讲完故事后你要问的问题，宝宝会特别留心听故事；在去动物园之前告诉宝宝记住今天都看到了什么动物，记忆效果会更好。平时要有意地给宝宝布置一些任务让宝宝完成，也可做训练记忆力的游戏，如把四五件常见的物品放在桌子上，让宝宝闭上眼睛，然后掉换物品的位置或拿走一件，让宝宝说出顺序的变化或少了什么。

➕ 词汇解读

记忆是怎么形成的

　　记忆网络不能像光盘片一样单独成立，它会因为脑子不停接收新讯息、学习新知识而改变。当一个新的讯息进入脑中时，主宰短期记忆的海马回，就会赶忙在大脑皮质层寻找出类似的经验，启动它的记忆网络，以结合新的讯息和新的学习成果；然后再次汇整，伸展出新的突触，架构出新的思考网络，接着储存到原有的记忆网络中，因而扩大原有的记忆网络版图，增加了复杂度。

　　一旦了解脑内记忆是如何在脑内形成之后，就可以知道，虽然不求理解的强行背诵，是可以在一次又一次的背诵中启动某些特定的脑神经元，因而形成一个特定的记忆网络，但是，"理解"却能让海马回在大脑皮质层里找出类似的经验，启动原有记忆网络，结合新的讯息和学习成果来扩大记忆网络的版图，让人可以灵活运用所学知识，也能因此探究更深广的学问，在未来学习上，便能触类旁通，举一反三，思考上也较能独立。由此可知，"不求甚解"的强背与"理解＋思考"的学习，它们之间的差别就在于脑内是否能形成一个庞大复杂的思考网络，抑或只是讯息零星单独成立的记忆单位。

🍀 男孩女孩学习能力不一样吗

　　男孩和女孩的学习方法和思维方式是截然不同的。男女两性在智商上没有什么高下，没有哪一种性别更聪明，但这并不意味着要用完全相同的方法对男孩和女孩进行早期教育。一般来说，女孩子的生理和心理的发育较男孩子早，男孩子的空间想象能力和运动能力等强于女孩子，女孩子一般开口说话较早，阅读和书写、画画、粘贴方面会超过男孩子。

怎样让女孩学得更好

在幼儿园里，一般小女孩比小男孩更如鱼得水，她们比较擅长剪贴、分类等，也擅长使用铅笔，字迹清楚整齐。在扩大词汇量组织句子、拼写、阅读、看图说话方面她们也比男孩子有优势。

女孩子的注意力比较容易集中，在不同年龄段的男孩子和女孩子中，女孩子从事需要集中注意力的细致的工作都比男孩子完成得好。大多数女孩子在团队的环境中完成一件事比竞争的环境效果好。

孩子拿了别人的东西怎么办

这个时期的"拿东西"本来就是个很轻微的意识。孩子心里只想玩玩家里没有的玩具，根本没有想到这样的举动有什么不妥。爸妈对此当然不能坐视不管，但也不需要太认真苛责。这不过是因为孩子太小，"不能偷偷拿走别人的东西"的意识尚未形成罢了。拿了小朋友的东西回家，孩子也很少会坦白承认的。不如这样对孩子说："是你弄错了，把它带回家来的吧？明天我们要还给人家。"然后尽量让孩子自己拿去还。如果孩子办不到，也可以由妈妈向对方的母亲解释清楚，并将玩具归还。之后，妈妈别忘了告诉孩子："那是人家最喜爱的玩具，所以下回别再带回来了。"

倘若孩子说谎或拿东西的事件层出不穷，就要注意是否有其他原因。孩子做出让母亲伤脑筋的行为，多半是孩子发出的不满信号。所以，不妨让孩子好好地向你撒撒娇，试着温和地和孩子慢慢地沟通。

✚ 养育小叮咛

遇到这样的问题，家长通常只会关注孩子"撒谎""拿东西"等表面的行为，但是如果不深入探讨究竟为何孩子会那么做，事情就无法解决，问题还是存在。例如，孩子心里想说什么但却说不出口、或想引起妈妈注意等，说不定原因就在妈妈所看不见的地方。

21～22个月宝宝的智能测评

❶ 分清楚 5 个手指头和手心、手背：

A. 7 处（12 分）

B. 5 处（10 分）

C. 4 处（8 分）

D. 3 处（6 分）

E. 2 处（4 分）

以 10 分为合格。

❷ 说出水果名称：

A. 6 种（12 分）

B. 5 种（10 分）

C. 4 种（8 分）

D. 3 种（6 分）

以 10 分为合格。

❸ 会写数字 1（道道）、2（鸭子）、3（耳朵）、汉字（横道一、二、三、八、人、大等）：

A. 3 个（12 分）

B. 2 个（10 分）

C. 1 个（6 分）

D. 1 个，写得不像（4 分）

以 10 分为合格。

❹ 会把瓶中的水倒入碗内：

A. 不洒漏（6 分）

B. 少洒漏（5 分）

C. 洒一半（3 分）

D. 全洒（0 分）

以 5 分为合格。

❺ 说出自己的姓和名，妈妈的姓名，自己的小名：

A. 对 3 种（12 分）

B. 对 2 种（10 分）

C. 对 1 种（6 分）

以 10 分为合格。

❻ 背儿歌：

A. 2 首（12 分）

B. 1 首背完整（10 分）

C. 1 首不完整（8 分）

D. 背押韵的字（4 分）

以 10 分为合格。

❼ 问"这是谁的鞋？"答：

A. "我的"（10 分）

B. 宝宝（小名）的（8 分）

C. 拍自己（4 分）

以 10 分为合格。

❽ 知道故事中谁是好人谁是坏人：

A. 讲对 2 种（12 分）

B. 讲对 1 种（10 分）

C. 会指图中的好人和坏人（8 分）

D. 乱指（4 分）

以 12 分为合格。

❾ 穿上袜子（不拉后跟），穿上鞋（不分左右）：

A. 2 种（10 分）

B. 1 种（5 分）

会拉袜子后跟（加 5 分）

能分清鞋的左右（又加 5 分）

以 10 分为合格。

❿ 会脱松紧带裤子坐便盆：

A. 及时脱下（10 分）

B. 会扒开裤裆（8 分）

C. 不及时脱下（6 分）

D. 叫大人帮助（4 分）

以 8 分为合格。

⓫ 单脚独立：

A. 3 秒（6 分）

B. 2 秒（5 分）

C. 要扶物、扶人（2 分）

以 5 分为合格。

⓬ 用足尖走：

A. 10 步（12 分）

B. 5 步（10 分）

C. 3 步（8 分）

D. 2 步（4 分）

以 10 分为合格。

结果分析

1、2 题测认知能力，应得 20 分；3、4 题测手的灵巧，应得 15 分；5、6、7 题测语言能力，应得 30 分；8 题测社交能力，应得 12 分；9、10 题测自理能力，应得 18 分；11、12 题测运动能力，应得 15 分，共计可得 110 分。总分90～110 分为正常范围，120 分以上为优秀，70 分以下为暂时落后。哪道题在合格以下，可先复习上次该栏目的试题，然后再练习本次的试题。如果某题在 A 以上，可跨越本次试题，练习下月同一栏目相关的试题，使宝宝优点更加突出。

Part 18

第23~24个月

女宝宝养育

Di ershisan~ershisigeyue Nvbaobao Yangyu

第23～24个月女宝宝发育特点

女宝宝23～24个月体格发育指标

项目	年龄组	下限值	上限值
身高	23～24个月	76.6厘米	98.0厘米
体重	23～24个月	8.55千克	16.77千克
头围	24个月	约为47.3厘米	
胸围	24个月	约为48.7厘米	
牙齿	23～24个月	出牙15～17颗	
囟门	18～30个月	闭合	

第23～24个月宝宝发育状况

到了2岁时，宝宝的头围将达到48厘米，脑重约为1000克，约占成人脑重的70%。大脑的绝大部分沟回均已明显，神经细胞约140亿个，并且不再增加；脑细胞之间的联系日益复杂化，后天的教育与训练刺激大脑相应区域不断增长，个体差异开始表现出来。

2岁的宝宝其身长约为85厘米，比1岁时约增加10厘米，体重12千克左右，是出生体重的4倍。到2岁时宝宝的乳牙基本出齐（共20颗）。心率为每分钟100～120次，呼吸为每分钟25～30次。

■ 感觉发育

宝宝已开始认识到自己是男孩还是女孩，也开始理解事情发展的前后顺序，这对宝宝思维发展是大有裨益的。宝宝对声音反应会越来越强烈，她已能同时注意几种不同的声音，并喜欢反复的、有节奏感的声音。宝宝开始能对单项任务集中注意力，同时还会对周围环境变得留心。

宝宝注意事物的范围有了很大的扩展，她开始观察周围人的行为，并努力加以模仿，她开始观察物体的形状，并认识事物的性质；她对图片的观察力开始增强，并能找出它们之间的联系；她还会观察自然现象，认识到白天和晚上，晴天和阴天。这一时期，宝宝对自己感兴趣的事物能有较长的有效观察时间，尽管其专注力还具有不稳定性。

■ 动作发育

随着宝宝的发育，其跨越障碍能力、感知平衡能力、空间感均有了较大的提高，此阶段的宝宝已能平衡地跑动。在手的精细动作方面，宝宝能用手指拿起积木堆上 4 层而不倒，而且她还会大致临摹画圆。

不论是大动作还是精细动作，宝宝的动作发育都有了极大的提高，她伸手抓、握物体的能力日益增强，其身体平衡性、稳定性也有了显著提高，这样宝宝就会不停地动，也能蹲着玩很长时间。在精细动作方面，其准确性明显提高，可拿着两个杯子互相倒水而不洒泼。

■ 语言发育

宝宝已能使用简单的单词或双词组成的简单句子，并且开始针对日常生活事件进行自我对话或与父母交流沟通，还能重复部分儿歌歌词。

宝宝的语言组合能力明显增强，尽管有时候宝宝的组合是不合规范的。当宝宝感觉用语言无法表达自己的意思时，她就会借助于手势，由于宝宝组合语言的能力加强，所以她也特别希望和别人交流。

■ 心理发育

宝宝独立性开始增强，"不""我的""那是我的"是这一时期宝宝的日常用语，当然，她们也开始注意别人的情感，如喜、怒、哀、乐等表情，从中她们可以学着丰富自己的情感。宝宝喜欢奔跑、追逐，也喜欢拼装、拆卸物体，还喜欢听父母讲故事。

随着独立意识的增强，宝宝开始喜欢离开成人独立地玩耍，当然，这是宝宝的主动选择，若是父母将宝宝一个人扔下让她玩耍，她会通过哭闹来表示反对。这个时期的宝宝也喜欢冒险尝试一些未知的东西，但当大环境变化时，宝宝会很不适应，如从自己家里到姥姥家，要经过很长时间才能适应。

■ 其他发育

宝宝对习惯性的做法常常不满足，她更喜欢"打破常规"。在记忆力方面，她能回忆起某些特殊事件发生的细节，她还会将实物和符号联系起来，如在书上圈出自己喜欢吃的水果等。在音乐的理解力方面也有了较大的进步，把握音调的能力加强了，能跟着节拍拍手、跺脚。

宝宝开始出现复杂的情感，如骄傲、害羞、嫉妒、自信以及失望等。能记住较多的儿歌，高兴时会自编歌曲进行哼唱，"创作性"增强了。宝宝在数学能力方面也有较大的提高，能了解人物、重量等概念，能从 1 数到 5。

第23~24个月宝宝的日常保健

不要给女宝宝剪眼睫毛

有些年轻的妈妈认为眼睫毛的生长与头发一样，剪一剪有利于睫毛长长，所以为了让自己的宝宝眼睛漂亮，就把眼睫毛剪掉。一根睫毛的寿命不过3个月左右，给宝宝剪眼睫毛，并不会使眼睫毛长得长。而且剪眼睫毛也不利于健康。眼睫毛具有防止灰尘进入眼内，保护眼睛的作用，如果剪掉了眼睫毛，眼睛失去了保护，灰尘等容易侵入眼睛里，从而引起各种眼病。

家有宝宝的宠物饲养原则

很多家庭都饲养宠物，有些宝宝甚至连吃饭、玩耍、睡觉都要和家中的猫咪或小狗一起。不过，由于宝宝的气管发育尚未完全，加上宝宝和宠物玩耍时，可能会不经意地把刚摸过宠物的手伸进嘴巴里，黏附在宠物毛发中的病菌就有可能使宝宝受到感染，而宠物的毛发也可能对宝宝的呼吸器官造成不良影响。因此，居家清洁和宠物卫生便成为每位家长关心的重要议题。

■ 宠物清洁

饲养在家中的猫咪或狗狗，因为平时和人类亲密接触惯了，同时也是家中宝宝的好玩伴，因此，主人更要加倍重视宠物们的清洁问题。

❶ 每日梳理猫毛、狗毛。每天帮宠物梳毛，不仅能清理宠物身上的杂毛，让毛色柔亮，重要的是，还能减少猫狗的杂毛在空中飞舞。

❷ 宠物定期施打预防针。可定期带宠物到兽医院施打预防针，以预防宠物生病或感染。

❸ 定期帮宠物洗澡、修毛。宝宝最喜欢和宠物腻在一起玩耍，因此宠物的清洁不容忽视。最好每星期帮宠物洗澡，并使用除蚤滴剂，顺便也将宠物平常睡觉的垫子清洗一遍，如此一来，宠物也不易沾染虱子或跳蚤。

❹ 定期清理猫沙盆。饲养猫咪的家庭，最好能每日清理猫沙盆，避免猫咪的排泄物味道过重，且容易滋生细菌；如果想要隔绝猫沙的异味，不妨选择加盖猫沙盆，或是在猫沙盆附近放置除臭剂，每隔1~2周将整盆猫沙换掉，并以热水清洗消毒，如此一来，便能有效去除异味。

猫沙盆的旁边会有一些猫沙散落，因此，除了每天清理猫沙盆之外，最好还能用稀释过的消毒水或是清洁剂擦拭猫沙盆周遭及地面。此外，在猫沙盆下摆放一张猫沙垫，也能避免猫咪将猫沙带离猫沙盆。因为当猫咪离开猫沙盆后，垫上的突起物可以帮助清除猫咪脚掌上多余的沙粒。此外，可以使用水晶沙，水晶沙是比一般猫沙更粗的颗粒，因为颗粒较粗大，所以不会黏附在猫咪的脚掌，也能避免猫沙散落在地板的状况。

⑤ 定期修剪猫狗的趾甲。为了避免宝宝和宠物玩耍时，宠物的趾甲划伤宝宝，家长应定期帮宠物修剪趾甲。

■ 居家清洁

因为小宝宝的抵抗力较弱，而宠物们的毛屑又特别容易黏附在窗帘、地毯等地方，因此，家中有饲养宠物的家长们更须注意环境的清洁。

① 利用吸尘器将猫毛、狗毛、灰尘吸得干干净净。需要定期利用吸尘器，来改善宠物毛发随风飘扬的状况。

② 衣物上的宠物毛发也要随时清理。当妈妈和宝宝亲密接触时，黏附在大人衣物上的猫毛或狗毛，也容易让小宝宝产生过敏。因此，家中可以准备一些随手可清理毛屑的小工具，或是利用胶带，都能轻松将衣物上黏附的毛发去除。

③ 定期暴晒棉被及衣物。透过阳光高温杀菌，除了能杀死棉被中的尘螨，也能让卡在棉被上的猫毛或狗毛掉落，减少宝宝过敏的机会。

④ 维持室内良好通风。无论是饲养猫咪还是小狗的家庭，维持室内良好通风，也能让小动物身上的异味散去。

什么时候要开始看牙医

宝宝在满周岁左右，或是长出第一颗牙齿后，便可以开始宝宝的第一次牙医门诊。这时候，医生除了会检查评估宝宝的口腔健康状况以外，也能帮助家长了解如何照顾及预防幼儿的口腔疾病。

其实，在临床病例上，常见到许多两三岁的小朋友早已是满口蛀牙。大家的观念应该建立在"预防甚于治疗"，而非遇到牙痛才求医。从小养成良好的口腔卫生习惯，蛀牙的机会自然就降低许多了。

乳牙蛀掉有没有关系

"乳牙迟早会掉，蛀牙也没关系？"答案是"有关系"！

乳牙的主要功能有四点：一是美观；二是咀嚼；三是发音；四是诱导恒牙到一个较好的生长环境。

蛀牙是一种慢性传染病，因为长期性的口腔卫生及饮食习惯不佳，才会造成蛀牙。假使养成不良的习惯，连带刷牙、清洁都没有彻底施行，新长出的恒牙不只生长环境会受到影响（如牙齿排列不整齐），连蛀牙概率也会大幅提升！

养育小叮咛

乳牙的重要功能

美观→如果因蛀牙而遭到嘲笑，也会影响孩子的心理健康和引发自卑感。

咀嚼→如果乳牙蛀掉或是太早失去乳牙，容易因无法充分咀嚼而造成宝宝营养摄取不均衡。

发音→太早失去乳牙，会影响部分发音无法正确，进而造成语言学习困难。

诱导恒牙到一个较好的生长环境→乳牙太早脱落的话，6岁所长出之第一大白齿容易向前倾斜或移位。

奶瓶性龋齿怎样预防

以奶瓶喂食的宝宝，口腔问题首要注意"奶瓶性蛀牙"。什么是奶瓶性蛀牙呢？最大特征是蛀牙范围只发生在上颚的门牙。因为宝宝含着奶瓶睡着吸吮的时候，舌头会压住下颚的牙齿，因此只有上颚的牙齿接触到奶瓶，发生蛀牙的范围也会集中在此处。

许多家长或保姆让宝宝在睡觉过程中，继续含着奶嘴睡觉（边喝边睡），事实上，这就是造成宝宝蛀牙的主因之一！平常口腔还会有唾液分泌或是其他口腔运动，牙齿不会长期浸在酸性环境内，如果让宝宝边喝奶边睡觉，有时候牛奶没有完全喝完，甚至嘴巴里面还有剩余没喝完的奶，奶水和牙齿接触时间太长，细菌就会开始产生类毒素和酸，导致口腔pH下降到5.5以下，长期下来，导致"奶瓶性蛀牙"的概率就大幅升高了。

■ 防止初期感染

宝宝口腔中的变形链球菌多是经由照顾者接触而受到感染。最常见到的状况就是家长本身有蛀牙，喂食宝宝吃辅食的时候，家长自己吃一口，再拿自己使用的汤匙喂宝宝吃一口食物；或是大人咀嚼后再喂食宝宝，大人将食物放在嘴巴中咬成小块，再拿给宝宝吃，这些状况都容易导致大人口腔中的细菌跑到宝宝的口腔中，增加宝宝未来患蛀牙的风险！

■ 正确饮食习惯与口腔卫生的维护

宝宝喂奶时间应尽量缩短，尤其避免一边喝奶，一边睡觉。每次喂食完应该漱口。改以杯子或汤匙喂食，避免致龋物质在口内停留过久。

宝宝怎样预防龋齿

宝宝吃饭以后，口腔中残留食物较

多，导致口中酸性升高的机会也变大。因此，平时最好养成以正餐为主，少吃零食的习惯；以及最好能在用餐完毕的15分钟以内，做好口腔清洁的工作。如果无法做到每次吃完东西后就立刻刷牙，最起码也要在宝宝睡觉前，帮宝宝彻底做好一次口腔清洁。

造成蛀牙的原因包括：

❶ 细菌。未长牙的宝宝并不会有蛀牙问题，细菌必须借牙齿表面来繁殖。因此，口腔内细菌的出现多半是经由照顾者传染而来。

❷ 牙齿。如果口腔残渣没有及时清理干净，牙齿长时间浸润在易致龋齿的酸性液体中，便会造成蛀牙。

❸ 食物（碳水化合物）。乳制品中的乳糖成分会促进口内致龋菌的繁殖，如果摄取次数频繁，加上没有彻底清洁，便容易造成口腔内呈现偏酸性环境，长期下来，蛀牙出现的概率也会升高。

❹ 时间。根据医学研究显示，食物残渣停留在口腔超过15分钟后，细菌就会产生类毒素和酸，使得口腔 pH 下降。因此，蛀牙是一种慢性疾病，长期不良的清洁方式和饮食习惯才会造成蛀牙。

➕ 养育小叮咛

避免拿汽水当做安抚工具

为了安抚哭闹的宝宝，有时候家长会拿汽水或蜂蜜糖水给宝宝喝，事实上，这些都容易造成宝宝蛀牙，家长可以利用安抚奶嘴、可咬合玩具、小毯子等其他物品转移宝宝的注意力。

让宝宝学会正确地刷牙

正确的刷牙方法对预防龋齿相当重要，横刷法不易清除食物残渣，而且易刷伤牙龈和牙齿，会使口腔黏膜受伤。正确的方法是竖刷法，如同洗梳子时应当顺着梳齿的方向才能将齿缝中的不洁之物清除掉。将牙刷的毛束放在牙龈与齿冠萌出处，轻轻压着牙齿向牙冠尖端刷，刷上牙床由上向下，刷下牙床由下向上，反复刷6～10下，动作勿太快，要将牙齿里外上下都刷到。父母良好的示范是宝宝学习的榜样。

选购有两排毛束，每排4～6束、毛较软的宝宝牙刷。每次用完甩去水分，毛束朝上放在通风处风干，不要放在杯内或盒子里，否则细菌易于在潮湿的毛束上滋生。

宝宝用的牙膏应选用含氟化钠或氟化锶的防龋牙膏。氟能增强牙齿的抗龋功能。

晚上刷过牙之后就不宜再吃东西了，尤其不能吃糖或含糖的食物，所以应在吃过最后一次食物之后才将牙齿刷干净。

第23~24个月宝宝的喂养

宝宝的饮食指导

2岁以后的宝宝，应该逐渐增加食物的品种，使其适应更多的食物，应摄入充足的含碘食物，如海带、紫菜等。2岁的宝宝，乳牙刚出齐或未完全出齐，咀嚼功能仍然很弱，据我国婴幼儿营养专家研究，6岁时的咀嚼效率才达到成人的40％，10岁时达75％。因此，在制作幼儿膳食及各种肉、菜等时，均要细碎，炖烂才易于幼儿咀嚼。

饮食配备的目的是为了改善食物的形态，增进食欲，促进消化吸收。由于幼儿消化能力尚差，应该注意选择纤维不太高的食物，食物要求软、易咀嚼、易消化。不用刺激性食物，食物要少带骨，不带刺，蔬菜要切碎或剁成泥。烹调时要注意色、香、味、多样化。

幼儿机体处于不断生长发育阶段，新陈代谢旺盛，需要的营养素也多，再加上消化机能尚不健全，所以烹调方法和技术相当重要，精心的烹调能促进幼儿的胃口，满足营养的需要，保证宝宝健康成长。

另外，要注意给宝宝吃点粗粮，粗粮含有大量的蛋白质、脂肪、铁、磷、钙、维生素、纤维素等，都是幼儿生长发育所必需的营养物质。2岁的宝宝可以吃些玉米面粥、窝头片等。

对宝宝长高有益的食品

目前，国家卫生部还没有批准过任何一种增高保健品的生产。因此，要谨慎购买市场上所售的增高保健品。只有通过科学的饮食才能帮助宝宝长高。

奶，被称为"全能食品"，对骨骼生长极为重要。

沙丁鱼，是蛋白质的宝库，如条件所限，可以吃鲫鱼或鱼松。

菠菜，是维生素的宝库。

胡萝卜，宝宝每天吃100克，很有益处。

柑橘，维生素A、B族维生素、维生素C和钙的含量比苹果中的含量还要多。

此外，还有小米、荞麦、鹌鹑蛋、毛豆、扁豆、蚕豆、南瓜子、核桃、芝麻、花生米、油菜、青椒、韭菜、芹菜、番茄、草莓、柿子、葡萄、淡红小虾、鳝鱼、动物肝脏、鸡肉、羊肉、海带、紫菜、蜂蜜等。

促进大脑发育的营养饮食

科学的饮食能改善大脑的发育，父母要给宝宝提供一些健脑食品，为宝宝提供大脑发育所需的足够的营养素。

葡萄糖是脑能量的源泉，是大脑活动的基础。葡萄糖可以从米、面、薯类等含糖类多的食物中吸取，因此要给孩子足够的主食。

谷氨酸是脑神经活动的重要营养素，它在植物性蛋白中含量较多，可以从豆腐、豆制品、沙丁鱼、蛤、蚬等食物中获取。B族维生素可以提高脑的活力。维生素C能增强大脑的应激能力，并提高脑功能敏锐度。蔬菜与水果中维生素C的含量较大，也较易于宝宝吸收。

健脑的食品主要有以下几大类：动物内脏及瘦肉、鱼、水果、豆类及豆制品、硬壳食物（如核桃、花生米、杏仁、葵花子、松子）、蔬菜与海鲜。

宝宝为什么会厌食

小儿正常的食欲很难用进食量的多少来衡量。如果进食后基本饱足，能保证小儿正常的生长发育和体力活动，就意味着食欲正常。食量大小的个体差异很大，所以不能强求同龄小儿要有相同的进食量。如果进食量明显较平日减少时就说明宝宝厌食。

导致厌食的原因很多，几乎所有的疾病都可能引起不同程度的厌食。所以小儿如果厌食，首先，仔细观察有无患病的表现。另外，喂养护理不当及不良的精神、心理因素也是重要的原因。如过多地吃甜食、油腻食物及单调食物，或在宝宝进食时，采用引逗、哄骗甚至威吓打骂等不正确的手段，都将影响宝宝进食的情绪，会形成条件反射性厌食。

如果是因疾病因素引起的厌食，就必须要治疗疾病。另一方面，要做到从小培养宝宝良好的饮食习惯，宝宝期要按时添加辅食。做到食物多样化，选择适宜于婴幼儿的食品，保持宝宝进食时有愉快的情绪。如果父母厌食，自己要先纠正。

育儿难题 Q&A

Q： 我女儿 2 岁了，头发长不长怎么办？自从满月理过一次头发，直到现在，发长只到耳齐，我看同年龄的小孩，发长都快到腰了，请问我女儿是不是哪里有问题？

A： 首先要了解头发的形成过程。基本上，毛发是由毛囊所产生，而毛囊又是皮肤组织的重要成员，与皮肤的形成息息相关。胎儿在母体内 4 个月大时便会长出胎毛，足月出生后，每位新生儿都经历了至少一次（头后部）及两次（中央部）的头发自然脱落，并长了新的毛发。半岁以后，头发的生长又进入了另一个阶段，会脱胎换毛，长出永久毛，开始了稳定的头发生长周期性。

宝宝的头发生长，通常是从额头、颅顶部分开始，各区域头发生长速度不一，因此常让人感觉头发稀稀疏疏的。民间习俗盛传，在婴儿出生满一个月时将头发及眉毛全数剃掉，会促使这些毛囊受到刺激，毛发就会长得又浓又密，其实这个观念并没有科学根据。

一般而言，头发的生长速度平均一天 0.04 厘米，一个月可长 1.2 厘米，但是头发生长缓慢的人也不少，而且，

除了罕见的"先天性外胚层发育不良"（这是一种包括头发、指甲同时会发育不好的疾病）的患者之外，很少会有长不出头发的，所以父母可以不必太过担心，但若真长不出头发，则需要请教皮肤专科医生的意见。若希望头发长得快，多摄取蛋白质含量丰富的食物，每天适度给宝宝按摩头皮、梳发会有所帮助。

Q： 我的宝宝 2 岁，她喝母乳到 1 岁才断奶，但从断奶之后就不再喝牛奶、羊奶或市售鲜奶，我买钙粉帮她补充，这样钙质够吗？而她最近一年的体重没有再增加，只有长高几厘米，这样发育正常吗？

A： 建议你在宝宝断奶后仍然给宝宝早晚一杯鲜奶、酸奶或成长奶粉，其实不需要额外再添加钙粉，反而是应该注意摄取其他正餐和固体食物。至于体重和身高是否正常，可以看生长曲线的体重及身高是否正常。如果 2 岁多的小朋友会跑会跳，在保健门诊打预防针时给医生评估过没有问题的话，则不需要太担心。

第23~24个月宝宝的早教方案

➕ 养育小叮咛

专家的建议

孩子出生之后，逐渐地面对许多事情，学习事情的处理能力，从中发现自己所喜爱的东西。听话的孩子，会去压抑自己的喜爱，满足父母亲的期望，往他们所希望的方向发展。这时孩子尚处年幼阶段，容易依照父母亲的意见作决定。

如果发现孩子太过于配合大人，自主意识过于薄弱的话，父母亲就要重新审视对孩子的教育方法了，看是否太过于限制孩子，或者是否对孩子有过度的期待等。

乖孩子也会有烦恼

家中有个乖巧的女儿让人羡慕，可是也有人说，在青春期出现问题的小孩，大多数都是平常被人家称作是"好孩子，不费心的孩子"，这不免让妈妈们产生困惑。

总的来说，乖孩子容易接受父母亲对于自己的支配力，个性比较容易受到压抑。孩子的自我意识终究会变强的，随着年龄的增长，会变得带有强烈的反抗情绪。因此，小时孩子听话，不表明永远那么听话。对于这样的孩子，家长要鼓励她的个性发展，倾听她的意见，不要满足于孩子的服从。

➕ 妈妈经验谈

我女儿小的时候，每当我去理发都带着她，她总是会很安静地坐在一边。旁边的人都夸她乖巧，我也很得意。在她进了幼儿园之后，老师发现她过于安静，不能积极回答问题，上课不能互动，不会和小朋友一起玩耍。这时候我觉得，因为她乖巧带给我的轻松，还不如她淘气一些的好。

——菲菲妈妈

多一些父女相处的时间

在过了 1 岁之后，摇摇晃晃刚开始学走路的孩子，是最可爱的了。这个时候男女性差异不大，所以在玩游戏的时候，爸爸不要有女孩子玩什么的困扰，不一定要玩过家家之类的游戏。爸爸可以陪着女儿一起玩投接球，或是两个人互相追赶的游戏，女儿会跟爸爸玩得很开心。这时孩子已经能够用笔在纸上胡乱涂鸦，找时间和孩子一起画也很有意思。

爸爸可以和小女儿两个人在家，享受一下两人独处的时光，爸爸也会渐渐对自己育儿的能力产生自信。

女孩也有"逆反期"

到了孩子两三岁前后，就进入"第一次逆反期"了。在这之前，一直都听妈妈话的孩子，突然就变得不听妈妈的话，而且有任性而不理性的回应，这就是"逆反"。

所谓逆反是父母亲单方面的感觉，对孩子来说，并不是想着要造反才有了反抗的举动。这时期的孩子，不只是运动能力增强，手指灵巧，而且自己能够独立完成的事情多了。她对这未知世界的好奇心也日渐膨胀，变得想要向新的事物挑战。

对孩子的理解来说，妈妈就是一个在自己身边关爱自己的人，不再认为是母子一体。她发现"我是我！妈妈是妈"，逐渐有了自我的主张。这样的转变，对妈妈来说感到是孩子在反抗。妈妈发现，如果想要如往常般地支配孩子的话，孩子就会产生排斥。

不管是谁，都经过逆反期这一个过程，所以，父母亲要尽可能积极地调整自己的心态，认识到这么小的孩子，就已经要踏出自立的第一步，日后会是一个多值得依靠的女儿呀。实际上，不管是父母亲离开孩子，还是孩子离开父母亲，分开独立的过程从现在就开始了，孩子开始进入与父母亲不同的世界。

逆反期的孩子如果不想自立，结果会成为黏在妈妈身边的小宝宝。如果一直持续的话，那这样的孩子就无法在社会上自立。为了要让小孩变成一个能够自立的个体，妈妈要坦然面对逆反的孩子，对于孩子的种种反抗行为，也不要过于压制。虽然她会给你造成一些麻烦，还是要轻松地看待孩子的成长。

开发宝宝左脑的方式

大家知道，脑部左右半球的结构和功能是相互影响的。结构决定功能，功能影响结构。要开发左脑半球，主要是从发展左脑半球的功能着手的。

■锻炼宝宝的语言能力

锻炼宝宝语言能力的主要方法是让宝宝多听、多说、多读。可以**多给**

宝宝讲一些神话故事、寓言、诗词、童话故事等。

多听可以积累词汇、领会语义、熟悉语境。父母也可以经常给宝宝讲故事，让宝宝编故事、续故事、复述故事。编、续和复述故事除了锻炼语言能力外，还锻炼宝宝的逻辑能力和想象能力。因为故事的先后展开，都有内在的逻辑。适度地让宝宝早一点认识汉字，及时地打开宝宝自己获取知识的大门，让她们提早阅读，这对锻炼语言能力、广泛接受知识很有好处。总之，要给宝宝丰富的语言环境，让她多接收口头的、书面的语言，多进行语言的交流和训练，这对开发左脑是很有好处的。

■ 进行数学、逻辑的训练

父母对宝宝进行数学、逻辑的训练，可以提高宝宝的抽象思维能力，达到开发左脑的目的。不过，数学是比较抽象的，包括数数、计数、分类、判断、推理等。宝宝的形象思维能力发展较早，抽象思维能力发展相对较迟，因此，抽象思维的训练要采用形象、具体的教育方法。比如说，不要一开始就数一二三四，而是让宝宝数苹果、数鞋子等。学会了数数，再学计算，学习计算也要与具体的事物结合起来。

等到宝宝掌握了一定的数学知识后，父母就可以着手训练宝宝的分类、推理能力。用硬纸卡做 4～5 种颜色、圆形、正方形、三角形、菱形 4 种形状的卡片，每种做 5 个。游戏时将卡片混放，和宝宝一起用各种方式排列组合，是训练宝宝思维的简单有效的方法。

生活中经常会遇到各种各样的问题，需要推理，需要判断。鼓励宝宝经常思考，一定能激发宝宝的兴趣，培养她们的推理能力，这对开发左脑半球的功能是很有好处的。

➕ 养育小叮咛

专家的建议

父母亲在面对孩子这个也想做，那个也想做的欲望的时候，要尽量控制自己的情绪。因为，在逆反期孩子会做出一些违反大人期待的事情来。这样的行为，是因为小孩子想按自己的意志行事，不想再对父母亲的要求百依百顺了。面对小孩如此的行为，父母亲能做的就是放宽心胸，抱着坦然的心态去面对。度过了这一段时期，孩子会渐渐地明白什么是自己想要做，并且可以做的事情。

✚ 词汇解读

左右脑开发

人的大脑分为左脑和右脑，左脑又称为"思维脑""学术脑"，引导着语言、逻辑、数学、顺序、符号、分析等的运用，善于把复杂的事情条理化；右脑又称为"艺术脑""创造脑"，它引导着韵律、节奏、图画、想象、情感、创造等因素，它是想象力、创造力的原动力。调查显示，95％的人仅用了大脑的一半，即左脑，这主要与人类习惯用右手有关。语言中枢、逻辑分析、数字处理、记忆等都由左脑处理，加之许多家庭不重视右脑的开发，不注重创造能力的培养，出现左右脑开发不平衡的状态，可在日常生活中有意识地对孩子进行训练，对孩子的右脑实施一些特殊的教育。

男女宝宝的智力有差别吗

许多家长有这样一种看法，认为男孩比女孩聪明，或者说小时候女孩可能比男孩聪明，但长大特别是上高中以后，女孩就不行了。对此，许多专家进行了反复研究讨论，认为虽然男女儿童在身体结构、体质等方面有一定的差异，但性别的差异并不影响人的智力的高低，就整体而言，智力在男女儿童之间并不存在差异，只是各有高低。

人的智力活动是有其物质基础的，这就是大脑结构与其机能，它们在男女之间都是相同的。既然进行智力活动的物质基础是相同的，男女之间的智力也就不会有必然的明显差异。男女儿童在智力的某些方面有不同的特点，主要表现在以下几个方面。

❶ 男孩、女孩智力分布情况稍有差异。从整体上看，女孩智力分布比较集中，而男孩的智力差异稍大些。也就是说，在男孩群体中不同的智力水平悬殊较大，而女孩智力比较平均。

❷ 在智力活动的某些方面，男女儿童各有所长。一般女孩的触觉、痛觉及听觉分辨能力比较敏锐，尤其是手指尖的感觉发展较快，能较早地学会做比较精细的动作，而男孩以视觉分辨及视觉空间能力见长。女孩的语言表达能力常优于男孩，一般女孩说话早，词汇比较丰富，语言缺陷较少，口吃患者以男孩多见，而男孩的判断推理能力以及摆弄拆装物体的能力常胜于女孩。另外，女孩的形象思维比较好，考虑问题周到、细致，男孩则抽象思维和创造性思维较强。

❸ 男女儿童之间存在特殊才能的差异。一般来说，女孩表演才能占优势，而男孩操作和运动方面的才能占优势。

虽然男女儿童智力各具特色，但对每个具体的人来说又能出现各种不同的情况，因此每个家长要针对自己孩子的才能扬长避短，发挥优势，使孩子的潜能充分发挥出来。

➕ 词汇解读

情商

　　情商包括内省情商和人际情商。内省情商是一种对自我内在情感的理解能力，情绪体验是内省情商的关键，包括乐于助人、同情心、保护弱小者等人类共有的高级情绪体验。高情商的人很容易进入自己的内心世界了解自己的感觉，并能有效地运用这种认知能力指导自己的行为。人际情商则是转向外部和其他个体发现辨别与其他个体的差异。这种情商可以使幼儿具有区分周围的人并控制自己情绪的能力。高情商的人在与人相处中能够从别人的语言、手势、体态等分辨出他人的感受和情绪，并能调节自己的感受和行为来很好地适应对方。这种人善解人意，能与人融洽相处，能够从别人的角度思考和理解问题。情商高的宝宝能够友好地与人相处。在自己情绪烦乱的时候较好地安慰自己，更好地面对各种困难，在情感上帮助其他处于困境的小伙伴。这些宝宝与父母和老师容易交流并互相理解，将会更加健康快乐地成长。情商培养主要包括以下几个方面：训练宝宝觉察与认知自己情绪的能力；提高对困难的忍受力，并能想办法消除挫折引起的焦虑、抑郁等不良情绪；富有同情心，乐于倾听别人的诉说，从别人的角度看问题，经常为他人着想；懂得与他人分享，相互合作，彼此帮助。

🍄 教育女儿如何保护自己

　　一直到上幼儿园，男孩子和女孩子都是一起换装的，健康检查的时候，不论男女，大家也都只穿着一件小内裤而已，也没有什么好介意的。有些低龄幼儿园厕所也不分男女。对于周围的人来说觉得的确是没有什么好在意的。可是，对于妈妈来说，应该是到了要告诉孩子，什么时候要觉得"怕羞"的时期了。

　　看着家中的小女儿逐渐成长，但仍然天真无邪、不知世事，妈妈不禁经常为她捏一把冷汗。可是，也不要矫枉过正，让小孩活在恐惧的生活之中。妈妈应该怎样教自己的女儿呢？

　　孩子还理解不了大人中肮脏的一面，最好能够事先一点一滴地慢慢地告诉她，让她懂得害怕被人诱拐，告诫孩子"行为要端庄、有礼貌"，以及"女孩子要谨慎、守规矩"。

妈妈要告诉孩子生人敲门可以不回答、不开门；不与陌生人说话；当陌生人主动说话时，孩子可以假装没听见跑开。告诉孩子，不喝陌生人的饮料，不吃陌生人的糖果。小孩没有能力帮助陌生人，大人绝对不会认为这是不礼貌的。妈妈告诉孩子，遇到危险可以打破玻璃，破坏家具；为了保护自己，所有规章与禁令都可以不遵守。在紧急之中，她有权大叫、大闹、踢人、咬人。安全重于一切。不要与陌生人说话，不告诉别人自己的事情和家里的事情。遇到坏人，可以不讲真话。机智应对，才是聪明的好孩子。妈妈要向孩子保证，无论发生什么事情，只要孩子向父母讲明真情，父母都不会怪罪的，而且会尽力帮助她。告诉孩子，遇到坏人欺负一定要告诉家长，这些秘密千万不要埋藏在心里。女孩应当知道身体属于自己，身体的某些部分应被衣服所覆盖，身体不许别人看，不许触摸。

23～24个月宝宝的智能测评

❶ 背数到：

A. 30（8分）

B. 20（7分）

C. 15（6分）

D. 10（5分）

E. 5（4分）

点数到：

A. 10（10分）

B. 7（7分）

C. 5（6分）

D. 3（5分）

E. 2（4分）

两项相加算总分，背数往上每加10递增1分，点数往上每加1递增1分。

以10分为合格。

❷ 说出图书或图画中人物的职业和称呼：

A. 4人（12分）

B. 3人（9分）

C. 2人（6分）

D. 1人（3分）

（5个以上每人递增2分）

以9分为合格。

❸ 用颜色形容常用的东西：

A. 4种（12分）

B. 3种（10分）

C. 2种（7分）

D. 1种（4分）

（5种以上每种递增3分）

以 10 分为合格。

❹ 学画：

A. 模仿画圆形（封口曲线）（10 分）

B. 开口曲线（8 分）

C. 横线（6 分）

D. 竖线（4 分）

（画由圆形衍变的图画如太阳、苹果、梨等，每个 2 分）

以 10 分为合格。

❺ 按顺序套入套盒内：

A. 8 个（8 分）

B. 6 个（6 分）

C. 4 个（4 分）

D. 2 个（2 分）

（倒扣砌塔，每个另加 1 分）

以 8 分为合格。

❻ 在布巾下放形块，用手在布上摸猜如圆形、正方形、三角形、长方形及其他形块：

A. 4 个（12 分）

B. 3 个（9 分）

C. 2 个（6 分）

D. 1 个（3 分）

（4 个以上每个增加 3 分）

以 9 分为合格。

❼ 说清楚大人姓名如父母、爷奶、姨叔等：

A. 4 人（14 分）

B. 3 人（12 分）

C. 2 人（10 分）

D. 1 人（5 分）

（能多说出，每个递增 3 分）

以 10 分为合格。

❽ 会唱一首歌：

A. 大致会唱，可以辨认是什么歌（10 分）

B. 不能辨认是什么歌（5 分）

C. 不会唱（0 分）

以 10 分为合格。

❾ 喜欢躲藏让人寻找（门后、柜子后、桌下、床下等）：

A. 3 处不同的地方（8 分）

B. 2 处不同的地方（6 分）

C. 总是一个地方（4 分）

以 6 分为合格。

❿ 会用小勺：

A. 完全自己吃干净（8 分）

B. 吃去大半（6 分）

C. 吃去一半（4 分）

D. 要人喂（0 分）（会用筷子加 5 分）

以 8 分为合格。

⓫ 上楼梯：

A. 自己扶栏双脚交替（10 分）

B. 双脚踏一台阶（8 分）

C. 大人牵上楼梯（5 分）

D. 抱上楼梯（0 分）

（自己扶栏，双脚踏一台阶下楼梯加 3 分）

以 10 分为合格。

⓬ 学跳：

A. 自己双脚离地跳（12 分）

B. 大人牵双手从最后一级台阶跳下（10 分）

C. 不离地跳（6 分）

以 10 分为合格。

结果分析

1、2、3 题测认知能力，应得 29 分；4、5、6 题测手的技巧，应得 27 分；7、8 题测语言能力，应得 20 分；9 题测社交能力，应得 6 分；10 题测自理能力，应得 8 分；11、12 题测运动能力，应得 20 分，共计可得 110 分。90～110 分是正常范围，120 分为优秀，70 分以下为暂时落后。连续 3 次均在 70 分以下，应到当地宝宝保健部门进行鉴定，并尽早给以早期干预。

Part 19

第25~27个月

女宝宝养育

Di ershiwu~ershiqigeyue Nvbaobao Yangyu

第25~27个月女宝宝发育特点

女宝宝25~27个月体格发育指标

项目	年龄组	下限值	上限值
身高	25~27个月	78.0厘米	101.2厘米
体重	25月	8.83千克	17.63千克
头围	27个月	约为47.7厘米	
胸围	27个月	约为49.1厘米	
牙齿	25~30个月	长出18~20颗牙	

第25~27个月宝宝发育状况

2周岁后的宝宝，其躯干生长较头围快。为了支持身体重量和独立行走，尤其以下肢、臀、背部的肌肉发达。由于骨骼增长快，钙、磷沉着亦增加。

宝宝的乳牙已出齐，有一定咀嚼能力，但乳牙外面的釉质较薄。胃容量随年龄增长而增大，胃液的酸度和消化酶也逐渐增强。胰液、消化液的分泌有时受气候影响，炎热和生病时都会受影响而被抑制分泌，因此在夏季或有病时食欲都下降。

■ 感觉发育

随着宝宝活动范围的增大，宝宝的观察力增强了，已能辨认一些事物，对图片和颜色都有了较强的分辨能力，越来越多地关注对象的细节，能分辨细节的大小和颜色的差别。不过，此段时期宝宝的注意力还很容易分散。

■ 动作发育

不论是大动作，还是精细动作，宝宝的活动能力都有了较大的提高。此时的宝宝特别爱动，常常是连跑带走的，还能交替双足上下楼梯，能用勺子或筷子吃饭，也能爬上椅子探取物品。在精细动作方面，宝宝能够穿1~3个珠子。

■ 语言发育

宝宝的语言能力有很大发展，能说

出父母的名字，也会有目的地说出"谢谢""再见"等词语，会说一些简短的句子如"这是我的""我做的"等，会使用人称代词"我""你""自己"，不过经常会出错。

这个时期的宝宝会哼唱有字歌或宝宝自己编的无字歌，还喜欢背诵儿歌和诗词等。

■ 心理发育

宝宝的独立意识越来越强，对周围的事物也给予越来越多的关注，常常告诉别人自己的名字、年龄等，喜欢涂鸦的心理仍然存在，宝宝在这时比较喜欢画圆圈。

■ 其他发育

在记忆思维和创造力方面，宝宝的瞬间记忆力开始增强，也会开始思考问题，但个人色彩较浓，独创性较强，同时随意性较大，思维方式简单，方向性不强。此时的宝宝还知道晚上睡觉，天亮了起床。在数学能力方面，宝宝能根据一定的规则对物体进行分类，对物体的数量多少也有基本概念。在音乐理解方面，宝宝对不同的音乐旋律会有不同的反应，音乐节奏快时表现为兴奋，节奏舒缓时则表现比较放松。

第 25～27 个月宝宝的日常保健

🎀 宝宝新的起点

"宝宝满 2 岁了！"这让你感到安慰和兴奋。再仔细观察宝宝，她在很多方面确实长大了。

她似乎不再像过去那样冲动、莽撞，不再那样只顾自己、东跑西撞，不再需要你的处处保护，也不再需要你随时随地告诉她什么是危险。2 岁的宝宝也不再像以前那样畏缩、害怕。她已不那么难舍难分地依赖着你，而能够比较独立地自由活动了。她的情绪多数时间都安定而满足，她很会用亲昵的动作和

声音靠近你，你们亲子之间建立了一种充满乐趣的给予和获得关系。她会用自己的名字来称呼自己，她的行动更加利落，在家庭成员中成为更加积极主动的一分子了。

她热衷于观察和探索世界，如各种各样的瓶瓶罐罐都是她探究的好对象。你可以给她一些大小不同的容器，再给她一些可以放进容器的物品，她会从中学会很多物理关系。宝宝这时行动灵活，但你还不能任她满屋子自由行动，否则，她不是乱涂乱撒弄得一塌糊涂，就是登高冒险，让你大吃

一惊。这时她要打开门出去，独自上下楼梯，或去卫生间，都还少不了你的照看。玩水尤其能吸引这时的宝宝，每次洗澡都是她的一次节日。只要气温允许，不妨让她多几次在小盆中摆弄毛巾或玩具的机会。

这时的宝宝喜欢重复，开始对规律和顺序有了最初的体验。在玩具摆放、家庭物品布置、生活规律等方面，都可开始有意识地加以培养。

🍀 要注意保护宝宝的肾脏

肾脏具有排泄废物、调节血液成分及分泌某些激素的作用。泌尿专家认为，保护肾脏要从小儿做起。因为幼儿期是肾脏疾病的多发期，尽管目前已普遍推行计划免疫，幼儿的各种传染病大幅度下降，但幼儿的肾脏疾病仍有增无减，因此，应大力加强预防措施。

感染和冷湿是幼儿患肾脏疾病的重要原因。冬末春初气候多变，更要重视防治上呼吸道感染及急性咽炎、急性扁桃体炎。这些疾病可因链球菌感染引起肾炎，而冷湿则可诱发肾脏疾病。

据测定，每分钟经过肾脏的血液达600毫升，血中的一切毒物均可直接损害肾脏。另外，各种药物大部分从肾脏排泄。因此，药物对幼儿肾脏造成损害的情况屡见不鲜。对肾脏可能有损害的药物有各种止痛药，如非那西丁、扑热息痛、阿司匹林等。这些药物易在肾脏乳头部聚集，会导致肾乳头坏死。某些抗生素如先锋霉素、庆大霉素及链霉素等，可能损害肾小管，可引起蛋白尿、管型尿。脂溶性维生素，如维生素A过多，可引起尿频、尿急、多尿、遗尿，还可导致肾小管坏死。另外，磺胺类药对肾脏也有损害。因此，幼儿应慎用对肾脏有毒性作用的药物。

🍀 淘气宝宝居家安全守则

■ 家里真的安全吗

根据儿童居家事故统计数据中显示，有65%以上的事故伤害，都是发生在"居家环境"中。"环境因素"影响事故伤害发生的比例高达70%。许多家长认为，对孩子而言，"家"是最安全的处所，殊不知，居家环境也潜藏许多危害小宝宝安全的危险因子。

大人的生活习惯和观念，多少会影响自己对"危险环境"的认知。譬如室内设计的动线、家具的挑选和摆放、室内布置的陈设，是否注意避免相关危险；此外，物品使用完毕后是否马上收好，钱币、纽扣、螺丝钉等小物品是否有收纳在盒子里。只要平常保持良好的生活习惯，自然就能降低事故伤害的发生率。

如果家中婴幼儿的先天气质特别好动，或是有发展迟缓的状况，家长更要特别注意让她们远离危险伤害。

这些地方充满危险

厨房
厨房有许多引起孩子兴趣的东西。除了玩菜刀或翻动锅碗、玩燃气炉的开关外，有时也会被蒸气烫伤。

柜子
装玻璃门的柜子可以看到里面的东西，会引起孩子的兴趣。但想打开时就有夹到手指的危险。

楼梯
有时视线才离开一会儿，孩子已经爬上楼梯。此时多半会因身体失去平衡而跌落。

阳台
孩童的死亡事故最多的是跌落事故，因此需注意不要让孩子单独一人去阳台。此外，不要在阳台上放置可以垫脚的东西。

门、窗
手指被关闭的门夹到或被门与墙的空隙夹到的事故很常见。在开关门时必须确认孩子的手是离开门缝的。

桌子
有角的家具可利用市售防护套，避免撞伤宝宝的头。此外，孩子想拿桌上的东西时会去拉桌布，易发生拉倒热食而烫伤的危险。

浴室、水边
水深即使只有10厘米也会使婴儿溺毙，因此浴缸不要存水，最好锁上浴室的门。在洗衣机附近也绝不要放置可以垫脚的东西。

床铺、沙发
成长快速的婴儿，不知何时开始已经会翻身。如果在床铺或沙发上睡觉，不要留孩子单独一人。婴儿床也要围上栏杆。

插座
如果把手指或物品插入插座，就有触电或短路的危险。过低的插座要用绝缘胶带封住。过长的电线也要收起多余的部分，以免孩子绊倒。

■ 跌倒坠落占事故比例约 47%

容易跌倒坠落的地方

第一名 桌椅

第二名 阶梯、斜坡

第三名 床铺

第四名 浴室

根据调查统计，幼儿意外跌落占幼儿意外事故伤害的 47%。其中，0~4 岁儿童的跌落意外，有 80% 以上在家里发生。幼儿的体型容易头重脚轻，加上认知不足，幼儿跌倒坠落几乎成为婴幼儿事故伤害中的最主要原因。

8~9 个月的婴幼儿，正处在学习爬行的阶段，家长应特别注意家具的摆设安全，譬如窗户或洗衣机、浴缸旁边，应避免摆放小凳子或是小柜子，预防幼儿好奇爬上而跌落。如果婴幼儿在沙发、床铺上玩耍，旁边一定要有大人陪伴，保证安全。

如何避免跌落意外？

窗户加装一定高度的栏杆。

窗户、浴缸、洗衣机旁不摆放小凳子。

台阶、转角处要有充足的灯光照明。

地面保持干燥。

浴室加装扶手、防滑垫。

此外，阳台、窗口旁边应设置栏杆，避免婴幼儿由阳台或窗口坠落。

■ 刺伤、割伤、夹伤、砸伤占事故比例约 31%

最容易被刺、割、夹伤之排行

第一名 折叠桌椅

第二名 门窗抽屉

第三名 玩具

第四名 文具图钉

除了跌落意外事故之外，"刺、割、夹、砸伤"排行幼儿意外事故原因第二名。婴幼儿因好奇拉扯直式立灯而遭压伤的案例层出不穷，被桌椅、抽屉夹伤者更在少数！有时候，家长稍不注意幼儿在身旁，门一开，或是抽屉一关，婴幼儿的手指就被夹伤，或是幼儿好奇将手指伸进转动的电风扇中，一不小心就酿成伤害！另外，纸片的边缘、被啃食严重的玩具也会割伤婴幼儿娇嫩的肌肤，家长应特别注意玩具的安全性。

此外，家中的婴儿床床板到上横杆的高度必须要在 60 厘米以上，婴儿床的栏杆间隙必须小于 6 厘米，以免婴幼儿从栏杆往外探头被夹伤。

如果小宝贝已经能够自己爬出床外了，就不能继续使用有摇摆装置的婴儿床，以免摔伤。使用电动摇床时，如果没有人在一旁照顾，最好把电动摇床的电源关掉，并固定摇摆装置，以免发生意外。

根据烧烫伤流行病学数据显示，大部分的烧烫伤事故发生在厨房，其次，发生在客厅，排行第三的则是浴室。

历年统计烧烫伤的原因中，遭"热开水烫伤"的比例最高，约占统计案例八成以上；其次，因"热汤、热饮料烫伤"的比例约占七成，排行第三的则是"烹饪油烫伤"。

正在学爬、学步，1 岁上下的婴幼儿，最容易因为好奇心驱使，加上对危险的认知不足（年纪太小），在大人稍不注意的状况下，触摸到热水壶、热汤而烫伤。此外，因家庭成员不小心而造成的烫伤事故，几乎占造成婴幼儿烫伤的大部分。很多家长会觉得自己已经告诉过宝宝，宝宝怎么还会发生烧烫伤呢？

婴幼儿的记忆力、专注力不比成人，家长不应以自身的标准来衡量宝宝，应该在细微处多加注意，这样才能真正给宝宝带来安全。

➕ 养育小叮咛

如何避免刺、割、夹、砸伤？

柜子油漆剥落要赶紧送修或远离幼儿。

开关门时，先注意婴幼儿有无在身旁。

避免购买有尖锐接缝的玩具。

将家具的边、角用海绵或布包起来，尤其是茶几、饭桌、矮柜。

■ 烧烫伤占事故比例约 11%

➕ 养育小叮咛

容易造成烧烫伤的原因

第一名 热开水

第二名 热汤、热饮料

第三名 烹饪油

第四名 浴缸中的热水

➕ 养育小叮咛

如何避免烧烫伤？

避免让幼儿进入厨房。

尽量不要拿刚煮沸又太重的热汤、热锅，避免不慎打翻，烫伤自己及幼儿。

热水壶、热汤（碗）放在幼儿够不着的地方。

尽量避免让幼儿接近有高温蒸气的物品。

保温瓶使用完毕后，确认锁住压水的开关。

洗澡时，先放冷水，再放热水，水温尽量保持在 40℃以下（以手感觉，热度微温即可）。

■ 窒息、梗塞占事故比例约 7％

✚ 养育小叮咛

窒息梗塞排行

第一名 正餐食物

第二名 硬币图钉

第三名 玩具

第四名 糖果零食

窒息、梗塞，占幼儿事故伤害排名前五名。根据统计表示，在喂食幼儿时，最常发生食物梗塞。尤其以习惯边吃边玩的幼儿，或是家长边看电视边喂食幼儿者，最常发生此类意外。每年通报的梗塞窒息案例中，经常出现"吞食硬币"的案例。除了硬币，纽扣、小纸屑、小螺丝、玩具零件都是好奇宝宝随手一抓就往嘴里塞的常客！建议家长应避免给予幼儿小于直径 3 厘米的玩具，避免因误食而梗塞。

此外，意外窒息也是造成婴幼儿伤害的原因之一。譬如衣橱、柜子、冰箱、水桶、大纸箱，或是窗帘吊绳、玩具上的绳子、塑料绳等，对婴幼儿来说，都是新奇、有趣的东西，却也是造成意外发生的潜在杀手。

过长的拉绳易造成婴幼儿因好奇拉扯，使得拉绳缠住婴幼儿的颈部，导致发生呼吸困难、休克，甚至成为植物人的意外。

✚ 养育小叮咛

如何避免窒息、梗塞？

硬币、纽扣等小物品，需收纳在盒子、抽屉等幼儿不易取得的地方。

喂食婴幼儿时，不要和婴幼儿玩耍。

柜子、衣橱的门要确实关紧。

避免在家中摆放和婴幼儿高度相似的水桶、纸箱。

窗帘的绳索不宜过长，或将绳索绑起来缩短长度。

家用塑料绳用毕，要放置在幼儿够不到的地方。

不要将毛巾、大浴巾铺在小床上。

■ 误食中毒占事故比例约 4％

✚ 养育小叮咛

容易误食排行

第一名 清洁剂

第二名 药物（包含误食感冒药，或是误食太多维生素）

第三名 有毒植物

第四名 化妆品

幼儿误食中毒最容易发生在居家住所。在实际案例中，浴室、厨房使用的清洁用品，最容易被幼儿误食，第二名则是误食药物。

幼儿常误食的东西：浴室及厨房清洁剂、杀虫剂、樟脑丸、皮革（鞋）油、修正液、发胶、香水、精油、电池。

家长经常会记得将感冒药或其他药物收好，但是对于复合维生素、钙片等却时常忽略，一不小心就被好奇宝宝塞进嘴巴！许多家长不了解幼儿误食过多维生素，也会造成药物中毒。

除此之外，许多家长喜欢在家中摆放景观植物，让家中绿意盎然，殊不知，如果选错植物，也会造成幼儿误食有毒植物而中毒呢！以临床案例来看，幼儿误食万年青的状况最常见。此外，诸如风信子、马缨丹、铃兰、石蒜……也都属于有毒植物，家中有幼儿者，应将植物尽量放置在幼儿够不着的地方或是摆放于阳台上。

✚ 养育小叮咛

如何应对误食中毒？

将就近医院的急诊电话贴在电话机旁边。

清洁剂、有机溶剂，放置柜中并锁好。

正服用药物时，假使途中需暂离（接电话、开门），要先把药物归位收好，避免幼儿拿取误食。

有毒植物种植于阳台上，并将阳台门关好。

平常要教导幼儿避开毒物的观念。

🍀 宝宝的清洁用品

宝宝的盥洗用具主要有盆：洗脸盆、洗澡盆、洗脚盆、洗屁股盆；毛巾：洗脸毛巾、擦手毛巾、浴巾、擦脚巾；其他：漱口杯、牙刷、梳子。把上述各种用具放在固定的取放方便的一个角落内，使它成为宝宝卫生专用的一个角落。宝宝此时不完全会使用盥洗用具，为宝宝作这些准备的目的是：

❶ 使宝宝从小明白，一切盥洗用具和一些贴身衣裤均不能与别人共用，

以形成良好的卫生习惯，防止传染疾病。

❷ 建立一个适合宝宝年龄特点的专用卫生角，方便安全，便于宝宝学习和掌握自我服务的本领。

❸ 便于清洗、消毒，保持卫生。

❹ 注意事项：

第一，选择大小形状和花色不同的各种盆和毛巾，以便宝宝辨认。在给宝宝盥洗时要提醒宝宝识别和使用自己的用具。

第二，各种盆、毛巾不宜混淆、替

代，也不宜堆在一起，应分开放置。

第三，定时洗净消毒。毛巾每天用肥皂分别搓洗一次，每周分别蒸或煮沸5～10分钟后晒干。卫生角要常打扫。

按时测量宝宝的身高与体重

宝宝从2～3岁一年之内体重增长约2千克，身长全年增长7～7.5厘米。如果父母仍能每月给宝宝测量体重，对于调整饮食和生活习惯是十分有利的。在冬季即11月至次年2月，宝宝的体重基本上能稳步上升。春、秋两季最易患感冒、气管炎和扁桃体炎，每次患病之后体重会减轻。夏季由于出汗多，活动量较大，体重增长缓慢。每月测量体重如能画上图表就能更快发现问题。如果连续3个月体重不增加，首先应检查是否患病或转换环境（如入托幼儿园或寄托家庭等）；其次应检查食谱中粮食的摄入量和油料（脂肪）摄入量是否不足，或者有挑食、厌食等习惯问题，应向医生咨询。

有些宝宝体重持续超过高限，超过平均体重10%称为超重，超过20%称为肥胖。这两种情况都应减少粮食、糖和脂肪的摄入量，特别应禁止摄入含糖饮料和含糖及脂肪高的糕点。此外这些宝宝应当增加户外运动，以消耗过剩的能量，防止脂肪堆积而成肥胖儿。

宝宝的身高与遗传关系较大，但也与饮食中蛋白质和钙的供应有关。2～3岁宝宝最好每天早晨和午睡后都喝200毫

升牛奶，每天保证这些奶量可以使身高维持正常增长。宝宝由于乳齿出齐后恒齿还在发育，骨骼还在增长，所以膳食中要有每天1克钙的供应，如果供应不足可适当补充钙剂。冬季日晒不足，可日服鱼肝油5滴，其所含的维生素D能促进钙的吸收和利用。夏天户外活动多，日晒充足时可停用。可在墙上贴纸画上尺子，将宝宝身高和测量日期都填写上。每年5—6月份是宝宝身高增长最快的月份，宝宝几乎能在这2个月内增加3～4厘米，达全年增长的一半。

孩子咬人的习惯会改的

有的小孩只要一发生争吵便会动口咬人，咬手臂、指头等，甚至背部、肚子、脸等地方也会狠狠地咬下去。一般孩子吵架妈妈最好别介入，但是如果孩子爱咬人的话，就得尽早从中调解。因为孩子还不会控制自己的力量，很有可能伤害别的孩子。孩子会咬人只是一个时期的事情，一般也就2～3个月，等孩子能用言语与对方沟通时，咬人的行为就自然戒掉了，她自然就不会再咬人了。

要重视宝宝的异常消瘦

消瘦，在婴幼儿阶段，不能单纯从体重增减幅度来理解。因为婴幼儿体重有其特定阶段的生理改变，出生后2～3日可出现生理性体重下降，一般比出生

时的体重下降 3％～9％，最多不超过 10％。此后，月平均增长 600～800 克，7～12 个月平均月增长 400～500 克。因此，1 周岁时应为出生时体重的 3 倍或稍多，2 周岁应为出生时的 4 倍。2 周岁后幼儿体重增加缓慢，年平均增重约 2 千克，可用简单公式推算，即：年龄 ×2＋8（千克）。

超越上述幅度的体重下降，可视为消瘦。消瘦是否属于病态？除个别体质性的代谢特殊，略低于上述幅度，而又不伴有其他症状的，则不一定是病态。但一般来讲，如体重减轻到同年龄、同性别的平均值 10％ 以下，就应该引起重视，可认为是异常消瘦。异常消瘦的情况有下列几种。

❶ 营养性消瘦。多因小宝宝期喂哺不当或食物的质量和数量不当所致。如不及时纠正，到幼儿期则会进一步恶化。如体重比同年龄、同性别的平均值低 15％，属轻度营养不良；低于 40％ 为重度营养不良，表现为皮肤松弛、干燥、苍白、多皱纹，皮下脂肪少或完全消失，肌肉萎缩，易出汗，睡眠不好，烦躁不安，食欲缺乏，时有慢性呕吐、腹泻、贫血，甚至颈和躯干部出现出血点或大片紫癜。

❷ 慢性病性消瘦。常见的有结核病、慢性消化不良、慢性肠炎、肝硬化、呼吸道疾病、泌尿道感染和寄生虫病、疟疾反复发作等。

所以，对于宝宝的特别消瘦情况，父母要予以重视，及时找出原因并进行治疗。

第 25～27 个月宝宝的喂养

宝宝的饮食指导

2 岁多的幼儿生长仍处于迅速增长阶段，各种营养素的需要量较高。肌肉明显发育，尤其以下腹、臀、背部较突出。骨骼中钙、磷沉积增加，乳牙已出齐，咀嚼和消化能力有了很大的进步，但胃肠功能仍未发育完善。每日按体重计算热能需要量与婴儿期相比没有增加，但仍高于成人需要量。由于生长发育的原因，蛋白质需要量高。在饮食营养素供给不足时，常易患贫血；缺钙、缺维生素 A、维生素 D，易患佝偻病。

2 岁多的幼儿每天总需热量约为 4813 千焦，其中蛋白质约每天 36 克，钙含量约每天 490 毫克。

保证宝宝的脑营养

养脑、补脑除了要经常多吃些养脑食物和补脑药膳以外，还必须注意科学的饮食养脑方法，否则同样达不到养脑的目的。因此，要促进宝宝脑神经细胞的活动，保证宝宝大脑的能量供应，必须重视科学的饮食养脑方法。

■ 不容忽视的类脂

脑神经组织中脂类的含量非常多，但主要是类脂，而不是脂肪。在类脂中，各种磷脂和神经中枢的传导有关。补充卵磷脂或豆磷脂能加强神经系统兴奋和抑制功能。胆碱在体内可合成为乙酰胆碱，是突触传递的重要物质，有增强记忆的作用。鸡蛋黄和鱼类富含脂类物质。

■ 食物要均衡

众所周知，一日之计在于晨，故上午的精力充沛就显得非常重要。保持上午精力充沛的办法之一是均衡糖类和蛋白质的比例。一位心理学家发现，吃含蛋白质和糖类均衡早餐的人，要比只吃糖类早餐的人更充满活力，下午也极少出现昏昏欲睡的现象。原因是单独吃糖类时，很容易使色氨酸溢出脑细胞，大量的色氨酸在人们就寝时，会起到催眠作用，但决不需要它出现在人们需集中精力解决难题的时候。倘若在糖类中加入蛋白质，那么较多种类的氨基酸将与色氨酸竞相进入大脑，结果只有极少量

色氨酸能进入脑细胞，从而使脑细胞保持了充沛的活力。

蜂产品有利于宝宝成长

蜂产品主要包括蜂蜜、蜂王浆、蜂花粉、蜂王胎、蜂胶等。与幼儿营养较为密切的是蜂蜜。

蜂蜜的主要成分是单糖、双糖、蛋白质、矿物质、有机酸等。蜂蜜在体内消化时，可以直接被吸收参与血液循环。对于消化能力差、吸收功能比较弱的幼儿尤为适用。蜂蜜中的氨基酸丰富，人体所必需的氨基酸它都含有。蜂蜜中矿物质（如钙、磷、硫、钾等）的含量接近人体血液内的含量，极易被人体吸收。蜂蜜中 B 族维生素含量丰富，有利于幼儿的发育。1 岁以内的婴儿不提倡吃蜂蜜，因为蜂蜜中可能有毒素。幼儿可以吃蜂蜜，但是要选择合格产品，不要随意给孩子买生蜂蜜食用。

宝宝营养缺乏的表现

宝宝营养不良可引起发育不良、消瘦、肥胖、贫血、脚气病、消化道疾病等。宝宝出现上述病症时再判断宝宝营养不良是非常容易的，但此时营养不良已经对宝宝的身心健康产生了危害，再进行治疗不免为时过晚。所以应当抓住发病前的一些征兆，及早采取措施，防患于未然。

❶ 如果宝宝长期情绪多变、爱激动、喜欢吵闹或性情暴躁等，则是甜食吃得过多引起的，应及时限制宝宝食物中糖分的摄入量，注意膳食平衡，否则宝宝很容易出现肥胖、近视、多动症等。

❷ 如果宝宝性格忧郁、反应迟钝、表情麻木等，应考虑其缺乏蛋白质、维生素等，需及时增加海产品、肉类、奶制品等富含蛋白质的食物，多吃蔬菜或水果，如番茄、橘子、苹果等，否则宝宝会出现贫血、免疫力下降等。

❸ 如果宝宝经常忧心忡忡、惊恐不安或健忘，应考虑缺乏 B 族维生素，可及时增加蛋黄、猪肝、核桃以及一些粗粮，否则长期缺乏 B 族维生素会引起食欲缺乏，影响生长发育、脑神经的反应能力及思维能力等。

对不爱吃饭的宝宝每次要少给

对那些不爱吃饭或者吃饭不香的宝宝来说，每次要少给她们吃。如果在她的盘子里堆的食物太多，不仅会提醒她去拒绝多吃，而且还会破坏她的食欲。如果第一次给她的量很少，就会促使她产生"这不够我吃"的想法。而这正是父母所希望的。父母要使她像渴望得到某件东西那样，渴望吃到某种食物。如果她的胃口确实很小，父母就应该让她少吃，给她一茶匙豆类食品、一茶匙蔬菜、一茶匙米饭或者一茶匙土豆就可以了。宝宝吃完以后，不要急着去问："你还想吃吗？"要让她自己主动要。即使需要好几天以后她才可能提出"还想再多吃点儿"的要求，父母也应该坚持这样做。另外，用小碟子装食物是一个非常好的办法，因为它不会像用大盘子盛少量食物那样，使宝宝产生受辱的感觉。

育儿难题 Q & A

Q：**请问为宝宝新买的衣服也要洗吗？**

A：不论买回来的宝宝内衣是否有甲醛等化学物质残留，都要下水洗涤后，再给宝宝穿。因为经过洗涤后，一些化学物质的残留量会有所减少，同时，也可将棉絮、细小纤维及内衣在制作、搬运、出售等过程中因经过许多人的手而带来的部分细菌和脏污去除，这样更能保证卫生，保护宝宝的皮肤健康。

Q：**宝宝 2 岁了，听说核桃、豆腐可以补脑，每天让宝宝吃点会变得更聪明吗？**

A：健脑食物应适量、全面，食物种类要广泛，否则易使宝宝营养不全面，甚至营养不良，不仅影响宝宝身体的发育，也会影响智力的发育。对酸类食品如谷物类、肉类、鱼贝类、蛋黄类等的偏食，易导致宝宝记忆力和思维能力的减弱，故应与碱类食品如蔬菜、水果、牛奶、蛋清等科学搭配，均衡食用。

Q：**宝宝 2 岁多了，特别爱吃零食，正餐吃得很少，是不是不应该给宝宝吃零食？**

A：有的妈妈不敢给宝宝吃零食，是因为宝宝一吃起零食来就没完没了，总也没个够，零食吃多了，她就不好好吃正餐了。其实，导致宝宝不好好吃正餐，不见得就是因为吃零食引起的。只要父母注意方法，就可以有效地控制宝宝过多吃零食。如果宝宝正餐总是吃得不好，可以考虑不要给她吃零食。

Q：**宝宝 2 岁零 1 个月，平时不爱喝水，怎么喂她都不喝，怎么办？**

A：如果宝宝拒绝喝水，一定不要过分强迫她，引起她对水的反感，以后就更难喂了。可以换一种形式或换一个时间再喂。每天宝宝摄取水分的方式是多方面的，既可以直接从饮用水中获得，也可从饮食中获得。可以换一个宝宝喜欢的水壶，吸引她的注意。每次喂的量不要太多，可以少量多次地喂。饮食中多加入水也可以补充一定量的水分。

第 25～27 个月宝宝的早教方案

🌸 教育使女孩更内向

大部分的父母亲在教育男孩子的时候，会要求他们要有冒险精神及独立的性格。可是，相对于教育女孩子的时候，父母亲们反而会降低冒险精神以及独立性格的要求，而将主要的教育重点放在遵守纪律及依存性方面的培养。所以，男孩与女孩在性格上面会产生差异性，有可能是因为父母亲的教育方向不同所致。

面对那些调皮捣蛋的小男孩，父母亲会投注更多的心力来看顾他们，而家长与孩子之间反而能够因此建立更密切的关系。相对的，一般人眼中文静乖巧的孩子，父母亲反而会因为他们的听话而放任他们自由发展，这样一来，小孩子与家长之间的关系因互动减少，很容易使感情趋于平淡。

婴幼儿时期的孩子，身体以及脑力都有长足的发展，在这个时期，妈妈与小孩间的互相凝视以及互相触摸，都显得非常重要。因为，这是小孩子开始对人产生关心，以及对这个社会敞开心门的第一步。

因此，妈妈绝对不能抱着"既然她不哭闹，我就轻松了"的想法。即使小孩没有在哭闹，也要经常抽个空来抱抱她、哄哄她，或者是带着她外出散步。这对小孩日后的人格发展都是有相当帮助的。

开朗的女孩子最讨人喜欢

自信是开朗以及率真的泉源。随着孩子年纪不断地增长，以及各种不同的经验累积，在整个成长教育的过程中，某些因素会在小孩子的心中埋下孤僻、灰色思想的种子。要培养小孩子率真、开朗的性格，需要积极向她阐述正面的主题，那就是爱和真、善、美。

孩子只喜欢看电视怎么办

孩子爱看电视，整天守在电视机前，对书本根本不感兴趣怎么办？孩子从电视上也可以获得乐趣与知识，绝非一点益处也没有。此时，想想自己是否曾让电视陪伴孩子？是否曾因为自己太忙碌，而拒绝过给孩子读书？孩子讨厌阅读，原因通常不在孩子身上，而主要是被妈妈的态度所影响。

妈妈的工作再繁忙，还是应该尽量把时间留给小孩，一天一本也好，两天一本也好，腾出部分时间为孩子念念书。

哪一类的书比较好呢？

如果孩子喜爱电视卡通，那么可以为孩子念以卡通人物为主角的故事书，孩子比较能够接受。若孩子喜欢汽车、电车的话，可以选择以汽车、电车为题材的童话故事书，孩子会相当开心。

图书是孩子的好老师

为了让孩子在应答方面能够更好，在语言方面的教育是相当必要的。给孩子讲图书中的人物怎样对话，怎样互相打招呼，让孩子的语言能够更丰富，让她对语言更加熟悉，可以让她养成看图画书的习惯，可反复地让她去阅读感兴趣的书本，并循序渐进地让她与书本进行对话。

➕ 养育小叮咛

专家的建议

"爱的反义并不是憎恨，而是漠不关心。"而日常生活中的打招呼，就是促使人际关系能够顺利运作的基本要件。这需要从家庭开始学习，因为，家长如果在家中以及其他地方这样做的话，小孩子在这样的环境里就会自然而然地被潜移默化了。

培养宝宝的自理能力

为了从小培养宝宝的自理能力和责任感，在家中必须让宝宝根据其年龄的大小来学做一些家务。一般 2～3 岁的宝宝可以开始学做一些力所能及的家务。

❶ 利用宝宝求知欲强的特点，让宝宝模仿父母做家务，可让她做一些简单的事。比如让她自己吃饭、穿衣，给父母拿拖鞋，关灯，把自己的垃圾、废纸丢到废纸篓里去等。

❷ 用具体语言指导宝宝做家务。如对宝宝说："把玩具收拾好，过一会儿要睡觉了。"约 10 分钟后，很可能屋里仍是一片狼藉，原因在于你给宝宝下达的指令不明确。应给她一步步的具体指导，比如告诉她"把小书摞在一起放进书柜里，把积木放进塑料盒里，摆放在柜子下面"等。有了这些明确地表示，宝宝才知道怎么做，并且逐渐学会做事的条理和步骤。

❸ 让宝宝做的家务活要有趣味性。如在帮助摆餐具时，可让她摆放一些色彩鲜艳，有图案的桌垫、餐巾纸等；餐后让宝宝分发各种花色的毛巾给大人。这样宝宝对家务就会感兴趣而乐意去做。

❹ 给宝宝做的家务要适合其年龄和能力。要让宝宝知道，做家务是所有家庭成员的事。比如吃饭时，爸爸盛饭，妈妈盛菜，宝宝放筷子、餐巾纸等，然后一起吃饭。这样可以调动起宝宝学做家务的积极性，能力也得到了锻炼。

❺ 父母要为宝宝学做家务做榜样。父母不要因为做家务而发牢骚，更不要当着宝宝的面发牢骚，否则宝宝也会认为做家务累。

❻ 让宝宝学做家务要持之以恒，锻炼其耐心。刚开始几天宝宝总是干得很有兴致，渐渐地新鲜感消失了，再遇上一些困难就想打"退堂鼓"，此时与其让她做事，倒不如说是陪她玩，在"陪她玩"的过程中培养宝宝学做家务的能力，同时也保护了宝宝的积极性和自尊心。

❼ 宝宝学做家务时父母最好在旁边看着，要注意安全，并时时进行帮助和监督。

❽ 要及时肯定宝宝的成绩。

比如宝宝倒垃圾倒得很好时，父母可以用亲亲宝宝的方法表示鼓励；若把垃圾撒在桶外，这时父母不要训斥宝宝，应先肯定她的好习惯，然后指出不足之处，再手把手地教她如何倒垃圾。用"垃圾进桶了"的游戏来与宝宝一起学做倒垃圾的动作，这样会增强宝宝的信心，使其勇于接受新的学习内容。

只要父母放手让宝宝做，你会惊奇地发现，2～3岁的宝宝能做的家务是相当多的。

过家家能增加宝宝社交能力

所有女宝宝都喜欢玩过家家，不同年龄有不同的内容。2岁多的宝宝就喜欢参与，听从大宝宝的吩咐，帮助拿玩具啦，帮助喂娃娃吃饭啦，帮助买菜啦等。这时宝宝乐于服从，乐于打下手，也乐于参加到宝宝们的家庭中当个小角色。大宝宝们当爸爸妈妈，小宝宝自然就当宝宝，各得其所，乐在其中。2岁多就进入宝宝们的社会中，就渐渐学会与人和平共处，得到点滴人际关系的经验，这是十分重要的。

目前几乎所有家庭都仅有一个宝宝，在家中他们习惯于独占一切玩具。与大人做游戏时大人迁就，宝宝不能学会体谅别人，因此要告诉她，同别的宝宝一起玩要时一不能独占，二要听从吩咐，三要体谅别人，否则会遭人拒绝。宝宝们都害怕别人不同自己玩，处处要使自己符合大家的意愿，这种教育是家庭和父母不可能代替的。

有些宝宝入幼儿园很快就适应集体生活，另一些宝宝却迟迟不能适应，问题就在于这些点滴的人际关系上。因此，父母应有意让2岁多的宝宝有机会同年龄不同的宝宝游戏，请他们到家来玩，或让宝宝参加有同伴的群体活动，使他们能短期离开父母和监护人，同宝宝们一起做各种游戏。

娇闺女老改不了婴儿语怎么办

孩子3岁前要积极地展开语言训练。随着孩子的成长，要纠正婴儿语，不要再说"饭饭""外外"这样的语言。至于口齿不清的要先纠正她的发音。当孩子在高兴的时候、难过的时候，便会冒出一堆话来，用语言来将意思表达出来。

这时要是纠正她，就会使说话变成孩子的压力，导致孩子变得不爱说话。那么，该如何训练孩子正确地用词、正确地说话呢？其实很简单，只要最常亲近孩子的妈妈用正确的词汇说话就行了。比如，当孩子饿了，说到"要饭饭"时，妈妈也不必纠正她的用词，自然地回答她："哎呀！宝宝饿了，该吃饭了。"孩子自己就会改过来了。孩子这样说话，是因为妈妈在家中是用婴儿语对孩子说话的。所以，只要大人不在孩子面前用婴儿语讲话，孩子很快就能改掉这个习惯。

让宝宝学习一些相反的概念

宝宝学习词汇时往往通过比较才了解词义。2岁之前，宝宝先学会许多事物的名称。在记忆许多不相关的事物时，常常通过比较，才便于分辨，相反的概念是在比较时出现的。所以宝宝在2岁之后，对于大小、多少、长短、高矮、快慢、里外、上下、前后、左右等相反的概念逐渐形成，而且会利用这些词汇去形容和分别不同的事物。2岁宝宝仅能理解十分具体的、能看得见的相反的概念，所以父母最好用日常用品和玩具如大娃娃和小娃娃；长绳子和短绳子；长颈鹿高、乌龟矮；汽车快、自行车慢等具体例子让宝宝学会一些相反的

词汇。宝宝在比较多少时，可以用一堆瓜子和一粒瓜子来比较，如果要数数来比较，就只能用1和2或1和3来比。如果用4和5来比较，由于此时宝宝还不会点数，就难以分辨。可以用盒子和抽屉来表明里外，也可以在做操时将手放在上、下、前、后来表示位置。如果用手和足分辨左右时，父母要和宝宝在同一方向，同时伸右手或左手，不能在宝宝对面来指导，否则宝宝难以理解对面大人的右手相当于自己的左手。多数宝宝学用右手拿筷子，可以用拿筷子的手记认右侧，拿碗的手记认左侧来分辨左右。在分辨反义词时可同时学认相反的汉字。

怎样处罚宝宝合适

心理学家认为，宝宝3岁前处于感觉运动期，即此时宝宝的思维是凭借感觉来接受的。此时的宝宝对事物的理解都是经由感觉产生的，说教在这个时期并不能被接受。

如果宝宝打了小朋友，父母要让宝宝记住打人是错误的，因为打别人，别人会感到痛，最有效的方法就是让她体验到痛的感觉。又如，你跟她说辣椒很辣，她是不能理解的，你可以让她尝一下，亲身体验之后她才接受你所说的。

25～27 个月宝宝的智能测评

❶ 说清楚气象的变化：晴天、阴天、刮风、下雨、下雪等：

A. 5 项（5 分）　　　B. 4 项（4 分）

C. 3 项（3 分）　　　D. 2 项（2 分）

以 5 分为合格。

❷ 将手臂按口令放在上、下、前、后或展开、合拢：

A. 6 项（4 分）　　　B. 4 项（3 分）

C. 2 项（2 分）　　　D. 1 项（1 分）

以 4 分为合格。

❸ 伸出右手、左手、右脚、左脚：

A. 4 项（10 分）

B. 3 项（8 分）

C. 2 项（5 分）

D. 1 项（4 分）

以 10 分为合格。

❹ 背数：

A. 20（4 分）　　　B. 15（3 分）

C. 10（2 分）　　　D. 5（1 分）

（每递加 10 增加 1 分）

点数：

A. 10（4 分）

B. 7（3 分）

C. 5（2 分）

D. 3（1 分）

（每增加 5 记 1 分）

背位数：

A. 5 位（4 分）

B. 4 位（3 分）

C. 3 位（2 分）

D. 2 位（1 分）

（每加 1 位加 1 分）

3 项相加以 10 分为合格。

❺ 积木砌高楼：

A. 10 块（10 分）

B. 8 块（8 分）

C. 6 块（6 分）

D. 4 块（4 分）

（模仿砌门楼加 4 分、模仿砌炮楼加 6 分）

以 10 分为合格。

❻ 拼上切分 2 块的拼图：

A. 对 3 张（6 分）

B. 对 2 张（4 分）

C. 对 1 张（2 分）

以 6 分为合格。

❼ 问："你几岁？"答：

A. 我 2 岁（9 分）

B. ××（名字）2 岁（6 分）

C. 竖起 2 个手指（4 分）

以 9 分为合格。

❽ 跟我讲：eye，nose，ear，边讲

边指：

　　A. 对 3 个（6 分）

　　B. 对 2 个（4 分）

　　C. 对 1 个（2 分）

　　以 6 分为合格。

　　❾ 替大人拿东西：拖鞋、伞、书包、上衣、帽子（分清是谁的东西，不能拿错）：

　　A. 5 种（10 分）

　　B. 4 种（8 分）

　　C. 3 种（6 分）

　　D. 2 种（4 分）

　　以 10 分为合格。

　　❿ 记住家庭门号（电话号）：

　　A. 全对（10 分）

　　B. 错 1 个数（8 分）

　　C. 错 2 个数（6 分）

　　（背出电话号加 5 分）

　　以 10 分为合格。

　　⓫ 用筷子：

　　A. 会扒饭入口（12 分）

　　B. 会拿不会用（10 分）

　　C. 用勺子吃干净（8 分）

　　D. 要人喂（0 分）

　　以 10 分为合格。

　　⓬ 洗手、开关水龙头、擦肥皂、洗净手指、洗净指甲缝、擦手：

　　A. 5 项（5 分）

　　B. 4 项（4 分）

　　C. 3 项（3 分）

　　D. 2 项（2 分）

　　以 5 分为合格。

　　⓭ 跳跃：

　　A. 自由双足离地跳（5 分）

　　B. 扶人、扶物跳（3 分）

　　C. 跳不离地（2 分）

　　（会跳格子加 3 分）

　　以 5 分为合格。

　　⓮ 接从地面滚来的球：

　　A. 马上接住（5 分）

　　B. 去追球（4 分）

　　C. 躲开（2 分）

　　D. 不练（0 分）

　　（接反跳球加 3 分，接抛来的球加 5 分）

　　以 5 分为合格。

　　⓯ 骑摇马：

　　A. 自己扶住爬上去会自己摇（5 分）

　　B. 大人扶上，自己会摇（4 分）

　　C. 大人扶上，大人摇（3 分）

　　D. 不敢上（0 分）

　　以 5 分为合格。

　　结果分析

　　1、2、3、4 题测认知能力，应得 29 分；5、6 题测手的技巧，应得 16 分；7、8 题测语言能力，应得 15 分；9、10 题测社交能力，应得 20 分；11、12 题测自理能力，应得 15 分；13、14、15 题测运动能力，应得 15 分，共可得 110 分。总分 90～110 分为正常范围，120 分以上为优秀，70 分以下为暂时落后。如果连续 3 次测试都在 70 分以下应赶快在当地幼儿保健科检查并作早期干预。

Part 20

第28~30个月

女宝宝养育

Di ershiba~sanshigeyue Nvbaobao Yangyu

第 28～30 个月女宝宝发育特点

女宝宝 28～30 个月体格发育指标

项目	年龄组	下限值	上限值
身高	28～30 个月	80.0 厘米	103.8 厘米
体重	28～30 个月	9.23 千克	18.47 千克
头围	30 个月	约为 48.0 厘米	
胸围	30 个月	约为 49.3 厘米	
牙齿	25～30 个月	长出 18～20 颗牙	

第28～30个月宝宝发育状况

这段时期宝宝的体重增加缓慢，颌面骨发育及脸形逐渐变长，宝宝的身高增长也比以前放缓了。

■ 感觉发育

宝宝对事物细节的把握能力提高了许多，其对细节方面的观察也越来越仔细，对于事物的外形，圆的、方的、三角形的以及椭圆形的，宝宝都能给予清楚的分辨，对于事物的诸多种颜色（3～4 种）、图片中的水果（6～8 种），宝宝都能够清楚地辨认。

■ 动作发育

宝宝的平衡能力和精细动作能力日渐增长，这时期的宝宝会用脚尖走路，单足不扶东西可以站稳几秒钟。手的精细活动能力也有了很大的发展，如宝宝能拧开螺口的瓶盖并正确地盖上，手指也相当灵活，能用筷子夹菜。

■ 语言发育

这时的宝宝的兴奋点还是她所感兴趣的事，她喜欢和父母追逐玩耍，"老鹰捉小鸡"是她喜欢的游戏之一。大多数宝宝性格开朗活泼，但其情绪易受环境变化而波动。

■ 其他发育

宝宝的记忆能力增强，对发生过、经历过的事情能进行大致的描述，对事物的分析能力、辨别能力有了提高，对事物的大小概念有了更多的了解，会背诵诗歌。在音乐方面特别喜欢熟悉的曲调。在数学方面，有了初步的数字识别能力，并能判断数目多少。

第 28～30 个月宝宝的日常保健

🌸 对女孩子不要过度保护

对女孩子不要过度保护。什么叫过度保护、过度干涉尚无定论，一般认为，过度保护宝宝大部分发生在比较担心或者是有强烈不安感的父母身上，尤其在养育第一胎宝宝或者是独生女时更容易过度保护。祖辈看护的孩子更容易受到过度保护，老人不光疼爱孩子，更怕受到埋怨。

应该在父母的守护当中让孩子一点一点地去尝试冒险，父母过度保护的话可能会让孩子形成胆小或消极的个性。此外，宝宝不管做什么事，父母都会插手、插嘴地过度干涉，这多半发生在追求完美的父母身上。"手洗干净了没有？""要吃干净一点！"像这样深受父母干涉的宝宝渐渐就会消沉，而且会自我否定，变得没有自信，之后可能也会反抗父母。

一般，宝宝只要受到父母的信赖就会努力地去做。相反的，宝宝如果不受信赖的话，就会觉得反正怎么样都得不到信赖，就会随便做做，所以相信宝宝是很重要的。要改变过度保护、过度干涉的做法，对父母来说也不容易，但只要在对宝宝说"不行"之前，停一秒想想看，就会不断改进。

🌸 宝宝说话滞涩怎么办

有时宝宝想说什么，但说不出来。

大家可以想一想，在这种情况下，宝宝的心理是什么状态？——焦急。越是催她快点说，焦急的心情越严重，越说不出话来。

宝宝有好多话想说、想聊，这个也想告诉妈妈，那个也想讲给妈妈，可是想说的话不能流畅地说出来，第一句话就堵住了。她拼命努力，急于把话说出来，可结果恰好相反，越着急越讲不出话来。

在这种时候，你越是催她快说，说清楚，她越发紧张，也就更不能流畅地说出来了。这是由于她有意识地努力去讲的结果。催促的效果，适得其反。

语言贵在自然地脱口而出。有意识地努力去讲，就会变得不自然起来，因而不可能讲得好。切忌说出会引起心理紧张的语言，要为宝宝建立不着急、心情舒畅的谈话气氛，也就是要耐心地等待。因为在宝宝的头脑里，想说的话很多，可是表达技术尚未充分掌握。2岁以后的宝宝，大多容易陷入这种状态。

这种情况，极其类似于众多乘客一下子涌到狭窄的检票口，当然会出现堵塞现象。这种现象被称做"语言滞涩"，与口吃有所区别。

在这种状态下，如果以催促或性急的态度对待宝宝，会加强她的心理紧张程度，最后把她逼成真正的口吃。可以在不抢先的情况下，对她讲的话加以补充。关键在于用宽容的态度耐心地等待，高高兴兴地听她讲话的内容。

带宝宝郊游注意要点

在阳光明媚的春季，带宝宝去郊游须注意以下几点：

❶ 穿鞋。宝宝春游要想玩个够又不累，选鞋最关键。穿大小合脚、轻便透气、结实防滑的胶鞋为宜。

❷ 穿衣。衣着柔软合体，便于活动；最好穿长裤，以防身体被划伤或者被虫子咬伤。

❸ 戴帽。据测定，在一年四季中，阳光中紫外线最强的是明媚的春季。春季的紫外线不仅能穿透人的表皮，而且能穿透真皮最深层。所以，为了保护皮肤，应戴遮阳帽。

❹ 饮料。春游活动中耗能大、出汗多，除了白开水之外，需准备健康的饮料，它能迅速补充运动时丧失的营养。

❺ 餐巾。饭前便后洗手这道程序，在野外可以用消毒的湿纸巾擦手代替，以防病从口入。

❻ 清凉油和油脂。万一被虫类叮咬，可立即擦点清凉油消肿止痛。如果碰了额头，可立即擦点植物油或少许熟猪油，效果不错。

❼ 绷带。爱蹦爱跳的宝宝难免磕磕碰碰，绷带就能派上用场。

❽ 垃圾袋。装上生活中的废物，领着宝宝一块儿将废品扔进垃圾箱，以保护环境卫生和宝宝的心灵卫生。

带宝宝到游乐场所要注意安全

父母在带宝宝到游乐场所游玩时要注意安全，特别要注意以下几点。

❶ 要先检查一下游戏的设备是否安全，如滑梯的滑板是否平滑，秋千的吊索是否牢固，是否有锐利的边缘或突出物。

❷ 如果是新修过的设备，要检查油漆是否已干，安装是否结实，如转椅、荡船要先空转或空摇试一试，再让宝宝使用。

❸ 宝宝在游戏前，父母要简单地告诉她几条安全注意事项，如手要抓牢、脚要蹬稳、注意力要集中等。

❹ 宝宝游戏时要穿好衣服，以免快速下滑或旋转时，衣服被挂住而造成危险。

❺ 大宝宝在参加刺激性较大的游乐项目时，要按管理人员的要求系好安全带。

如何帮女孩消除恐惧心理

惧怕的形成是条件反射的泛化，也要用条件反射的方法去解除。

❶ 对怕动物的宝宝，可先给她一些动物画册看，再给她一些喜欢的玩具——放进几件形态可爱的动物玩具，还可给她看有动物形象的动画片，使她逐步解除对动物的恐惧，最后领她到动物园玩。

❷ 对怕黑暗的宝宝不能够"恶治"（关在黑屋子里等）。父母可以带宝宝到黑屋的门口，对她说："妈妈和你一块儿去拿糖（玩具）好吗?"待她不再怕黑时，父母就站在门口，让宝宝一个人去拿。只要她去了，就夸奖她勇敢。

❸ 对怕坐在浴盆里的宝宝，先让她看别的宝宝坐在浴盆中又洗又玩的快乐样子，再让她用小盆给娃娃洗澡。然后换成大浴盆，让她与娃娃一块儿洗澡。开始时，洗澡的时间要短一些。

纠正宝宝的不雅习惯

宝宝很多习惯如掏耳、挖鼻和揉眼等都是不良的习惯，父母在平时要注意予以纠正。

❶ 掏耳。有时当耳道内的耵聍（俗称"耳垢""耳屎"）刺激皮肤，耳内霉菌感染或湿疹病变等引起耳内发痒时，不少宝宝随手取来火柴棒、发夹，或用又脏又长的指甲在耳内盲目地乱掏。有时不小心会将耳道皮肤戳破，引起皮肤破损、出血，这些工具上的细菌就乘机侵入耳道内，引起感染、发炎，耳内会发生肿胀、疼痛，

形成化脓性疖肿。少数人还可将耳道深部的菲薄鼓膜刺破，造成中耳腔内感染，脓液流个不断，甚至还会影响以后的听觉功能。简单的掏耳动作会造成严重的后果。

❷ 挖鼻。不少小朋友在闲得没事做的时候，好将手指伸进鼻腔内挖个不停。这是一个不好的习惯。因为在鼻腔黏膜下，有着很丰富的血管，它们互相交叉成网状，成为血管丛。鼻黏膜是很薄的一层组织，一旦有剧烈的挖鼻动作，容易将鼻黏膜挖破，导致血管破

损，不时地流血，少不了由父母陪着去医院就诊，增添不少麻烦。少数人还会因挖破鼻黏膜而引起感染、发炎。

❸ 揉眼。当灰尘、沙子飞入眼内时，顿时会引起眼内疼痛、流泪、睁不开眼。有的幼儿马上就用手来揉眼，这样做不但去除不了眼内异物，反而会使异物在角膜上越陷越深，角膜破损引起细菌感染，造成眼角膜溃烂、结疤，一定程度上还会影响宝宝的视力，更为严重的是会引起眼球感染的后果。

第 28～30 个月宝宝的喂养

宝宝的饮食指导

2 岁半的幼儿，生长仍处于迅速增长阶段，各种营养素的需要量较高。肌肉明显发育，尤其以下腹、臀、背部突出。骨骼中钙、磷沉积增加，乳牙已出齐，咀嚼和消化能力有了很大的进步。但胃肠功能仍未发育完全，每日按体重计算热能需要量与宝宝期相比没有增加，但仍高于成人需要量。由于生长发育的原因，蛋白质需要量高。在饮食营养素供给不足时，常易患贫血，缺钙，缺维生素 A、维生素 D，易患佝偻病。

2 岁半的幼儿每天总热量约为 5131 千焦，蛋白质每天约 40 克，钙含量每天约 530 毫克。

果汁不能代替水果

市售的果汁都是人工配制而成的饮料，多少都含对宝宝发育不利的物质。由于宝宝的身体发育还在进行，肝脏的解毒功能和肾脏的排泄功能比较低，致使这些物质不能尽快排出而积蓄在体内，影响宝宝的新陈代谢，从而妨碍宝宝的体力及智力的正常发育。

此外，果汁中的营养成分远比水果所含营养成分低，而且水果中的硬形物质，比如纤维素、果胶等都对宝宝的消化系统发育有好处，而且这些物质会在宝宝体内起到调节饮食的作用。

因此，父母不可拿果汁代替水果经常给宝宝喝。

宝宝饮食七忌

■ 强制

强制饮食对于机体和个性来说，是一种最可怕的压制，是宝宝身心健康的大敌。有时宝宝不想吃东西，那就是说她当时并不需要吃。

■ 强求

强求是以软磨的形式出现的变相强制。有的父母强求宝宝吃，变着法说呀、劝呀、提要求呀、许愿呀……千万不要如此。

■ 讨好

有的父母因为宝宝表现好或者宝宝原不想吃饭，后来还是吃了，就"讨好"宝宝，滥发奖，什么冰激凌呀、糖块呀、大蛋糕呀、巧克力呀、玩具呀……殊不知，这不利于宝宝养成健康的饮食习惯，只能造成娇生惯养、破坏宝宝胃口、损害身体的后果。

■ 催促

吃东西时急急忙忙吞下去是对健康有害的，要教育宝宝细嚼慢咽。

■ 分散注意力

宝宝吃东西时，应当关上电视，把玩具收起来，使宝宝吃饭时不分心。

■ 纵容

不该吃的东西就不要让宝宝吃，该少吃的东西，要坚决有所限制。

■ 发火

吃饭时需要宝宝专心，要营造一个轻松愉快的气氛，切忌在吃饭时训斥宝宝。

不要盲目给宝宝增加营养

有些父母按照自己的理解或者道听途说地给孩子补充营养，结果常常适得其反。要小心这些营养误区。

■ 宝宝贫血吃含铁食物

贫血是我国常见疾病之一，目前宝宝中有20％患不同程度的贫血，主要是缺铁性贫血。专家经过调查发现，并不是宝宝吃含铁食物少，实际上有些宝宝还摄入过量。那么为什么还会贫血呢？这主要是家长们不了解铁的吸收特点。

铁的消化吸收与其他营养素不同，当身体需要铁时才会吸收，不需要时就不吸收。而且铁在吸收前需将原来剩余的铁消耗掉，新的铁才能补充进来。没有消耗，吃进去的铁也吸收不了，因此身体里还是缺铁。如何将铁消耗掉呢？那就是适量地运动。

■ 身体缺什么就补什么

有的父母认为宝宝爱吃什么就是身

体缺什么，尽管让她去吃。如有的宝宝爱吃肥肉，父母以为宝宝缺油就满足她的要求。殊不知宝宝爱吃什么只是饮食习惯问题，而宝宝有无良好的饮食习惯则在于父母的影响和培养。有的父母娇惯宝宝，一味迁就宝宝，宝宝想吃什么就给什么，"让宝宝领导父母"，久而久之使宝宝养成挑食、偏食的毛病，导致宝宝营养失调。

父母最不愿意看到自己的宝宝被医生诊断为缺锌、钙……宝宝缺什么就马上想办法大量补充。在某医院曾发生过这样一件事，有个宝宝因缺钙得了佝偻病，父母立即给宝宝频繁打补钙针，可宝宝还是不好。到后来发现宝宝的两肾完全钙化，生命已无法挽救了。在医院还经常出现宝宝吃维生素过量导致中毒的病例。可见父母疼爱不当也会导致严重后果。

■ 多花钱才能有营养

有些父母认为价格高的食品营养价值就高，以致常给宝宝买来补品长期服用。

其实食物的营养价值并不能以价格来衡量，有的东西价格高只表明它稀有或加工程度深。某一食品营养再好，也不能包含人体所需的七大营养素，每日所吃食物还需多样化。

宝宝多吃鱼的好处

鱼类的可食部分是鱼肌，鱼肌含有较多的优质蛋白质，与牛肉、猪肉一样，其必需氨基酸的含量及其相互间的比值都和人体需要的值相近，尤其是与宝宝需要的值相近。鱼肌中含有的钙、磷亦有助于宝宝的骨骼生成和大脑的发育。

鱼肉是由肌纤维较细的单个肌群组成，肌群之间存在着相当多的可溶性成胶物质，这种物质使鱼肉易被消化吸收。人体对鱼的吸收率高达96%。

高不饱和脂肪酸有利于宝宝大脑的发育

脑细胞是思维活动的物质基础，数量的不足必将严重影响宝宝的智力。因此，从母体怀孕开始到幼儿3周岁前必须保证宝宝大脑细胞发育所需的营养物质供给充足，使其得到良好的发育。科学研究证明，人脑发育在胎儿时期对营养的缺乏最敏感。宝宝如果营养不良，则大脑细胞数只有正常人脑细胞的82%；如果出生前和出生后均有营养不良，则大脑细胞总数仅为正常人脑细胞的40%。在此期间因营养不足所造成的损害，是不可逆转的。

国际生物化学界、医学界的大量科学实验已经证明，高不饱和脂肪酸是大脑神经细胞发育的必需营养物质。

高不饱和脂肪酸在人体内不能合成，只能通过饮食供给。因此，幼儿食品也应该富含高不饱和脂肪酸，否则，就会严重影响宝宝脑神经的发育，产生无穷的后患。

高不饱和脂肪酸在深海鱼、肉食性动物脂肪和野菜中含量较高，而在用速成手段培育的动植物脂肪中含量极少。目前我国居民的饮食结构出现了精化、西化的趋势。高蛋白、高热量的饮食虽使人体出现了某些营养成分过剩，但不饱和脂肪酸的摄取量反而少了。这就是智商低的宝宝不断增多的直接原因。因此，改善不合理的饮食营养结构，补充食品中高不饱和脂肪酸的不足是非常必要的。

育儿难题 Q&A

Q：宝宝2岁零7个月，遇到喜欢吃的东西吃起来就没完没了，经常积食怎么办？

A：避免积食靠预防。

❶ 调整饮食结构：给宝宝多吃些易消化的食物，不要总怕宝宝营养不够而盲目添加营养饮食。

❷ 饮食不宜过饱：营养再丰富的食物也不能吃太多，否则非但不利于强身，弄不好反而会形成积食、腹泻等状况。

❸ 如果宝宝吃得过多时，可以找一些其他事情转移宝宝的注意力。

Q：宝宝2岁零1个月，经常是一边玩一边吃饭，怎么纠正啊？

A：如果宝宝满屋乱跑，不肯坐下来吃饭时，妈妈必须严肃地告诉宝宝，她应该和大人一样坐在饭桌前吃饭，吃完饭再去玩。如果宝宝把刚吃进嘴里的饭菜吐出来，说明她不想吃，这时就不要强迫宝宝吃饭。如果宝宝不高兴，不爱吃或者吃饱了，这时妈妈应该把饭菜马上拿走，别再强迫她吃。可以经常变换菜色，吸引宝宝的注意，刺激食欲。父母要为宝宝做一个好榜样，进餐时专心吃饭，不要边聊边吃。

第28～30个月宝宝的早教方案

🎵 孩子耍赖怎么办

很多家长都曾有过这样的尴尬经验：在商店，如果没有为孩子买下她想要的玩具或者食物，孩子就会大声哭闹，甚至赖在地上不走。有的一耍起脾气来，要哭闹上很长时间。孩子这一闹，一下子便会聚集许多人的目光，身为孩子家长会很尴尬，甚至冒出一身冷汗。但如果想要孩子有好的教养，也不能这样就向孩子屈服。

被逼急的妈妈往往会吓唬孩子，但这么一来，等于是火上浇油，孩子会放开嗓门哭得更凄惨。顽固的孩子从不选择时间与地点。此时妈妈应该冷静以对、沉着应变，最好先任她哭，别理会。花一段时间，等孩子情绪稍微平静之后，再慢慢地问她到底想干什么。如果孩子只是想买她要的东西而耍赖，妈妈要坚持以下两点原则：

❶ 坚决不买。孩子一旦得逞，她就会以为只要大哭大闹，就可以得到自己想要的东西。

❷ 说明不买的理由。孩子虽然不会马上听话，但是已经哭累的她也多半不会再有第二次吵闹。

一般来说，在外出购物前就要先提醒孩子"今天不买玩具和食物"。事先与她说好也是有效的。这样的情形重复上演几次后，孩子自己就会渐渐明白。

🎵 宝宝发脾气时怎么办

宝宝爱发脾气，有其生理、心理上的原因。宝宝的大脑神经系统功能发育还不完善，兴奋和抑制过程发展不平衡，容易兴奋而难以抑制，遇到不顺心的事情容易冲动，甚至完全不能控制自己。另外，宝宝的道德意识、是非概念还不十分明确，还停留在比较幼稚的水平。当宝宝发脾气时，父母要沉住气，静下心来，心平气和地来处理。如果父母不分青红皂白，采取简单粗暴的方法，只会给宝宝火上浇油。

遇到宝宝发脾气，要分析一下宝宝发脾气的原因，但无论是什么原因引起的，这时父母最好采用转移其注意力的办法，让宝宝离开这个环境，进行适当的"冷处理"。要对宝宝简单讲明这样发脾气是没有道理的，但也不要过分和宝宝纠缠。当宝宝平静以后，再慢慢地讲道理，分析给宝宝听，加以引导，使宝宝明辨是非。

宝宝发脾气，赶快"救火"固然必要，但这毕竟是消极的。应该注意平时对宝宝加强教育和培养。每个宝宝的性格都不一样，对于那些较为任性暴躁、性格外向的宝宝，父母应该做到宽严结合，平时多为宝宝创造良好的生活环境与教育环境，经常利用讲故事等方式，给宝宝讲一些浅显易懂的道理，在他们心目中树立好宝宝的榜样，使宝宝情绪稳定、心情舒畅、懂得道理，尽量避免无知而任性和随便发脾气。

女孩要有同情心

父母们都为宝宝确定了一个行为标准，就是要善待他人，同情他人，帮助缓解他人的痛苦，心理学家称之为"亲社会"行为。虽然女孩天生具有怜悯和同情心，但教育宝宝理解其中的具体细节则是父母的任务。这一时期，宝宝可以通过自己的观察，感受到别人的喜、怒、哀、乐，而且会受这样气氛的感染。如一个小朋友在大哭，她会去试探性地与小朋友亲近，并观察父母对自己行为的反应，此时父母应鼓励宝宝。父母要教育宝宝在游戏时不要互相争吵，培养她与小朋友分享玩具和友好地玩耍。

从这一时期开始，要让宝宝关注他人的存在，有助于宝宝将来的发展，克服由于是独生子女所带来的不良习惯，如喜欢独占玩具，一切要以自我为中心。父母在引导宝宝时，要从不同角度

以身作则，利用宝宝的模仿心理，培养宝宝的社会性和关爱他人的情绪。

例如，父母可以以游戏激发宝宝的同情心。找一个布娃娃对宝宝说："布娃娃生病了，她妈妈又不在家，多可怜呀！宝宝帮着照顾布娃娃好吗？"此时妈妈引导女儿，给布娃娃盖被子，用毛巾给布娃娃热敷，经过一阶段的照顾，游戏可以结束。妈妈代表布娃娃感谢宝宝的照顾，让宝宝在带给别人温暖时，得到应有的肯定，增强同情心和责任感，为宝宝将来在社会上成为一个善良正直的人打下基础。

如何度过反抗期

以前凡事都顺从妈妈的女儿，若突然开始以"不要""不行"反抗妈妈，表示她已经进入了第一反抗期。可别小看2～3岁的孩童，她们精力充沛，有足够的力气吵闹，而且孩子小，还不太懂得道理，有时孩子也不清楚自己要什么，自己为什么会这么无理取闹。

但是，这也是人成长过程的一个阶段。这是宝宝第一次坚持自己的意志，是"自我"开始萌芽的时期。面对孩子的强烈反抗，疲倦的妈妈也不是圣人，不可能完全没有脾气，最后可能会对孩子不耐烦，用吓唬的方式解决问题。要知道两三岁小孩的思想还相当单纯，当她失去能够倚靠的母亲后，会马上返回婴儿状态。这样妈妈就抹杀了她刚萌出的"自我"新芽。

第一反抗期

心理学家把2～4岁称为"第一反抗期"。2岁以前的宝宝，其生活中的一切均需要依附于别人。2岁以后，宝宝能够独立行走，并能用语言表达自己的一些要求，能够手眼协调地进行一些较为复杂的动作，这时正是宝宝独立性和自尊心发展的大好时机。宝宝开始有了自我意识，能够把自己从周围环境中分辨出来，而作为一个主体来认识，开始说"不"。有人作过调查，在这一阶段宝宝具有反抗精神者，长大后大部分成为有个性和意志坚强的人。所以父母应该正确理解宝宝的心理活动，正确处理宝宝在第一反抗期的行为，否则将会对宝宝的成长产生不利影响。

因此，当孩子反抗时，妈妈应巧妙地回应，静静地倾听孩子的要求。若孩子自己也搞不清时，不妨抱抱她，让她的情绪平静下来。当你的女儿到了青春期反抗你时，就不是两三岁小孩这样可爱了。

■ 要尊重宝宝的主张

这一时期的宝宝往往善于模仿，如常常要求自己拿东西，吃饭时要用筷子，要自己穿衣服。尽管各种动作还不熟练，要花费较长的时间，甚至还会损坏东西，但是父母应该让宝宝自己去做，并且给予适当的帮助和鼓励。不要训斥宝宝，要有耐心，否则因为对宝宝的干涉过多，保护过分，会使宝宝变得胆怯，不能独立自主，甚至伤及宝宝的自尊心。

■ 善于诱导和转移宝宝的注意力

对一些不适于宝宝干的事情，父母应该善于诱导或让宝宝去做其他事情，以转移宝宝的注意力，不要强迫命令。如有的宝宝在商店里看到喜欢的玩具要买，不买就赖着不走，最好的办法就是带她离开商店，宝宝来到其他地方后会把商店的玩具忘得一干二净。

■ 态度明确，是非分明

对宝宝的一些不合理的要求或不正确的行为，父母应该态度明确，向宝宝说明哪些行，哪些不行，即使宝宝再三要求也不能满足。这样宝宝会逐渐地产生出哪些事情该做，哪些事情不该做的潜意识，这对宝宝心理健康发展很有益处。

给宝宝一点自由的时间

2～3岁的宝宝常常要求"我自己来"，如自己吃饭、自己削苹果皮、自己过马路等，说明这个年龄的宝宝有要求自由的想法。

对于宝宝的这些要求，我们要给她尝试的机会。每天给她一点自由时间，让她处理自己想干的事，不要把一天的活动给安排得太满。如有一个3岁的宝宝早饭后要练钢琴、画画；午饭后睡觉；下午起来认字、写字；晚上还要背诗。这样对一个3岁幼儿来说，负担太重了。3岁幼儿的一天应以吃、睡、玩为主，每天给她一定的自由时间。宝宝也跟成年人一样，她有时也需要自己一个人在屋里待一会儿，静静地躺一会儿、坐一会儿或自己边玩边唠叨着，嘴里发出声音。让她一个人待着吧，让她一个人去玩吧，她会感到幸福的。只是不要关门，要让她能听到你的脚步和说话声，使她感到你就在她身边，这样她就不会感到孤独了。

独生女一定很任性吗

如果孩子身边除了大人没有其他小孩，就不用平分零食可以一个人独占，也无须跟其他小朋友抢玩具，那么在她的生活里，不需要认真争取物品就可以独自享用，当然也就体会不到分享的乐趣。

但是，孩子是否任性还是取决于家庭环境。即使是独生女，只要家长教得好，孩子不但可以学会忍耐，而且也能够了解自己的意见与要求不是每次都能够实现的。

其实独生女不是任性，而是因为她缺乏竞争对手，她甚至没有注意到其他小朋友的存在。如何才能使孩子多留意别人呢？可以用游戏引导孩子的竞争心与体贴的精神。例如在亲子游戏时，妈妈也必须尽量与孩子竞争。多玩竞赛游戏，一家三口认真地比一比。通常借这个机会，孩子可以尝到输掉的那种不甘心的滋味，还可以体验到输的人内心的难过，同时培养出孩子能够体贴别人的心，使她渐渐地学会礼让的体贴精神。父母须坚持与孩子平等的原则。

谎话是成长的必经阶段

家长一般很难接受孩子对自己撒谎的事实。女孩竟然也会说谎，妈妈复杂的心情真的无法形容。其实，孩子之所以会说谎，是因为自我防卫的能力出现了，可以说是个成长的过程。这个时期的孩子，还没有"说谎是不对的"的概念，所以也不要认为撒谎等于坏孩子。一味地斥责孩子说谎，反而会适得其反。如果孩子只是偷吃了零食，或弄坏了家里的东西，可以先假装相信孩子的辩解，对她说："这样啊，乖宝宝不会那样做的。"这样做，会使孩子害怕形迹败露而焦虑不安，因此她也不会想再犯。万一孩子真的已经养成了说谎的坏毛病，到时要再想治本的办法解决。

让宝宝懂得做事要有次序

学习次序是培养逻辑思维的重要步骤，如讲故事时叙述事情发生的始末，总是按照先后次序叙述的。给2岁左右的宝宝讲故事时，父母要特别注意按照书上每一个字去朗读。有时宝宝快要睡觉了，父母也十分疲劳，如果一时拿着书没有照着书一字一句叙述，宝宝会忽然睁开眼睛叫嚷："错了，错了。"因为每一次讲同一个故事时，宝宝是用心去听，并跟随背诵的。如果不照着书的字句叙述，虽然讲的意思相同，但与宝宝早已背熟了的句子不同，难怪她会叫嚷起来。可见宝宝是闭着眼睛在背诵，在欣赏着故事的情节，按照故事发生的次序去记忆。

在讲故事时可以提问，宝宝会按照故事的情节回答问题。也可以问一些"如果"的问题："如果妈妈忘了带锁匙，能将门打开吗？""如果小白兔以为妈妈回来了将门打开，后果会怎样？""如果先穿上鞋再穿袜子行吗？"……父母提问的目的是让宝宝想一下事情发生应该进行的次序，否则效果就不好。多次复习一下日常做事的次序，使宝宝在做事情之前更加考虑周全。

在平日生活中培养按次序做事，使事情做得有条不紊，养成良好的习惯，这对宝宝将来无论学习和工作都十分有用。在厨房操作时，让宝宝当助手，先干一样，再干另一样，有次序地操作。早晨先漱口、刷牙，后洗脸，涂上润肤油也是不可颠倒的次序。晚上脱衣服时先脱下的依序放好，到早晨穿衣服时先内后外也应有条不紊。家中一切用具放在固定的地方，使用时才不至于因寻找

而浪费时间。有次序地工作和生活是从小培养起来的。

让女孩学做手工

随着骨骼、肌肉的发展和大脑调控能力的增强，宝宝已经可以从事一些比较简单的手工活动。而这些活动，不但可以使宝宝在剪剪贴贴、捏捏塑塑的过程中展开想象，表达自己的想法和愿望，还对宝宝思维能力的发展和创造力的提高，起着很好的推动作用。

■ 从宝宝熟悉的事物入手，激发宝宝参加手工活动的兴趣

想通过手工活动使宝宝的创造性得到提高，也必须先从宝宝的个性和爱好入手。比如，宝宝对各种食物感兴趣，妈妈就可以教宝宝用彩纸剪面条，用皱纸做水饺、麻花，用橡皮泥捏出各种水果和蔬菜，让宝宝在做自己喜欢的事物时，体会到手工创作的乐趣，锻炼动手能力。

■ 进行合理指导，提高宝宝的动手能力

不管是剪纸、泥塑还是粘贴，都需要一定的技能作为基础。但是，对于宝宝来说，技能的学习不但枯燥，而且不容易掌握。那么，妈妈该怎么做才能使宝宝在愉快、有趣的氛围下轻松地学到手工技巧呢？最好的办法就是讲故事和做游戏。

■ 及时肯定宝宝，多让宝宝体验成功

宝宝是最喜欢听到夸奖的。只有尝

到了成功的滋味，宝宝才会更投入、更主动地去对一件事物进行探索，并从中得到锻炼和提高。在手工活动中，妈妈同样要多表扬宝宝，多让宝宝听到"你真棒""很好""真不错"等肯定的语言，使宝宝相信自己能行，增强创造的自信心。即使宝宝做得并不好，也要在宝宝取得进步的时候，及时对宝宝进行表扬，使宝宝丢掉"我不会做""我不想做"等消极思想，树立自信心，大胆地动手操作。

28～30 个月宝宝的智能测评

 认识圆形、正方形、三角形、长方形、椭圆形及半圆形：

A. 5 种（12 分）

B. 4 种（10 分）

C. 3 种（7 分）

D. 2 种（5 分）

以 10 分为合格。

❷ 哪边多（1：3）（2：3）（3：4）（3：3）：

A. 对 4 组（12 分）

B. 对 3 组（10 分）

C. 对 2 组（7 分）

D. 对 1 组（5 分）

以 10 分为合格。

❸ 认颜色：

A. 5 种（5 分）

B. 4 种（4 分）

C. 3 种（3 分）

D. 2 种（2 分）

以 5 分为合格。

❹ 为已打开放乱的 6 个大小不同的瓶子、盒子盖盖：

A. 6 个（6 分）

B. 5 个（5 分）

C. 4 个（4 分）

D. 3 个（3 分）

以 6 分为合格。

❺ 学画十、廿、卅、口：

A. 3 种（6 分）

B. 2 种（4 分）

C. 1 种（2 分）

（画正方形加 3 分）

以 4 分为合格。

❻ 砌积木搭高楼：

A. 15 块（10 分）

B. 10 块（5 分）

C. 8 块（4 分）

D. 6 块（3 分）

❼ 捏面团模仿做条、球、碗、盘、不倒翁、兔子：

　　A. 5 种（10 分）

　　B. 4 种（8 分）

　　C. 3 种（6 分）

　　D. 2 种（4 分）

　　（自己创造形状加 3 分）

　　以 10 分为合格。

❽ 礼貌用语"谢谢""请您""您早""您好""再见""晚安""对不起""没关系""不必客气""您走好"：

　　A. 8 种（12 分）

　　B. 6 种（10 分）

　　C. 4 种（8 分）

　　D. 2 种（6 分）

　　以 10 分为合格。

❾ 分清我的、你的、他的、大家的、×××的：

　　A. 5 项（10 分）

　　B. 4 项（8 分）

　　C. 3 项（6 分）

　　D. 2 项（4 分）

　　以 10 分为合格。

❿ 捉迷藏：大人藏宝宝找，宝宝藏大人找：

　　A. 会变化着躲藏（5 分）

　　B. 会变化着寻找（4 分）

　　C. 在大人藏过的地方藏身（3 分）

　　D. 不敢玩（0 分）

　　以 5 分为合格。

⓫ 猜谁在讲话（爸爸、妈妈、奶奶、爷爷、阿姨、叔叔、生人）：

　　A. 猜对 6 人（12 分）

　　B. 猜对 5 人（10 分）

　　C. 猜对 4 人（8 分）

　　D. 猜对 3 人（6 分）

　　以 10 分为合格。

⓬ 学洗脸（洗五官）、漱口（漱牙缝、漱咽、吐出）：

　　A. 全正确（5 分）

　　B. 漏洗五官（4 分）

　　C. 将水吞下（3 分）

　　D. 大人帮洗（0 分）

　　以 5 分为合格。

⓭ 钻入比自己矮的洞（爬入或弯腰）：

　　A. 不碰头（5 分）

　　B. 碰头后进入（4 分）

　　C. 进不去（0 分）

　　以 5 分为合格。

⓮ 接反跳的球：

　　A. 3 次中 2 次（5 分）

　　B. 3 次中 1 次（4 分）

　　C. 追球（3 分）

　　（接住抛来的球，加 3 分）

　　以 5 分为合格。

⓯ 骑三轮车：

　　A. 直走转弯（7 分）

　　B. 直走（5 分）

　　C. 大人扶把会骑（3 分）

　　D. 大人推着走（1 分）

　　（骑得快加 2 分）

　　以 5 分为合格。

结果分析

1、2、3 题测认知能力，应得 25 分；4、5、6、7 题测手的精巧，应得 30

分；8、9 题测语言能力，应得 20 分；10、11 题测社交能力，应得 15 分；12 题测自理能力，应得 5 分；13、14、15 题测运动能力，应得 15 分，共计可得 110 分。总分在 90～110 分为正常范围，120 分以上为优秀，70 分以下为暂时落后。如果连续 3 次测试都在 70 分以下应赶快去当地幼儿保健部门检查并作早期干预。哪一道题在合格以下，可先复习上月该栏目的试题，学会之后再练习本次的试题。

Part 21

第31~33个月

女宝宝养育

Di sanshiyi~sanshisangeyue Nvbaobao Yangyu

第31～33个月女宝宝发育特点

女宝宝 31～33 个月体格发育指标

项目	年龄组	下限值	上限值
身高	31～33 个月	82.1 厘米	106.1 厘米
体重	31～33 个月	9.61 千克	19.29 千克
头围	33 个月	约为 48.3 厘米	
胸围	33 个月	约为 49.5 厘米	

第31～33个月宝宝发育状况

这个阶段中的幼儿，躯体动作和双手动作在继续发展，比前一阶段熟练、复杂，而且增加了随意性，可以比较自如地调节自己的动作，可以自由轻松地从楼梯末层跳下，会独脚站立，双手动作协调地穿串珠，会用手指一页一页地翻书，会把纸折叠成长方形。对周围的事物有极大的好奇心，喜欢不断地提问。

■ 身体发育

整个幼儿期脑容量只增长 100 克，但脑内的神经纤维迅速发展，在脑的各部分之间形成了复杂联系。神经纤维的髓鞘化继续进行，尤其运动神经锥体束纤维的髓鞘化过程进行更显著，为幼儿动作发展和心理发展提供了生理前提。

神经系统的抑制过程明显发展，但兴奋过程仍占优势，因此，幼儿仍容易兴奋。

幼儿期大脑皮质活动属于特别重要的特征，就是人类特有的第二信号系统开始发育，为儿童高级神经活动带来了新的特点。儿童借助于语词刺激，可以形成复杂的条件联系，这是儿童心理复杂化的生理基础。

■ 感觉运动发育

3 岁的孩子，自主性很强，能随意控制身体的平衡和跳跃动作。可掌握有目的地用笔、用剪刀、用筷子、用杯子以及折纸、捏面塑等手的精细技巧。学会单脚蹦，会拍球、踢球、越障碍、走S线等。3岁儿童的双手动作发展得复杂多样，可以自己穿脱衣服，自己洗手、洗脸等。双手协调，不论在动作的速度和稳定性上都有明显进步。

■ 语言、适应行为发育

3岁孩子，主动接近别人，并能进行一般语言交往。学会复述经历，学会较复杂用语的表达。好奇心强，喜欢提问。生活自理能力增强，会自己穿脱衣服及鞋袜。此阶段，个性表现已很突出，喜爱音乐的孩子爱听录音机的歌曲，对画画感兴趣的孩子喜欢各种颜色，对文学感兴趣的孩子喜听故事，朗读也带表情，语言流畅，能表达自己的意思，会讲故事，背诗词等，会编简单谜语。3岁儿童已掌握300～700个词，和人交往时已能适用合乎日常语法的简单句，并出现问句形式。

■ 心理发育

幼儿期儿童的心理发育是在新的生活条件和各种活动中向前发展的。

3岁儿童独立行走后便能自由行动，主动接近别人，和其他儿童一起玩，接触更多事物，对幼儿期儿童的独立性、社会性和认识能力的发展均有积极作用。

由于动作和语言的发展，智力活动更精确，更有自觉性质，在感知、想象、思维方面都得到发展。幼儿透过游戏活动，开始出现高级情感萌芽，懂得一些简单的行为准则，知道"洗了手才能吃东西"，"不可以打人，打人妈妈不喜欢"这些行为准则，这样可以和小朋友们和睦相处，也是为品德发展作准备。

幼儿期自我意识开始发展。自我意识就是人对自己和自己心理的认识。人由于自我意识的发展，才能进行自我观察、自我分析、自我体验、自我控制以及自我教育等。

自我意识是人的意识的一种表现。人的意识形成是和参与社会生活及言语发展直接联系的。幼儿能够自由活动，可广泛参加社会生活，同时又为掌握语言、为意识发展创造了条件。自我意识发展，使儿童作为独立活动的主体参加实践活动。自己提出活动目的，并积极地克服一些障碍去取得吸引她的东西，或做她想做的事，这种积极行动和取得成功，能激起她愉快的情感和自己行动的自信心，从而又促进了儿童独立性的发展。此阶段的儿童，喜欢自己做事，自己行动，常说"我自己来""我自己吃""我偏不"，成人应尊重儿童独立性的愿望和信心，同时要给予帮助。

幼儿自我意识发展，当她开始出现自尊心受到戏弄、嘲笑、不公正待遇或在别的儿童面前受到责骂等时，可引起愤怒、哭吵或反抗行为。自我意识的发展具有复杂的内容，经历很长的过程，在幼儿期只是开始发展。

第31~33个月宝宝的日常保健

打不打肺炎链球菌疫苗

美国在肺炎链球菌疫苗尚未纳入常规接种前，估计每年约有17000例的5岁以下幼童，因肺炎链球菌而引起侵袭性疾病，其中以血清型4、6B、9V、14、18C、19F和23F为最常引起婴幼儿侵袭性肺炎链球菌感染症，这些血清型绝大部分已包含于目前肺炎链球菌7价结合型疫苗（PCV-7）中。从2000年起，美国针对年满2个月的婴幼儿全面接种肺炎链球菌7价结合型疫苗后，在2003年统计数据显示，相较于1998—1999年，2岁以下婴幼儿的侵袭性肺炎链球菌感染症之发生率已下降70%~80%。不仅如此，7价结合型疫苗的全面推行，同样使得未接受疫苗施打的青少年、青年或老年人的侵袭性疾病发生率下降，这可能是因为疫苗可使鼻咽部黏膜也受到免疫机制的保护，使肺炎链球菌的带菌移生概率降低，进而阻断肺炎链球菌的传播，这种群体免疫效益，致使整体族群的疾病盛行率都连带下降。

目前国内核准上市之肺炎链球菌疫苗有两种，分别为7价结合型疫苗及23价多糖体疫苗，皆属不活化疫苗，可与其他疫苗分开在不同部位同时接种，其适应证及接种时程分述如下。

7价结合型疫苗（PCV）：含有7种肺炎链球菌血清型（4、6B、9V、14、18C、19F、23F）之荚膜抗原，其经核准之适应证为2岁以下幼童及2~9岁高危险群，不可用于对疫苗任何成分（包括白喉类毒素）过敏者，目前建议的接种时程见下表：

初始接种年龄（月）	接种时程	追加剂
2~6	3剂，间隔2个月，12~15个月追加	1剂
7~11	2剂，间隔2个月，12~15个月追加	1剂
12~23	2剂，间隔2个月	无
24~59	1剂	无

23价多糖体疫苗（PPV）：含有23种肺

炎链球菌血清型（1、2、3、4、5、6B、7F、8、9N、9B、10A、11A、12F、14、15B、17F、18C、19F、19A、20、22F、23F、33F）之荚膜抗原，2岁以下婴幼儿因对多糖体抗原的免疫反应不佳，故不建议使用。该疫苗适用于65岁以上老人及2～65岁高危险群者，接种1剂可维持5～10年效力，5年内未接种该项疫苗者，可经医生评估后接种第二剂，该项疫苗应采深部肌内注射，可与流感疫苗或其他疫苗分开不同部位同时接种。

宝宝是安静 or 自闭

■ 自闭症的成因仍无定论

自闭症是脑部功能异常而引起的一种发展障碍，约每1万名幼儿中就会有5～10名幼儿出现自闭症症状，症状通常在幼儿3岁前就会出现。多年来对自闭症成因已有不同研究与推测，目前仍无确定成因。目前可公认的是，自闭症的产生与家庭背景和父母的教养态度无关，也非后天因素造成，而是由神经机能发展、生化机能发展、遗传因素或脑部受损等生理因素所致。妇女怀孕期间也可能因德国麻疹或风疹，使胎儿脑部发育受损而导致自闭症。此外，新陈代谢疾病也可能造成脑细胞功能失调，影响大脑的神经传导功能，因而造成自闭症。还有，窘迫性流产、早产、难产等造成的新生儿脑部受伤，或是在婴儿时

期罹患脑炎、脑膜炎等疾病造成脑部伤害，都可能增加罹患自闭症的机会。

每位自闭症患者的症状皆有不同组合，有的人可能表现在固执行为及口语表达上，有的人则表现在社交互动与固执行为上。每种症状又会依不同程度而有轻度到重度的差别，这些因素也就说明为何每个自闭症患者之间也有差异性。

■ 自闭症的诊断标准

许多人对"自闭症"3个字始终一知半解，一般对自闭症的印象通常是沉默寡言、孤僻，但却不了解背后原因。其实，寡言只是众多成因下的结果。根据国际疾病与相关健康问题统计分类第十版，自闭症的诊断须符合以下标准。

❶ 3岁前出现功能发展异常或障碍。

❷ 交互社会互动方面质的障碍。

❸ 沟通方面质的障碍。

❹ 狭窄、反复、固定僵化行为、兴趣和活动等。

自闭症的五个特点

■ 专注力不足及过动

自闭症儿童常有活动量太高、活动量太低，注意力不集中，缺少主动，对某些事物特别地恐惧或特别地喜爱，乱发脾气，甚至她所要求的没有达成时，有攻击或者是伤害自己的行为，但这些都不是自闭症所特有的，在其他具有情绪和行为问

题的儿童甚至正常儿童身上都可能出现。

■ 过分执著于枝余末节

自闭症孩子往往过分执著于事物里无关紧要的细节，而忽略了其中被他人视为重要的部分。有些自闭症孩子的视觉辨别能力较强，所以会将注意力放在不重要的细节上，而忽略了课堂的其他学习，例如，他们只会注意到墙上有一只小蜘蛛在爬，却忽略老师正在讲的事情。此外，大部分自闭症孩子的听觉也较敏锐，很可能会注意到环境里微弱的声响或噪声，因而忽略别人正在说的话。

■ 较难掌握抽象概念

自闭症孩子在处理语言符号及意思的统合上可能出现困难。通常他们能够明白具体概念，对抽象概念则较难理解。同时，因为他们比较会留意影像而忽略语言，所以处理信息时通常会着眼于片面所得的数据，而未能了解事件的全貌。

■ 无法理解事物的关联性

自闭症孩子不太能将生活经验作有系统的串联。由于他们的世界是由许多独立的小节组成，以致不太能将小节串联而形成有意义的网络，所以对其背后的意义及相互关系都不太能搞懂。但经过适当训练后，有些人便能依序处理信息，但太过复杂的关系对他们的认知上还是有一定难度。

■ 较难在同一时间处理多个信息

由于是直线式思考，自闭症孩子较不能在同一时间里去分析多项数据，也比较没办法很有次序地完成工作。通常只能在特定的情况下作出某种反应，较难灵活运用已知概念于不同状况。加上很多时候未能及时将短暂记忆转为长期记忆，以致很快忘记父母的指令。

🍀 要从日常生活发现自闭症

自闭症的孩子较易有以下的行为。

❶ 初诊时患者父母主述"不理人""不看人""叫他没反应""我行我素""不合群""自己玩自己的"等行为是自闭症儿童的主要行为特征。

❷ 正常儿童自五六个月起，逐渐出现怕陌生人的行为，而绝大部分自闭症儿童不会认生，甚至到成年都不曾有怕生经验。

❸ 正常儿童会认人之后，若与照顾者分开时，会有哭闹、依依不舍的分离焦虑行为，但自闭症儿童很少在2岁之前出现分离焦虑，约2%的自闭症儿童无法和母亲分开，觉得母亲是自己的一部分，就像手上随时拿着的纸片、玩具、绳子或枕头等特殊对象一样。

因为以上几个特征，转变到人际关系上也就容易出现以下的各项问题。

■ 视线接触不佳

❶ 回避和人的视线接触是自闭症儿童的另一特征，主要是不会用视线和姿势动作和别人来沟通。

❷ 当他们在用眼神表达人际沟通时，就很可能出现不适当的眼神。

■ 奇特的游戏方式

❶ 游戏是儿童成长过程中不可少的活动，儿童借着单独玩以及和别人一同游戏，来了解及学习事物及人际关系。自闭症儿童使用玩具时，常出现不恰当的使用方法，譬如许多自闭症儿童喜欢把车子倒过来，玩它的轮子，或者把车子放在地上推，只注意车轮的转动。

❷ 综合而言，自闭症儿童在使用玩具方面，比正常儿童有明显的迟缓及特殊怪异的现象。在装扮类游戏方面，譬如过家家等游戏，自闭症儿童很少能像一般儿童那样玩，即使偶尔出现一些像玩家具的游戏时，他们也只表现出固定的、反复性的玩法，而缺少一般儿童想象的玩法。

■ 社交能力障碍

❶ 和其他儿童交往时，缺少回报式的社交反应，譬如别人帮助他，他不会用适当的方式表达谢意。

❷ 缺乏参与合作性团体游戏的能力。

❸ 有很多时间既没有和别人玩也没有做事情，像在沉思又像在发呆，会让别人觉得他在做白日梦，无法亲近。

❹ 缺乏同情心或不知如何表达同情心，无法体会别人的感受和情绪反应，无法适当地表达自己对别人情绪的了解和反应，由于上述明显的障碍，使

得他们容易在社交场合做出不恰当或怪异的行为。

■ 语言发展迟缓及沟通障碍

在语言沟通方面，以语言发展迟滞、语法奇特及语用障碍最常见。

自闭症儿童语言表达的发展过程是：

❶ 先有简单的仿说：听电视广告词、歌或别人讲话，在听到当时，或听到隔了一段时间之后，尤其当他们愉快、自得其乐或有需要的时候，会将这些广告词、歌、话复诵出来。在仿说初期他们并不知道所说的意思，等仿说次数多了，才能将所说的话和实际情形配合起来，了解意思。逐渐地仿说字、仿说词，进步到可以主动地说简单的字和词，甚至句子。

❷ 到了能自动说话时，他们的语言呈现很明显的代名词反转现象，意即"你""我"代名词说反了，"你的"说成"我的"，"我要"说成"你要"，这种现象可以持续达数年之久。

■ 易对事物产生恐惧

有部分自闭症的孩子会对某些普通的事物产生恐惧，例如，听到某些声音便会大叫或看到某种东西会觉得害怕，但他们常对真正危险的事物不具警觉性，比如滚烫的热水。

■ 专注、反复同一行为

❶ 自闭症儿童除了在玩玩具时不按玩具的正常功能玩之外，对玩具的种类也有其偏好，年幼的儿童较喜欢玩会

动的、会出声的、会发亮的东西。

❷ 年纪较大的儿童，这些行为大都逐渐消失，可是通常会发展为对某些机器或特殊工具的喜爱，如喜欢拆组机器、喜欢照相等。

■ 固定的仪式行为

❶ 有人对饮食的内容十分挑剔，只吃固定的食物；有人是对食物的烹调方法、口味、质料固定。

❷ 有些则对日常生活的某些细节要求以固定的方式进行，如睡固定的地方、盖固定的被子、用固定的奶嘴、坐固定的地方吃饭、用固定的碗筷、到某个时间看固定的电视节目、坐车坐固定的位置、出门走一定的路线等。

❸ 在语言、思考沟通方面也有固定现象，如有的儿童有重复的、固定的问题，而且要父母用固定的方式回答。部分年长的自闭症患者因为这种固定的行为和思考方式引起困扰。

■ 对外界反应异常

自闭症孩子对外界的反应异常。他们可能对声音、光线和触觉反应过分冷淡或者过分敏感，而这些行为会妨碍他们留意周围事物，包括群体正在进行的活动。

■ 自我伤害或破坏外物

通常自闭症的孩子并不会主动伤害或破坏事物。但由于她常出现沟通和人际关系上的障碍，再加上一些固执的行为，所以当她坚持要做某些事情而遭受阻止，或被要求做一些她不能处理的事情时，她便可能做出一些破坏或自我伤害的行为。

🍀 警惕孩子性早熟

一般女孩开始发育的年纪为 8 岁～13 岁，如果女生在 8 岁前出现第二性征，就是所谓的"性早熟"。

案例 1 爸爸爱吃鸡屁股，妈妈爱吃鸡皮，4 岁的晶晶也跟着吃，结果晶晶的胸部发育到 A 罩杯。

由于鸡皮当中会残留激素，鸡屁股含有大量女性激素，加上高热量的烹调方式，将会影响儿童出现性早熟征兆，平时最好避免让小孩食用这类食物。

案例 2 妈妈每天都帮 5 岁的梅琪擦5～7 种保养品，直到有一天梅琪对妈妈说出一边的乳房痛，经医生确诊，才知道梅琪已经提早发育了。

2007 年在新英格兰期刊中发表了一篇研究报告，表示若长期使用含有薰衣草精油及茶树精油的产品，体内将产生大量雌激素，并阻绝雄性激素分泌，使男童出现女乳症，女童胸部提早发育。由于儿童的皮肤较薄、体重较轻，影响程度较成人明显，平时除了避免让孩子接触到含有这类精油的产品，建议也不要使用香味过重、来源不明或含有激素成分的美妆产品。

案例 3 维维是个标准的电视儿童，白天和奶奶一起看言情剧，晚上又熬夜和爸妈看电影，才 5 岁就长出胡须、生殖器变大。

最近在医学研究上发现，若儿童经常观看成人电视中的性画面，容易刺激孩子在大脑神经中形成性讯息，促使脑下垂体释放性腺激素，因而出现性早熟的症状，男孩可能有生殖器变大、勃起，遗精，长胡须等现象，女孩则可能有乳房提早发育、乳头变大、月经来潮等问题。

此外，英国《新科学家》杂志也曾发表过一篇研究报告，报告指出儿童经常熬夜会使褪黑激素分泌明显减少，进而影响睡眠及发育，因而引发性早熟，这项研究也从动物实验中获得证实。

案例 4 妈妈帮 2 岁的宁宁换尿布时，竟然发现尿布上有疑似经血的痕迹，触摸胸部也有发现硬块，原来宁宁患有罕见的"中枢神经性性早熟"。

因为脑下垂体功能缺损所造成的性早熟现象，一般出现在 7 岁以下的儿童身上，但发生在 2 岁以下的婴幼儿身上则较少见，这是由于脑下垂体的功能异常，促使性腺激素大量分泌，必须进行脑下垂体激素注射治疗，以抑制第二性征提早发育。

✿ 性早熟要早发现

性早熟分为"真性性早熟""假性性早熟"及"部分性早熟"三类，由于性腺、肾上腺素或是脑下垂体性腺轴发生障碍，使男性生殖器提早发育，变声，长出阴毛、腋毛及青春痘，女孩则是胸部变大、月经来潮及长出体毛。目前医学上公认营养过剩、环境污染、视觉刺激是诱发性早熟的 3 大主因，其中女孩的发生率比男孩高出 10 倍以上。

◼ 真性性早熟

又称为"中枢性早熟"，发生原因是由于脑下垂体的性腺系统过早活化，造成第二性征提早发育，女孩性早熟有 90％为原因不明的体质性早熟，男孩性早熟则有 50％为脑部病变所引起。

◼ 假性性早熟

又称为"周边性早熟"，意指睾丸或卵巢本身并未发育，但部分第二性征却提前出现，发生原因与卵巢或睾丸的肿瘤、肾上腺增生或误用含有激素的物品及食物有关。

◼ 部分性早熟

又称为"不完全性早熟"，只有乳房或阴毛提早发育而无伴随其他性征发育症状，发生原因可能是脑下垂体功能不完善，大部分是自动痊愈，只有极少数会发展成真性性早熟。

◼ 性早熟居家自我检查

近年来由于物质生活较为充裕、饮食习惯改变以及受到环境激素的影响，全球儿童的发育有提早的趋势，性早熟除了影响身高、发育，对于儿童心理也会带来负面影响，家长在平时一定要多留意孩子的发育情况，越早发现治愈概率越高。

❶ 定期测量生长曲线。每半年帮孩子测量身高、体重，并作记录，如果

在 3 岁之后每年身高发育超过 6 厘米，就要注意是否出现了第二性征。

❷ 不定期共浴。陪伴孩子洗澡是观察孩子有无提早发育的最佳时机，可不定期由同样性别的家长进行陪浴，并适时教导孩子正确的健康观念。

性早熟的判断

如果怀疑孩子有性早熟倾向，或是已发现孩子出现第二性征，必须经由小儿内分泌科医生诊断，进一步了解治疗方式。

■ 病史评估

首先医生会先询问孩子的过去病史、家族史、饮食及药物史，再进行详细的性器官检查，以往的生长曲线图也可作为医疗参考。

■ 骨龄判断

若为真性性早熟，骨头年龄通常会超前 2 岁以上，透过照射左手 X 光检视生长板发展即可得知。

■ 血液分析

经由抽血检查，分析血液中的性激素、甲状腺激素，可初步检测出是否为性早熟。

■ 促黄体生成激素释放激素实验

经由静脉注射促黄体生成激素释放激素评估脑下垂体功能，若指数偏高，则需进一步进行脑部核磁共振扫描或计算机断层扫描。

■ 影像学评估

透过腹部超音波检查卵巢的卵泡大小、子宫发育情形、有无肾上腺或其他腹部肿瘤；脑部核磁共振扫描则可检查脑部有无病变。

预防孩子性早熟

预防性早熟最重要的一点就是预防"环境激素"的影响。"环境激素"又称为"内分泌干扰素"，通常经由空气、水、土壤及食物等途径进入体内，在体内产生类似于激素作用，干扰原本正常的内分泌运作，进而影响生长、发育、免疫及生殖功能。

■ 双酚 A

双酚 A 是制造聚碳酸酯塑料产品的重要原料，减少食用加工食品或以塑料制品盛装食物是最好的预防之道，为孩子挑选玩具也请多留意是否有安全标识，并禁止孩子将玩具放入口中。

■ 壬基酚

许多清洁剂（如洗衣精、柔软精、洗碗精、浴厕清洁剂等）当中都含有壬基酚类界面活性剂，尤其随着废水排入河流后，会对河中生物产生影响，就连进食者也一并受害。平时拒绝使用石化合成洗剂，尤其小朋友的贴身衣物一定要使用天然洗剂。

■ 磷苯二甲酸盐

常用来制作塑料延展性的塑化剂、

化妆品中的定香剂都含有磷苯二甲酸盐，当遇高温或长时间停留在肌肤表面就会进入人体。平时喝热饮请自行准备容器，孕妇及哺乳妇女请避免使用指甲油或含有香料的美妆产品。

另外，有些食物如鸡头、鸡皮、鸡屁股、鸭脖、鱼头等，尽量少让孩子食用。

第 31~33 个月宝宝的喂养

🌸 不要让宝宝"积食"

宝宝现在可以自己进食了，但是自我控制能力还很差，只要是自己喜欢吃的食物，就会不停地吃，没有节制，尤其是在节假日或家庭聚会时，热闹的气氛使宝宝更加活跃。而吃了过量的油腻、冷甜食物，把宝宝的小胃胀得鼓鼓的，这样很容易引起消化不良，食欲减退，中医学中称为"积食"。

宝宝积食后，常常有腹胀、不思饮食或恶心、呕吐症状。这是因为宝宝的消化系统发育仍不完善，胃酸和消化酶分泌较少，而且消化酶的活性相对较低，对于食物在质和量发生较大的变化时很难较快地适应，加上神经系统对胃肠的调节功能比较弱，很容易引发胃肠道疾病。因此，爸妈一定要避免宝宝积食。当宝宝出现积食时，在饮食方面要进行调节，首先节制进食量，较平常稍

少一点点即可，食物最好软、稀且易于消化，比如米汤、面汤之类，尽量少食多餐，以达到日常总进食量标准。同时还要带宝宝多到户外活动，有助于食物消化和吸收。

对积食的宝宝，常吃山楂有好处，可以试用以下食疗方法。

❶ 山楂汤：即山楂一味煎汤饮，尤宜于食肉不消的幼儿。

❷ 山楂饼：用山楂、白术各 120克，神曲 60 克，共研成末，蒸成梧桐子大的饼丸，每次服 3 丸，可治儿童积食。

❸ 山楂粉：用山楂肉适量，炒研为末，用蜜和砂糖拌匀，每次服 3~6克，水送服，尤宜于幼儿痢疾赤白相兼者。

❹ 茴楂丸：茴香、山楂各等分，研细末，盐、酒调和，空腹热服，可治幼儿腹痛。

怎样为贫血幼儿调整饮食

营养性缺铁性贫血首先应从预防入手，每年测查血红蛋白。

▣ 轻度贫血的食疗

对于轻度贫血，甚至可以不用服药，仅通过调整饮食，就能达到治愈贫血的目的。

在婴儿期要合理添加辅食，补充含铁丰富的食物，结合婴儿的消化吸收能力，可做一些鸡蛋羹、猪肝泥和鱼泥等。还可给婴儿补充一些含维生素C多的果汁。

幼儿期一定要纠正挑食、偏食或吃零食的不良饮食习惯。每天给幼儿准备一些动物性食物，如卤猪肝、熘肝尖和鱼丸子等。瘦肉可以切成肉丝和蔬菜一起炒，如肉丝青椒、肉丝扁豆和肉末芹菜等。这类食品既好吃，又能促进蔬菜中铁的吸收。动物血也是铁的良好来源，可切成方块和豆腐一起炒。

此外，还可以给幼儿补充一些强化食品，现在市面上已有含铁饼干和用强化铁面粉做的各种面食。父母要注意的是要持之以恒地给宝宝添加这类食物。

调整饮食的效果是血红蛋白上升到正常，并且隔1～2个月复查时仍然保持正常指标。通过调整饮食，幼儿免去了吃药的烦恼，贫血也得到了改善。

▣ 药物治疗幼儿营养性贫血

如果发现孩子患了营养性缺铁性贫血，父母不必惊慌，因为治疗缺铁性贫血的药物很多，而且效果显著。最常用的是硫酸亚铁制剂，如血宝、宝宝福等。含有血红素铁的制剂有维血冲剂。

在血红蛋白恢复到100克/升后，可给幼儿补充叶酸和复合B族维生素制剂。叶酸的供给法是：口服，每次5毫克，每日3次。B族维生素的供给法是：肌内注射，每次15～100毫克，每日或每隔2～3日一次，血红蛋白恢复正常后，继续维持用药一个月左右。

怎样挑选餐间营养饼干

营养饼干可以当成是餐间点心，一次给宝宝吃1～2片即可，千万不要因为宝宝很喜欢吃饼干或是宝宝黏着你要饼干吃，就毫无上限地给予。因为吃了营养饼干，正餐就吃不下了，影响正常正餐的摄取，造成营养完整度的不足，这就是本末倒置了！

▣ 大人吃的，宝宝可以吃吗

有些爸爸妈妈贪图方便，拿了大人零食就往宝宝嘴里塞，这是错误的。大人零食添加过多调味料以及成分是碳酸氢钠的膨松剂，过量的添加物，会影响宝宝尚在发育的器官，如肾脏、肝脏，造成功能损坏。宝宝过早食用大人的零食，也将养成宝宝日后喜爱重口味的习惯。

不建议使用爆米饼取代营养饼干，

因为爆米饼在制作过程中添加了麦芽糖或糖浆，让整体的糖分过高。

■ 营养饼干的钠含量过高吗

宝宝的营养饼干钠含量比较高，钠对于宝宝有何影响呢？钠虽然是人体必需的成分，涉及身体离子的平衡，但宝宝的肾脏尚未发育完全，不宜摄取过量的盐分或钠含量高的食品，以避免造成肾脏负担。

根据英国食品标准局建议，0～12个月的宝宝每天钠最高摄取量为 400 毫克（约为 1 克的盐），1～3 岁则为 800 毫克。

宝宝每日最多钠摄取量表	
年龄	钠摄取量
0～6 个月	每天不超过 400 毫克钠（约为 1 克的盐）
7～12 个月	每天约 400 毫克钠（约为 1 克的盐）
1～3 岁	每天约 800 毫克钠（约为 2 克的盐）
4～6 岁	每天约 1200 毫克钠（约为 3 克的盐）

天然母乳的钠含量很低，每 100 克只含有约 15 毫克的钠。各家配方奶的钠含量则是大同小异，每 100 克 0～12 个月宝宝的奶粉约含有 135 毫克的钠，1 岁以上的奶粉则含 270 毫克的钠。

1 岁以上的宝宝，摄取较多的副食品，母乳或配方奶的量就相对减少，一天有 2～3 次，摄取的钠含量为 165～250 毫克。

这样算来宝宝摄取钠的范围，也就是还有空间选用营养饼干。一般来说，每 100 克或毫升的固体或液体含有小于 120 毫克的钠，也就是 0.3 克的盐就可以称为低钠食物了。

■ 挑选营养饼干原则

爸爸妈妈选购营养饼干时，除了以通过政府认证及有信誉品牌的食品公司为选购标准，查看外包装上的营养成分标示与计算钠含量之外，还需要作哪些检查呢？

❶ 看营养饼干包装，包括营养成分标示和包装的完整性。完整的营养成分标示能清楚了解内含成分，才能安心让宝宝食用；若是有过敏体质的宝宝，就要特别注意是否含有易过敏食材成分。包装完整的营养饼干才能密封完全，避免营养饼干接触空气发生质变。有些营养饼干是一个大包装里面还有个别的小包装，这样的设计就不用担心放久了饼干会变软或潮解的问题。而且小包装设计也比较干净卫生，一个大包装的饼干重复打开拿取，会增加细菌污染的机会。

❷ 添加营养素的饼干。现在的营养饼干除了提供三大营养素——脂肪、蛋白质、糖类之外，还会添加其他营养素，如促进肠道蠕动的益生菌、膳食纤维、帮助发育的 B 族维生素或使用含有 DHA、EPA 的鱼油等，这些营养饼干在

价格上就有差异。爸爸妈妈不要以为单靠营养饼干就能补充宝宝的所有营养素，还是必须从正餐来获取足够的营养。

自己动手做营养饼干

宝宝吃腻了市售的营养饼干，爸爸妈妈利用空闲时间也可以自己动手做宝宝的营养饼干。

燕麦果饼干

适合年龄：适合 8 个月以上宝宝。

原料：无盐奶油 50 克，红糖 30 克，蛋黄 1 个，低筋面粉 90 克，燕麦 15 克，葡萄干 15 克。

做法：

❶ 烤箱预热温度 170℃。

❷ 奶油用打蛋器搅打至乳霜状态，加入红糖打至尾端呈羽绒状，加入蛋黄搅拌均匀。

❸ 将过筛的面粉加入适量水，分两次搅拌均匀，揉至面团较软但不粘手，加入燕麦、奶油、蛋黄混合均匀。

❹ 用汤匙挖起一匙面团，另一手用叉子协助整形，间隔排列在烤盘上，放入烤箱烘焙 15～18 分钟，取出燕麦，撒上葡萄干即可。

注意：

水可用牛奶、蔬菜汁、果汁等其他液体代替。燕麦、葡萄干可酌量增减，葡萄干切碎方便宝宝咀嚼，也可替换为玉米片或其他谷物。

请于食谱建议烘焙的标准时间前后注意饼干的状态，以免烤焦。

宝宝磨牙棒

适合年龄：适合 12 个月以上对蛋无过敏反应的宝宝。

原料：无盐奶油 10 克，糖粉 20 克，鸡蛋清 1 个，低筋面粉 130 克。

做法：

❶ 烤箱预热温度 160℃，奶油在室温下放软。

❷ 奶油和糖粉先拌匀，再加入鸡蛋清拌匀。

❸ 加入过筛的低筋面粉用手拌至均匀，揉成没有粉粒的面团。

❹ 将面团松弛约 20 分钟，用擀面杖擀成 2 厘米厚，再松弛 10 分钟。

❺ 切割成长条棒状，排放在烤盘上。

❻ 送进烤箱以 160℃烤 20 分钟后，将饼干翻面再烤 10 分钟，取出放凉即可。

注意：

奶油的软化程度以手指可压印即可。可用 30 克奶粉取代 30 克低筋面粉来增加奶香味。

切成长条棒状之后的面团两端若有尖角，请以手指搓圆，以免烘焙后变得太干硬。烤焙时间因饼干数量、厚度、宽度、长度以及烤箱大小而有差异，请以呈现金黄色为判断标准。

奶油造型小饼干

适合年龄：适合 12 个月以上宝宝

原料：无盐奶油 50 克，糖粉 70 克，鸡蛋 30 克（约半个），低筋面粉 140 克。

做法：

❶ 烤箱预热 170℃，奶油在室温下放软。

❷ 奶油和糖粉用打蛋器打至泛白呈蓬松羽毛状后，倒入蛋汁快速搅拌呈乳霜状。

❸ 将过筛的低筋面粉加入，并用橡皮刮刀翻拌均匀成面团。

❹ 将面团用擀面杖擀平为约 3 厘米厚的面饼后，再用模型压出小图案。

❺ 送进烤箱烘焙约 18 分钟。

注意：

撒一些面粉在饼干模型上，方便脱模。建议以形状大小类似的模型一起烘焙，较易控制时间。

育儿难题 Q&A

Q：湿疹宝宝抓不停怎么办？

A：湿疹宝宝会感觉到痒痒的，很想抓痒，妈妈要如何避免宝宝抓伤自己，以防细菌感染呢？湿疹的治疗需要有效的止痒，可使用蘸冰水的毛巾轻拍宝宝皮肤。若是宝宝痒到难以入睡，则需要服用抗组胺药水来抑制瘙痒的感觉来降低发炎情状。爸爸妈妈应适时使用药水来避免宝宝因痒而抓破产生反复发炎的恶性循环。药水只要服用适当的剂量对宝宝并无明显的不良反应。

Q：湿疹宝宝可以吃海鲜吗？

A：经由医生诊断证实宝宝患有异位性皮肤炎，需避免副食品提早加入过敏源。一般来说，若只是轻微湿疹，医生不建议作饮食控制，因为饮食控制可能影响到生长发育及蛋白质的吸收。常见的过敏源食物有海鲜与奶、蛋，但实际吃到却没有过敏的症状。食物不耐症状随着年龄增长可能会有些改变与改善，爸爸妈妈不需过度担心，可以自行观察。当宝宝吃了某些食物之后，在 24～48 小时之内，产生瘙痒或是过敏反应，爸爸妈妈可自然察觉。

Q：毛囊炎宝宝要剪短头发吗？

A：毛囊炎宝宝不需要过度理发，不需要特地剪短头发。毛囊炎有可能是短时间的发作，不一定是因头发过长，堵塞毛孔而造成。在毛囊炎发作时理发，反而有可能造成伤口，增加感染概率。毛囊炎一般而言是气温过热与排汗过多的问题，保持皮肤干燥与清爽才是预防毛囊炎最重要的方法，宝宝流汗了就赶紧擦干。爸爸妈妈若是担心，可以在夏天来临，宝宝尚未有毛囊炎时，就先带她剪头发，帮助其排汗。不要涂抹过度滋养的乳液，这样反而会加重病情。

第31～33个月宝宝的早教方案

培养宝宝数的概念

许多宝宝会熟练地背诵100以内的数字，但是，她们不一定理解每个数字的真正含义，多半是死记硬背的顺口溜，所以，爸爸妈妈要帮助宝宝掌握"数"的含义、"数"的概念。

❶ 了解"1"和"许多"。在初次涉及数的概念时，爸爸妈妈可以借助丰富多彩的感性材料，让宝宝观察和触摸实物，区分"1"和"许多"，了解"1"和"许多"都是表示事物数量的；组织宝宝进行分、合活动，帮助理解"1"和"许多"的关系。例如，停车场上有许多辆车，问宝宝："司机叔叔每人开走一辆，还剩几辆？"回答说："一辆也没有了。"问："叔叔们将车开回来了，还有几辆？"回答："许多辆。"通过这种练习，让宝宝感知"1"和"许多"。了解"许多"是由一个一个的物体组成的整体，即许多个"1"组成"许多"。整体又能分成一个一个的物体，即"许多"能分成许多个"1"。

❷ 学习10以内数的点数和序数。在宝宝数数时，常常会出现手、口不一的现象，也不知道最后一个数代表物体的总数，更难区别谁在第几。这说明宝宝已有了数的意识，但是，还没有形成概念。所以，不仅要帮助宝宝认识数本身，更要掌握数与数之间的关系。爸爸妈妈可以找一些宝宝感兴趣的启智玩具、几何形体、日常用品等具体实物，让宝宝手口一致地点数10以内数的实物，并且让宝宝掌握数到最后一个数即是物体的总数，然后，再指出物体的序数，谁在第几位，谁排第几等，使宝宝理解多少和第几各是什么意思。数的认识常受物体的大小、形状、排列形式的影响，同样多的物体，排得紧些的认为少，松一些的认为多。爸爸妈妈应该让宝宝了解不论物体的大小、形状、排列

形式怎样变化，只要数一数就能知道是多是少。

❸ 学习数的相邻数，对加减计算的学习起到基础作用。爸爸妈妈利用游戏的形式，让宝宝掌握加1是几，谁比谁多，谁比谁少，多几，少几，使其熟练掌握10以内数的相邻数，从感性认识上升到理性认识。

❹ 数的组合与分解。数的加减计算，是宝宝对数概念从具体到抽象，从感性认识到理性认识的飞跃。在这个阶段，爸爸妈妈培养宝宝应从"几和几组成几"，"几能分成几和几"上理解。比如家里养了3只公鸡、2只母鸡，问家里一共养了多少只鸡？桌上有5个苹果，分成两组有哪几种方法等。在学习过程中逐步脱离实物，通过表象来掌握数的概念和运算能力，为进入小学打好基础。

宝宝阅读的六种方法

美国著名社会心理学家科尼治博士提出了宝宝阅读的六种方法，可以倍增宝宝的学习能力，也能让宝宝养成阅读习惯。这六种方法是：

❶ 不要让宝宝长时间对着书本。每日温习一段时间，只要持之以恒，比较长时间的苦读更加有效。

❷ 吃饱以后不要让宝宝阅读。因为饭后血液会流向胃部帮着消化，脑部的血液相对减少，如果此时勉强阅读，会使宝宝头昏脑涨。

❸ 寻找宝宝的"生物钟"。有一些宝宝在早上特别精神，有的宝宝晚上才能集中精力，爸爸妈妈要帮助宝宝选择这段时间全力学习。

❹ 找个安静的地方阅读，不然就会心有杂念，学习起来事倍功半。

❺ 宝宝学习新课题的时候，尽量用自己的文字演绎里面的知识或理论，先别理会一些专有名词，到完全理解和熟悉之后，才能背熟这些名词。

❻ 尽量让宝宝一次学习或是温习一个课题。例如，要背熟一首诗，最好是让宝宝全部地记忆、背诵，避免逐句逐段地去记忆。

幼儿英语五大问

■ 一定要从 ABC 开始教吗

毕竟英语对大部分孩子来说是种新的语言，孩子需要两样学习动机——觉得有兴趣和好玩，才能持续学习。常有家长问，一定要从字母顺序开始学吗？其实不一定，就像我们学母语也不是从字母或认字开始一样。刚开始接触外语时，应该是从日常生活中常会被用到，家庭成员也常讲到的东西先开始：比如"bye－bye"跟"hi"，常是孩子最先学会的英文；在学校里，则可能是先从唱歌开始。不过，这并不代表认字母不能在这些活动里同步进行。带入字母时要慢慢来，可从一周一两个开始认起，而且绝对不是让孩子先认完26个字母后，才可以教别的东西。

■ 幼儿听不懂英文时怎么办

跟宝宝说英文听不懂，用中文解释可以吗？一般来说不建议用直接翻译的方式来学外语。况且幼儿学英语的目的并非学翻译，最好的方式是利用肢体，例如用表情与大、小肢体动作。我们教孩子的字不多，大部分都可以用肢体语言表现出来；不然，也可以用画图来解释。在解释时，更多的表情、动作或例子也会帮助孩子了解家长说的是什么。况且，幼儿的中文基础尚未稳固，某些抽象概念也很难用直译的方式表达出来。

■ 要从单字还是句子开始教

逐字逐句的教法死板又不自然，幼儿英语的教学应该是融入式的，应从绘本、故事书或生活情境带入主题。其实歌曲的作用，主要是因孩子喜欢可以朗朗上口的东西。不管是歌曲还是手指谣，不管学习的是中文还是英文，都会因为容易模仿而达到学习效果。

■ 怎么判断双语幼儿园好坏

好的双语幼儿园应该是什么科目都教。幼儿教育应该是全面的，关注幼儿整体发展的。幼儿英语不应该是特别被拿出来教的一个科目，而是配合不同主题，将英文当做课程进行中沟通的工具，并经由学习过程中语言的使用与适时的师生互动，让孩子自然学会新的语言。因此，就语言学角度来看，做法与上述相反的学校就不是好的选择。例如，有

不少学校深谙家长心态（送孩子来学校的目的就是学英文），所以刻意针对这个"客户需求"去安排英语课，上课时也会用"补习班式"的方式来教学。

■ 幼儿英语和学龄英语的差别

幼儿学英语的时候，我们希望的是孩子对英文有兴趣就好。到了小学以后，就开始需要比较有结构性的教法，还要应付考试，所以在师资与教学方式上会有改变，随着学习者的年龄越来越大，其改变也会越来越多。在幼儿阶段，拼写单词并不重要，比较重要的是尽量提供孩子听、说、读的英文环境。加上现在大多数幼儿英语教学都是以自然发音让孩子学习，有了拼读能力（看到一个单词时能发出读音）后，以后需要记忆单词时就会容易得多。

学大方，不害羞

■ 为何女儿好害羞

每个孩子都有其独特的特质，因为拥有不同的特色而特别；世界上本来就没有完全相同的人，因此更无法有完全相同的两个个体。每个孩子的趋避性与适应性的强弱高低不同，而这两类的差异会造成宝宝属于大方还是害羞。

若趋避性较低的孩子，对陌生人较不会感到害羞，接受度高，待人接物方面都很大方；而趋避性高的孩子则容易害羞，尤其看到不熟识的人会躲避，在大人眼里就是有退缩的倾向。适应性强

的孩子在新的环境中，很容易适应，去过的地方或空间，就不会感到陌生或害怕，多几次经验甚至还会很自在；若是适应性差的孩子，因为对于新环境的接受度低，只喜欢待在熟识的空间，因此对于社会环境中的各种规范，较难马上接受，也会比较黏着父母，较需要爸爸妈妈的从旁协助。

爸爸妈妈可以透过观察了解孩子属于何种先天气质，根据不同的性格特质来因材施教，对孩子的发展才有帮助。将来孩子会上学，跟同学相处的时间渐渐拉长，而此时的孩子若拥有爱好活动、情绪平稳、对人亲切温和、不害羞怕生并愿意与他人接触，会得到较多朋友且相处上较为开心。所以，要让孩子快乐成长，并获得友谊，那么教导孩子适时的大方也是有其必要性的。

其实大方与否，是由孩子的天生气质来决定的；而家庭的教养方式，也是影响孩子性格的重要因素。天生属于内向型的孩子，比较不爱活动、胆小害羞且适应力差；后天影响的原因，像是有些爸爸妈妈本身属于性子急的，所以对孩子也缺乏耐心，会要求过高、管教过严或约束过多等，孩子为避免犯错就较不愿意先踏出第一步；而有些家长则是保护过度，不让孩子有与外面或不熟悉事物接触的机会，也会让孩子缺乏与人交往的经验，进而变得胆小、害羞、依赖性强。

还有的爸爸妈妈采用惩罚、体罚、恐吓等方法教育孩子，对于本身就敏感、情绪不稳定的女孩子来说，只会更使她的神经长期处于过度紧张的状态，当时间一久，孩子就会变得更加胆小、孤僻，不喜欢与人（熟人亦然）接触。

■ 宝宝过度害羞吗

当害羞小孩碰到陌生人或不熟悉环境时，会出现不安和尴尬等自然的反应，因为她会担心说的话不好、不知道怎么开口或不知道怎么行动而退缩进而封闭自己。

而又因为害羞孩子的退缩与不够主动，会使得同龄小朋友误以为她不喜欢与自己相处，导致社交能力不足，人际关系也不好；过度害羞的孩子，甚至无法融入团体生活，被排斥的情况很明显。所以，若察觉自己的小宝贝有类似的过度害羞（内向）情况，可考虑从各方面协助孩子走出生活中的框框。

怎样让宝宝变大方

有些爸爸妈妈本身就很内向，而且对人也很难亲近，甚至不与人相处，那么孩子可能有样学样，也会有内向、沉默、害羞的特质，所以，爸爸妈妈也要看看自己是否有这样的问题。

以下方式提供给爸爸妈妈，帮助害羞宝宝学大方。

■ 不要过度保护

过度保护也是造成孩子害羞的主因之一，尤其现代家庭孩子生得少，教养得都像是温室中的花朵，很难禁得起挫折与压力，所以害羞小孩若是刚触碰新鲜事物，发现世界居然危机四伏，便会快速钻回自己的安乐窝。

爸爸妈妈不要害怕让孩子去接触新事物、新朋友，反而应该多多协助孩子去接触，才可适时提醒孩子什么是好、什么是坏。若经常使用威胁、恐吓的方式来阻止，孩子会越来越趋向于内向跟安静，因为害怕而产生羞怯。

■ 了解和支持

爸爸妈妈必须了解孩子的个性，并承认害羞是自然的事实，所以对于孩子的害羞和怕生不必大惊小怪。当孩子需要陪同尝试新事物时，爸爸妈妈应该多给予额外的注意和体谅。

而孩子只有在试图突破的时候才会有些许的尴尬，当爸爸妈妈鼓励后，孩子会渐渐产生信心并愿意去接触。所以，当孩子开始愿意踏出第一步时，要记得鼓励和赞美她的勇气和改变。

■ 强化自信心

孩子的自信心通常是建立在愉快的经验上，爸爸妈妈可以协助孩子找出自己的专长与特点；对于孩子有兴趣或有能力的事情给予认同和鼓励，孩子的自信心就会更加强化。自信心强的孩子，对于各种新事物的尝试会很有耐心与恒心，也较不会有排斥现象。

如果孩子对绘画很有兴趣，爸爸妈妈不妨将绘画工具准备齐全，给予她好的绘画环境，甚至带孩子参加相关的才艺班。找有相同嗜好的孩子一起绘画，

不仅让孩子的兴趣有发挥的机会，也可以帮助孩子结交到志同道合的朋友。不过，适度的协助即可，不要过度干涉与强迫孩子去做，否则会造成孩子的反感和不耐。

■ 友谊般支持

在别人眼中害羞的孩子，常被形容为木讷和无趣，所以别人不想与其一起玩耍。对于长辈来说，过于害羞的孩子因为很少惹祸或制造麻烦，也常常被忽略，因此害羞的孩子就会越来越沉默，遇到问题或困扰时的处理方式就是逃离现况或躲起来。

因为这样的个性，过度害羞的孩子在交友上较易遭到阻碍，友伴关系的发展欠佳。当父母的应培养孩子的适应力与包容力，让孩子可以顺利获得好的社交能力；对于小朋友间的友谊应该如何重视、如何相处、如何维持等问题要一一告知孩子，或者可以以朋友的身份让孩子熟稔此关系。

宝宝"五音不全"怎么办

宝宝稚气的歌声让人们听了总会泛起会心的微笑。然而，有的宝宝在唱歌时，经常会出现"五音不全"，大致有以下几种情况：

❶ 宝宝的"五音不全"主要体现在唱歌的音准方面，唱起歌来会走音跑调。

❷ 唱歌时，像在说话、说歌，没

有高低音之分，不入调。

❸ 唱歌时，发音忽高忽低，唱不准组成旋律的每个音。

❹ 宝宝普通话的咬字发音不准，影响唱歌时的音准。

对"五音不全"的宝宝，可以通过以下方法训练，逐步纠正其听音能力的差异。

❶ 培养宝宝的听音能力。音准和听音能力有很大的关系，听音能力差的，弹和唱完全是两个调。父母可以演奏乐曲，或者用录音机放歌曲让宝宝听后跟着唱，有条件的，可以让宝宝学一种乐器，让宝宝边弹、边听、边唱，听听弹的音和唱的音是不是一样准确。

❷ 不要让宝宝清唱歌曲。清唱往往会让宝宝起音不准，更容易走调，要让宝宝跟着琴声唱，或者跟着录音机磁带唱，刚开始小声地跟唱、练习。对某句歌词唱不准的，要耐心地逐句教，让宝宝逐句听录音，逐句学唱练唱，直到唱准为止。

❸ 如果宝宝普通话发音不准，可以选择一些儿歌，让宝宝朗诵，要注意朗诵时的咬字发音和声调，帮助宝宝提高音准能力。

❹ 选择适合宝宝唱的歌曲，使宝宝在自然声区里唱歌，有利于提高宝宝的音准。

31～33个月宝宝的智能测评

❶ 向宝宝提问：谁的鼻子长？谁的耳朵长？谁爱吃草？谁爱吃鱼？谁会生蛋？谁能挤奶？谁会看家？谁会拉车？谁能过沙漠？谁会耕田？

（宝宝每答对1个问题记2分）

记分：10分为合格。

❷ 让宝宝在类似"让宝宝找错误"中的几幅测试图中找出缺少的部位和错误之处，询问宝宝一些问题。

（宝宝每答对1个问题记5分）

记分：10分为合格。

❸ 用实物做道具，询问宝宝哪边多或者一样多，比如糖果、苹果等，辨析的数量不超过5，辨析数量主要有：1和3、2和3、2和2、3和4、3和3、4和5、4和4。

（宝宝每答对1个问题记2分）

记分：10分为合格。

❹ 在解纽扣的测试中，宝宝能解开以下几种纽扣：大骨扣、小骨扣、按

扣、布扣、粘扣、裤扣。

（宝宝每解开 1 种记 1 分）

以 5 分为合格。

❺ 在折纸游戏中，宝宝能够做到：a、正方形折成长方形，再折成小正方形；b、正方形折成三角形，再折成小三角形；c、正方形折成三角形，再折起两个小尖角，形成狗头。

（宝宝每折 1 种记 5 分）

以 10 分为合格。

❻ 宝宝拼图测试：将 1 张贺年片分别切成 2 块、3 块、4 块、5 块、6 块、7 块、8 块。

（宝宝每拼对 1 套记 1 分）

以 5 分为合格。

❼ 宝宝能够回答出下列反义词：大、上、长、高、亮、白、甜、软、深、重、远、慢、厚、粗。

（宝宝每答对 1 个记 1 分）

以 10 分为合格。

❽ 在宝宝讲故事的过程中，回答大人的提问：主要讲的是谁？在什么地方？准备做什么？遇到了谁？事情有什么变化吗？最后的结果是什么？谁是坏人？要学习谁？

（宝宝每答对 1 问记 2 分）

以 10 分为合格。

❾ 宝宝玩"剪子、石头、布"的游戏：

A. 知道输赢（5 分）

B. 及时出手（3 分）

C. 不及时出手（2 分）

以 5 分为合格。

❿ 宝宝随着音乐敲鼓：

A. 合上节拍（5 分）

B. 略慢（4 分）

C. 乱敲（1 分）

（分清强拍、弱拍加 3 分）

以 5 分为合格。

⓫ 宝宝学习刷牙：

A. 上下刷（6 分）

B. 会刷（5 分）

C. 要大人挤牙膏（3 分）

D. 吞水（0 分）

以 5 分为合格。

⓬ 宝宝自理能力测试中，穿鞋、袜子、背心、裤衩：

A. 会穿 4 种（5 分）

B. 会穿 3 种（3 分）

C. 会穿 1 种（1 分）

（鞋、袜会分左右另加 2 分，穿鞋、袜会提后跟各加 2 分）

以 5 分为合格。

⓭ 宝宝在下楼梯过程中：

A. 交替双足自己下楼梯（10 分）

B. 双足踏一台阶（8 分）

C. 由大人牵下楼（6 分）

D. 由大人抱下楼（0 分）

以 10 分为合格。

⓮ 在抛球游戏过程中，宝宝能：

A. 举手过肩抛 2 米（5 分）

B. 抛 1 米（4 分）

C. 抛向后（3 分）

D. 滚球（2 分）

（抛中目标，加 2 分）

以 5 分为合格。

⑮宝宝不需要帮扶，能单足站稳：

A. 1分钟（5分）

B. 半分钟（4分）

C. 10秒（3分）

D. 5秒（2分）

（单足跳跃，另加3分）

以5分为合格。

结果分析

第1～3题测试宝宝的认知能力；第4～6题测试宝宝手的精巧；第7～8题测试宝宝的语言能力；第9～10题测试宝宝的社交能力，第11～12题测试宝宝的自理能力；第13～15题测试宝宝的运动能力。得分120分以上为优秀，得分90～120分为正常，得分70分以下为暂时落后。

Part 22

第34~36个月

女宝宝养育

Di sanshisi~sanshiliugeyue Nvbaobao Yangyu

第 34～36 个月女宝宝发育特点

女宝宝 34～36 个月体格发育指标

项目	年龄组	下限值	上限值
身高	34～36 个月	84.1 厘米	108.1 厘米
体重	34～36 个月	9.98 千克	20.10 千克
头围	36 个月	约为 48.5 厘米	
胸围	36 个月	约为 49.8 厘米	

 ## 第34～36个月宝宝发育状况

这段时期宝宝的体重增加缓慢，颌面骨发育及脸形逐渐变长，宝宝的身高增长速度也比以前放缓，但宝宝仍处在身体的快速生长期，体重、身高、胸围仍在迅速地增加。和 2 岁时相比，宝宝的体重已经增加了 2 千克左右，身高增加了 7 厘米左右。不但能做单足站立、单足跳跃等需要较好的平衡能力的运动，手的动作也更加灵巧；不但能做折纸、写字、画画等比较精细的动作，还学会了拍球、抓球和滚球。

■ 感觉发育

宝宝会认识食物、动物以及日常生活用品的名称和用途，还知道动物的特点、叫声与生活习性，知道图片中的人是"哥哥"还是"姐姐"。会按父母的指示伸出左右手、左右脚，会辨认 4 种以上的颜色，对新玩具很感兴趣，但给予注意的时间不像以前接受一件玩具那样饶有兴趣。

■ 动作发育

宝宝越来越善于控制身体的平衡，如宝宝能在离地 10～15 厘米的平衡木上行走。宝宝的精细动作能力也不断提高，能自己拿勺或筷子吃饭，用杯子倒水而不洒出，会解扣子、拉拉链，还会写几个汉字。

■ 语言发育

宝宝口语表达比较顺利，能自己编讲一些事情，也能根据图片进行内容讲解，一些宝宝还能提出一些简单的问题。

■ 心理发育

宝宝喜欢模仿成人说话，喜欢和别的宝宝一起玩过家家的游戏。这个时期的宝宝对自己感兴趣的游戏或运动不会轻易停止，当她对某些游戏或活动感到厌烦时，会尝试新的游戏或活动。

■ 其他发育

宝宝会从不同的角度观察事物，具有分析问题、思考问题的能力，她能通过观察找出事物间的一定联系。由于记忆力的发展，宝宝可以记住内容较短的吩咐。在音乐理解能力方面，她喜欢重复自己爱听的歌曲，还会吹简单的乐器（如喇叭）。这个时期的小宝宝还具有了大致的计算能力，知道增加与减少的概念。宝宝的独立性增加，其反抗性也不断加强，有时不能自控情绪。

第34～36个月宝宝的日常保健

怎样使宝宝个子长得高

父母都希望宝宝长高个，其实这并非难事。宝宝之所以未能长高，除了无法抗拒的遗传因素外，往往与婴幼儿时期父母未能给予很好的照顾有关，这就是不可低估的后天因素影响。

对身高起决定作用的因素主要是体内生长素的分泌量。生长素是脑垂体的生长素细胞所分泌的一种激素。如少年时期因病理性分泌生长素过少，即可患侏儒症；如因外界因素影响使分泌生长素在生理范围内较少，那么就会造成个子矮一些。

人体内生长素的分泌受多种因素影响，其中人为可以控制的影响因素为睡眠。生长素分泌特点是：从宝宝时期到青春期前，在睡眠时分泌旺盛，晚9时至翌日早9时所分泌的生长素是白天12小时的3倍，特别是在入睡后70分钟可出现一个分泌高峰。孩子进入青春期后虽然白天也可出现分泌高峰，但仍不如夜间高。

大量调查研究已确认，低身高的宝宝所分泌的生长素量远较正常宝宝少，特别是相当一部分是由于夜间睡眠不充分所致。自古以来就有"睡中育儿"之说，其道理已为科学家所证实。基于生长素的分泌与睡眠关系较大，因此发育中的宝宝千万不要熬夜，每晚9时一定要入睡，否则对身高发育会产生明显不利影响。

宝宝还不会排便怎么办

2～3岁的宝宝生长速度比较快，新陈代谢也比较旺盛，自我控制能力却很低，很容易出现憋不住尿而尿湿裤子，把大便解在裤子里的情形。这不仅容易使宝宝生病，还容易使宝宝产生自卑、胆怯、害羞等不良心理，有害宝宝的身心健康。

▇ 培养宝宝良好的排便习惯

很多宝宝都受过便秘的折磨，但是，只要能养成定时大便的习惯，宝宝就很少会发生便秘。可见，定时大便对宝宝的健康有很大的好处，妈妈一定要引起重视。

培养宝宝定时大便的习惯，就要先让宝宝习惯定时坐便盆。一般来说，清晨起床后让宝宝到厕所坐一会儿便盆是最好的。但是，如果宝宝的身体不适宜在这个时候排便，妈妈也不要强迫宝宝，而是要继续观察宝宝，摸准宝宝的排便规律，在宝宝有便意的时候再让宝宝坐盆。

宝宝坐盆的时候最好专心，不要让宝宝边坐盆边玩，更不能在坐盆的时候让宝宝看书；坐盆的时间也不要太长，一般以5～10分钟为宜。如果宝宝坐盆的时间过长，容易使宝宝脱肛。如果宝宝在坐盆的时候没有大便，妈妈也不要对宝宝说"今天又没大便""细菌、脏东西都留在你肚子里了"之类的话，以免使宝宝对坐盆产生畏惧感，影响宝宝的身心健康。

▇ 鼓励宝宝主动排便

很多宝宝在2岁～3岁的时候都有不愿意主动小便的情况。这一方面是因为宝宝的年龄比较小，自理能力差，对自己排尿感到很困难的缘故，另一方面则和大人的态度有关。如果妈妈因为宝宝在不适当的时候排便而责骂宝宝，就会使宝宝因为害怕责备而形成不主动小便的习惯，危害宝宝的身心健康。所以，在宝宝学会自己上厕所后，妈妈还应当及时给宝宝讲清楚主动小便的好处和不主动小便的害处，鼓励宝宝主动小便。如果宝宝因为家里的台阶过高或不会使用厕所设施而不愿意主动小便，妈妈就要对家中的厕所进行一下改进，或干脆给宝宝准备一个专用的小尿盆（或小马桶），为宝宝主动小便提供方便。

▇ 按时提醒宝宝排便

即使宝宝愿意主动小便，也会经常因为玩得高兴而忘记上厕所，结果造成把尿尿在裤子里的状况。有的宝宝因为觉得上厕所很麻烦，干脆就尽量憋着，更是对自己的健康不利。

遇到这种情况，除了给宝宝讲清憋屎憋尿对身体的危害，妈妈还要经常提醒宝宝上厕所，使宝宝逐渐形成自主排泄的好习惯。

➕ 养育小叮咛

当宝宝成功地解完一次大小便后，妈妈应当及时表扬宝宝。如果宝宝在没有便意的情况下也会主动到便盆上坐一会儿的话，妈妈更应当表扬宝宝的这种防备意识，使宝宝受到鼓励，更加积极地培养自己主动排便的好习惯。

在培养宝宝排便习惯期间，妈妈应事先和家里人商量好，所有的大人都对宝宝进行同样的教育，不能众说纷纭，使宝宝无所适从。

宝宝为什么容易嘴唇干裂

秋冬季节，有些宝宝容易发生嘴唇、口角干燥，甚至嘴唇或口角出现裂口，疼痛不已。宝宝由于疼痛而少食或拒食，啼哭不眠，时间久了，容易导致营养不良而消瘦，影响其身心健康。人的嘴唇上没有汗腺，不能分泌汗液补充表面水分的散失。嘴唇的润滑是依赖皮脂腺分泌的皮脂来维持的。在正常情况下，嘴唇一般不会干裂，而在气候干燥、寒冷的秋、冬季，皮脂腺分泌减少，就容易发生嘴唇干裂和疼痛。另外，由于秋、冬季新鲜蔬菜较之夏季少，而这个时期的宝宝有一些食物还不能食用，只能吃切碎的蔬菜和水果，就容易导致机体内核黄素摄入量不足，这也是秋、冬季宝宝易发生嘴唇、口角干裂的一个原因。

为什么宝宝嘴唇干裂之后，越舔反而越干？宝宝因嘴唇、口角干裂不适而喜欢用舌头舔上下嘴唇及口角，让唾液滋润嘴唇和口角，结果越舔越干燥，甚至开裂、出血、疼痛加重。这是因为，唾液中有蛋白质、淀粉酶等物质，舔在嘴唇上，经冷风吹刮，水分蒸发，淀粉酶粘在嘴唇上，使干燥程度更严重。宝宝如果发生这些情况，一方面要调整饮食，另一方面家长可以带宝宝去看看中医，并运用推拿方法来调理。

头发黄是缺微量元素吗

对于宝宝来说，一般头发黄的原因是缺乏某些微量元素，比如缺铁性贫血会导致头发营养不良；缺铜会使酪氨酸酶的功能减低而影响黑色素的代谢；缺锌时会影响细胞的发育和生长，头发自然会发黄。这时可以作血微量元素的检测，一般来说锌和铁与宝宝头发生长关系比较密切，如果有缺乏可以作适当补充。

头发枯黄的主要病因还有甲状腺功能低下、免疫系统疾病、重度营养不良、重度缺铁性贫血或大病初愈等，导致机体内黑色素减少，使乌黑头发的基本物质缺乏，黑发逐渐变为黄褐色或淡黄色。另外，经常烫发、用碱水或洗衣粉洗发，也会使头发受损发黄。从头发的生理特性来讲，每根头发的根部都有一个毛囊，在它的周围有毛母角化细胞和毛母色素细胞，一旦这些细胞功能受到干扰或损害，黑发就会变黄。

从小减少患肿瘤风险

目前，肿瘤的发病年龄越来越早，如何减少宝宝患肿瘤的风险呢？

❶ 从小养成良好的饮食习惯。少吃油炸、肥肉等高脂肪、高热量食物，不吃腌制、烟熏食物，减少糖类、冰淇淋、碳酸饮料、膨化食品、方便面等零食。

❷ 坚持锻炼身体，提高免疫力，同时避免肥胖。

❸ 房屋装修尽量简单。选用环保材料；装修后的新房不要马上入住，最好开窗通风两三个月。

❹ 避免不必要的射线检查和滥用药物。

第 34～36 个月宝宝的喂养

不同体质宝宝的饮食调理

宝宝的体质是由先天遗传和后天调养决定的，与生活环境、季节气候、食物、药物、运动等因素有关，其中饮食营养是最重要的因素。出生时体质较好的宝宝可因喂养不当而使体质变弱，而先天不足的宝宝，只要后天喂养得当，也能使其体质增强。所以，妈妈根据宝宝的体质作饮食调养是很有必要的。

■ 健康型体质

健康型体质宝宝的特征为身体壮实、面色红润、精神饱满、胃口好、大小便规律。

饮食调养的原则是平补阴阳，保证食物多样化和营养均衡即可。

■ 寒型体质

寒型体质的宝宝特征为体寒肢冷、

面色苍白、不爱活动、胃口不好，吃生冷食物后容易腹泻。

饮食调养的原则是温养胃脾，妈妈可多给宝宝吃如羊肉、牛肉、鸡肉、核桃、龙眼等性辛甘温的食物，不要给宝宝食用寒凉食品，如冰冻饮料、西瓜、冬瓜等。

■ 热型体质

热型宝宝的形体壮实、面赤唇红、畏热喜凉、口渴多饮、烦躁易怒、胃口欠佳、大便干燥。此类宝宝易患咽喉炎，外感后容易发高烧。

饮食调养的原则是清热为主，要多吃甘淡寒凉的食物，如苦瓜、冬瓜、萝卜、绿豆、芹菜、鸭肉、梨、西瓜等。

■ 虚型体质

虚型体质宝宝的特征为面色萎黄、少气懒言、神疲乏力、不爱活动、汗多、胃口差、大便溏烂或稀软，此类宝宝易患贫血和反复呼吸道感染。

饮食调养的原则是气血双补，要多吃羊肉、鸡肉、牛肉、海参、虾蟹、木耳、核桃、桂圆等，不要给宝宝食用苦寒生冷食品，如苦瓜，绿豆等。

■ 湿型体质

湿型体质的宝宝的特征为爱吃肥甘厚腻的食物，形体多肥胖、动作迟缓、大便溏烂。

饮食调养原则以健脾祛湿为主，可以多给宝宝吃高粱、薏仁、扁豆、海带、白萝卜、鲫鱼、冬瓜、橙子等食物，不要给宝宝食用甜腻酸涩的食物，

如石榴、蜂蜜、大枣、糯米、冰镇饮料等。

能够用水果代替蔬菜吗

蔬菜和水果，是日常生活中主要的食品，特别是蔬菜在膳食中占有更重要的位置。

人体所需的各种维生素和纤维素及无机盐，主要来源于蔬菜。

维生素是维持人体组织细胞正常功能的重要物质；无机盐对维持人体内酸碱平衡起着重要作用。许多蔬菜中都含有丰富的钙，幼儿多吃蔬菜可有利于牙齿生长，起到保护牙齿的作用。

蔬菜中的纤维素虽然不被人体吸收，但它能增强消化液和食物的接触，促进胃肠蠕动和食物残渣的排泄；而且在幼儿咀嚼蔬菜时，蔬菜中的纤维素就能对牙齿起清洁作用，从而保护牙齿。

蔬菜含有90％的水分，在咀嚼蔬菜的时候，蔬菜里的水分能稀释口腔里的物质，使寄生在牙齿里的细菌不易生长繁殖。

另外，幼儿常吃蔬菜，还能使牙齿中的钼元素含量增加，使牙齿的硬度和牢固性增加。水果不可代替蔬菜，水果中含有人体必需的一些营养素，还具有生食方便、幼儿爱吃的特点。于是有些父母就误认为吃水果可以代替吃蔬菜。特别是对挑食不爱吃蔬菜的幼儿，更容易用水果代替蔬菜。

一方面，只有新鲜的水果才富含维

生素，而我们平常吃的水果多是经过较长时间贮存的，这种水果维生素损失得很厉害，特别是维生素 C 损失得最多。另一方面，任何一种食物都不能满足人体多方面的需要，只有同时吃多种食物才能摄取到各种营养素，因此要让幼儿既吃水果，又吃蔬菜。

有助于孩子长高的食物

一些父母对孩子的身高不满意，希望通过饮食来改善这种现状。那么，哪些食品有助于孩子长个子呢？

营养专家推荐的助长最佳食品有100 多种，常见的有以下食品：

小麦、荞麦、脱脂奶粉、鹌鹑蛋、毛豆、扁豆、蚕豆、南瓜子、核桃、芝麻、花生仁、油菜、青椒、韭菜、芹菜、番茄、草莓、金橘、柿子、葡萄、小虾、牡蛎、鳝鱼、肝脏、鸡肉、羊肉、海带、紫菜、酵母、蜂王浆、蜂蜜等。

父母可以从中选择适合于孩子的食物给他吃。

日本川田博士推荐以下五类食品：

❶ 牛奶。牛奶被誉为"全能食品"，含有丰富的蛋白质、钙、磷，对骨骼的生长发育极为重要。

❷ 沙丁鱼。沙丁鱼是"蛋白质的宝库"。如果难以买到，可改吃鱿鱼、鲫鱼、鲤鱼。

❸ 菠菜。菠菜是"维生素的宝库"，特别富含维生素 C。每日吃 100克菠菜，就可满足生长发育的需要。

❹ 胡萝卜。胡萝卜富含胡萝卜素和维生素、烟酸，孩子每日吃 100 克很有益处。

❺ 柑橘。柑橘中维生素 A、B 族维生素、维生素 C 和钙的含量比苹果多得多。广柑、柠檬都属柑橘类食品。

育儿难题 Q&A

Q：服打虫药期间宝宝怎么吃？

A：有的宝宝服用打虫药后食欲下降、精神变差、睡眠不安。究其原因，是强调了忌口而忽视了必要的营养调配所致。正确的方法是：服用打虫药期间，增加禽蛋、豆类、鱼类、新鲜蔬菜、水果等既合宝宝口味又富含营养的食物，以提升脾胃功能，上述不适感也会同时消失。

Q：孩子3岁，流鼻涕，有时候会肚子疼，一疼就大便，拉的也不算稀，是怎么回事？

A：可能是典型的鼻后滴流综合征，患有鼻炎的孩子，长期肺炎的时候，下鼻甲肥大，孩子有鼻涕流不出来，往嗓子后流。这时孩子不会吐痰，要6岁后才会吐痰，她会把痰咽下去，如果鼻涕的量少，在胃里就消化吸收了，如果量大，在胃里面比较多的时候，孩子早上起来就恶心，恶心时把它吐出来就舒服了。这样的孩子嘴里经常会有臭味，很快就会肚子疼。嘴里臭，就说明鼻腔里面有感染。还有一种是吐不出来，从胃里面到肠子里面，肠子也消耗不了这种黏蛋白，消化不了就刺激肠道，肠道就快速运动，把它推出去，所以出现肚子疼，大便拉出去就好了。

这样的孩子经常是一吃饭就肚子疼，早上起来受凉肚子疼，一蹲下来大便就好了。当人体的分泌物在肠子里快速蠕动的时候，蹲下来就加速了往结肠里运动，结肠和直肠都不动，就不疼了。

Q：宝宝3岁了，体检铅超标，可以通过饮食排铅吗？

A：首先要知道宝宝现在体内的铅含量是多少，轻微铅中毒吃一些含维生素高的绿色食物就能帮助排铅，但是如果已经达到中度，就必须使用一些纯天然排铅保健品来排铅了。因为现在还是幼儿，身体含铅量就已经比较高，如不抓紧排，平常生活中又会进一步吸收到铅尘，那就会导致其铅含量更加严重。

第34~36个月宝宝的早教方案

家庭品格教育包括什么

清洁

孩子从小开始就必须养成良好的卫生习惯，从收好自己的玩具开始，进而到家务事的帮忙。不要以为小孩儿就不会帮忙做家务事，只要有一条小抹布，从自己的房间、自己的玩具开始清理起，小孩一样可以学习到整齐清洁的重要性。

安全

从小给孩子一个独立的安全范围，从随手开关门、开关灯开始培养。除此之外，还要叮嘱孩子随时注意自身的安全，有危险的东西不随便摆放，也要让她懂得保护自我的重要性。

礼节

时常将"请、谢谢、对不起"等礼貌用语挂在嘴边，但凡家长请孩子做什么事或拿什么东西，都需要随时说"请"及"谢谢"，而学会说"对不起"更是一个大学问，这是一种勇于认错与负责任的表现。

和颜悦色

常用笑脸面对他人，在家说话不大声，不随意吵闹，另外，每天早上起床与晚上睡觉前都要跟父母说"早安"与"晚安"，家庭成员间互相尊重，营造充满笑声与音乐声的生活空间。

随时告知行程

等孩子长大一点，无论去哪儿都得先告知父母，家长也一样要让孩子知道你的去处，良好的互动与了解是培养亲子关系的最佳方法，随时关心及了解彼此的近况，才能将大家的心紧紧连在一起。

学会沟通

应鼓励孩子多说、多沟通，凡事都有解决的方法，只要愿意说出来，父母都会想办法解决。

词汇解读

资优儿

根据美国1978年的资优与特殊才能儿童教育法案对资优的定义是："天赋优异与特殊才能的儿童，是指在学前、小学或中学阶段的儿童，经过鉴定确认其在智力、创造力、特殊学科、领导能力，以及视觉或表演艺术等方面，有具体表现或潜在能力者而言，由于上述原因，所以他们需要学校提供他们一些额外的服务和活动。"

一般而言，资优包括六种类型：

❶ 智商高，学科表现优异，领悟力及学习能力高。

❷ 在某些特定的学科，如数学、语文、自然等，有持续优异的表现。

❸ 能创新，富想象力，具流畅的概念。

❹ 在美劳、音乐、戏剧等方面有优异的表现。

❺ 在团体中有能力、社交关系良好，能激励或推动多数人成功地完成某项工作。

❻ 技能竞赛优胜，如美术、机械创造、体育、舞蹈等。

怎样给宝宝选书

■ 安全性

安全性是第一考虑。要注意书的装订是否牢固、不会脱落，因为婴幼儿常把物品放入口中，并会动手撕或抓这些书籍，若不慎吞入这些物品，后果将不堪设想；裁切边也要避免太锋利，选择圆弧形设计的；材质要安全可咬的，表面的涂料也要是安全的，装订也要牢固耐用，才能满足婴幼儿喜爱探索的需求。

■ 大小适中

婴幼儿的臂力和抓握能力有限，因此书就不能太大，重量也要注意，适合的感官书大多是4～5个跨页。另外，好不好翻阅也很重要，所以书页不能太薄，这样对于精细动作还未发展成熟的婴幼儿会很难使用。

■ 色彩鲜明

书籍内页的配色要鲜明、活泼，不仅能够吸引婴幼儿的注意，更能刺激婴幼儿视觉的发展，但颜色不要过于复杂。

■ 画面干净，线条单一

给婴幼儿看的书要以大图块来呈现，太细致的图形在婴幼儿看来只是一片模糊，是没有意义的，清晰的画面是必须的要求。

■ 耐用且可清洗

就像前面一再强调的，婴幼儿喜

欢抓东西、撕东西、把东西往地上丢，因此耐用就是适应婴幼儿这样的需求；另外，婴幼儿也喜欢把东西放进嘴里咬，所以易于清洗才能保持卫生。

男孩画动词，女孩画名词

女孩天生对人的脸比较感兴趣，而男孩天生对会动的东西感兴趣，这个差别来自于眼睛生理上的不同。

女性的视网膜富含较小的小细胞，而在男性视网膜中则有很多的巨细胞，因此男性的视网膜远比女性的厚。因此，女孩子喜欢红色、橘色、绿色和淡米色，因为这些颜色是小细胞先天设定比较敏感的颜色。男孩子喜欢用黑色、灰色、银色和蓝色，因为这是巨细胞先天设定的喜好。而这也说明了女婴偏好于看年轻女人的脸，而男婴偏好于看会转动的造型吊饰这项研究结果。

研究儿童绘画的人还发现，女孩喜欢画人，常在一张画上使用10种以上的暖色系颜色来画画；男孩则是画动作，像是火箭打击目标，或是两车相撞，且偏好使用冷色系颜色，颜色最多也只用到六种。心理学家杜曼用下面这句话总结男孩和女孩画图上的不同：男孩画动词，女孩画名词。

多数的幼儿园教师并不了解男、女孩眼睛上的生理差异，因此在上绘画课时，女孩的画作容易受到老师的赞美，

而男孩的作品则不被老师喜爱，老师表现出来的态度，很可能使一个男孩认为自己对画画不在行，进而落入"男孩不适合学艺术"这样的刻板印象，但事实并非如此。

给宝宝选择幼儿园

选择称心如意的幼儿园，对于父母来说是一件很重要的事。给宝宝选择幼儿园时，不要光看招生广告作得怎么样、幼儿园介绍作得如何，最好亲自到幼儿园去看一看，需要了解的内容有：

❶ 幼儿园的教职工是否都受过专业训练。

❷ 幼儿园内的气氛如何，是很活跃，还是管理过严、死气沉沉，把宝宝管得像小学生一样。

❸ 教职员工们能否和宝宝们亲切相处。

❹ 幼儿园所有的角落是否都充满温暖、爱护的气氛。

❺ 幼儿园的教学是否组织得很好，各种活动是否具备教学目的。

❻ 幼儿园的硬件设施，包括环境、设备、教具是否很好。

❼ 幼儿园的营养师是否具有专业水平。

入园是对父母的考验

宝宝进幼儿园，是宝宝从家庭走向社会的第一步，这一步走得好与不好，

不仅是对宝宝的考验，同时也是对父母的考验。

■ 相信宝宝，坚定信念

随着幼儿潜能开发理论的日益丰富和完善，幼儿园入托正在向低龄化的趋势发展。

幼儿从来没有离开过妈妈，在入园的第一天，初到陌生环境的宝宝们，怎么也想不到，妈妈就要把自己单独留在这里了，一看到妈妈离开她就会大哭起来："我要妈妈，我要妈妈！"最常见到的情况是宝宝在屋内哭，妈妈在屋外落泪。但既然决定了入园，就要有思想准备，一定要调整好自己的情绪，有时候需要狠狠心，帮宝宝度过这段"分离焦虑期"，如果一看到宝宝哭心就软，不想接着将宝宝送到幼儿园来，那么前面的努力也会白费，前功尽弃。因此，送宝宝入园时一定要坚定信念，相信宝宝自己能行，千万不要反反复复地走"回头路"。

■ 重视入园前的准备

宝宝初次到一个完全陌生的环境，无论在情感上还是在日常生活上，都会感到是一片空白，孤独无助，因而会产生不安全感，哭闹、生病也会随之产生。其实这也正是父母送宝宝上幼儿园面临的两大难题，为解决这两大难题，多数幼儿园都为入园儿童安排了细致的准备工作。

一是家访，老师在拿到本班入园儿童的名单后，会选择合适的时间进行家访，其目的就是让宝宝在自己熟悉的环境中，先与陌生的老师接触，通过和老师面对面的交谈、游戏，加深对老师的认识和了解，减少对陌生人的恐惧感。老师也会和父母一起交流，主动介绍幼儿园的详细情况，让父母对幼儿园也有所了解。其中，老师了解宝宝的情况是重中之重，对入园后更好地照顾宝宝有重要作用。

二是在幼儿园内，在宝宝的班级组织为期几天的亲子活动。目的是请即将入园的宝宝提前进入幼儿园熟悉环境，接触老师和同班小朋友，老师还会选择许多游戏，让宝宝感受在幼儿园这个集体中生活的乐趣，为宝宝真正地入园打下坚实的基础。对于没有参加过类似亲子活动的宝宝来说，入园适应过程会比已经初步感受过幼儿园生活的宝宝更慢一些。所以，幼儿园方面一般也很希望父母能够有足够的重视，不要错过了入园前这一系列的"感情培养活动"。

■ "老师是妈妈的好朋友"

老师和父母建立融洽的关系，对宝宝熟悉环境、对老师产生亲切感有着重要作用。父母带宝宝到幼儿园参加亲子活动，不仅仅是宝宝熟悉、适应的过程，也是父母熟悉、了解老师的过程。所以，父母在引导宝宝的入园欲望时，心情一定要喜悦，比如告诉宝宝幼儿园有趣的事情；宝宝可以认识很多小朋友；幼儿园有好多家里没有的好玩的玩具；宝宝可以跟老师学好多本领；老师很喜欢宝宝，跟妈妈一样爱宝宝等，使宝宝对幼儿园和老师都产生一种好感，让宝宝感到幼儿园不再是一个陌生的环境。因为那里的老师是妈妈的好朋友，那里的小朋友是自己的好朋友。

■ 表扬鼓励宝宝，适当"让步"

"我不去幼儿园！"这是刚入园的宝宝常说的一句话。此时父母一定不要着急，这是很正常的，需要多给宝宝一些心理安慰，耐心地引导宝宝发现幼儿园的乐趣。可以对宝宝讲一讲自己小时候上幼儿园的快乐往事，帮助宝宝亲近老师和班里的小朋友，表扬、鼓励宝宝很坚强、很勇敢、很懂事等。

切记一定要耐心，不要轻易斥责宝宝，因为在幼儿园里，老师们对宝宝的一些行为习惯也会适当"让步"，等到宝宝完全适应环境后，再逐步提出统一的要求，宝宝会很乐意地接受。

接送宝宝上幼儿园的学问

宝宝上幼儿园了，接送宝宝就成为父母每天重要的生活内容之一。那么，怎样接送宝宝上幼儿园呢？父母们的常见做法是：

❶ 遇到天气骤冷，怕宝宝着凉，等天气暖和儿点再送。

❷ 宝宝不肯起床，想让宝宝睡个懒觉。

❸ 家中有事，或者来了客人，或单位组织娱乐活动等，便不送宝宝上幼儿园。

❹ 如果宝宝说："爸爸妈妈早点儿接我！"父母便不顾离园时间，早早去接。

按时接送宝宝，让宝宝感到上幼儿园不是一件随便的事，就像爸爸妈妈上班一样，要守时、守纪律。

在接送宝宝上幼儿园时，要注意几个方面。

❶ 不管天冷、天热、刮风下雨，都要坚持按时送宝宝上幼儿园。不要以为这仅仅是去不去幼儿园的问题，经常强调客观原因不去幼儿园，会养成宝宝怯懦、娇气、任性、自由散漫的不良性格和行为。这些性格和行为形成以后，对一生都有不利影响。长大以后，宝宝会把这些性格和行为不自觉地带到学校乃至生活中去。因此，要按时接送宝宝，培养纪律性，同时也培养坚强的意志品质和勇于克服困难的精神。

❷ 如果父母工作忙，单位制度比较严格，那么可请家里其他人帮助接送。有条件的单位会安排"幼儿接送车"，帮助接送本单位幼儿，既节省父母的时间，又让宝宝上幼儿园有伴儿，从而使宝宝更乐意上幼儿园。

❸ 对于宝宝"早点儿来接我"的愿望，不能盲目满足，应当养成准时接送宝宝的习惯，尽量不要破坏常规。万一不能按时接送宝宝，要及时向宝宝解释原因，免得宝宝误解。

总之，既要养成按时接送宝宝的习惯，也要培养宝宝每天按时入园和离园的习惯，让宝宝认识到无论刮风下雨、酷暑严寒都要一如既往，把该做的事情做好、做到底，绝不能退缩或半途而废，因为这样做，对于宝宝健康成长至关重要。

34～36 个月宝宝的智能测评

❶ 认数字（每个记 1 分）、背数（每 10 个记 1 分）、能够点数取物（每个记 1 分）。

以 10 分为合格。

❷ 按吃、穿、用、玩将物品分类：苹果、毛衣、剪刀、铅笔、鸡蛋、勺子、娃娃、雨伞、碗、西红柿、积木、钥匙、钟表、面包、鞋（每个记 1 分）。

以 10 分为合格。

❸ 画圆形、正方形、三角形（会画圆形封口曲线记 2 分，画正方形中有两个直角记 4 分，画 1 个直角记 3 分；会画三角记 5 分）。

以 6 分为合格。

❹ 让宝宝去拿小剪刀，给妈妈剪纸（会拿剪刀但剪不开记 3 分，剪开小口记 5 分，会剪出条子记 7 分）。

以 5 分为合格。

❺ 给宝宝找来一把小钝刀，试着切切面团（有切口但未把面团切断记 4 分，能切开 2 份记 5 分）。

以 5 分为合格。

❻ 让宝宝看图讲一到两句话（能讲出物体名称记 4 分，能讲 5 个字以上无形容词记 8 分，能讲 5 个字以上其中有形容词记 10 分，能讲出图的特点加 4 分）。

以 10 分为合格。

❼ 让宝宝讲一个物品，宝宝能说出物名、用途、颜色、特点（四项齐全记 12 分，不齐全经妈妈提问后能补齐记 10 分，讲出三项记 8 分，讲出两项记 6 分）。

以 10 分为合格。

❽ 让宝宝摆小饭桌，擦桌子，放凳子、碗筷或勺子（四项都能做到记 12 分，少一项记 10 分，少 2 项记 6 分）。

以 10 分为合格。

❾ 能帮妈妈找出常用的东西：剪刀、小刀、香皂、卫生纸、铅笔、手绢、故事书、皮球、帽子、袜子、妈妈的包、爷爷的眼镜、爸爸的书、奶奶的外衣（每种记 1 分）。

以 10 分为合格。

❿ 自己洗脚、脱鞋袜、打香皂、搓洗、擦干、穿上干净袜子和鞋或拖鞋（每项记 2 分）。

以 10 分为合格。

⓫ 上厕所会用卫生纸，会自己整理好裤子和衣服（完全自己做记 8 分，自己做后需要大人帮助清理记 6 分，能独立完成一项记 3 分）。

以 6 分为合格。

⓬ 穿上衣服，能分清前后、反正，会系扣子（能做到三项记 8 分，两项记 6 分，一项记 3 分）。

以 6 分为合格。

⓭ 走平衡木，自己上，不必扶人和物（由起点到终点记 6 分；从终点回头走回起点加 3 分，扶人扶物记 3 分）。

以 6 分为合格。

⓮ 单足连续跳跃（不扶物）（5 下记 8 分，4 下记 6 分，3 下记 4 分，2 下记 2 分）。

以 6 分为合格。

结果分析

1、2 题测认知能力，应得 20 分；3、4、5 题测精细动作，应得 16 分；6、7 题测语言能力，应得 20 分；8、9 题测社交能力，应得 20 分；10、11、12 题测自理能力，应得 22 分；13、14 题测运动能力，应得 12 分，共计可得 110 分。90～110 分为正常范围，120 分为优秀，70 分以下为暂时落后。

Part 23

小儿常见病
家庭护理

Xiaoer Changjianbing Jiating Huli

常见疾病与护理

新生儿产伤骨折

新生儿产伤骨折是指胎儿娩出过程中发生的骨折。常见的为大腿骨折、上臂骨折及锁骨骨折。骨折后多出现明显畸形，局部凸起，患儿活动受限，而医生又多不做严格的接骨。很多父母都很担心：骨折后不作特殊治疗能长好吗？会遗留后遗症吗？

其实父母的担心是多余的，新生儿骨骼的特点是：骨膜比较厚，骨皮质薄且较软。骨折时多不连同骨膜一起折断，骨折断端虽会刺破骨膜而错位，但至少仍有一侧骨膜保持原来的连续性。新骨沿骨膜生长，10 天后愈合的新骨仍然是直的，而刺出骨膜外的骨尖会逐渐被吸收。

所以，新生儿产伤骨折一般不需特殊处理。锁骨骨折不需要任何绷带固定，生活护理时轻抱轻放，避免压迫伤处或牵动患肢，7～10 天即可痊愈。上臂骨折（肱骨干骨折）可用压舌板（小竹片）绑直或用绷带等物固定于躯干。大腿（股骨干）骨折用小木片（夹板）绑直或作悬吊牵引。2 周左右可愈合。

只要宝宝活动自如、不痛，父母就不必惊慌，因宝宝在骨发育过程中的塑形能力定能使畸形得到矫正。一般一年后再作 X 光片检查时就可正常。

新生儿"鹅口疮"

新生儿鹅口疮是一种真菌（白色念珠菌）引起的口腔黏膜感染性疾病。患儿口腔布满白色物质，形状如"鹅口"，因此叫"鹅口疮"。

宝宝患这种病的原因，主要是奶头、食具不卫生，使真菌侵入口腔黏膜引起的。长期服用抗生素的宝宝也容易患此病。

鹅口疮比较容易治疗，可用制霉菌素研成末与鱼肝油滴剂调匀，涂擦在创面上，每 4 小时用药一次，疗效显著。用 1‰ 龙胆紫涂擦，疗效也不错，但因用药后口唇周围染色，影响观察并污染衣物，故临床上用得很少。

新生儿脐炎

新生儿脐根部有脓性分泌物，有臭

味，脐周皮肤发红，即产生脐炎。脐部是细菌侵入新生儿机体的重要途径，不但能造成局部炎症，表现出局部症状，也可由此引起败血症，出现全身症状。患儿可出现发热、精神委靡、拒食、吐奶、黄疸加重等症状。

为了预防脐炎，接生应在严格无菌消毒的情况下进行，断脐时要严格执行无菌操作，盖上消毒纱布。

断脐 24 小时后应将纱布打开，用 75％酒精消毒脐周及脐残端。如果脐残端已干缩就不必再盖纱布，脐带暴露更有利于干燥，促使其脱落。以后每日用 75％酒精棉消毒脐根部 1～2 次，直到脐带干燥脱落为止。平时要避免尿液及大便污染脐部，尿布不要盖到脐部，洗澡时要保护脐部，尽量不要浸湿脐部，以防脐炎发生。

一旦发现脐部发红、有分泌物渗出时，除用酒精消毒外，还可用 3％过氧化氢溶液消毒，涂以 2％龙胆紫溶液，局部有脓肿形成时，应立刻去医院诊治。发生脐炎后，不仅要局部处理，还应服用抗生素，重症患儿需住院治疗。

❦ 新生儿便秘

便秘是指大便次数明显减少，大便坚硬及排便费力。

新生儿早期有胎粪性便秘，是由于胎粪稠厚，积聚在乙状结肠及直肠内，排出量很少，若于出生后 72 小时尚未排完，则新生儿表现为腹胀、呕吐、拒奶，这时可用温盐水灌肠或用开塞露刺激，胎粪排出后症状消失不再复发。如果随后又出现腹胀，这种顽固性便秘则要考虑是否患有先天性巨结肠症。

新生儿便秘大多数发生在喝牛奶或配方奶的宝宝中，2～3 天解 1 次大便。如果宝宝排便并不困难，并且大便也不硬，宝宝精神好，体重也增加，这种便秘就不是病，而是宝宝排便的一种习惯。如果除大便次数明显减少外，每次排便时还非常用力，并且排便后可能出现肛门破裂、便血，应及时处理。

可在宝宝的肛门内放置甘油栓，或细小的肥皂条以帮助排便。切忌用泻药，因为泻药有可能导致肠道的异常蠕动而引起肠套叠，如不及时诊治，可造成肠坏死而危及生命。

❦ 新生儿黄疸

■ 黄疸的成因

人体血中的红细胞老化后经代谢产生一些废物，其中一种称为"胆红素"的废物最后经由肝脏排出体外。如果这种废物产生过多（如红细胞破坏过度）或无法排出（如肝胆系统疾病造成排出异常）就会堆积在体内，引起皮肤、眼白泛黄，也就是所谓的"黄疸"。所以说，黄疸是由许多不同的原因造成胆红素堆积在体内而形成的临床表现。

在医学上以血中胆红素的浓度来代表胆红素堆积的程度，如胆红素浓度为12毫克/分升，表示100毫升的血中有12毫克的胆红素。而医护人员解释病情时会以"黄疸指数"来简称胆红素的浓度，如黄疸指数12表示胆红素浓度为12毫克/分升。

■ 黄疸的分类

新生儿黄疸包括"生理性黄疸"及"病理性黄疸"。

生理性黄疸

新生儿红细胞较成年人多（因此红细胞代谢后废物较多），而且肝脏较不成熟（因此胆红素较不易排出），所以比较容易产生黄疸。这种因生理现象导致的黄疸称为"生理性黄疸"。一般新生儿儿或多或少，在出生第2天开始就会有生理性黄疸出现，第4天达到最高峰（最黄），1～2星期后逐渐消退。生理性黄疸的黄疸指数，通常小于12，除了皮肤、眼白泛黄外，无其他症状，通常不需治疗就会消退。

病理性黄疸

如果是病理因素造成的黄疸，被称为"病理性黄疸"，这些病理因素包括：

❶ 新生儿血液方面的疾病，如母亲与新生儿ABO血型不合、Rh血型不合、先天性溶血疾病等导致红细胞被破坏，使胆红素代谢增加。

❷ 肝脏疾病，如先天性胆道闭锁、先天性肝炎等，导致胆红素无法排出。

❸ 新生儿感染，导致红细胞被破坏、肝功能降低。

❹ 生产过程导致新生儿头皮淤血，淤血内的红细胞被破坏而产生胆红素。

病理性黄疸的黄疸指数通常大于15，不但需要治疗，而且若不注意，有可能导致严重的后果。

ABO血型不合：若母亲为O型，婴儿为A型、B型或AB型，则有可能因红细胞被破坏造成增加而出现黄疸。

■ 黄疸儿的居家照顾

如果无异常状况，生理性黄疸只需多加观察，按照一般照顾的方式照顾宝宝即可，不需特别处置。建议方法如下：

❶ 给予足够的喂食。

❷ 不建议给予葡萄糖水、开水或退胎水，因为这些不但无法改善黄疸，反而会加重症状，甚至会影响宝宝食欲，造成离子不平衡等严重后果，八宝粉等药物也不可服用。

❸ 阳光或一般日光灯照射或许有点帮助，但效果如何仍无定论，而且须小心不要使婴儿晒伤。

❹ 一些会导致黄疸或加重黄疸的情况需避免，如蚕豆症婴儿需避免接触萘丸、龙胆紫等会引起溶血的物质。

❺ 用药时须经医生开处方，因为某些药膏或药物也会引起蚕豆症婴儿溶血。

❻ 避免感染、饮食不足、环境温度过高或过低等情形。

喝母乳会引起黄疸吗？黄疸儿可以继续喝母乳吗？

喝母乳可能引起黄疸。若黄疸出现

时间在第 2~4 天，称为"早发性母乳性黄疸"，原因与喂食不足，导致排便量减少（随粪便排出的胆红素因而减少）有关，所以需给予足够的喂食。若黄疸在出生后 10~14 天才出现，则称为"晚发性母乳性黄疸"，可能持续 2~3 个月才会完全消退，原因与母乳内所含的物质有关。一般而言，母乳性黄疸极少引起严重的病情，不需因怕黄疸而停止哺喂母乳。

根据专家建议，当黄疸指数小于 15~17 时，仍可放心地哺喂母乳并且照光治疗。超过此指数时可以持续哺喂母乳，或暂时以母乳加配方奶喂食，或暂时换成配方奶，再加上照光治疗。至于该采用什么方法，可以和医生讨论比较适合小儿的处理方式。黄疸严重时，需要住院治疗。

➕ 养育小叮咛

宝宝是否有黄疸？

把婴儿置于明亮处，观察婴儿皮肤及眼白的部分，若比前一天观察到的黄，或比其他婴儿黄，就可能有黄疸。同时观察不同的部位，若只有脸部泛黄，表示黄疸程度并不是很严重；若泛黄的情形向下延伸至腹部或以下时，则黄疸可能已经到达需要照光治疗的程度了。

若有黄疸需注意什么？ 何时送医院检查治疗？

需注意的是，黄疸是否出现病理性症状。

❶ 注意黄疸的程度：若腹部或以下皮肤泛黄，或是皮肤泛黄的速度很快（如泛黄很快由脸延伸至胸部、腹部时），需送医院检查。此外，出生 24 小时内就有黄疸，或是足月儿黄疸超过 1~2 周，早产儿黄疸超过 2~3 周，也是病理性黄疸的表现，最好送医院检查。

❷ 注意病理性黄疸可能出现的症状：包括呕吐、肤色苍白、活力变差、食欲缺乏、腹胀、腹泻、发热、小便变浓茶色、粪便颜色变白等情形。若有以上情形需立刻送医院检查。

❸ 注意某些使黄疸加重的因素：如早产、生产时曾缺氧、家族史中有溶血性疾病（如蚕豆症）、婴儿产前或产后可能有感染（如妈妈产前有发热感染、早期破水）也是须注意的事项，并于送医院时告知医生此病史。

若有粪便颜色变灰白、小便变浓茶色等情况，可能是先天性胆道疾病，这种病严重时需要换肝，甚至危及生命，需多加注意因为

■ 黄疸宝宝的住院治疗

❶ 什么时候需要住院：在小儿科门诊，医生通常会询问病史，对婴儿进行身体检查，必要时抽血检查黄疸指数。当足月儿黄疸指数大于 15（早产儿另有较低的标准），就需要住院照光治疗。此外，根据致病原因，再辅以其他危险因素以及临床症状，也是医生判断宝宝是否住院的依据。

❷ 住院时的检查：住院时，医生除了病史询问和身体检查外，还会视情况进一步抽血检查。如怀疑感染时，会检测尿液、血液白细胞。怀疑溶血疾病时，会检查血红素浓度、血型等。怀疑肝胆疾病时，会检查大便颜色、肝功能、肝胆超声波检查等。

❸ 住院时的治疗：病理性黄疸一般以照光治疗为主。照光的原理，是以特殊波长的光线照射婴儿皮肤，以将胆红素改变为无害的物质并加速排出体外。照光时，应给宝宝的眼睛戴上眼罩，以避免光线伤害。除了照光，针对引起黄疸的病理性因素同时治疗。但因肝胆疾病造成的黄疸，其治疗方法为针对肝胆疾病治疗（如开刀等方法），而非照光治疗。

❹ 治疗多久可以出院：一般在治疗3～5 天之内，黄疸值会降至可出院的标准。但此时间会随着引起黄疸的疾病不同而改变，会因体质、是否喂母奶及是否早产等因素而不同。至于黄疸值降至多少出院才好，也会根据宝宝的情况以及不同医生而有不同的判断标准。一般而言，黄疸指数降至 11～12 时即可出院，但同样也因各种不同的因素而有所调整。

■ 黄疸有何并发症或后遗症

黄疸本身只要经过适当的处置，通常不会产生任何后遗症。后遗症或并发症通常是引起黄疸的疾病所造成的。但胆红素浓度过高时，可能导致严重的并发症核黄疸。核黄疸是过高的胆红素伤害脑部所导致的并发症，此并发症在急性期有肌肉张力改变、活力变差、发烧等症状；几年后会有听力障碍、运动失调、轻度智能障碍等后遗症。因此遇到黄疸指数过高的宝宝，医生会以换血的疗法快速降低血中胆红素浓度，以避免脑部伤害。

至于胆道闭锁引起的黄疸，需要尽早治疗，一般希望在 3 个月内诊断并治疗完毕，否则胆红素会伤害肝脏引起严重的后果。

❀ 新生儿重症的常见症状

若新生儿总是有如下的症状，则表明小儿所患疾病较重，父母应及时带小儿去医院。

· 高热或体温不升，四肢发冷。

· 水泻，次数增多或带脓血。

· 黄疸加深。

· 惊厥。

· 大哭不止，声嘶力竭。

· 呼吸困难、急促。

· 严重的呕吐。

· 食欲缺乏或拒哺。

· 精神委靡。

观察生病宝宝严重度指数 （越往右边越不正常）

玩耍	正常玩耍→减少玩耍兴趣→拒绝玩耍
注意力	警觉→疲累→恍惚→呆滞→昏迷
活动性	正常活动→减少活动→不活动
食欲	正常食欲→食欲降低→拒食
皮肤颜色	正常→苍白→潮红→大理石斑花状→发绀
呼吸	正常→有点急促→用力或无力
体温	正常→低温→高温
水分	正常→轻微/中度/重度脱水

小儿急性支气管炎

急性支气管炎由细菌或病毒感染引起，常发生于感冒之后，也可为肺炎的早期表现。发病初期先有感冒症状，如打喷嚏、流鼻涕、咽干、轻咳，以后病情逐渐加重，出现如下急性支气管炎症状：

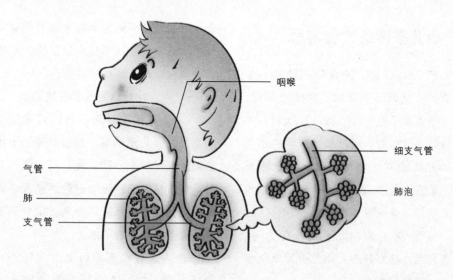

呼吸系统示意图

❶ 发热，体温多在 38.5℃ 左右，2～4 天即退热。

❷ 咳嗽，先是干咳，咳嗽逐渐加重时可有痰，患儿呼吸时，气管发出"呼噜、呼噜"的痰鸣音。

❸ 胃肠道症状有呕吐、腹泻等。

小儿一旦患了急性支气管炎，要多给他饮白开水，以利排痰，并经常为小儿翻身、拍背，以促进痰液排出。以易消化且营养丰富的食物喂养，并保持居室内空气流通清洁，提高小儿自身的免疫力。

小儿患急性支气管炎时，应在医生的指导下用药。病毒感染者，可用病毒灵；细菌感染者，可选用磺胺药、注射青霉素或其他广谱抗生素；咳嗽严重、痰多的患儿，可给止咳化痰药，如蛇胆川贝液、甘草合剂等。

小儿咳嗽的饮食禁忌

❶ 忌冷、酸、辣食物。冷冻、辛辣食品常可刺激咽喉部，使咳嗽加重。所以咳嗽时不宜吃冷饮或冷冻饮料，牛奶最好加温后服。患过敏性咳嗽的小儿更不宜喝碳酸饮料，以免诱发咳嗽发作。酸食常敛痰，使痰不易咳出，以致加重病情，使咳嗽难愈。

❷ 忌花生米、瓜子、巧克力等。上述食品含油脂较多，小儿食后易滋生痰液，使咳嗽加重。

❸ 忌鱼腥虾蟹。常见咳嗽患儿在进食鱼腥类食品后咳嗽加重，这与腥味

刺激呼吸道和对鱼虾食品的蛋白过敏有关。过敏体质小儿，咳嗽时更应忌食上述食物。

❹ 忌补品。不少体质虚弱小儿，常会服用一些补品，比如虚症小儿的冬令进补。但在进补时，若遇咳嗽，应停服补品，以免补品留邪，使咳嗽难愈。

❺ 忌多糖多盐。吃得太咸，常可诱发咳嗽或使咳嗽加重。小儿咳嗽时，饮食宜清淡，不宜吃咸鱼、咸肉等重盐食物。而糖果等甜食多吃可助热生痰，也以少食为好。

❻ 忌油煎炸食物。小儿咳嗽时，胃肠功能比较薄弱，而油炸食品可加重胃肠负担，且助湿助热，滋生痰液，使咳嗽难以痊愈。

反复性呼吸道感染

反复性呼吸道感染愈来愈引起家长和医生的重视。孩子反反复复的呼吸道感染要注意以下疾病的可能：

❶ 原发性或继发性免疫缺陷症。

❷ 微量元素缺乏，如锌元素缺乏或不足时，儿童胸腺、脾脏萎缩，T 细胞数量明显减少。铁、镁、钙、磷不足时，可直接影响巨噬细胞的吞噬及杀菌能力，并能削弱呼吸道纤毛上皮细胞清除病原及过敏颗粒的能力。

❸ 先天性畸形，如先天性纤毛功能异常症、先天性会厌吞噬功能不全症、先天性肺发育不良、先天性肺囊肿等。

❹ 慢性病灶，如慢性副鼻窦炎、支气管扩张症、扁桃体炎致反复感染。

❺ 其他，如营养不良、蛋白质异常丢失，包括肾病、蛋白丢失性肠炎、皮肤损伤、脾切除等。

反复性呼吸道感染一年四季均可发病，常患气管炎、肺炎等疾病。以冬、春季节为重，发热可有可无。

治疗主要是提高免疫力。可使用丙种球蛋白每 2～3 周 1 次，以减轻感染的发生。对于一般反复呼吸道感染的患儿，如血清检测 IgG 不减低者，不必应用。胸腺肽、转移因子等效果尚不肯定，只可用于胞免疫减低者。有缺锌临床症状及检查血锌、发锌减低者，可用锌制剂治疗。其他如铁、镁、钙、磷缺乏时，按常规治疗量给药。中药可用生脉散、五茯散、六味地黄丸等从扶正固本、健脾利湿入手，再辅以清热解毒。另外，在感冒时如无细菌性感染依据，避免应用广谱抗生素。

在日常生活中，要注意营养均衡，多参加体育运动和户外活动。

小儿普通感冒

普通感冒极轻者只以鼻部症状为主，如鼻塞、流清鼻涕、打喷嚏等，也可有流泪、轻咳和咽部不适。检查时除咽部发红外，一般无其他症状，可在 3～4 天内自然痊愈。病变比较广泛的可有发热、咽痛，患儿可伴有呕吐。检查时咽部充血明显，扁桃体可有轻度肿胀。体温大多在 3～5 天恢复正常。当父母带患儿就医时，医生常向患儿父母解释为"上呼吸道感染"或"鼻咽发炎"。事实上，上呼吸道感染是一种较为广义的说法。

普通感冒是一种可以自愈的疾病，但应加强护理和对症治疗，患儿应注意休息，保证水的摄入量，室内温度不宜过高。吃奶的患儿可将奶量稍减少，大些的患儿给予流质或易消化的软食。发热可服用退热药，患儿为防止高热惊厥可以用阿苯片。5 岁以下患儿不能服用阿司匹林，因为阿司匹林中含有兴奋剂咖啡因，而婴幼儿神经系统发育不完善，容易诱发高热惊厥或出现精神症状。服退热药时应多喝一些白开水，以帮助退热。咳嗽者可用一些止咳药，如复方甘草合剂、枇杷露糖浆、小儿止咳糖浆等。普通感冒一般不用抗生素，可服用小儿感冒冲剂、小儿感冒散、板蓝根冲剂等中药制剂，一般连服 3～5 天就可痊愈。

■ 如何预防小儿感冒

感冒的传染来源以学校、育婴中心与家庭为主。感冒的防治方法如下：

❶ 在感冒流行时期避免涉足公共场所。

❷ 勤洗手、戴口罩。

❸ 感冒患者应避免与小儿有亲密的接触，以防止鼻、眼分泌物的接触。

❹ 避免共用手巾。

■ 如何避免小儿感冒变肺炎

感冒与肺炎是一体的两面，可以有

相同的症状,如咳嗽、流鼻水,但肺炎患儿的症状较严重。有100多种病毒会引起感冒,常见的包括鼻病毒、副流感病毒、呼吸系融合病毒与流感病毒等。比较严重的感染,如流感病毒,会产生感冒及肺炎的症状,可在流行季节前注射流行性感冒疫苗以预防之。流感疫苗的有效性与疫苗株及流行株是否相同有关系,成人有效性为70%～90%,儿童有效性为77%～91%。注射流感疫苗可减少婴幼儿肺炎的发生,6个月以上的小儿即可注射。

感冒与肺炎具有类似的症状,多喝水、多休息可使身体较舒服。但是有时感冒病毒会进一步侵入气管及肺部,刺激气管,造成肺炎,特别是流感病毒所造成的肺炎较为严重。因此,在感冒流行季节(每年10月至翌年5月)前,最好让小儿接受流感病毒疫苗预防注射,细菌性肺炎可接受肺炎球菌疫苗预防注射,尤其是有气喘、过敏及抵抗力较差的小儿,更需事先预防,以确保小儿健康。

🍀 小儿肺炎

肺炎系由不同病原体或其他因素(吸入或过敏反应等)所致的肺部炎症,以发热、咳嗽、气促、呼吸困难等为其共同的临床表现。

肺炎是下呼吸道感染,感染源包括病毒或细菌,以病毒性较常见,呼吸道融合病毒及副流行感冒病毒,是2

岁以下儿童罹患肺炎的常见病因。A及B型流感病毒亦是造成下呼吸道疾病的主要原因,特别是流行感冒季节来临时,细菌性肺炎则占所有肺炎的10%～30%。

肺炎的病毒性感染源和感冒的感染源相同,致病性的差异与病毒侵犯的部位、年龄、个人抵抗力及接触环境有关。当小儿呈现咳嗽、发热、呼吸急促或困难时,检查发现胸廓收缩、鼻翼张开、呼吸音减低、吸入性啰音,则有罹患肺炎的可能。由于患者年龄及临床症状的不同,病毒性肺炎多半呈现微热、喘鸣及哮喘。霉浆菌肺炎多发生在学龄期的儿童,症状为轻微发热,逐渐出现头痛、喉咙痛、肌肉疼痛、皮疹等现象,咳嗽时间长。

支气管肺炎为婴幼儿最常见的肺炎。本病多见于3岁以下小儿,一年四季均可发病。我国北方以冬春季多见;南方则以夏秋季多见。居住拥挤、通风不良、空气污染、营养不良以及免疫功能低下等均为诱发因素。

支气管肺炎大多起病急。一般在上呼吸道感染数日后发病,主要表现为发热、咳嗽和气促。早产儿、重度营养不良等患儿可无发热或体温不升。早期为刺激性干咳,以后咳嗽有痰,新生儿、早产儿则表现为口吐白沫,肺部早期不明显。

❶ 循环系统:常见者为心肌炎及心力衰竭。

❷ 神经系统:脑水肿时出现意识障

碍、惊厥、呼吸不规则、瞳孔异常等。

❸ 消化系统：患儿常有食欲缺乏、呕吐、腹泻及腹胀等症状。

■ 肺炎的治疗及照顾方法

❶ 病毒性肺炎：多为轻微的呼吸不顺，较严重的患儿须住院积极治疗。抗生素的使用并不会缩短治疗的过程及预防感染，但医生会依病情不同而给予适当的治疗。

❷ 社区性肺炎：若无并发症，给予1～2日抗生素治疗后，多半可退热，然后门诊治疗。

❸ 细菌性肺炎：可注射肺炎球菌疫苗、流感疫苗，以防止流感病毒的感染。

退热是必要的，可脱掉过多的衣服，供给水分，配合温水拭身，使体表散热，可防止热性抽筋的发生。患儿不要绝对躺在床上不动，鼓励轻缓运动，有助于早日康复。

治疗肺炎要采取综合措施，积极控制炎症以改善肺功能，防止并发症。

❶ 加强护理。室内空气宜新鲜、流通，及时清除鼻腔分泌物，经常翻身以减少肺部淤血。

❷ 营养。应供给易消化、富含营养的食物及适量液体，尽量不改变原有喂养方法，少食多餐。重症患儿要住院治疗。

❸ 针对致病微生物治疗，按不同病原体选择药物。

■ 肺炎的预防

❶ 增强体质、预防佝偻病及营养不良是防止小儿肺炎的重要措施。

❷ 预防易继发肺炎的急性呼吸道传染病。

❸ 避免交叉感染，不要让宝宝与患儿玩耍，大人不要到患儿家中走动。

🎗 小儿上火

■ 上火的5种表现

❶ 皮肤干燥。由于小儿肌肤稚嫩，如果让小儿长期待在湿度过低的环境中，皮肤很容易变得干涩，甚至发生皲裂，小儿的毛发也会因此变得干枯无华或脱落。

❷ 口舌生疮。小儿上火后大都会出现口角糜烂、干裂、嘴唇起疱疹、口腔黏膜及舌头溃疡等症状。

❸ 眼屎增多。小儿眼内分泌物增多，尤其是早晨起床时可见眼角有眼屎，过多时会粘住眼睑。

❹ 腹泻。小儿的消化系统比较娇弱，一旦上火就容易发生肚子胀满不适、腹痛、腹泻、大便酸臭、肛门发红等症状。

❺ 大便干结。有的小儿上火后会引起便秘，排便时因肛门受干结粪便刺激出现疼痛而哭闹。

■ 避免容易上火的饮食

从饮食的宜忌上讲，上火或容易上火的孩子，要尽量避免食用以下食物。

❶ 辛辣食物：大葱、辣椒、胡椒、芥末、酒、咖喱等辛辣食物，属性为

阳，助长火热。

❷ 油炸、肥甘厚味：如炸鸡腿、炸薯条、炸丸子等，这些食物因为能产生较高的热量，使人活力充沛，但过度食用会使血液酸化，也是火气的来源，多吃会导致阻滞气机，郁积生热化火。

❸ 热性水果：中医认为，荔枝属于温性湿腻的食物，多吃易上火和消化不良，可导致便秘、牙龈肿痛、面部痤疮、口腔溃疡以及食欲下降、腹痛腹泻等，所以虚火偏旺及湿热体质的孩子不宜食用。此外芒果、花生、巧克力等食物也很容易引起火气。

❹ 冷饮冰品：冰品很好吃，小儿尤其喜欢。可是火气大的小儿食用过多的冰品，很容易导致体内的冷热失调，这种情况对于胃上火的宝宝尤其常见。

❺ 补品：有些家长为了小儿更健康，给小儿吃人参、甲鱼等补品，这是大错特错的。儿童本身就是阳性体质，再服用补品会导致内热丛生，出现流鼻血，口舌生疮。

❻ 某些肉类：羊肉性温热，常吃容易上火，狗肉也如此。

■ 去火的食物

水果

柚子、梨：性寒味微酸，除能清热外，其特点是清润肺系，对于肺热咳嗽吐黄痰、咽干而痛的小儿极适宜。

鲜莲子：生吃可以去心火，清热除烦、养心安神。

荸荠：其性微寒，果汁丰富，凡热病后余热未净的心烦口渴、口舌生疮、便干尿黄等小儿都非常适宜食用。

柿霜：性凉，味甘，清上焦心肺热，对口舌生疮的小儿有治疗作用。

阳桃：性寒，味酸甜，清热生津，内火炽盛、口腔溃疡的小儿最适宜。

蔬菜

白菜：性微寒，有清热除烦、利二便的作用。

芹菜：性寒凉，能去肝火，解肺胃郁热，容易上火的小儿常食有益。

莴笋：性微寒，质地脆嫩，水分多，功效为清热、顺气、化痰，适合肺胃郁热的小儿食用。

茭白：性寒凉，适合心经有热、心烦口渴、便干尿黄症状的小儿食用，具有清热解毒的功效。

莲藕：性平寒，最好生食或捣汁，功效是清热生津、润肺止咳，若与梨汁和匀同服其效更佳。

茄子：性寒凉，可以清热解毒，给易上火的小儿食用时不要用油烧的方法烹饪，可以采用清蒸的方法。

百合：性平微寒，具有清热润肺止咳功效，对热病后余热未清、咽喉肿痛、心烦口渴诸症均有疗效。

苦瓜：性大凉，味苦，泻实火，是一味苦寒清热食品，小儿甚用。

■ 常用去火中成药

❶ 妙灵丹。适用于小儿感冒初起的鼻塞、流鼻涕、打喷嚏、嗓子肿痛、大便干结、小便黄。特别适用于

风寒感冒，又素有肺胃内热的咳嗽痰多、口渴便秘、烦躁易哭、睡眠不安的小儿。

❷ 导赤丹。适用于小儿食火重，内热大引起的口腔、舌头溃疡，嗓子肿痛，眼睛红赤，眼垢多，口中有异味，大便干结，小便黄少。也适用于小儿患病后，出现口渴便秘、烦躁易哭，睡眠不安等症状的改善。

❸ 小儿化食丸。适用于平日食欲好、食量大、口渴便秘、手心热、烦躁易怒、夜间睡眠不安的小儿。对小儿食火内热引起的停食停乳、呕吐腹胀、口中有异味、大便干结、小便黄少等症状有效。

小儿过敏性疾病

过敏是人体对于环境中的过敏源，经由免疫过程而产生出来的一些发炎及不适反应。所谓的过敏体质则是指经由遗传而来，对于周遭常见过敏源容易产生过敏反应的体质。根据统计，父母亲当中如果其中一位有过敏体质，其子女约有1/3的概率会出现过敏疾病；假如父母双方皆为过敏体质，则生下来的小朋友得过敏性疾病的机会更是增加到2/3以上。

■ 过敏的疾病与症状

❶ 过敏性肠胃炎。通常在出生后数周开始出现，常见症状有：吐奶、拉肚子、腹胀、喂奶后哭闹不安，甚至粪便中带有黏液血丝。

❷ 异位性皮炎。大多出现在2～3个月大的小婴儿，爸妈常会发现小宝宝的两颊出现红且湿润的小疹子或斑块，也可以延伸到整个脸部、脖子、四肢关节处，严重者连身上也会出现，不过一般包尿布的部位是不会有病灶的。它的特征就是痒，因此小宝宝可能会出现一直用脸摩擦枕头或寝具的现象，是为了减轻痒感。

❸ 荨麻疹。可发生在身体或四肢任何部位，症状是突然发生的红白肿块，很痒，变化迅速，会从一块块连成一大片，通常在一天内就会消退，再由别的地方长出来，遇热或抓搔会使症状变得更厉害。一般来说，跟食物、药物过敏或感染有关。

❹ 气喘。常见的症状有：呼吸困难、喘鸣、胸闷以及慢性咳嗽等（尤其好发在夜晚或清晨）；一旦感冒时咳嗽，常会持续十天以上；运动后或暴露于过敏源及不良空气中，会有咳嗽、喘鸣或胸闷的现象。

❺ 过敏性鼻炎。最常见的状况就是一早起床先打好几个喷嚏，接着流鼻水、鼻塞、鼻子或眼睛瘙痒，严重者连喉咙及耳朵都会觉得痒痒的，并且常有鼻涕倒流的现象，所以会感到喉咙里常常有痰的感觉而有清喉咙的动作；此外，还有不管睡再久都消不掉的黑眼圈。这些症状在疲累、季节变换或是空气品质不佳的时候特别容易发作。

❻ 过敏性结膜炎。常见的症状有

眼睛痒、流泪、结膜充血等。

■ 杜绝过敏源

引起过敏疾病的过敏源，可分为吸入性过敏源及食物性过敏源两种，避免接触是根本之道。

吸入性过敏源常见的有灰尘、尘螨、蟑螂、真菌、羽毛、猫、狗皮屑及分泌物、花粉等。

食物性过敏源常见的有蛋、牛奶、带壳海鲜（虾、蟹等）、鳕鱼、草莓、猕猴桃、柑橘类水果、麦类、豆类、花生以及坚果类食物。

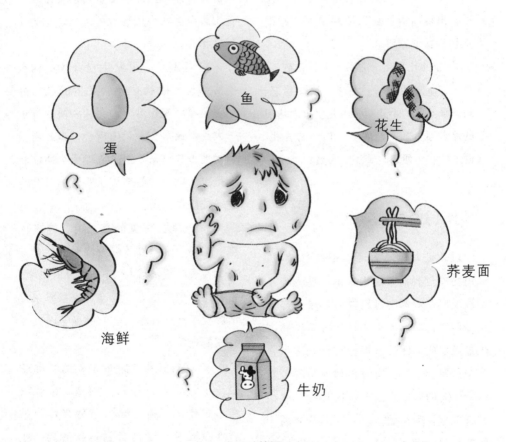

蛋

鱼

花生

海鲜

荞麦面

牛奶

常见过敏源

■ 过敏的治疗

引起过敏疾病的必要条件是接触到特殊的过敏源，因此最好的治疗方式就是避免过敏源的暴露。预防胜于治疗，当然这必须先了解宝宝对哪些东西过敏，才能有效地预防。

虽然如此，许多环境中的过敏源是无法避免的，所以除了环境控制外，当出现明显的过敏症状时，还是需要药物治疗。不同的过敏疾病有不同的治疗方法。

■ 过敏儿的居家照顾对策

过敏儿的居家照顾最重要的是避免接触过敏源、作好环境控制，可以延后或是减缓过敏疾病发作的机会。那么过敏儿平常该怎么保养？如何才能打造低过敏的居家环境呢？可以从饮食与居家环境卫生两方面着手。

饮食方面要避免或延迟接触致敏食物

❶ 哺喂母乳，6个月大再添加辅食。对于有过敏家族史的小宝宝，出生后最好可以纯喂母乳到6个月大再添加辅食，妈妈在哺乳期间也要尽量避免食用容易产生过敏症状的食物。

❷ 辅食添加原则。以不容易过敏的食物为主，一次只加一样，几天后如果宝宝适应状况良好，才可再添加另一种辅食。前述容易引发过敏反应的食物，应等到宝宝1岁以后再给予。

❸ 如果无法哺喂母乳时，可以给予减敏奶粉（部分水解蛋白配方奶粉），但如已经出现过敏症状时，则须改以高度水解蛋白配方奶粉喂食。

避免环境中的过敏源

❶ 杜绝螨虫。螨虫是最常见的过敏原，以人或动物脱落的皮屑为主要食物，它们喜欢住在寝具、枕头、地毯、衣服、厚重窗帘、布沙发以及绒毛玩具中，所以家里面的卧室与客厅是螨虫最多的地方。

那么要如何减少螨虫呢？每隔1～2个星期应清洗床单、枕头套、被套一次，而且在清洗之前先将寝具放入浴缸或是大脸盆中，以55℃以上的热水浸泡10分钟，才能有效杀死螨虫，之后再以洗衣机清洗，就能有效除去螨虫以及其排泄物。

此外还可以使用防螨材质寝具，减少不必要的装潢（如地毯与厚重窗帘等）。使用除湿机与空气滤净机，都可以减少螨虫与霉菌的生长。

❷ 免养宠物或种植致敏性植物。室内应避免养猫、狗或鸟类等宠物，以减少动物皮屑、毛发或羽毛的暴露。也要避免在家中种植容易造成过敏的植物，例如容易散播棉絮、花粉及有特殊气味的植物，以及容易藏纳灰尘及霉菌的盆栽。

❸ 注意非过敏因子。除了上述常见的过敏源外，一些非过敏因子也会引起呼吸道过度反应，造成气喘或过敏性鼻炎发作，例如，上呼吸道感染（感冒）、气候剧烈变化（温度、湿度）、空气污染（工厂或车辆废气）、刺激味道（如蚊香、香烟、香水、杀虫剂、油漆、甚至于厕所臭味等）、哭或笑等情绪心理因素、剧烈运动、冷热变化（如洗澡、冷气房、冰冷饮料等），因此有过敏体质的小朋友对于上述状况也必须特别留意。

🍀 营养不良性佝偻病

营养不良性佝偻病是由于维生素D缺乏，导致体内钙、磷比例代谢失常，从而引起骨骼生长障碍的全身性疾病。本病主要见于营养不良的婴幼儿，是对小儿健康成长威胁较大的多发病。因为此病不仅可影响小儿的正常生长发育，而且还因全身免疫功能的低下，易患肺炎、肠炎等疾病。近年来由于注意防治，营养不良性佝偻病的发病率已开始减少，其他病因性佝偻病却相应增加。

患有典型佝偻病的小儿常爱无原因地烦躁不安，有夜不寐、爱哭闹、出汗多、骨骼改变的症状，多为"O"形腿与"X"形腿、鸡胸等，但应与克汀病、软骨发育不全、黏多糖病、先天性成骨发育不全等相区别。

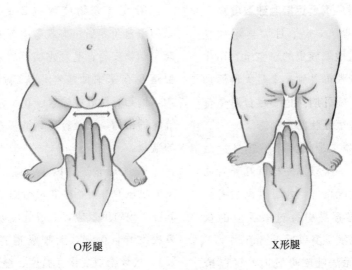

O形腿　　　　　　　　　　　X形腿

用大人手指检查异常

活动期佝偻病的治疗必须根据病情和有无并发症而及时补充维生素 D 的不足。目前常用的维生素 D 有两种：一种为动物性维生素 D_3，以鱼肝油含量最多，制剂有 D_3（胆骨化醇）注射剂及滴剂；另一种为植物性维生素 D_2，乃麦角固醇经紫外线照射形成的粉剂。

人体维生素 D 来源有二：一为内源性，由皮肤中的 7-脱氢胆固醇经日光紫外线照射而合成的；二为外源性，靠从食物中摄入维生素 D。两种来源的维生素在体内都于肝、肾脏代谢，维生素 D_3 进入体内约 16 小时，血钙立即有升高，可维持 72 小时。一般营养不良性佝偻病仍以维生素 D_2、D_3 治疗为主。

维生素 D 的补充方法有突击疗法和普通疗法。

❶ 突击疗法。适于服药困难或患有并发症者，需短期治愈，以纠正缺钙与磷代谢异常。此疗法是将治疗所需维生素 D 的总量一次肌注，使血中维生素 D 浓度维持数月于较高水平，不必每日服药。这种一次大剂量注射疗法的优点是，不仅

治愈较快，而且还可用于鉴别营养性或其他病因所致的特殊佝偻病。

❷ 一般疗法，每日口服不同年龄段适用的不同制剂的维生素D。

长期大量服用维生素D时，应注意过量而引起中毒的可能。维生素D中毒的症状主要为烦躁不安，食欲减退，四肢疼痛，表皮脱屑，多尿，内脏钙盐沉着，严重者可死于肾功能不全。

佝偻病治愈标准：多汗、夜惊、不安等症状完全消失，颅骨软化恢复正常，生化及骨骼异常改变恢复正常；或轻度（Ⅰ度）活动期经有效治疗后症状消失3个月以上，极重度（Ⅲ度）佝偻病症状消失6个月以上者。

小儿缺锌

有些生长发育迟缓的患儿，血锌和发锌含量较低，认为可能与锌缺乏有关。缺锌的原因很多，单纯由于膳食摄取锌不足而致病者，目前尚乏大量报告。

缺锌小儿主要表现为生长发育迟缓、身材矮小、食欲差、抑郁、倦怠、味觉迟钝、秃发、角膜混浊、生殖腺功能不足、性发育迟缓、伤口不易愈合等。有的患儿智力发育低下、经常患上呼吸道感染等。

发锌定量检查只能作为诊断参考，诊断一定要结合临床情况，发锌

检测可列为筛选化验检查，最后确诊依靠血锌定量检测。血锌正常值为70～150毫克/分升。

一般可给硫酸锌每日总量100毫克，分1～2次口服，连服2～3个月，即可痊愈。补锌的同时，尚可加服维生素D，有助锌的吸收。但是用量过大也会引起锌中毒，其症状与铅中毒类似。服锌过量尚可抑制硒的吸收，从而引起与维生素E缺乏类似症状，均需注意。

小儿每日生理需锌量甚少，仅0.25～0.5毫克/千克。缺锌治疗痊愈后，一般膳食均可供应不致缺乏。自然界含锌较丰富的食物以牡蛎、牛肝、豆类、花生、玉米等较多。组氨酸或谷氨酸有助于锌的吸收，植酸或纤维过多影响锌的吸收，安排膳食计划时需注意。

幼儿生长迟缓

■ 造成生长迟缓的原因

引起小儿生长迟缓的原因有很多，可分为器质性、非器质性与混合型3大类。其中非器质性的原因包括家庭因素、心理因素、社会问题及生长环境不当等，常由于喂食不当或热量摄取不足而导致生长迟缓。引起小儿生长迟缓的疾病非常多，任何器官的异常都可能会造成小儿生长迟缓。

造成器质性生长迟缓的主要原因

肠胃道系统	胃食道逆流、肥厚性幽门狭窄、兔唇、腭裂、乳糖不耐、巨大结肠症、牛奶蛋白过敏、肝炎、肝硬化、胰脏功能不全、胆道疾病、克隆氏症、溃疡性大肠炎、吸收不良、腹部疾病
肾脏系统	泌尿道感染、肾小管酸血症、尿崩症、慢性肾脏功能不全
心肺系统	心脏病、气喘、支气管发育不良、囊状纤维化、呼吸道结构异常、阻塞性睡眠呼吸暂停
内分泌系统	甲状腺机能低下、糖尿病、肾上腺功能不全、甲状腺疾病、脑下垂体疾病、生长激素缺乏
神经系统	心智迟缓、大脑出血、退化性疾病
感染性疾病	肠胃道寄生虫或细菌感染、结核菌感染、艾滋病
代谢性疾病	先天性代谢异常疾病
先天性疾病	染色体异常、先天性综合征（如胎儿酒精综合征、周产期感染）

经过检查，基本上可以初步确认大部分的器官性疾病。若单纯只是体重不足，身高、头围皆正常者，大部分为饮食不当、胃肠系统或营养吸收方面的问题。若头围及身高皆不正常者，则另外要考虑内分泌、先天性代谢异常，甚至是染色体异常的问题。

■ 治疗与处置方法

若是器质性的生长迟缓，只要原来的疾病和原因得到治疗或受到控制，加上适当的饮食指导，小儿的营养状况大部分会得到改善。

若是非器质性的生长迟缓，虽然确实原因没法找到，但父母不要气馁，仍应遵照医生及营养师的指示，加强营养方面的补充。一般医生会建议多摄取热量，但要以均衡饮食为前提，避免便秘。另外，可以每天添加综合维生素和营养牛奶，必要时医生会开一些开胃药和健胃整肠的药物，但不建议自行购买成药服用或使用民间偏方，以免产生后遗症。父母要配合医生作定期追踪检查，相信大部分患儿都会有所改善。父母不要太焦急，要有耐心及恒心，毕竟瘦巴巴的小儿不可能马上就胖起来。

针对不同年龄生长迟缓的处理原则

发生年龄	主要诊断上考虑
0～3个月	非器质性的生长迟缓、围产期感染、胃食道逆流、先天性代谢异常、囊状纤维化
3～6个月	非器质性的生长迟缓、艾滋病、胃食道逆流、先天性代谢异常、囊状纤维化、肾小管酸血症、牛奶蛋白过敏
7～12个月	非器质性的生长迟缓、胃食道逆流、肾小管酸血症、固体食物太慢添加、肠胃道寄生虫
12个月以上	非器质性的生长迟缓、胃食道逆流、其他器官性原因

✚ 养育小叮咛

比较容易记的生长指标

体重：新生儿平均出生体重为3.2千克，满1个月长1千克，第2个月长0.9千克，第3个月长0.8千克，第4个月长0.7千克，即4个月大时体重约为6.6千克，大约是出生体重的2倍。由此类推，满周岁时为出生体重的3倍（约10千克），以后每年约增加2千克，即2岁12千克、3岁14千克、4岁16千克、5岁18千克、6岁20千克。

身高：新生儿平均出生身高50厘米，每月增加2厘米，满周岁时约为75厘米，为出生时身高的1.5倍；满2岁时约85厘米；满3岁时约93厘米；4岁时约100厘米。

🌸 小儿疳症

疳症又称疳积，简称为"疳"，临床以形体消瘦，皮肤干燥，毛发枯焦，神情烦躁或呆钝，甚则头大颈细，肚大青筋显露为主要征候，是一种慢性全身性虚弱病症。多为消化系统和吸收系统的疾病，首先影响的是宝宝营养吸收，若久治不愈，会影响宝宝的生长发育。前代医家将疳症与麻疹、天花、惊风称为损害儿童最严重的儿科四大症之一。本病多见于3岁以下的婴幼儿，主要原因是由于乳食不节，喂养失宜，或因感染虫症，久病体弱以致脾胃虚损；运化功能失常，致使水谷精微化生成气血津液的功能发生障碍。疳症最好用中医治疗，家庭调养是十分重要的。常用的药膳疗法如下。

■ 疳气

属病之初期，轻症。临床主要症状

是：形体较瘦，面色萎黄少华，毛发稀，有厌食或食欲缺乏之现象，精神欠佳，性情烦躁、易发脾气，大便或溏或秘，苔薄或微黄，脉沉缓。宜用和脾健胃之药膳。

〔炒扁豆山药粥〕原料：炒扁豆60克，山药60克，大米50克。制作与服法：上物洗净，煮粥服食。功能：健脾益胃，对小儿疳积有效。

〔金鸡白糖饼〕原料：生鸡内金90克，白糖适量，白面250克。制作与服法：将鸡内金烘干，研成极细末；再将此末、白面、白糖混合，按常规做成极薄小饼，烙至黄熟，如饼干样。当饼干让小儿食之。功能：健脾消积，主治小儿疳积面黄食少者。

〔鹌鹑大米粥〕原料：鹌鹑1只，粳米100克，调味品适量。制作与服法：鹌鹑去毛与内脏，洗净，切成小块，与粳米加水同煮成粥，加调味品分次食用。功能：益气补脾，可治疗小儿疳积。

■ 疳积

患儿形体明显消瘦，肚腹膨胀，甚则青筋暴露，面色萎黄无华，毛发稀疏，色黄结穗，精神不振，睡眠不安，尿如米泔，舌淡苔腻，脉细滑。宜用消积理脾之药膳。

〔枣黄面丸〕原料：大枣肉100枚，大黄30克，白面100克。制作与服法：将大枣去核，再将大黄研末，做成如枣核大的丸，塞入大枣内，外面裹以面，在火中煅极熟，捣为丸，如枣核大即成，每次服7丸，1日2次。功能：健脾消

积，主治小儿疳积的脾虚夹积滞者。

〔二丑消积饼〕原料：黑丑60克，白丑60克，面粉500克，白糖适量。制作与服法：先将二丑炒香脆，研成极细末，调和面粉，加入白糖，焙制成饼干，每片3克，每次1～2片，每日3次。功能：消食导滞，适用于小儿食积。

〔焦三仙方〕原料：麦芽30克，山楂、神曲各10克。制作与服法：将三味放锅中炒焦存性，研成细末，分成小包，每包3克，每次1～2包，每日3次。功能：消食导滞，对小儿疳积有效。

〔健脾茶〕原料：橘皮10克，荷叶15克，炒山楂3克，生麦芽15克。制作与服法：橘皮、荷叶切丝，与山楂、麦芽一起，加水煎半小时取汁，代茶饮。功能：健脾祛湿，消积化滞，适用于小儿疳积。

小儿病毒性心肌炎

小儿心肌炎是由于许多原因引起的心脏细胞组织的病变，可以是局灶的或弥漫性的心肌细胞坏死、变性及附近间质炎性细胞渗出样等改变，心肌突导致心肌损伤，引起心功能障碍、心律失常和周身不适症状。此病病因复杂，但最常见的病因是上呼吸道病毒感染，已知有20余种病毒可引起心肌炎。另外细菌、支原体、原虫、沙眼衣原体和真菌等也能致病，但较少见。

多数患儿在患心肌炎前不久都同时伴有上呼吸道病毒感染史，病情轻重不

一。轻者无明显自觉症状，常在体检时偶然发现，或感冒后有轻度不适感，表现为乏力、多汗、面色苍白、心悸、气短、胸闷、头晕等。重者可出现疲劳感、心前区疼痛，稍活动心悸加重等症状。本病在体征、心电图、化验检查上可发现改变。

❶ 怀疑为病毒性心肌炎者，虽抗生素无直接作用，但对原因不明的心肌炎，可按此治疗，直到病因明确后再调整治疗方案。

❷ 在急性期不论轻重，都要卧床休息，至体温正常后 2～3 个月，并且心脏恢复正常大小，再轻微活动，一般约需 6 个月。恢复期应继续限制患儿活动，至少下午半日卧床，待病情稳定后再缓慢地增加活动量。重症患儿心脏增大者，需卧床半年至 1 年，如心脏仍未明显缩小，卧床时间应适当延长。有心力衰竭者，应严格卧床，待心力衰竭控制，心脏情况好转后，再逐渐开始轻度活动。休息不好易使病情迁延。

❸ 针对心肌营养治疗，根据病情采取综合措施，治疗时间至少半年，多数需 1 年左右，严重者更长。

营养性缺铁性贫血

小儿体内由于造血营养物质缺乏所致的贫血统称为营养性贫血。这是小儿贫血中最常见的一大类，包括缺铁性贫血、营养性巨幼细胞性贫血及营养混合性贫血三种。

各年龄均可发病，以 6 个月至 2 岁最多。出生后 3 个月以前发生的贫血很少为缺铁性贫血。

患儿常有先天储铁不足的诱因存在，如早产或双胎、喂养不当致铁供给不足（如未及时添加辅食），或由于小儿生病引起的营养吸收障碍、有长期小量失血等病史患儿都会引起缺铁性贫血。

营养性缺铁性贫血一般起病缓慢，表现面色、口唇黏膜苍白，看上去孩子很无力，易激惹，爱哭闹，不爱活动，肌肉松软，智力及动作能力落后，注意力不集中，常有异嗜癖。

外周血象示血红蛋白减低比红细胞减少明显。血红蛋白可低至 30 克/升～40 克/升。红细胞为小细胞、低色素性改变，网织红细胞可正常。红细胞系以中幼、晚幼红细胞增多明显。各期红细胞胞体均较小，胞浆少，染色偏蓝。血清铁＜10.7 微摩尔/升（60 微克/分升），总铁结合力＞62.7 微摩尔/升（350 微克/分升），骨髓铁染色示铁粒幼细胞＜15％，细胞外铁明显减少或消失。

对患儿须加强护理和营养，预防感染，保证充足睡眠，伴有感染者积极控制感染。根据患儿的消化能力，适当增加富于铁质的食品，如瘦肉、蛋黄、豆制品等。并注意饮食合理搭配，以利铁的吸收。有偏食习惯者应注意纠正。对于致成贫血的原因应仔细查询，并予以去因治疗，如治疗肠道失血、驱除钩虫等。

如饮食中的铁量不能满足患儿治疗所需，就要适量地给予补充铁剂，如应尽量采用口服法给药。二价铁比三价铁容易吸收，目前仍以硫酸亚铁最为常用。其他如琥珀酸铁、乳酸铁、富马酸铁、葡萄糖酸铁等也可采用，但价钱较贵。婴幼儿适于应用液体制剂或糖浆剂，常用者为 2.5％硫酸亚铁合剂。放置过久时其中二价铁可能氧化成三价铁，故不宜久留。为了减少对胃黏膜的刺激，最好在饭后服用，但由于饮食中磷化物易与铁结合成不溶解的磷酸盐，影响铁的吸收，患儿对铁剂的耐受性有个体差异，故大多主张根据个体耐受情况安排用药时间和用量。一般开始用药时可在饭前给药，剂量宜小，如无不良反应，可在 1～2 日内加至足量。如有恶心、呕吐、腹部不适或腹泻等胃肠道不适应的症状，则改为两顿饭间服药或饭后服药，如仍有反应，应减量或停药数日。待症状消退后，再从小剂量开始给药。亦有人认为缺铁病儿对铁的吸收能力增强，不论铁剂是否与饮食同服，铁吸收率的差别很小。

铁剂也可通过注射给药。但因注射铁剂较易发生不良反应，甚至可发生致死性过敏反应，故应慎用。

大剂量维生素 C（维生素 C 与铁之比为 7∶1 时）能加速食物中铁的吸收。

🌼 特发性血小板减少性紫癜

特发性血小板减少性紫癜，是小儿时期最常见的出血性疾病。依发病时间分为急性和慢性两型。病程在 6 个月内称急性，超过 6 月者称慢性，疾病恢复正常停药 2 个月后复发者称反复型。小儿大多数是急性型，急性与慢性的治疗有很大差别。

急性型 80％的患儿在发病前 1～6 周有病毒感染史，特别多见于上呼吸道感染、风疹、水痘、麻疹之后。慢性型多无明显诱因，临床上表现为皮肤黏膜和外伤部位出血。急性型以皮肤出血点、鼻衄等黏膜出血为主，严重出血多持续在发病两周之内。慢性型以皮下淤斑多见。

急性血小板减少性紫癜多发生在婴幼儿期，表现为突然发病，出血较重，同时可伴有感染，血小板极低。一般在发病的 1～2 周内出血最重，所以在发病最初一段时期内应加强照顾和治疗。

❶ 一般治疗。发病最初一段时期内应限制活动，出血多者需卧床休息，直到出血好转。应积极控制感染，忌用阿司匹林、吩噻嗪等影响血小板功能的药物。给予易消化饮食，不要吃干、硬的带刺食物，以防损伤黏膜，室内注意湿度，防止鼻黏膜干燥。在整个患病期间应避免外伤，预防感染，特别是病毒感染可使好转的病情再度加重。

❷ 肾上腺皮质激素的应用由医生根据病情选择。

❸ 输血或血小板。急性血小板减少性紫癜发生急性失血性贫血时，可输新鲜血的补充血量，但输入的血小板极

少，不足以止血。因此在一般情况下不能靠输血或输血小板治疗，只在急性内脏大出血不止或发生颅内出血时才采用。

🍀 急性肾小球肾炎

急性肾小球肾炎，一般简称急性肾炎，是一组病因不同，急性起病，以血尿、水肿、高血压为特点的肾小球疾病。病程多在1年以内。临床上绝大部分是链球菌感染后所致的免疫复合物性肾炎。本病是儿科最常见的一种肾小球疾患。

患儿常具有以下特点：a. 发病年龄多数为3～11岁小儿；b. 急性起病，有水肿、高血压、血尿的症状；c. 发病前常有呼吸道或皮肤感染史，前驱症后至肾炎发病常在1～3周之间；d. 尿检查有轻至中度尿蛋白，尿沉渣常见多数红细胞，75％可见管型尿；e. 血清学检查提示有链球菌感染，如抗链球菌溶血素（ASO）滴度升高等；f. 血清补体明显下降，一般于6～8周后恢复。大多数患儿在4～6周后症状消退，但尿异常恢复较慢，尤其是显微镜下血尿有时经6个月后正常，少数可迁延达1～2年之久，但最终预后良好，其中85％～95％的患儿痊愈。

急性肾炎是一种自限性疾病，目前无特殊治疗方法。主要是对症处理，纠正病理、生理及生化异常，防治急性期并发症，以保护患儿度过急性期，顺利恢复。

❶ 注意病情观察。起病初期应注意观察患儿的一般情况，测体重及血压，注意记录液体出入量，以便及时发现并发症。

❷ 休息。急性期应卧床，直至肉眼血尿消失，利尿消肿，血压恢复正常，血肌酐降至正常，并发症消退，然后逐渐恢复室内活动。急性期后并无必要长期卧床，卧床时间长短与最终预后并无直接关系，但一般于3个月内宜避免剧烈体力活动。如恢复室内活动2个月后，没有出现症状，尿常规检查基本正常，可恢复半日上学，然后逐步过渡到全日上学。

❸ 饮食。为了防止严重并发症，减轻肾脏负荷，急性期的饮食成分及液体入量应予一定限制。在有少尿及氮质血症时应减少蛋白质的摄入，每日以0.5克/千克为度。当有水肿、高血压时应限盐和水，以防止循环充血状态及脑病的发生。当病情好转，利尿降压后，虽尿常规仍未正常，饮食一般不需限制。

❹ 抗生素应用。当有链球菌感染灶时应给予青霉素或其他有效的抗菌药物一个疗程（7～10天）。一般不常规投用抗生素预防复发。

小儿急性肾炎预后良好，多数患儿于6个月内临床恢复，部分患儿显微镜下血尿迁延不愈，或发生直立性蛋白尿，但血压及肾功能正常。此时虽病程超过1年，也暂不诊断为慢性肾炎，而称之为迁延性肾炎，只有极少数患儿确诊为慢性肾炎。对于迁延者应加强随访，定期复查尿常规，测定血压及进行肾功能检查。

小儿尿道感染

泌尿道感染是小儿时期的常见病，是指产尿、潴尿和排尿的通路即肾盂、输尿管、膀胱、尿道任何一个部位有细菌感染。

泌尿道感染主要是大肠杆菌和葡萄球菌直接侵入尿道、膀胱、肾盂和肾实质引起的泌尿系感染。绝大多数细菌从尿道上行至膀胱，经输尿管而达肾盂，再延及肾脏。少数经血液感染或因肠道炎症经淋巴道感染。女孩发病的机会远远多于男孩，为男孩的 10 余倍。主要原因在于：

❶ 女孩的尿道短而宽，尿道括约肌薄弱，因此细菌较容易侵入。

❷ 女孩的膀胱输尿管交界部位的"活瓣"作用也较弱，当膀胱内压增高时，又可引起尿液反流而引起肾脏的感染。

❸ 女孩尿道口和肛门的距离较近，易被细菌污染，尤其女婴易受尿布上的粪便污染，故女孩发病较多。

泌尿系感染的诊断一旦明确，在急性期应卧床休息，让宝宝多饮水以增加尿量，使细菌和脓液及早排出，并在医生指导下用强力有效的抗生素，治疗要彻底。急性泌尿系感染经治疗后多能迅速恢复，但如疗程不足，可使病情反复

发作，变成慢性感染。特别是由于肾和肾盂的慢性炎症在迁延多年后可发展至肾功能不全，应引起重视。因此，带病儿定期随诊很重要，急性期疗程结束后，每月随诊一次，共 3 个月，如无复发可认为治愈。

如何预防本病呢？有两点要注意：第一，增强体质，消除各种诱发因素，注重卫生，保持外阴部清洁。第二，宝宝大便后要清洗臀部，内衣经常用开水烫洗，宝宝要注意会阴部卫生。

小儿食欲不振

良好的食欲是小儿健康的标志之一。食欲缺乏是指患儿缺乏进食欲望，常见于急、慢性疾病。突然食欲缺乏往往是疾病的先驱症状，长期食欲缺乏可能是某些慢性疾病的症状。

引起小儿食欲不振的原因主要有：

❶ 精神因素。第一，强迫进食：家长或过分担心小儿营养不足，或不了解某些小儿的体格较小是与家庭性遗传有关，而误认为是进食过少所致，因而家长采取各种方法强迫小儿进食，这样会影响小儿情绪，久之可形成条件反射性拒食，并可发展为厌食。第二，环境因素：小儿过度疲劳或功课过于紧张，也可造成食欲不振。

❷ 饮食习惯因素。偏食的影响。

❸ 药物影响。服用某些药物也可影响小儿的食欲，如某些抗生素或免疫抑制剂等。

❹ 急慢性感染性疾病。各种感染常伴有食欲缺乏。

❺ 各系统疾病。有时有些系统疾病引起全身反应进而引起食欲缺乏。

❻ 寄生虫病。如蛔虫病、蛲虫病等。

小儿腹痛

■ 常见的良性腹痛

❶ 排便前。每人都有这样的经验，腹痛常在解便后就消失了，原因在于排便前或腹泻时的肠蠕动会增加，而且肠腔内的推挤压力也增加，这两个因素可产生腹痛。在解便后，这两个因素都自然减缓，所以腹痛也跟着消失了。

❷ 排便不顺（便秘）。通常是腹痛最常见的原因。大便在肠道内存留的时间愈久，粪便中的水分被肠子吸收愈多，所以大便会变得愈硬，而不易排出，这就是便秘。

❸ 胃肠炎。感冒、吃坏肚子、腹泻都会腹痛。因症状很明显，所以不用担心是其他问题，且通常一两天内腹泻改善后，腹痛就会自然消失。

❹ 肠绞痛。小儿肠绞痛并非一种疾病，而是一种现象，常发生于3个月内的婴儿。其典型的症状是，原本健康的小儿半夜会突然哭闹不安，有时会持续数小时。引起的原因是多方面的，可能是小儿情绪发泄、做噩梦、肠蠕动增加、环境压力等。通常在小儿3个月大之后，会自然缓解。

❺ 牛奶蛋白或乳糖过敏。属于消化障碍，会造成胀气或肠蠕动过快，除了哭闹不安之外也有腹痛现象。

❻ 情绪性的腹痛。较神经质的人，紧张起来如考试或接触陌生事物时，就会感觉腹痛或急着大便。同样地，婴幼儿亦常因心理因素，如不高兴、怕上学、搬家（环境变迁）、撒娇闹脾气……情绪上的变动，可能会转化成身体实质上的头痛、胸痛及腹痛。

■ 如何观察小儿是否肚子痛

婴幼儿的语言表达能力有限，常不能正确地描述身体的感受，只能以哭泣、拒食、精神差及嗜睡来表示身体不适。所以父母平日应对小儿的习性有基本了解，才能判断出什么表现属于异常，以便及早发现问题送医。

| 高兴，无疼痛 | 少许的疼痛 | 多一点的疼痛 | 疼痛较重 | 疼痛剧烈 | 疼痛难忍 |

从面部表情观察小儿疼痛程度

❶ 评估方法：

进食及排便是否和往常一样规律？

· 观察小儿平躺或睡觉的姿势：如果两腿能伸直平卧或睡得很安逸，则腹部大概没问题；反之，若平卧或侧卧时身体及腿呈蜷曲状，而当欲将其双腿拉直时，却执意不从，那么腹部可能就有问题了。

· 检查小儿腹部：趁小儿安静睡觉时，大人将手平放在小儿腹部上，然后以压、按、捏来感觉小儿的反应。

· 最正常的情形：腹部松软、不胀鼓，而小儿一点儿反应也没有，仍继续安睡。

· 其次：稍微扭动肢体，或肚子稍紧缩，但继续安睡。

· 可能有问题：每次触压腹部（全部或某一点），小儿很明显地腹部肌肉变硬，表现为不安、惊醒、疼痛或哭泣，则表示腹内确实有问题。

❷ 留意小儿的活动表现：

小儿在清醒或哭闹、玩耍时，很难正确地作腹部检查，所以在小儿活动时也要仔细留意其表现。

· 观察小儿走路或快跑的样子：走路时腿部运动会牵引到腹部肌肉，所以腹部有问题时，可由脚步表现出来。如果脚步左右有异，或不想走路，不愿迈步快走，则可能代表腿脚或腹部有问题。例如，患急性阑尾炎的孩子，因右下腹会疼痛，所以在走路时，右腿的脚步就显得不自然或拖泥带水。

· 仰卧起坐：让小儿（通常要3岁以上才能做）平躺床上，叫他做仰卧起坐的动作，观察他有无腹痛的样子。真正腹部有毛病的孩子是坐不起来的。

· 有无其他异常症状：如发热、呕吐、腹泻，或小便情形及颜色、脸色改变等。

❸ 腹痛的部位关系：

将腹部以"井"字隔成九区，各个部位的疼痛略可代表不同的器官问题。

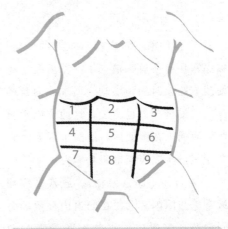

1区：肝、胆区	2、3区：胃、十二指肠区
4、6区：肾区	5区：肠区
7区：盲肠、阑尾区	8区：膀胱、尿道区
9区：大肠区	

腹痛的部位关系

❹ 特殊的腹痛（严重疾病的表现）：

· 阑尾炎：刚开始时，疼痛约在肚脐附近（5区）或上腹部（2区），逐渐明显地集中在右下部（7区），且局部触压会疼痛。

· 肠套叠：顾名思义，是指一段肠子跑到另一段肠子里面，最常见的是盲肠附近的小肠套入大肠。1岁左右的婴幼儿，男孩及肥胖者更易发生，除了阵发性地哭闹不安外，尚有严重的呕吐、大便呈暗红色黏液状（如红草莓果酱），而且会在右上腹部触诊到一团像"香肠"形状的东西等。

·胃、肠穿孔或破裂：无论外伤性或内源性都会有严重剧烈的腹痛，腹部肌肉僵硬，有严重压痛，会导致腹膜炎、败血症及脱水休克，需要立即就医接受手术治疗。

·胃、肠扭曲：除腹痛外，会有严重剧烈的呕吐、不能进食、腹部软但鼓胀，会导致脱水休克现象，需要立即就医接受手术治疗。

·紫癜症：除腹痛外，皮肤上（尤其下肢）会出现许多小而红的出血斑点。

·其他如肺炎、泌尿系感染、撞（外）伤、幼儿糖尿病等疾病：会合并腹痛现象，因此为求安全起见，还是应该让儿科医生仔细检查腹痛的原因。

■ 小儿肚子痛到底要不要紧

❶ 良性的腹痛非急症，不需特别担心。

·腹部摸、触、捏、压时都柔软，内部无肿块或压痛感。

·饮食正常，胃口食欲并无减少。

·无特殊的呕吐，如带黄或绿色呕吐物。稍微的溢奶及呕吐在大多数小儿都是正常的。

·大小便排泄规律，无异样。

·无呼吸急促现象，尤其在安睡时刻。

·活动力佳，无发热，脸色正常、无发黄。

经儿科医生检查后，只要确定没有其他病理性因素，就请父母不必太过焦虑，而应给予小儿更多的爱心和耐心，以及适当的安抚，如摸摸肚子或抱抱哄哄，可以减缓小儿哭闹的现象。

❷ 有问题的腹痛，需迅速就医，以下几点须家长注意。

·腹部鼓胀且有愈来愈大的趋势。

·肚子表面皮肤绷紧，且血管纹路很清楚。

·摸、触、压、捏腹部时，感觉坚实僵硬，小儿有压痛及闪躲的倾向。

·上吐下泻，发热，意识或精神不佳，脸色差。

·大小便颜色带血，或黑便、深茶色尿。

·合并四肢水肿或出血点。

·似乎可以摸到腹内有肿块存在。

·呼吸急促且有呻吟声。

以上皆属于严重的现象，务必紧急送医院处理。

■ 如何预防小儿肚子痛

❶ 防止便秘。挑食或喜欢吃零食的小儿，其排便习惯都不好，应改善其饮食习惯，多食蔬果。此外，可采用下列方法来帮助小儿排便：

·肛表刺激。以肛表温度计深入小儿肛门内约3厘米，然后以圆弧形的转动方式在肛门内摩擦约1分钟，以刺激排便。如此法无效，则改用灌肠剂通便法。

·灌肠剂通大便（一般市售灌肠剂一个约含20毫升）。一个月内的婴儿一次5毫升，1岁以内每次使用半个（约10毫升），1岁以上则可使用整个。

❷ 安抚小儿。可以用手或以薄荷油在小儿肚脐周围轻轻地按摩，可有安抚作用。

❸ 让小儿趴睡或用温水袋。趴睡时要随时注意并清空周围杂物，以避免小儿窒息；用温水袋时注意不要太烫，外面要包层毛巾再置于小儿腹部，可舒缓小儿因胀气所引起的不适。但如果情况未能改善，最好还是请医生检查和治疗才好。

🍀 婴幼儿腹泻

根据腹泻产生的原因，可分为感染性和非感染性两类，以前者更为多见，是婴幼儿时期的常见病和死亡原因。发病年龄多在2岁以下，1岁以内者约占半数。

不同病因引起的腹泻常具有相似的临床表现，但又各有不同的临床症状。

■ 侵袭性细菌以外病因引起腹泻

侵袭性细菌以外的病因引起的腹泻包括非感染性和感染性。

❶ 轻型腹泻。多为饮食因素或肠道外感染所致，或由肠道内病毒或非侵袭性细菌感染引起，主要是胃肠道症状。食欲缺乏，偶有溢乳或呕吐。大便次数增多，每日可达十余次，每次大便量不多，稀薄或带水，呈黄色或黄绿色，有酸味，常见黄色或黄白色奶瓣和泡沫，可混有少量黏液，精神尚好，体温大多正常，偶有低热，体重不增或稍降，无脱水症状，多在次日内痊愈。

❷ 中等型腹泻。多由肠道内感染所致。常急性起病，也可由轻型逐渐加重转变而来，除有较重的胃肠道症状外，还有脱水、电解质紊乱及全身中毒症状，但程度较轻。

❸ 重型腹泻。伴有重度脱水，电解质紊乱及明显全身中毒症状，如烦躁不安、精神委靡、意识朦胧，甚至昏迷、高热或体温不升。

胃肠道症状包括食欲低下，常有呕吐，严重者可吐出咖啡渣样液体。腹泻频繁，每日十余次至数十次。大便呈黄绿色、黄色或微黄色。每次大便量多，蛋花汤样或水样，可有少量黏液。

水、电解质和酸碱平衡紊乱症状包括：第一，脱水程度。轻度脱水：失水量为体重的3%～5%（50毫升/千克），患儿精神较差或不安，皮肤稍干燥，弹性稍差，眼窝及前囟略凹陷，哭有泪，口腔黏膜干燥，尿量稍减少。中度脱水：失水量为体重的5%～10%（50～100毫升/千克），患儿精神委靡或烦躁不安，皮肤苍白，干燥，弹性较差，眼窝及前囟凹陷明显，哭时泪少，口腔黏膜干燥，四肢稍凉，脉速，尿量明显减少。重度脱水：失水量约为体重的 10% 以上（100～120 毫升/千克），患儿精神极度委靡，表情淡漠，嗜睡，朦胧或昏迷，皮肤发灰、干燥，四肢发凉，脉细数微弱，皮肤出现花纹等休克症。第二，脱水性质。等渗性脱水：患儿烦躁，嗜睡，眼窝及前囟凹陷，皮肤弹性低，黏膜干燥，血压下降，脉搏增快，四肢发凉，尿量减少。患儿大多营养状况良好，腹泻时间短，血钠为 130～150 毫摩尔/升。低渗性脱水：患儿软弱，嗜睡，惊厥，昏迷，眼窝前囟凹陷明显，皮肤弹性极差，黏膜略干燥，血压极低，脉快细弱，四肢发凉，尿减少或无尿。患儿大多营养较差，吐泻严重，病程长，血钠低于 130 毫摩尔/升。高渗性脱水：患儿烦躁不安，剧烈口渴，高热，肌张力高，惊厥，眼窝前囟稍凹陷，皮肤弹性尚好，黏膜明显干燥，血压稍低，四肢热或冷，尿少而比重高。高渗性脱水多发生于病程短，供水不足，出汗或曾口服大量含钠液的情况下，血钠高于 150 毫摩尔/升。

■ 侵袭性细菌性肠炎

临床症状与细菌性痢疾相似，主要是恶心、呕吐、腹痛、频泻、排黏性脓血便。

■ 婴幼儿腹泻的病因

❶ 肠道内感染。可由病毒、细菌、

真菌、寄生虫引起。

❷ 饮食因素。喂食不当可引起腹泻，多为人工喂养儿。由于喂食不定时，量过多或过少或食物成分不适宜等所致。

❸ 气候因素。气候忽然变化，腹部受凉使肠蠕动增加，天气过热使消化液分泌减少，而由于干渴又吃奶过多，增加消化道负担。

■ 预防及治疗婴幼儿腹泻

❶ 饮食疗法。轻型腹泻停止喂哺不易消化的和脂肪类食物即可。禁食可使肠道溶质负荷降低，大便排泄量减少。母乳喂养儿可继续哺喂母乳，暂停辅食，人工喂养儿可改用等量米汤或水稀释的牛奶或脱脂奶等。病毒性肠炎多有双糖酶缺乏，对疑似病例暂停乳类喂养，改喂豆制代乳品，或用发酵奶，可减轻腹泻，缩短病程。还可加用葡萄糖。

❷ 护理。对感染性腹泻应注意消毒隔离，加强眼部护理，防止呕吐误吸，勤翻身，预防继发肺炎。勤换尿布，大便后冲洗臀部，以预防上行性泌尿道感染和尿布疹及臀部感染。

❸ 控制感染。病毒性肠炎无特效疗法，以饮食疗法和支持疗法为主，不需应用抗生素。非侵袭性细菌所致的急性肠炎多为自限性疾病，仅用支持疗法即可痊愈。侵袭细菌性肠炎一般均需用抗生素治疗。

❹ 液体疗法。第一，口服补液：用于腹泻时脱水的预防，以及轻度和中度脱水而无明显周围循障碍的患儿。在口服补液过程中，如呕吐频繁或腹泻、脱水加重，则改为静脉补液。应用世界卫生组织推荐的口服液。配方是 1000 克开水加 10 匙糖，3 匙盐，1/2 匙苏打和 1/4 匙氯化钾。少量频服，在 8～12 小时将累积损失补足。第二，静脉补液：用于中度以上脱水或腹泻重或腹胀患儿。

■ 如何治疗久治不愈的腹泻

❶ 对于肠道内细菌感染，宜根据大便细菌培养和药敏试验选择抗生素，切忌滥用，以免引起肠道菌群失调。

❷ 调整饮食，增加营养。由于小儿消化功能低下，调整饮食不宜过快，母乳喂养儿的辅食，待病情好转后，逐渐恢复。人工喂养儿可喂酸乳或短时间应用脱脂乳。可口服胃蛋白酶或胰酶等帮助消化。必要时辅以部分静脉营养，补充各种维生素，以保证营养需要。随着腹泻减轻，消化功能好转，逐渐过渡到一般饮食。

❸ 有双糖酶缺乏时，暂停一般乳类，改用豆浆或发酵奶加葡萄糖。

❹ 胆酸性腹泻可加用消胆胺。

❺ 中医辨证施治，辅以推拿、捏脊或针灸疗法。

细菌性痢疾

细菌性痢疾（简称菌痢）是由痢疾杆菌引起的常见肠道传染病。临床上以发热、腹痛、腹泻、里急后重感及黏液脓血便为特征。因各型痢菌毒力不同，临床表现轻重各异。

潜伏期一般为 1～3 天（数小时至 7 天）。病前多有不洁饮食史。临床上依据其病程及病情分为急性与慢性两期以及六种临床类型。其中以急性中毒型细菌性痢疾在儿童中多见。

■ 中毒性菌痢的分类与治疗

急性中毒型多见于 2～7 岁健壮儿童，起病急骤，进展迅速，病情危重，病死率高。突然高热起病，肠道症状不明显，依其临床表现分为三种临床类型。

❶ 休克型（周围循环衰竭型）。较为常见的一种类型，以感染性休克为主要表现：面色苍白，口唇或指甲紫绀，上肢湿冷，皮肤呈花纹状；血压下降；脉搏细数，心率快（＞100 次/分钟），小儿多达 150～160 次/分钟，心音弱；尿少（＜30 毫升/小时）或无尿；出现意识障碍。以上五项亦为判断病情是否好转的指标，重症病例休克不易逆转。个别病例起病呈现急性典型，可于 24～48 小时内转化为中毒型菌痢，应予以重视。由于失水和酸中毒，常于短期内发生休克。

...

❷ 脑型（呼吸衰竭型）。为严重的一种临床类型，早期可有剧烈头痛、频繁呕吐，典型呈喷射状呕吐；面色苍白、口唇发灰；血压可略升高，呼吸与脉搏可略减慢；伴嗜睡或烦躁等不同程度意识障碍，为颅内压增高、脑水肿早期临床表现。晚期表现为反复惊厥、血压下降、呼吸节律不齐、深浅不匀等。

❸ 混合型。以上两型同时或先后存在，是最为严重的一种临床类型，病死率极高（90％以上）。该型实质上包括循环系统、呼吸系统及中枢神经系统等多脏器功能损害与衰竭（MOF）。

急性菌痢一般预后良好，发病后 1 周出现免疫力，2 周左右可痊愈。少数患者可因治疗不当或不及时，或因体质衰弱等因素，转变为慢性或遗有肠功能紊乱。中毒型菌痢因诊治不及时，病死率高。极少数危重患者因脑组织损伤严重，可发生中毒性脑病，与此同时遗有不同程度的神经精神症状。

■ 小儿痢疾的预防

预防痢疾，一定要做到：

❶ 大便后、吃饭前给宝宝洗手，并养成习惯，最好用肥皂及流动水洗手，以防手上的致病菌随食品入口。

❷ 生吃的瓜果、蔬菜一定要洗干净、消毒。

❸ 腐烂变质、不新鲜的食品一定不能给宝宝吃。

❹ 宝宝的餐具要专用并经常消毒。

❺ 如果家中有人得痢疾，应注意隔离，避免传染给宝宝。

如果宝宝得了痢疾要及时到医院检查治疗，按医嘱服药，千万不要吃几次药觉得腹泻好一些了就自行停药。最好在服药 3 天后复查大便，常规检查正常后再服 2～3 天药。一般疗程为 7 天。除用药之外，还要注意适当休息，吃易消化的食品，如果宝宝高热，可服用退热药和物理降温。若发生中毒性痢疾，则应住院治疗。

🍀 流行性脑脊髓膜炎

流行性脑脊髓膜炎简称流脑，是由脑膜炎球菌引起的化脓性脑膜炎。本病遍及世界各地，呈散发或大小流行，多见于冬春季节，以儿童发病率为高。

传染源是带菌者和病人。病人从潜伏期末开始至发病后 10 天内具有传染性。病原菌主要借咳嗽、喷嚏、说话等由飞沫直接从空气传播，进入呼吸道引起感染。因病原菌在体外抵抗力极弱，故通过玩具、日常用品等间接接触传染的机会极少。但密切接触，如同睡、怀抱、喂奶、接吻等对 2 岁以下婴幼儿传播有重要影响。

本病发病年龄从 2～3 个月开始，6 个月至 2 岁时发病率最高，以后随年龄增长而逐渐降低。体液免疫是抵抗病原菌引起全身性感染的主要因素。

本病终年皆可发生，但以冬春季发病较多。一般发病率从11月至次年2月开始上升，2～4月达高峰，5月起迅速下降。形成季节高峰的主要原因是：冬春季气候寒冷、干燥，呼吸道抵抗力减低，加上室内活动多、空气流通不畅等故，易发生呼吸道传染病流行。

潜伏期1～7日，一般为2～3日，按病情轻重和临床表现，本病可分为4种临床类型。

❶ 普通型。按其发展过程可分为4个期。

a.上呼吸道感染期：大多数病人无症状，部分病人有咽喉疼痛、鼻咽部黏膜充血及分泌物增多。

b.败血症期：病人常突发寒战、高热，伴有头痛、呕吐、全身乏力、肌肉酸痛、食欲缺乏及烦躁不安或表情呆滞等毒血症表现。皮疹是此期的特征性表现，通常为皮肤黏膜淤点或淤斑，最早可见于眼和口腔黏膜，色泽鲜红，后变为紫红。

c.脑膜炎期：败血症的症状和淤点、淤斑仍持续存在，病人因颅内压增高而头痛欲裂，呕吐频繁，血压升高而脉搏减慢，常有皮肤感觉过敏、怕光、狂躁及惊厥。婴幼儿因颅骨缝和囟门未闭，中枢神经系统发育尚未成熟，脑膜炎的表现常不典型。

d.恢复期：病人体温逐渐降低至恢复正常。意识障碍逐渐清醒，神经系统检查亦逐渐恢复正常。皮疹停止发展，并大部分被吸收，较大的淤斑伴有中央坏死者，可形成溃疡、结痂。

❷ 暴发型。此型多见于儿童，起病急骤，病情危险，如不及时抢救，可于24小时内危及生命。病人突发寒战、高热，数小时后出现精神极度委靡、意识障碍、皮肤淤点甚至坏死。循环衰竭是此型的主要特征，表现为面色苍白、四肢厥冷、血压明显下降或不能测出。尿少或无尿。或者除高热、淤斑外，脑受损突出。病人剧烈头痛，呕吐频繁，反复或持续惊厥，迅速陷入昏迷、血压升高。

❸ 轻型。流行期间部分人群受感染后仅出现皮肤黏膜出血点而无其他症状。此型多见于儿童，感染后2周血清中可测出群特异性抗体增高，绝大多数可不治自愈。

❹ 慢性败血症型。患者多为成人。

本病可通过血液、脑脊液、细菌学检查诊断，诊断后要隔离治疗。

流行期间搞好个人及环境卫生。室内保持通风，勤晒衣被。儿童避免到拥挤的公共场所。要减少集会和探亲访友，尤其不要到有病人的家中串门。

麻疹

麻疹是一种由麻疹病毒引起的急性出疹性传染病，具有高度传染性。

临床以发热、流涕、结合膜炎、咳嗽、麻疹黏膜斑（可氏斑）和全身斑丘疹，疹退后糠麸样脱屑，并留有棕色色素沉着为其特征。已有麻疹减毒活疫苗普遍应用。现已控制了麻疹流行发生。

患者是唯一的传染源。患者在潜伏期末2～3天和出疹后5天内，均有传染性。带病毒的飞沫通过喷嚏、咳嗽、说话等，直接传播入呼吸道，也可污染日用品、玩具、衣服等间接传播。

❶ 潜伏期：6～18天不等，一般为10～12天。

❷ 前驱期：指从发热开始至出疹，一般为3～4天。以发热、上呼吸道炎（包括结合膜炎）和麻疹黏膜斑为主要症状。

❸ 出疹期：在发热3～4天后出现皮疹，持续3～5天。

❹ 恢复期：出疹3～5天后，皮疹按出疹顺序消退，同时皮疹颜色由红色逐渐转为棕褐色。

肺炎是最常见的并发症，是引起麻疹死亡的主要原因。麻疹肺炎有原发和继发两种。其他并发症还有喉炎、麻疹脑炎和亚急性硬化性全脑炎、营养障碍，并可致使结核病恶化。麻疹的治疗主要是对症处理，高热时以物理降温为主；咳嗽剧烈可服镇咳药；可选用抗生素预防感染。

风疹

风疹是一种由风疹病毒引起的急性出疹性传染病。胎儿早期感染可造成严重的先天畸形。

人是此症唯一自然宿主。本病多在冬、春两季发病，可在集体儿童机构内流行，主要通过空气飞沫传播。感染风疹病毒后，约1/3病例出现临床表现，大多为隐性感染，后者也有传染性。感染风疹后能获得稳固而持久的免疫力。

潜伏期为12～23天，平均18天。

❶ 前驱期：短暂或不显，易被忽略。此期可有低热、不适、轻微上呼吸道炎症表现如咳嗽、流涕、结合膜充血和咽红等。

❷ 出疹期：通常于发热第1～2天就开始出疹。另一典型表现为淋巴肿大，多见于枕后、耳后和两侧颈部。可在皮疹出现前发生，并持续1周或更久。有的病人伴有轻度脾脏肿大。

皮疹出现5天后一般即无传染性，一般可不隔离。

治疗主要为对症治疗，宜卧床休息，给予富含营养又易消化的食物，可给清热解毒类中药。

与发疹有关的疾病

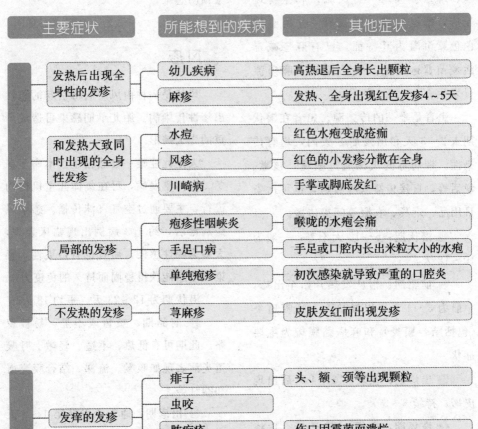

主要症状	所能想到的疾病	其他症状
发热		
发热后出现全身性的发疹	幼儿疾病	高热退后全身长出颗粒
	麻疹	发热、全身出现红色发疹4～5天
和发热大致同时出现的全身性发疹	水痘	红色水疱变成疮痂
	风疹	红色的小发疹分散在全身
	川崎病	手掌或脚底发红
局部的发疹	疱疹性咽峡炎	喉咙的水疱会痛
	手足口病	手足或口腔内长出米粒大小的水疱
	单纯疱疹	初次感染就导致严重的口腔炎
不发热的发疹	荨麻疹	皮肤发红而出现发疹

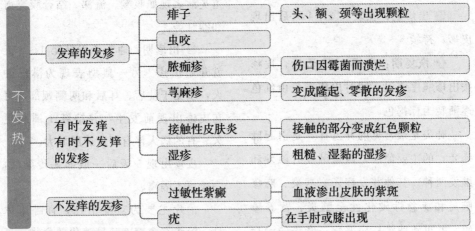

主要症状	所能想到的疾病	其他症状
不发热		
发痒的发疹	痱子	头、额、颈等出现颗粒
	虫咬	
	脓痂疹	伤口因霉菌而溃烂
	荨麻疹	变成隆起、零散的发疹
有时发痒、有时不发痒的发疹	接触性皮肤炎	接触的部分变成红色颗粒
	湿疹	粗糙、湿黏的湿疹
不发痒的发疹	过敏性紫癜	血液渗出皮肤的紫斑
	疣	在手肘或膝出现

🌿 水痘

　　水痘是一种传染性很强的出疹性传染病。水痘和带状疱疹是同一种病毒感染所致的两种不同的临床病症。这两种病人都是传染源。主要通过空气、飞沫经呼吸传播，也可通过接触病人疱疹内疱浆而感染。病毒对外界抵抗力较弱，因此间接传播机会不多。人群对水痘普遍易感，感染水痘后则很少再有第二次感染。本病在冬、春发病最多，其他季节也可发生。

潜伏期 10～21 天，一般为 14～16 天。

❶ 前驱期：出疹前 24 小时可有一些前驱期表现，如轻微发热、不适，食欲差，有时伴有猩红热样或麻疹样皮疹。

❷ 出疹期：初起时为成批的细小、红色斑丘疹或斑疹，在 6～8 小时内变成表浅的水疱疹，疱壁薄，很易破裂。24 小时内，疱液从清亮转为云雾状，然后疱液干燥而结痂。

除上述典型水痘外，尚可见到下列少数不典型类型，如出血性、进行性、弥漫性水痘。

并发症主要有继发性皮肤细菌感染、水痘脑炎和水痘肺炎等。其他可有横断性脊髓炎、周围神经炎、视神经炎、急性肾炎、肝炎、心肌炎、关节炎等并发症。

预防措施主要隔离病人直至全部皮疹结痂为止。对接触的易感者，留验3 周。

治疗主要是对症治疗，预防皮疹继发细菌性感染，局部可涂龙胆紫。

患了水痘病程一般需要 10～14 天，大部分皮疹痂脱落痊愈，不留疤痕。

宝宝患水痘并不可怕，可得到终身的免疫。得水痘期间，要做好隔离工作，多让宝宝休息，多喝水，给宝宝吃些清淡的食品，不要吃鱼虾等刺激性的东西。要保持室内卫生，室内要常通风换气。不要给宝宝洗澡，要勤换内衣。由于在皮疹期有严重的瘙痒感，因此要注意给宝宝剪短指甲，以免宝宝用手抓破水痘，造成感染，留下疤痕。

手足口病

手足口病是由肠道病毒引起的传染病，多发生于婴幼儿期，可引起手、足、口腔等部位的疱疹，个别患儿可引起心肌炎、肺水肿、无菌性脑膜脑炎等并发症。引发手足口病的肠道病毒有20多种（型），柯萨奇病毒 A 组的 16、4、5、9、10 型，B 组的 2、5 型，以及肠道病毒 71 型均为手足口病较常见的病原体，其中以柯萨奇病毒 A16 型（Cox A16）和肠道病毒 71 型（EV71）最为常见。

■ 潜伏期

手足口病的潜伏期为 2～7 天，传染源包括患者和隐性感染者。流行期间，患者为主要传染源。患者在发病急性期可自咽部排出病毒；疱疹液中含大量病毒，破溃时病毒溢出；病后数周，患者仍可自从粪便中排出病毒。

■ 传播方式

手足口病的传播方式多样，以通过人群密切接触传播为主。病毒可通过唾液、疱疹液、粪便等污染的手、毛巾、手绢、牙杯、玩具、食具、奶具以及床上用品、内衣等引起间接接触传播；患儿咽喉分泌物及唾液中的病毒可通过飞沫传播；如接触被病毒污染的水源，亦可经水感染；门诊交叉感染和口腔器械消毒不合格亦是造成传播的原因之一。

■ 易感人群

人群对引起手足口病的肠道病毒普遍易感，感染后可获得免疫力。由于不同病原型别感染后抗体缺乏交叉保护力，因此，人群可反复感染发病，成人大多已通过隐性感染获得相应抗体，因此，手足口病的患者主要为学龄前儿童，尤以≤3岁年龄组发病率最高。据国外文献报道，每隔2～3年在人群中可流行一次。

■ 流行方式

手足口病分布极广泛，无严格地区性。四季均可发病，以夏、秋季多见，冬季的发病较为少见。本病常呈暴发流行后散在发生，该病流行期间，幼儿园和托儿所易发生集体感染。家庭也有此类发病集聚现象。医院门诊的交叉感染和口腔器械消毒不严格，也可造成传播。托幼单位儿童发病率明显高于散居儿童。家庭散发，常一家一例；家庭暴发，一家多人或小孩子与成人全部感染发病。此病传染性强，传播途径复杂，流行强度大，传播快，在短时间内即可造成大流行。

■ 临床特征

手足口病急性起病，发热；口腔黏膜出现散在疱疹，米粒大小，疼痛明显；手掌或脚掌部出现米粒大小疱疹，臀部或膝盖偶可受累。疱疹周围有炎性红晕，疱内液体较少。部分患儿可伴有咳嗽、流涕、食欲不振、恶心、呕吐、头疼等症状。该病为自限性疾病，多数预后良好，不留后遗症。极少数患儿可引起脑膜炎、脑炎、心肌炎、弛缓性麻痹、肺水肿等严重并发症。

■ 诊断

手足口病只是可引起口腔溃疡的许多种传染病中的一种，另一种常见的口腔溃疡的原因是口腔疱疹病毒感染，它使口腔和牙龈产生炎症（有时称口炎）。医生通常能根据患儿的年龄、患儿或家长的诉说的症状，及检查皮疹和溃疡来鉴别手足口病和其他原因所致的口腔溃疡。可将咽拭子或粪便标本送至实验室检测病毒，但病毒检测需要2～4周才能出结果，因此医生通常不提出作此项检查。

临床诊断主要依据表现为初起发热，白细胞总数轻度升高，继而口腔、手、足等部位黏膜、皮肤出现斑丘疹及疱疹样损害。病程较短，多在一周内痊愈。

■ 预防原则

❶ 托幼机构作好晨间体检，发现疑似患儿，及时隔离治疗。

❷ 被污染的日用品及食具等应消毒，患儿粪便及排泄物用3％漂白粉澄清液浸泡，衣物置阳光下暴晒，室内保持通风换气。

❸ 流行期间，做好环境、食品卫生和个人卫生。

❹ 饭前便后要洗手，预防病从口入。

❺ 家长尽量少让孩子到拥挤的公共场所，减少被感染的机会。

❻ 注意婴幼儿的营养、休息，避免日光曝晒，防止过度疲劳。

❼ 在流行期间尽量少到医院去，严防交叉感染。

流行性腮腺炎

流行性腮腺炎是一种由腮腺炎病毒引起的急性呼吸道传染病，其临床表现特征为唾液腺肿大，尤以腮腺肿大最常见。

传染源为病人和隐性感染者。在腮腺肿大前6天到肿大后9天，均可自病人的唾液中检出病毒。传播途径为含有病毒的唾液或其他分泌物，借直接接触或飞沫，经咽喉部侵入易感者。人对本病普遍易感，感染后具终身免疫。婴儿可自母体获得被动免疫，可维持至9个月之久，因而1岁以内婴儿很少发病。本病全年均可发病，冬、春尤为多见。在集体儿童机构内易有流行。

流行性腮腺炎潜伏期为8～30天，一般为16～18天。30％～40％的病人为隐性感染，其余60％～70％的病人可有下列各种不同表现，唯以腮腺炎最为常见。

❶ 腮腺炎。典型病例先有发热、头痛、厌食和不适。在24小时内，病人诉"耳痛"，疼痛位于耳垂，咀嚼时加剧，次日出现腮腺逐渐肿大，于1～3日内达高峰，经1～6日，发热消退。腮腺炎病发时，腮腺以耳垂为中心呈马鞍形肿大，凹陷部位贴近耳垂。耳下腮部肿胀疼痛。此病一般先肿一侧，1～4日后波及对侧，亦有两侧同时肿大的，表面发热不红，局部胀痛拒按，以手触之有弹性，无波动感。

❷ 脑膜脑炎。较常见，有报告称62％的腮腺炎病人脑脊液中细胞数增加。病人表现为发热、头痛、呕吐、颈抵抗、神志改变，但很少惊厥。脑脊液呈无菌性脑膜炎改变。

❸ 睾丸炎、附睾炎。青春期及成人男性病人有20％～35％发生，常在腮腺发生两周内出现症状，多为单侧受累。病起发热、寒战、头痛、恶心、呕吐和下腹痛。随着发热出现，睾丸很快肿胀变硬，有疼痛和触痛。

❹ 胰腺炎。常与腮腺炎并发，亦可单独出现。

❺ 其他。女性病人可有卵巢炎。尚可有甲状腺炎、乳腺炎、泪腺炎、关节炎、肝炎、间质性肺炎、肾炎、心肌炎和视神经性耳聋等表现。

中医认为，本病的发生与感受风瘟病毒有关，当用清热解毒的药膳治疗。

〔绿豆白菜心〕原料：生绿豆100克，白菜心3个。制作与服法：先将绿豆置小锅内大火煮开花，用文火炖烂，加入白菜心，再煮20分钟，取汤顿服，每日 1～2 次。功能：清热解毒，对流行性腮腺炎有效。

〔牛蒡粥〕原料：牛蒡子 20 克，大米 60 克，白糖少许。制作与服法：牛蒡子煎汁去渣取 100 毫升，大米煮粥，加入牛蒡汁，调匀，加白糖适量调味，分 2 次温服。功能：清热解毒，可用于小儿腮腺炎。

〔黄花菜汤〕原料：干黄花菜 20 克，食盐适量。制作与服法：洗净水煮，食盐调味，吃菜喝汤，每日 1 次。功能：清热，利尿消肿，适用于小儿流行性腮腺炎。

〔银花薄荷饮〕原料：金银花 15 克，薄荷 6 克，黄芩 3 克，冰糖 15 克。制作与服法：前三味水煎取汁，入冰糖溶化服用。功能：辛凉解表，清热解毒，适用于痄腮初起，发热恶寒，腮部肿胀等症。

〔银花赤小豆羹〕原料：金银花 10 克，赤小豆 30 克。制作与服法：金银花装入纱布袋，扎口；赤小豆淘净，加水先煮至熟烂，入金银花袋，再煮 3～15 分钟，去药袋，食豆饮汤。功能：辛凉解表，清热散结，适用于痄腮初起，发热恶寒，身痛，头痛。

民间流传的单方、验方：①板蓝根 15～30 克，水煎服。②紫花地丁 15～30 克（鲜者 30～60 克），水煎服，每日 1 服。③夏枯草 15～30 克，甘草 6 克，水煎服，每日 1 服。④大青叶 15～30 克，菊花 10～15 克，水煎服，每日 1 服。⑤蒲公英 15～30 克（鲜者 30～60

克），金银花 10～15 克，甘草 6 克，水煎服，每日 1 服。

外治法治疗：a. 把如意金黄散（中成药）用蜂蜜调和，外敷。b. 仙人掌一片，去刺捣烂，敷患处。c. 青黛适量，醋调外敷。

患本病后宜食清淡、流质、无刺激的食物，如米汤、藕粉、豆浆、牛奶、蛋花汤、梨汁、蔗汁，要避免食热性食物，忌食酸性、辛辣、海货、河鲜等发物。患病期间，小儿要隔离，直至腮腺肿胀完全消退为止。平时要注意休息，多喝开水。纤维素多的食物和易产生胀气的食物，如芹菜、黄豆芽、红薯、土豆、白萝卜等不可食用。

预防腮腺炎应隔离病人至腮腺肿胀完全消退为止。集体儿童机构内的易感儿应检疫 3 周。

本病为自限性疾病，主要为对症治疗。急性期注意休息，给予流质和软性食物，避免摄入酸性饮食。

❀ 脊髓灰质炎

■ 症状与病情

脊髓灰质炎是一种由脊髓灰质炎病毒引起的急性神经系统传染病。自 20 世纪 60 年代以来，我国推广口服减毒活疫苗预防，发病率已大大下降。

患儿都是传染源，在潜伏期末，患儿的鼻咽分泌物和粪便中就排出病毒。病毒在咽部存在的时间不长，一般不超过病后 1 周。在粪便中排病毒时间较久，个别患儿可长达 3～4 个月。病毒随鼻咽分泌物和粪便排出患儿体外，污染用具、玩具、食物或水源，易感者接触或食用后，经口感染。

本病的临床表现多样，除大量的隐性感染患儿外，根据神经系统损害的有无以及损害的程度和部位，可分为顿挫型、无瘫痪型和瘫痪型。

❶ 潜伏期。3～35 天，一般为 5～14 天。

❷ 前驱期。多有低热，伴食欲减退、乏力、全身不适和头痛等一般感冒症状；或有腹痛、恶心、呕吐、腹泻、便秘等胃肠道症状；也可有咽痛、咳嗽等呼吸道症状。经数小时至 4 天后热退，症状消失。

❸ 瘫痪前期。经 2～6 天的静止阶段，体温再次升高，进入瘫痪前期。此期患儿尚有全身兴奋状态、面赤、皮肤微红、多汗，可有呕吐和咽痛。如疾病终止于此，无瘫痪出现，称无瘫痪型。

❹ 瘫痪期。肌肉瘫痪大都于瘫痪前期的第 3～4 天开始，偶尔早至第 1 天，或晚 7～11 天。

❺ 恢复期。体温降至正常时，瘫痪即停止发展。

❻ 后遗症期。神经组织损害严重的部位，瘫痪不易恢复，受累肌群萎缩，造成躯肢畸形，成为后遗症。

■ 预防措施

对患儿和疑似患儿，应及时隔离，并报告疫情。对确诊患儿，自发病之日起，最初一周同时强调呼吸道和消化道隔离。对密切接触的易感者进行医学观察 20 天。

加强饮食、水源管理和环境卫生管理。患儿的排泄物和呕吐物需加浓石灰水、漂白粉等特殊处理。

按计划普遍服用脊髓灰质炎减毒活疫苗，以提高人群免疫力。在脊髓灰质炎流行发生时，对周围易感儿及时开展疫苗预防，可以中断流行。

猩红热

猩红热是由具有红疹病毒素的链球菌引起的急性出疹性传染病。猩红热病人、链球菌性咽峡炎病人和健康带菌者都是传染源。直接与病人或带菌者接触，带菌飞沫、玩具、日用品和食物等经口传播，或经皮肤创伤入侵，都可传播。1 岁前婴儿不易感染。自然感染获得的免疫持续终身。

猩红热潜伏期一般为 1～7 天，通常为 2～4 天，外科型则短，为 1～2 天。

■ 普通型

猩红热可分为 3 个时期：

❶ 前驱期。发病骤起，发热，体温高低不一；同时伴有咽痛、呕吐和头痛、全身不适等症状；舌苔白，舌尖和边缘红肿，突出的舌乳头呈白色，称为白草莓舌；起病 4～5 天时，白苔脱落，舌面光滑鲜红，舌乳头红肿突起，称为

红草莓舌。

❷ 出疹期。多在起病 12 小时内出疹，有时可延至第 2 天。猩红热皮疹具有下列特点：第一，出疹顺序和形态：皮疹最早见于颈部、腋下和腹股沟处，于 24 小时内很快由上而下遍及全身。皮疹特点为红色细小丘疹，呈鸡皮样，抚摸时似砂纸感，皮疹密集，点疹间呈一片红晕，偶可见正常皮肤。用手指按压皮疹可褪色，暂呈苍白，十余秒后又恢复原状，称"贫血性皮肤划痕"。第二，颜面特征：面部潮红，不见皮疹，口唇周围苍白，形成环口苍白圈。第三，腋窝等处特征：皮肤褶皱处如腋窝、肘窝、腹股沟等处，皮疹更密，可夹有出血点，形成明显的横纹线。

❸ 恢复期：皮疹沿出疹顺序消退，体温正常。

■ 轻型

猩红热轻型者有发热、咽炎和皮疹等临床表现，均较轻微又不典型，易被漏诊。

■ 重型

猩红热重型者骤起高热，咽、扁桃体炎症状严重，有时并发周围脓肿，皮疹明显，常伴出血。

目前尚无有效的自动免疫，预防着重于控制感染源传播。应隔离传染源，猩红热病人、同时患急性咽炎或扁桃体炎病人和健康带菌者都是传染源，均需隔离。接触病人应戴口罩。流行期间应禁止去公共场所。对密切接触病人的小儿易感者，可给予肌注青霉素或口服复方新诺明。

猩红热的治疗主要是抗生素抗感染，同时做好呼吸道隔离，并让患儿于急性期卧床休息，供给充分的营养和水分，防止继发感染。

百日咳

百日咳是一种由百日咳杆菌引起的急性呼吸道传染病。自从广泛施行百日咳菌苗免疫后，本病已大为减少。本病临床特征为咳嗽逐渐加重，呈典型的阵发性痉挛性咳嗽，在阵咳终末出现深长的鸣啼样吸气性吼声，病程长达2～3个月。

病人是唯一的传染源。从发病前1～2天至病程6周内，均有传染性，并以病初2～3周内传染性最强。本病通过飞沫传播，传播范围一般在病人周围2.5米以内。由于百日咳杆菌在外界环境中生存能力较弱，故很少通过衣物、玩具、书籍等媒介物传播。

潜伏期5～21天，一般为7～14天。临床表现轻重随病原、病人年龄和免疫状态不同而异。典型病人的全病程6～8周，分为下列3期：

❶ 卡他期。1～2周，主要表现为上呼吸道感染征象。

❷ 痉咳期。持续2～4周或更久，突出表现为阵发性、痉挛性咳嗽。新生儿和幼小婴儿患者常无典型阵发性痉

咳，往往开始或咳嗽数声后即出现屏气、面色发绀、窒息和惊厥，甚至心跳停搏。

❸ 恢复期。1～2 周，咳嗽发作次数减少，程度减轻，不再出现阵发性痉咳，逐渐痊愈。然在遇到冷空气、浓烟等刺激，或有上呼吸道感染时，可以重复出现阵发性痉咳，不过程度减弱。

应隔离病人，特别是卡他期和痉咳初期病人。对密切接触的易感者检疫 21 天。

密切接触病人后，可给予红霉素预防。

蛲虫病

蛲虫病是由蛲虫寄生于人体所致的常见寄生虫病，较多见，集体儿童机构或人口集居场所易引起流行。临床表现为肛门周围瘙痒而致睡眠不安、消瘦、食欲低下等，虽不严重，仍可影响健康。

要预防本病应培养小儿良好卫生习惯，勤洗手，勤剪指甲，勤洗澡，不吮指等。家庭或集体儿童机构中的患者应同时治疗，每天更换衣物，衣被应用开水浸泡或煮蒸后再在日光下暴晒，以避免再感染。

蛲虫是很细小的白色小虫，好像线头一样。儿童感染蛲虫的最多。蛲虫寄生在近肛门口的直肠壁上，在肛门口产卵。虫卵极小，如果沾在手上，蹭在裤头、被褥或单子上，很容易污染，被人不知不觉吃下去。当虫卵经过胃到小肠后，便脱壳变成小虫爬出来，经过三四周，渐渐发育为成虫，雌雄蛲虫就在肠内交配，交配后雄虫死去，雌虫体内充满虫卵后，夜晚就爬到肛门或会阴附近产卵，数量很多，在几分钟可连续产卵 1 万只左右。由于蛲虫产卵时引起肛门奇痒，病人尤其是儿童，往往用手搔抓，手上也就沾上了虫卵。小孩得了蛲虫病，对身体健康很有影响。首先因为肛门发痒，晚上烦躁不安，睡眠不好，白天精神差，消化不良，小女孩还会因此引起外阴炎。本病宜用杀虫止痒的药膳。

治疗小儿蛲虫病的单方、验方有：a. 杏仁 10 枚，炒熟，捣碎，用纱布包裹，使其向外浸油，每晚擦肛门 1 次，连用 5 天。b. 苦楝子 3～5 粒，用热水泡软，刮去外皮，塞入肛门，次日晨用力便出，连用 5～7 天可愈。c. 吴茱萸（果实）10 克，煎汁，头天晚上服头汁，第二天晚上服二汁，连服 3～5 服。d. 大蒜数瓣，捣烂，加植物油少许，每晚睡前涂肛门周围，连用 5 天。e. 用胡粉散（胡粉 30 克，雄黄 60 克）外擦肛门，每晚 1 次，直接杀灭虫体。

此外，蛲虫患儿应每日清晨用温水清洗会阴部及肛门周围，防止患儿用手去搔抓肛门周围的皮肤黏膜。应提倡小儿穿满裆裤睡觉，衣裤、被单需用开水烫洗，最好能煮沸，以杀死虫卵。一定要教育小儿养成良好的卫生习惯，不在地上爬玩，不饮生水，饭前、便后都要洗手等。

蛔虫病

蛔虫病是宝宝常见的肠道寄生虫病，影响宝宝的食欲和肠道功能，妨碍宝宝的生长发育。其并发症较多，有时可危及生命，所以必须积极防治。

蛔虫卵主要通过手和食物传染。人生吃瓜果不洗烫，饭前便后不洗手，喜吃生凉拌菜和泡菜，喝不洁生冷水，特别是河水，都是感染蛔虫的重要因素。宝宝玩物不洁，吮指，喜用嘴含东西，也能带进蛔虫卵。

蛔虫寄生在体内主要以小肠内乳糜液为食物，不但掠夺营养，同时又分泌对胃蛋白酶、胰蛋白酶、胰凝乳酶及组织蛋白酶等的抑制剂，影响人体对蛋白质的消化和吸收。

肠道蛔虫病可无任何症状，仅有食欲不佳和腹痛，疼痛一般不重，多位于脐周或稍上方，痛无定时，反复发作，持续时间不定。痛时揉按宝宝腹部，多无压痛，亦无肌紧张。个别宝宝可有偏食或异食癖，喜吃炉渣、土块，也易发生恶心、呕吐、轻泻或便秘。大量蛔虫寄生不仅消耗营养，而且妨碍正常的消化与吸收，即使宝宝食量较大，也常造成营养不良、贫血，甚至发生生长发育迟缓、智力发育较差等现象。

宝宝蛔虫病的另一特点是易出现精神、神经系统症状。虫体代谢产物或分解物被吸收后较易引起低热、精神委靡或兴奋不安、头痛、易怒、睡眠不好、磨牙、易惊，甚至反复呕吐等。

蛔虫有游走钻孔的习性，当蛔虫过多或高热、消化不良、驱虫不当时均可使蛔虫产生骚动，引起严重的临床现象。常见的并发症有蛔虫性肠梗阻、胆道蛔虫症、蛔虫性脓肿、蛔虫性阑尾炎。

应教育宝宝养成良好的卫生习惯，保持手的清洁，常剪指甲，不吸吮指头。年长儿无症状的感染，不必急于治疗，除非发生再感染，虫体一般于一年内可自然排出。对于感染较重或症状明显的，应给予治疗。2 岁以下小儿一般不使用驱虫药。

小儿脐疝

小儿脐疝是先天性疝，发病原因有脐部发育不全，脐环未闭；或婴儿脐带脱落后，脐部疤痕组织薄弱。在婴儿用力、啼哭、咳嗽或便秘等腹压骤增的情况下，内脏可从脐部突出而形成脐疝。患者多见于出生后 40－50 天左右的婴幼儿。

在孩子脐部可见一球形或半球形肿物。宝宝安静卧位时，肿块消失。在用力、哭闹、咳嗽、直立等使腹压增大时肿物出现，肿物高出肚脐 3－－4 厘米，皮肤表面发亮。以手轻压可使疝还纳入腹腔，有时患儿会出现呕吐、食欲不振等现象。

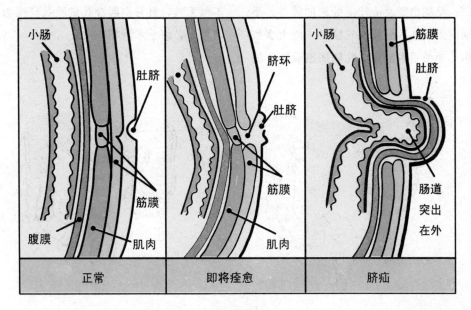

肚脐截面图

对脐疝病儿，要细心护理，及时换尿布，注意冷暖，减少孩子哭闹；及时添加钙剂及维生素D，多晒太阳，防止佝偻病的发生。手术治疗因小孩不配合，术后哭闹等造成复发率较高。因此小儿尽量避免手术治疗。随着年龄的增长，宝宝腹肌发育，疝孔逐渐缩小，最后闭合，脐疝可以消失。

小儿肠套叠

小儿肠套叠是由于消化功能不好或在患病的情况下，再加上生活环境和季节的变化引起，一般胖孩子容易发生肠套叠。肠套叠是指一部分肠管及其肠系膜套入邻近肠腔，引起肠梗阻及局部血运行障碍。此病大多见于2岁以下，尤其是3个月到1岁的小儿，男宝宝略多见。

若患儿常以阵发性腹痛（哭闹不安）、频繁呕吐为特点，即应考虑本病可能。有时腹痛反复发作较久，患儿可因疲惫而无力再哭闹，面色苍白，精神委靡，时有呻吟，可误认为并无腹痛。在病程早期无发热，腹部平坦、柔软，可扪及较柔软的腊肠样肿物，多数位于右上或中上腹部。一般在发病8~12小时后，约30%病例可自行排出红色果酱样粪便，60%可在肛门指诊时引出血便。如不能及早诊断，经1~2天，全身中毒症状逐渐加重，终因肠管坏死而引起明显腹胀、腹膜刺激征。个别肠套叠可在腹泻过程中发生，使诊断更为困难，易误诊为坏死性肠炎。

腹部B超可早期发现套叠的肠段，对诊断很有帮助。

早期诊断及治疗是处理的关键。早期应用钡剂灌肠或空气灌肠，绝大多数病儿无须手术治疗。晚期病例灌肠疗法不但无效，且有引起穿孔危险，应视为禁忌，必须手术治疗。

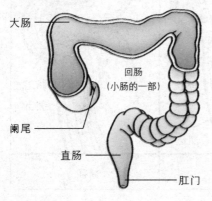

正常的肠

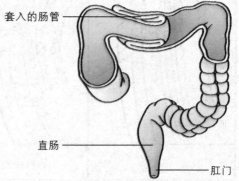

肠套叠症的肠

小儿斜颈

宝宝斜颈与胎位不正、产伤出血，以及先天遗传等因素有关。其中，肌性斜颈主要与难产史有关，由分娩时胎儿受强烈牵引导致胸锁乳突肌发生血肿、纤维化而引起。先天斜颈大多是因颈椎异常而引起。另外，感冒时淋巴结发炎也可引起斜颈，还有一种被认为是心因性的原因不明斜颈。

先天性婴幼儿斜颈分为两种：一种是先天性骨性斜颈，比较少见；另一种是比较常见的由一侧胸锁乳突肌纤维化和短缩而引起的先天性肌性斜颈，也就是我们常说的婴幼儿斜颈。胸锁乳突肌是颈部众多肌肉中最大最粗的一条肌肉，负责头和脖子各方向的运动。此肌肉左右各一条，从耳朵后面凸凸的骨头（称为乳突）开始终止于脖子下面的胸骨及锁骨处，所以称为胸锁乳突肌。如果我们用力把头转到一侧，就可以在脖子的两侧看到或摸到那条肌肉。

■ 病因病机

因为很多患儿有难产或胎位不正史，由于胎位不正、产伤导致胸锁乳突肌缺血、撕裂、出血、肌组织纤维化、挛缩所致，临床上有30%～40%的病例为臀位产。但是近年发现，本病患儿中，多数为顺产及剖宫产，故又有人认为在宫内胎儿头颈位置过度侧屈，使同侧胸锁乳突肌的静脉受压，肌纤维水肿，变性挛缩。此外，有人还认为本病可能与遗传因素有关。

■ 临床表现

婴儿出生时并无异常，10 天后出现颈部歪斜，头偏向患侧，同时下颏转向健侧，形成特殊的姿势畸形，一侧胸锁乳突肌中下 1/3 处，有肿块隆起，质地坚硬，呈梭形或椭圆形，无压痛。肿块于出生后 2～3 个月开始逐渐缩小，6 个月后全部消失。颈部向健侧旋转活动时稍受限制，而向患侧转动受限。随着年龄增长，挛缩的肌肉日趋严重，畸形更加明显。患儿 3～4 个月后可出现患侧面部肌肉轻度萎缩，眼睛变小，头部倾斜度渐渐增大，较大些的儿童患侧耳朵可接近肩部，脸部明显不对称。患侧脸轮廓椭圆、短而扁，健侧较直、长而瘦，随着儿童的成长，畸形加重，甚至出现颈椎侧弯以及斜视等。

■ 诊断治疗

多数斜颈的病症是由于颈部肌肉引起，常见的原因是由于产伤或其他原因造成的胸锁乳突肌损伤，引起肌肉异常挛缩等。由于胸锁乳突肌异常挛缩造成颈部活动受到限制，引起歪头。这种肌肉的异常改变，在早期常常可以通过理疗等治疗措施得以治疗。部分病人则必须通过外科手术才能治愈。

眼性斜颈多数是由于先天性眼部肌肉麻痹所造成的。最常见的是单眼或双眼的上斜肌麻痹。眼性斜颈是由于眼肌肌肉在某些方向存在运动障碍，造成复视（看东西有两个不重叠的影子），孩子为避免复视而产生的一种代偿反应。当孩子斜颈时，复视消失。孩子采取这种头位时，可以减轻由于斜视带来的不适，维持双眼视觉，对视觉功能起保护作用。长期地歪头会为孩子带来许多不良后果。

❶ 由于歪头（斜颈）带来的面部不对称，由于重力的作用，使一侧面部丰满，另一侧面部瘦小。

❷ 对颈部骨骼的影响，造成颈椎的侧弯。

❸ 也可能会造成下颌骨的发育畸形。

但是，如果眼肌异常的情况长期不能得到改善，最终往往造成一只眼睛产生弱视，患儿将终生失去立体视觉功能。

先天性眼肌麻痹属于比较复杂的眼部异常，必须由有经验的眼科专科医生借助特殊的设备才能诊断。经过确诊，通过早期的手术，孩子很快就能恢复正常。

小儿痱子

生痱子主要是因为汗液中含有氯化钠等无机盐，夏季由于温度过高出汗较多，当汗水蒸发后留下的盐会刺激皮肤而起痱子。

宝宝皮肤娇嫩，往往很容易生痱子，家长一定要特别注意。痱子初起时是一个针尖大小的红色丘疹，突出于皮肤，呈圆形或尖形。月份较大的宝宝会用手去抓痒，皮肤常常被抓破，发生继发皮肤感染，最终形成疖肿或疮。痱子的防治方法主要有：

❶ 经常用温水洗澡，浴后揩干。可以将一剂"十滴水"放到洗澡水中，有防治痱子的作用。不能用肥皂和热水烫洗痱子。出汗时不能用冷水擦浴。如出现痱疖时，不可再用痱子粉，可改用1%升汞酒精。此病痛痒时应防止搔抓，可将宝宝的指甲剪短，也可采用止痒敛汗消炎的药物，以防继发感染引起痱疖。

❷ 小儿应避免吃、喝过热的饮食，以免出汗太多。如果宝宝因缺钙而引起多汗，应在医生的指导下服用维生素D制剂、钙剂。在暑伏季节，宝宝的活动场所及居室要通风，并要采取适当的方法降温。

❸ 不要让宝宝在日光直晒处活动时间过久。

❹ 宝宝衣着应宽大通风，保持皮肤干燥，减少出汗。特别是肥胖儿、高热的宝宝，以及体质虚弱多汗的宝宝，要多洗温水澡，加强护理。

中医认为，痱子有两种，周围没有红晕的称白痱子，像小水泡一样；颜色发红的是红痱子。本病是因盛夏之时，湿热蕴蒸肌肤，闭塞毛孔，汗出不畅，佛郁肌肤腠理之间而成。因此，宜采用能清热解暑、利尿除湿的药膳治疗。

〔清凉绿豆汤〕原料：绿豆100克，干荷叶15克，薄荷叶、甘草各少许，白糖适量。制作与服法：薄荷、甘草同煎取汁，荷叶装入纱布袋，扎口，与绿豆加水同煮至豆烂，去药袋，兑入薄荷甘草汁，待凉放少许白糖调味食用。功能：

清热解暑，祛湿，适用于小儿痱子。

〔蜜糖银花露〕原料：蜜糖30克左右，金银花15～30克。制作与服法：先将金银花煎水，去渣放凉，分次加入蜜糖溶化后饮用。煎时不要太浓，一般煎成两碗银花汁，瓶贮分次冲蜜糖服。功能：蜜糖，即蜂蜜，它对于身体需要高热量和易于消化食物的儿童特别有益，且能解毒，和金银花同用，能清热利湿、解毒，可用于小儿痱子、暑疖等病。

〔荷叶茅根粥〕原料：鲜荷叶1张，白茅根30克，粳米适量，白糖适量。制作与服法：先将白茅根洗净，加水1000毫升煎煮30分钟，去渣取汁，用药汁煮米粥至烂熟时，放入洗净的鲜荷叶，略煮即成。吃时放少许白糖调味。功能：清热利湿，对小儿痱子有效。

小儿日光性皮炎

有的宝宝在春末夏初，经过日晒以后，被晒处皮肤出现红斑片，又痒又疼。有的宝宝是在吃了某种蔬菜或某种药物后，晒太阳时会出现红斑、水疱。这种情况叫日光性皮炎。

患日光性皮炎多是在太阳下暴露皮肤2～6小时以上，皮肤发红，出现红斑、水疱豆疹，并有痒痛感。经过3～4天后，红斑逐渐变为暗红色，逐渐消退。水疱破裂后干燥结痂，表皮脱屑，留有色素沉着。

患日光性皮炎的宝宝可注意以下问题：

❶ 经常到户外活动，增强皮肤耐受力。

❷ 严重者避免日晒，外出时注意遮阳，穿长袖衣服、长裤、浅色衣服。

❸ 在外露的皮肤上涂防晒护肤品。

❹ 日晒出现红斑后，立即用冷水湿敷局部，以减轻症状。

小儿脓疱病

治疗脓疱病的关键在于早发现、早治疗，不要等到脓疱成群或变大才治。早期仅有一两处，用75%酒精棉球擦破脓疱，涂以2%龙胆紫溶液，经处理不再有新的脓疱长成，即治愈。脓疱较多且破溃，则用4%硼酸液、0.5%～1%呋喃西林或5%马齿苋液外洗，或湿敷5～10分钟，涂上雷夫奴尔软膏、5%白降汞软膏或三黄软膏，一周可愈。有发热、淋巴结炎患儿，应去医院诊治，口服或肌注抗生素，一般7～10天可治愈。

脓疱病传染性强，预防很重要，护理患儿者应注意个人卫生，勤洗手。患儿要隔离，避免与正常小儿接触，脓疱处避免搔抓，要尽量保持皮肤清洁、干燥，要勤洗澡、勤换衣。积极治疗瘙痒性皮肤病，则可预防脓疱病的发生。

小儿红斑

小儿红斑主要是皮肤皱褶处的湿热刺激和互相摩擦所致，多见于肥胖宝宝，好发于颈部、腋窝、腹股沟、关节屈侧、股与阴囊的皱褶处。初起时，局部为一片充血性红斑，其范围多与互相摩擦的皮肤皱褶的面积相吻合。表面湿软边缘比较明显，较四周皮肤肿胀。若再发展，表皮容易糜烂，出现浆液性或化脓性渗出物，亦可形成浅表溃疡。

预防红斑要保持皮肤皱褶处清洁、干燥，出汗时尤其要注意。

治疗红斑，可先用4%硼酸液冲洗，然后扑粉，并尽量将皱褶处分开，使局部不再摩擦。湿润时，可用4%硼酸液湿敷。糜烂时，除用4%硼酸液湿敷外，可用含硼酸的氧化锌糊剂。有继发感染时，可涂以2%的龙胆紫或抗感染药物治疗。

瘊子

瘊子的学名叫疣。疣是经过病毒传染后才生出来的。常见的疣有以下几种：

▣ 传染性软疣

俗称"水瘊"，多发生于宝宝身上，为米粒到黄豆大串珠样隆起，表面有蜡样的光泽。传染性软疣呈灰白色或珍珠色，中心有小脐凹。用针将顶端挑破后，可挤出白色乳酪样物质，其中含有大量病毒。这种软疣可发生在躯干、四肢，症状不明显，有时有痒感。

▣ 寻常疣

俗称"刺瘊"，是最常见的瘊子。多发生于青少年，开始在皮肤上出现针尖到黄豆大的隆起，表面较硬，灰褐色。这种疣的表面顶端呈乳头状、菜花状或刺状，故叫"刺瘊"，其好发于手部、足部、鼻孔、耳道内。

■ 扁平疣

俗称"扁瘊子"，为米粒到绿豆大小扁平隆起，棕色，表面光滑，数量多，多发生于面部及手背。

长了瘊子以后，数目少的可用液氮冷冻治疗，也可涂抹软膏。传染性软疣可在用针挑破挤出白色物后，涂2％～3％碘酒。有的瘊子不经治疗，几年后会自行消退，有的反复发作，就需要到医院治疗了。

尿布疹

顾名思义，尿布疹是因婴幼儿尿布使用不当引起的。家长一旦看到宝宝皮肤发红，应用温水清洗婴儿的下身，并充分擦干，然后使用抗生素霜剂或隔离软膏，如氧化锌，以保护婴儿皮肤。

宝宝包裹尿布的时候，一旦发现尿布浸润，家长应立刻予以更换，尽可能让孩子不带尿布活动一下。使用尿布衬里，这样尿液可渗入尿布面保持孩子的皮肤干燥。除非疹子消退，否则应避免使用塑料裤或尿布盖，这样会阻碍湿气出来。

爸爸妈妈可能无法预防宝宝的尿布疹，但通过保持婴儿皮肤干燥、清洁，并在尿布浸润后立刻更换等方法，可以

限制尿布疹出现的时间期限或严重程度。用热水洗布尿片，在清洗液中加入适当漂白剂或醋，并多冲洗几遍，以帮助杀菌、冲净残留肥皂。如果整个尿布区均受刺激而发红，那么可能是宝宝对去污剂过敏，试用另一个牌子，看看皮疹是否消退。

预防尿布疹的最好方法，就是尽可能让宝宝不要用尿布。

小儿倒睫

倒睫，就是睫毛不是朝外长，而是向内长。倒睫的人常因睫毛刺激眼球而出现流泪，甚至患其他眼病。

宝宝倒睫是常见的，有的宝宝下眼皮上有几根睫毛倒生，这是由于宝宝的面部特征与成年人的面部特征不同。宝宝的脸颊及鼻根发育尚未饱满，皮肤显得较松弛，尤其是下眼皮的内侧更是如此，使眼皮向内翻，将睫毛拉向内，而形成上层睫毛倒生。宝宝倒睫可随着宝宝年龄的增长，面部特征的改变而消失。而沙眼引起的倒睫一般需用手术矫正。

有些宝宝的下眼睑睫毛贴在眼球表面，并引起流泪，父母怕睫毛会刺坏眼睛，急于求医做手术治疗，其实不必要。宝宝的睫毛又细又软，是不会刺伤眼球的。

治疗宝宝的倒睫可以采用如下的方法：父母可以经常用干净的手指将宝宝的下眼皮向外下方牵拉，每日数次。

还可以取一小段胶布或塑料透明胶带，一端贴在宝宝下眼皮的边缘部，另一端贴在脸颊上，这样可借牵拉眼皮的力量使眼睫毛朝外翻，减少眼睫毛对眼球的威胁。待宝宝稍大后，皮肤不再松弛，睫毛倒生的现象会自然消失。

若宝宝长到2岁以后，在未哭的情况下，下睑睫毛仍贴在眼球表面，这才算是倒睫，这个时候再酌情考虑施行手术治疗。

小儿麦粒肿

麦粒肿是眼皮因葡萄球菌、链球菌感染引发的炎症。在眼皮边缘长出的麦粒肿称为外麦粒肿，是指睫毛根部的皮脂腺或毛囊发炎。出现在内侧时称为内麦粒肿，是指睑板腺发炎。患有屈光不正、营养不良、睑缘炎等病的宝宝容易反复发生麦粒肿。

病初自觉眼发痒不适，随后眼皮出现红肿，睁不开眼，有触痛，甚至伴有发热，全身不适，球结膜充血。

❶ 2～3日后，脓肿成熟，局部隆起，出现黄色脓点，最后破溃排出脓液，疼痛缓解，红肿逐渐痊愈。

❷ 内、外麦粒肿的表现基本相似，只不过内麦粒肿疼痛较为明显，炎症持续时间长。外麦粒肿在眼皮外面破溃排脓；内麦粒肿在眼皮内破溃排脓。

❸ 父母不要用脏手为宝宝除眼屎、擦眼睛，不要修拔宝宝的睫毛。

❹ 注意保持宝宝大便通畅，多吃蔬菜、水果，定时排便。

❺ 积极治疗屈光不正、营养不良和睑缘炎等疾病。

口炎

口炎是指口腔黏膜的炎症，若病变限于局部，如舌、齿龈、口角亦可称为舌炎、齿龈炎或口角炎等。本病在小儿时期较为多见，尤其是婴幼儿，可单独发生亦可继发于全身性疾病，如急性感染、腹泻、营养不良、久病体弱和维生素C、B族维生素缺乏等，多由病毒、细菌和螺旋体引起。婴幼儿时期黏膜柔嫩、血管丰富，小婴儿唾液腺分泌少，口腔黏膜比较干燥，利于微生物繁殖；不适当地擦拭口腔或饮食过热等的局部刺激易使之受伤和感染；奶瓶、橡皮奶头消毒不严；口腔不卫生或由于各种疾病导致机体抵抗力下降等因素均有利于口炎的发生。

本病应多注意预防，力求做到：

❶ 注意喂养，提高机体抗病能力。从饮食调节入手，增加宝宝维生素B_2的摄入。妈妈要在注意膳食平衡、荤素搭配的基础上，多给宝宝吃些富含维生素B_2的食物，如动物的肝、心、肾，禽蛋，乳制品，大豆，胡萝卜，绿叶蔬菜等。

❷ 重视口腔卫生，尤其是急性感染时，勤喂宝宝温开水以清洗口腔，禁忌擦拭口腔。妈妈要注意宝宝面部口角的"保洁"工作，有污垢时要及时洗掉；饭后要将宝宝的口角擦干净。在给

宝宝洗脸擦嘴后，涂一点儿童专用的润唇膏，防止宝宝的嘴唇干裂，不给病原体侵入留下可乘之机。

❸ 注意奶瓶、奶头、玩具等的清洁消毒。

❹ 疱疹性口炎的传染性较强，应与健康小儿隔离，食具也应分开。

❺ 改掉吃手指的毛病。宝宝的小手到处摸，会沾染许多细菌、病毒，如果经常吮手指，会将病原体带到口唇上，这样容易发生感染。

在治疗上儿童可服板蓝根汤剂，每天 1 次，连服 3 天。

急性鼻炎

急性鼻炎是鼻腔黏膜的急性炎性疾病，很常见，有传染性。病毒感染是急性鼻炎的主要病因，致病病毒种类繁多。当机体抵抗力由于各种诱因下降时，或鼻黏膜的防御功能遭到破坏时，病毒侵入机体生长繁殖而发病。在此基础上可合并继发性细菌感染。常见的诱因有受凉、营养不良、全身慢性疾病等；或者由于局部因素如鼻腔的慢性疾病和邻近的病灶性疾病，可因妨碍鼻腔的通气引流，影响其生理功能，而为病原体在局部的生长繁殖创造条件。

急性鼻炎的潜伏期一般为 1～3 天。起病时鼻内有干燥及痒感，打喷嚏，随即出现鼻塞并逐渐加重，流清水样鼻涕，以后鼻涕变黏液性。一般均有嗅觉减退，说话时有闭塞性鼻音。全身症状

轻重不一，常感周身不适，或有低热。若无并发症，各种临床表现逐渐减轻乃至消失。全病程 7～10 天。小儿全身症状较成人重，多有发热、倦怠，甚至高热、惊厥，可伴较明显的消化道症状，如呕吐、腹泻等。合并腺样体肥大时，鼻塞加重，妨碍吮奶。

本病主要通过飞沫传播，发病率较高，应特别注意预防。应该经常带宝宝锻炼身体，增强宝宝身体抵抗力，提倡用冷水洗脸。注意适当的劳逸结合与合理饮食。积极治疗上呼吸道的病灶性疾病。患儿外出时要戴口罩，勿出入公共场所。

在治疗上以支持和对症治疗为主，同时注意预防并发症。早期用发汗疗法可缩短病程，如生姜、红糖、葱白煎汤热服或服用解热镇痛药。

急性中耳炎

急性化脓性中耳炎是中耳黏膜的急性化脓性炎症。病变主要位于鼓室，但中耳其他各部亦常受累。主要致病菌为肺炎球菌、流感嗜血杆菌、溶血性链球菌及葡萄球菌等。本病较常见，好发于儿童。

感染原因最常见为：

❶ 急性上呼吸道感染时，炎症向咽鼓管蔓延。咽鼓管咽口及管腔黏膜出现充血、肿胀、纤毛运动发生障碍，致病菌乘虚侵入中耳。

❷ 急性传染病，可通过咽鼓管途径并发本病，急性化脓性中耳炎亦可为

上述传染病的局部表现。

❸ 在污水中游泳或跳水，不适当的咽鼓管吹张、擤鼻、鼻腔治疗等，均可导致细菌循咽鼓管侵入中耳。

❹ 婴幼儿基于解剖生理特点，比成人更易经此途径引起中耳感染。哺乳位置不当，乳汁可经咽鼓管进入中耳。

❺ 外耳道鼓膜外伤、鼓膜穿刺、鼓膜置管时，致病菌可由外耳道直接侵入中耳。

急性化脓性中耳炎症状主要是：

❶ 全身症状轻重不一。可有畏寒、发热、怠倦、食欲减退。小儿全身症状较重，常伴呕吐、腹泻等消化道症状。鼓膜一旦穿孔，体温即逐渐下降，全身症状明显减轻。

❷ 耳痛。耳深部痛，逐渐加重。如搏动性跳痛或刺痛，可向同侧头部或牙齿放射，吞咽及咳嗽时耳痛加重。耳痛剧烈者夜不能眠，烦躁不安。鼓膜流脓后，耳痛减轻。

❸ 听力减退及耳鸣。始感耳闷，继则听力渐降，伴耳鸣。鼓膜穿孔后耳

聋反而减轻。耳痛剧者，耳聋可被患者忽略。偶伴眩晕。

❹ 耳漏。鼓膜穿孔后耳内有液体流出，初为血水样，以后变为黏液脓性或纯脓性。

预防急性化脓性中耳炎主要是锻炼身体，提高身体素质，积极预防和治疗上呼吸道感染。患有陈旧性鼓膜穿孔或鼓室置管者禁止游泳。

急性化脓性中耳炎治疗原则为控制感染，通畅引流及病因治疗。

全身治疗时及早应用足量抗生素或磺胺类药物控制感染，直至症状消退后5～7日停药，务求彻底治愈。一般可用青霉素、磺胺异噁唑、头孢菌素类药物等。鼓膜穿孔后取浓液作细菌培养及药敏试验，可参照其结果改用适宜的抗生素。在进行全身及局部治疗的同时，应针对病因同时展开治疗，如积极治疗鼻部及咽部慢性疾病。

在饮食上宜食清淡之菜如蔬豆类，忌油腻辛辣厚味酸腥，如辣椒、葱、蒜、韭菜、虾仁、黄鱼、羊肉等。

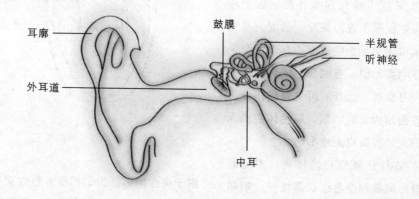

耳的解剖示意图

急性扁桃体炎

急性扁桃体炎为腭扁桃体的急性非特异性炎症，往往伴有程度不等与范围不一的急性咽炎，是一种很常见的咽部疾病。多发生于儿童及青年，在季节更替、气温变化时容易发病。

主要的致病菌为乙型溶血性链球菌，葡萄球菌、肺炎双球菌和腺病毒也可引起本病。细菌与病毒混合感染不少见。在正常人的咽部及扁桃体隐窝内存在着这些病原体，机体防御能力正常时，不致发生疾病。当某些因素使机体防御能力降低，存在于机体内之病原体大量繁殖，外界之病原体又乘虚而入，因而致病。影响机体抵抗力降低而可诱发急性扁桃体炎的因素有：受凉、潮湿、过度劳累、烟酒过度、有害气体刺激以及上呼吸道有慢性病灶存在等。

急性扁桃体炎有传染性，传染潜伏期为2～4天，为飞沫或直接接触传染。通常呈散发性，偶有暴发流行，多见于集体生活者。

❶ 急性卡他性扁桃体炎。病变较轻，炎症仅限于表面黏膜，隐窝内及扁桃体实质无明显炎症改变。其症状与一般急性咽炎相似，有咽痛、低热和其他轻度全身症状。检查时可见扁桃体及舌腭弓表面黏膜充血肿胀，扁桃体实质无明显肿大，表面也无渗出物。

❷ 急性化脓性扁桃体炎。本型起病较急，局部和全身症状都较重。咽痛剧烈，吞咽困难，痛常散射至耳部。下颌角淋巴结肿大，有时感到转头不便。全身常有恶寒高热，幼儿可因高热而抽搐，呕吐或昏睡。检查时可见扁桃体肿大，周围充血，隐窝口有黄色白脓点。连接脓点可连成假膜，但不超出扁桃体范围，易拭去，不留出血创面。如扁桃体实质内有化脓病变，可在表面看到黄白色突起。

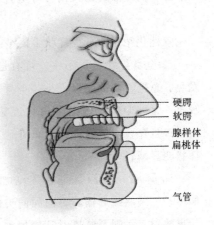

硬腭
软腭
腺样体
扁桃体
气管

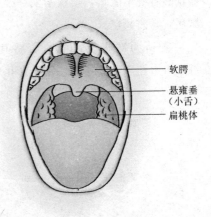

软腭
悬雍垂（小舌）
扁桃体

扁桃体和腺样体的位置

由于炎症向邻近组织扩展，急性扁桃体炎最常见的局部并发症为扁桃体周围脓肿，也可引起急性中耳炎、急性淋巴结炎、咽旁脓肿等。另外急性扁桃体炎可引起全身各系统许多疾病，常见的有风湿热、急性关节炎、心肌炎及急性肾炎等。

要预防急性扁桃体炎应注意锻炼身体，增强体质，提高机体的抵抗能力。

本病具有传染性，故患儿应适当隔离。患儿应多注意休息，多饮水，通大便，进流质食物或饮食。因本病多为链球菌感染，因此抗菌消炎是主要治疗原则，青霉素应属首选抗生素，解热止痛是重要的治疗措施。

日常保健与照护

口腔外伤出血

当摔倒或面部受外力撞击或打击的时候，嘴唇、舌、口腔黏膜、牙齿、牙床等都会受到损伤。由于口腔内软组织血液供应丰富，所以出血常较多。

宝宝口腔外伤出血后，家长千万不要慌乱，可采取以下急救措施：

❶ 让宝宝坐下，头向前倾并歪向受伤的一边。

❷ 用干净的纱布或手绢压在伤口上，或直接用手指压迫伤口处止血。

❸ 如果牙床出血，可用一小块或一长条纱布紧压伤口，但不要塞入伤口。纱布的尺寸必须高于其他牙齿，以避免上、下牙直接接触，减少对伤口的刺激。

❹ 让宝宝咬紧纱布 10～20 分钟。

❺ 让宝宝将口腔内的血液吐出来，

不要吞入，以免引起呕吐。

❻ 如果伤口较大，出血较多，止血困难时，要尽快送医院。

耳内异物

耳，是听觉和位置觉的感受器，包括感受头部位置变动和感受声波刺激。

耳与鼻、咽喉等器官在解剖结构、生理功能、疾病的发生与发展方面相互联系紧密。如果耳内进入异物，不仅会引起令人不适的耳痒，还会累及邻近器官患病。对此，特将耳内进异物的处理方法介绍如下，以便有的放矢。

▣ 耳内进入小虫

❶ 将该耳偏向光亮面，小虫可因光亮的引导而自动飞出。

❷ 吸烟的烟雾喷向该耳，将小虫

呛出来。

❸ 往耳内滴几滴香油，小虫因缺氧会掉头爬出来。

❹ 头部偏向患耳侧，单脚跳动后将虫倒出。

■ 耳内进入异物

如谷粒、麦粒等异物，可用干净的棉签蘸少许糨糊，左手提耳廓，在阳光下或手电筒光的照明下，看准异物，右手将棉签轻轻伸入耳道，接触异物片刻后，异物与糨糊粘着，再轻轻地将异物取出。若谷物已膨胀，可滴几滴酒精使之缩小后取出。

上述方法无效时，不要乱挖耳道，及时去医院就诊。

气管异物

气管是运输氧气、排出废气的通道，一旦进入固体或液体物质，便会发生堵塞，影响气体交换。引起宝宝发生气管异物的主要原因有：宝宝好奇，把小物件含在口中，不小心滑入；宝宝大哭、大笑时将口中物体滑入气管；宝宝牙齿未长全，因咀嚼能力差，使食物进入气管；宝宝咳嗽反射不健全，咳嗽时呛入气管；跑跳、跌倒时把口里的糖等食物呛入气管；有的父母一边喂宝宝一边逗宝宝，也易将食物呛入气管。

异物掉入气管后，引起的症状很明显，但症状的严重程度与异物的大小、性质和掉入气管的部位有关。矿物性异物很少引起炎症反应；动物性异物，如鱼刺、骨等对气管黏膜刺激较大；有些植物性异物，如花生米、豆类等可引起严重的呼吸道急性炎症，甚至发生支气管堵塞；光滑细小的金属异物对气管黏膜刺激很小；尖锐的异物，可能刺破附近的组织，引起其他并发症；表面生锈的异物对黏膜刺激较大。异物在气管内存留的时间越长，对身体危害越大。

异物掉入呼吸道后，首先引起剧烈的咳嗽，甚至咳出血，并有气喘，呼吸困难、呼吸声音异常等一系列表现。较大异物堵塞总气管时可引起窒息而死亡。随后咳嗽表现为阵发性。过一段时间后，异物可引起炎症反应，患儿出现体温升高、咳痰、呼吸困难等症状。如异物堵塞支气管，则可引起下端的肺气肿或肺不张，患儿感到胸闷，这时的情况更严重了。

总之，气管异物是危险的急症，应分秒必争地送宝宝去医院抢救，绝不能耽误。在医院，医生可根据异物的部位，在喉镜或气管镜检查下，把异物取出。

小儿得病打针好还是吃药好

宝宝生病了，父母很着急，很多父母要求医生给宝宝打针，以便使宝宝好得快些。

其实，吃药还是打针应根据病情及药物的性质、作用来决定。有些病口服用药效果好，如肠炎、痢疾等消化道疾病，药物通过口服进入胃肠道，保持有效浓度，能收到很好的效果。还有一些药只能口服，不能注射，如咳嗽糖浆等，所以父母不能只迷信打针。药物被口服之后，大部分都能够被身体所吸收，经过血液循环运送到全身而发挥作用。通过打针注射给药，药物吸收快而规则，所以治疗有些病是打针效果好。但是打针痛苦大，还有可能局部感染或损伤神经（虽然概率很小），反复打针，局部会有硬结，肌肉收缩力减弱，少数发生臀大肌萎缩症，还要进行手术治疗。所以，宝宝有病，能口服药的应尽量吃药。

如何给小儿喂药

小心地按照医生告诉你的服药方法给宝宝喂药。你要知道药物的名称、服用量、给药的方式和服用次数等，这些都可以在药瓶标签上找到。应把药物放在一个安全的地方，以防宝宝拿到。

首先，问一问医生或药剂师，是在给宝宝喂奶前或喂奶时用药，还是在两次喂奶之间给药。喂药的时间选择对药物的吸收是有影响的。你不仅要知道为什么给宝宝喂这种药，而且要知道这种药有什么不良反应。医生或药剂师会告诉你如何观察宝宝对药物的反应。如果宝宝服用这种药后出现了皮疹或发痒，那就要找医生诊治。

你必须仔细把握宝宝服药的数量，按药瓶标签上的说明做。普通家庭所用

的茶匙大小差别很大，最好用有标准量度的茶匙。当然，你也可以把注射器当做测量工具来使用。

给宝宝喂药时要特别耐心。先把宝宝抱在怀里，让她的头略仰起，或者放在喂奶时的体位，然后，用注射器或滴管慢慢地将药滴到宝宝嘴里的后中部位，轻轻地拨动宝宝的脸颊，以促使她把药咽下去。也可以把药放进空橡皮奶头里，然后将橡皮头放进宝宝的嘴中来引诱她吮吸，如果喂的量较大，宝宝可能会打嗝，就让她歇一会儿，然后再喂。另外，喂药时要有耐心。即使宝宝不太喜欢药物的味道，但她确实需要这种药，也一定要让宝宝把药吃完。宝宝服药后，应该抱着宝宝睡。

如果宝宝开始作呕，就停下来，让她休息一会儿，安抚一下后再给她喂药。宝宝如果在服药后呕吐，就把她的头斜向一边，轻拍其背部。呕吐后把她的嘴清理干净，看看宝宝吐出来的药量有多少，问一下医生是否可以继续用这样的剂量给宝宝服。切忌给吃饱肚子的宝宝再喂什么药。

如果宝宝大一些，能吃些食物，你就可以把药放在少量的食物里。药片可以研碎拌在果酱里让宝宝吃。但是，某些药物如和奶或食物掺和在一起，就不会很好地被吸收。

小儿用药量怎样计算

小儿用药剂量的计算方法较多，下

面介绍两种使用比较方便的方法。

■ 按年龄折算法

按年龄折算法

年　　龄	剂　　量
初生～1个月	1/24　　　成人量
1～6个月	1/24～1/12 成人量
6个月～1岁	1/12～1/8 成人量
1～2岁	1/8～1/6 成人量
2～4岁	1/6～1/4 成人量
4～7岁	1/4～1/3 成人量
7～11岁	1/3～1/2 成人量
11～14岁	1/2～2/3 成人量

■ 按体重计算法

即：小儿剂量＝成人剂量×〔小儿体重（千克）÷60〕。或查得小儿每千克体重的用药量，乘以小儿体重即得每次剂量或每日剂量。

小儿体重可用体重计直接测得，如无体重计，可用下法求得：

6个月以内：

体重＝月龄×0.6＋3（千克）

6个月～1岁：

体重＝月龄×0.5＋3（千克）

1岁以上：

体重＝年龄×2＋8（千克）

以上方法可供一般患儿使用，但有时还要根据具体情况确定给药剂量。应视患儿的病情轻重和体质强弱而考虑给予较小剂量，还是给予较大剂量，或者

给予一般剂量，当然是在通过计算确定的允许范围之内。无医生的指导，绝不能超过剂量的最高限。另外，药物的性质、毒性强弱以及小儿对药物的敏感程度等也应适当考虑，这样才能确定切实可行、安全有效的给药剂量。

如何避免小儿用药意外

药物不是健康食品，不当使用药物，不但会产生不良反应，更会损伤身体器官（如肝、肾）。

针对1岁以下婴儿的用药，除了医院使用的针剂及疫苗外，大致可将其归类为栓剂、外用药及内服药，分别描述如下。

■ 栓剂

在医院或诊所常使用的栓剂，最常见的是退烧栓剂，这是一种非类固醇消炎药，正常剂型为12.5毫克，13千克体重的孩童使用一颗。注意事项包括：

❶ 当宝宝腹泻及肛门附近有伤口时，不建议使用。

❷ 不建议6个月以下的宝宝使用，因为容易使孩子还没成熟的肾脏受到伤害。

❸ 不建议与口服退烧药一并使用，因为会造成体温过低；如果发烧持续不退，至少要相隔2小时以上。

❹ 除非万不得已，尽量少用退烧栓剂，否则会让发烧的宝宝更不舒服。

❺ 其他如止吐与止咳栓剂，1岁以

内宝宝不建议使用。

■ 外用药

❶ 大多为皮肤科用药，如湿疹、尿布疹药膏。1岁以下的婴儿不要擦太多，最好先在大人干净的手上摊开，再轻拍覆盖在宝宝皮肤上。

❷ 眼药膏或药水不容易点上宝宝的眼睛，点在眼睑周边即可。以上药物皆可考虑在宝宝睡觉时使用，以免造成宝宝哭闹稀释药效，或通过手擦误吃入口中。

❸ 治疗口腔溃疡的药膏或口腔念珠菌药粉，可以用棉花棒蘸了再轻涂抹在口腔伤口处。这种口腔用药比较不怕幼儿吞服。

■ 内服药

❶ 抗生素用药：一般而言，医生开给病人抗生素，多半是认为患者有明确或高度怀疑的致病性细菌、真菌感染。较常使用抗生素的疾病为急性中耳炎、化脓性扁桃腺炎、肺炎、鼻窦炎、蜂窝组织炎、化脓性皮肤炎（如疖痈）、泌尿道感染及某些疑似细菌感染的支气管炎、肠炎或肿大淋巴腺炎等。抗生素的使用有一定的疗程，少则3～5日，多则2周，甚至数个月。务必遵照医嘱的剂量、用药间隔、天数，千万不可中途自行停药。但喂药当中产生困难（如一吃就吐）或有不良反应，一定要请教原开药的医生、药师或相关专业人员，避免自行处理。

❷ 呼吸道感冒用药：包括抗组胺药、化痰药及支气管扩张剂。要注意的是，喂食前请弄清用药剂量及次数，以免因喂食过量的抗组胺药造成昏睡不醒；过量的支气管扩张剂会造成宝宝心跳过快，躁动而无法入睡。

❸ 退烧药：前面提及退烧口服药不要与栓剂并用，其他注意事项包括：

a. 3个月以下的婴儿除非已经看过医生，认为没有细菌感染之虞，否则不要吃退烧药。

b. 不要随意购买退烧药给婴幼儿吃，以免买到含阿司匹林类的退烧药，容易伤到脑部中枢，造成终生遗憾。

c. 退烧药的剂量要看清，给予的间隔时间至少4小时，以免造成体温过低。

❹ 胃肠药：经常用在婴幼儿有腹泻、腹痛、呕吐或其他腹部疾病时。注意事项包括：

a. 若医生开有止泻药，当宝宝腹泻渐渐改善或是中止，这时必须判断腹泻药是否可中止使用；若不确定时，可以询问医生或药师，以免因持续吃止泻药造成便秘。

b. 若万一感染到类似沙门氏菌的肠炎时，止泻药可能引起"毒性巨结肠症"，而有肠胀、破裂或穿孔的危机。

■ 避免用错药五大原则

小儿用药的剂量都经过特殊调整，随着年龄与体重而有不同的服药剂量及频率，所以个别差异性较大，因此若家中有许多人同时生病吃药，非常容易混淆与错服。为避免用错药的危险情况发生，可遵照以下原则：

❶ 医院诊所用"三读五对"（"三读"是取药时要一读药名，抽取或分装药物时要二读，对病人注射或给予服用时要三读；"五对"是剂量对、途径对、时间对、病人对及药物对）的方式来审核送出去的药物，爸妈们可以参考使用。首先药袋上的姓名一定要跟病人符合，其次核对药袋内的药品名称与药袋上显示的药名相符，再阅读药袋上的使用剂量与次数，确定没有错误了，再给宝宝使用。

❷ 药物给完记得收好，最好在集中且固定的位置上，才不会忘记。

❸ 装药的纸袋千万不要乱丢，要留着参考。

❹ 任何药物都一定要放在婴幼儿拿不到的地方。

❺ 若服药后出现吐药的现象，如果是 10 分钟以内，可以再补服；若已超过 10 分钟，则药品应已被吸收，不必再补服。

警惕性激素类药物的危害

性激素类药物可增强蛋白质合成，促进骨细胞增生，有促进身体长高的作用。因此，有些人就随便给宝宝服用这类药物或食用含性激素的补品，这是错误的。

性激素虽有以上作用，但它还有促进机体发育成熟、促进性腺发育的作用，虽可促进骨细胞增生，但还可使骨骼过早愈合，而使骨细胞不再增生，也就不能再长高了。因此，当一些宝宝食用这一类药品或补品后，也确实食欲增加，个子长高了，但很快就会不再继续长高。

身材矮小、发育迟缓，往往与合理喂养、遗传、青春发育期延迟、染色体病、骨骼疾病及内分泌疾病等因素有关，应针对不同原因给予相应的处理。遗传因素造成的身材矮小，可通过科学喂养，适当增加运动来促进骨骼生长；发育迟缓者，不必着急，到一定时候身高可达到正常水平；因疾病造成的身材矮小，则应采用相应的医药治疗。

采用性激素促进身体长高，是不可取的。性激素还会造成婴幼儿性腺过早发育，出现性早熟，甚至会影响将来的性功能。

因此，从最后效果看，服用性激素类药物或含性激素的补品，对婴幼儿的生长发育不但无益，反而有害。

小儿健身中药膳

相关的中药膳，一直在中医、中药材中使用很多，以下就列举一些药膳供大家参考，6 个月以上的宝宝才可食用。

■ 呼吸系统

百合梨糖

原料：百合 10 克（鲜百合更好，用量加倍）、梨 100 克、冰糖 15 克做法：

❶ 将百合洗净，梨切片。

❷ 百合、梨、冰糖三者混合放入碗中，蒸熟，于放温后食用，1日2次。

功效：化痰、清热、止渴、调肺气，适用于肺气虚热的患儿。

银耳羹

原料：银耳5克、鸡蛋1个、冰糖60克、香油适量

做法：

❶ 将银耳用温水浸泡约30分钟，待发透后，择除杂质，洗净并分成片状。

❷ 加适量水煮开，并用小火再煎2小时，至银耳煮烂为止。

❸ 将冰糖另加水煮化，打入鸡蛋，并兑入清水少量搅匀后，入锅中煮开，并搅拌。

❹ 将鸡蛋糖汁倒入银耳锅内，起锅时，加入少许香油。

功效：润肺、补气、健脾，适用于脾肺虚弱的患儿。

松子仁粥

原料：松子仁20克、糯米50克、蜂蜜适量

做法：

❶ 将松子仁捣成泥状，与糯米一起加水500毫升，用小火煮成稠粥。

❷ 然后调入蜂蜜，早晚分2次温热服食。

功效：润肺、补中、调气。

干姜茯苓粥

原料：干姜5克、茯苓15克、甘草3克、白米100克，香油、盐各适量

做法：

❶ 干姜、茯苓、甘草先煎，去渣取汁。

❷ 再与米煮成稀粥，用香油、盐适量调味，分2次服。

功效：适用于寒哮的患儿。

黄芪炖乳鸽

原料：黄芪、山药、茯苓各30克，乳鸽200克，盐及味精少许

做法：

❶ 先将乳鸽去毛及内脏，洗净各药，共放炖盅内，加水适量，隔水炖2小时。

❷ 加盐、味精调味即可食用。每隔3～5日服食1次，可常用。

功效：适用于肺虚的患儿。

■ 消化系统

红枣红糖南瓜

原料：红枣（去核）100克、鲜南瓜约500克、红糖少许

做法：

❶ 南瓜去皮切块，与红枣加水煮烂。

❷ 加入红糖调味后即可服食。

功效：本法适用于脾气虚弱的患儿。

糯米固肠粥

原料：糯米（炒）30 克、淮山药 15 克，胡椒末少许，白糖适量

做法：

❶ 糯米与山药一齐煮粥。

❷ 熟后加胡椒末、白糖调味温服。

功效：具有健脾暖胃、温中止泻之功效，适用于脾胃虚寒泄泻。

扁豆粟米粥

原料：扁豆 30 克、党参 10 克、粟米 50 克

做法：

❶ 先将扁豆、党参同煎。

❷ 去渣取汁，入粟米煮粥。

功效：适用于脾虚泄泻的患儿。

山药扁豆粥

原料：鲜山药 30 克（去皮切片）、白扁豆 15 克、白米 30 克、冰糖适量

做法：

❶ 先煮白米、白扁豆。

❷ 继入山药片，煮粥，加冰糖。

功效：适用于湿热泻痢的患儿。

健脾饮

原料：橘皮、荷叶各 5 克、山楂 3 克、麦芽 10 克、水 500 毫升、冰糖少许

做法：上述材料一齐煮滚后，转小火续煮 10 分钟。

功效：适用于乳食积滞所致腹泻。

山楂麦芽粥

原料：生山楂、炒麦芽各 6～10 克，粳米 50 克，糖适量

做法：

❶ 先将山楂、麦芽煎水。

❷ 然后用此水入粳米煮粥。服时加适量糖，每日 1～2 次，连服数日。

功效：适用于乳食不节型（胃口差）的小儿厌食。

消食粥

原料：粳米少许、莲肉 10 克、山药 30 克、芡实 10 克、神曲 10 克、麦芽 10 克、扁豆 20 克、山楂 15 克

做法：以上药材加入少许粳米煮粥。每日服 1 次，连服 3 日。

功效：可健脾、消食、化滞，适用于乳食不节型小儿厌食。

山药糯米粥

原料：山药 30 克、糯米 50 克

做法：小火煮成稠粥，每日1次。

功效：长期服用此粥，能达健脾之功效，适用于脾胃虚弱型小儿厌食。

莲子粥

原料：莲子粉或去芯莲子5克、糯米30克

做法：

❶ 先加入适量水煮莲子，微软后加入糯米。

❷ 小火熬至莲子软烂，随意服食，连服数日。

功效：适用于脾胃虚弱型小儿厌食。

带宝宝去看病的学问

如果宝宝腹泻，可以找个火柴盒或装中药丸的小盒子，留取一点大便标本，带到医院，否则化验时还得等宝宝大便留标本，耽误时间。

看病时，千万不要给孩子化妆，虽然化妆后宝宝显得很漂亮，但却影响了医生对宝宝面色的观察。就诊时，最好也不要给宝宝吃东西，免得满嘴的食物渣，使医生看不清口腔黏膜和咽部的情况。

在向医生叙述病情时，不要把宝宝抱在怀里，而应让宝宝面向医生，同时给宝宝解开衣服，这样可以节省时间。医生在听你讲述病情的同时，就可以观察到宝宝的表情、面色、精神状态、营养情况，这些对于医生诊断病情都有帮助。

一旦医生戴上了听诊器为宝宝作检查，就不要再说话，保持安静，这样有利于医生听诊。

不同年龄用药量不同，在医生开药时，要告诉医生宝宝的实际年龄（周岁），不要说虚岁，如果宝宝最近称过体重，也可以告诉医生宝宝的体重，以便医生计算药量。

附录 小儿预防接种表

一类疫苗：政府规定纳入计划的免费免疫，是小儿出生后必须进行接种的。

二类疫苗：自费疫苗。只要经济允许，小儿没有接种禁忌，就应选择接种。

一类疫苗接种计划表

一类疫苗	接种疫苗	预防疾病	注意事项
卡介苗	第 1 次：出生后 2～3 天内 第 2 次：7 周岁、12 周岁时复查，阴性需加种	结核病	早产、难产以及出生体重小于 2.5 千克的小儿应该慎种。正在发热、腹泻、患有严重皮肤病的小儿应缓种。结核病，急性传染病，心、肾疾患，免疫功能不全的小儿禁种
乙肝疫苗	第 1 次：24 小时内 第 2 次：1 个足月 第 3 次：6 个足月	乙型病毒性肝炎	肝炎、发热、慢性严重疾病、过敏体质的小儿禁用。如果是早产儿，则要在出生一个月后方可注射
甲肝疫苗	第 1 次：18 足月 第 2 次：24～30 足月	甲型病毒性肝炎	甲肝减毒活疫苗接种 1 次，小儿 18 月龄接种。甲肝灭活疫苗接种 2 次，小儿 18 月龄和 24～30 月龄各接种 1 次。发热、急性病或慢性病发作期的小儿应缓种。免疫缺陷，正在接受免疫抑制剂治疗的小儿、过敏体质的小儿禁种
脊髓灰质炎疫苗	第 1 次：2 个足月 第 2 次：3 个足月 第 3 次：4 个足月 第 4 次：4 周岁时加强口服三型混合糖丸疫苗	脊髓灰质炎（小儿麻痹）	接种前一周有腹泻的小儿，或一天腹泻超过 4 次者，发热、急性病的小儿，应该暂缓接种。有免疫缺陷症的小儿、正在使用免疫抑制剂（如激素）的小儿禁种。对牛奶过敏的小儿可服液体疫苗

（续表）

一类疫苗	接种疫苗	预防疾病	注意事项
百白破疫苗	第1次：3个足月 第2次：4个足月 第3次：5个足月 第4次：1.5～2周岁、7岁各加强一次	百日咳 白喉 破伤风	发热、急性病或慢性病急性发作期的小儿应缓种。中枢神经系统疾病（如癫痫）、有抽风史的小儿、严重过敏体质的小儿禁种
麻疹疫苗	第1次：8个足月 第2次：7周岁	麻疹	患过麻疹的小儿不必接种。正在发热或有活动性结核的小儿、有过敏史（特别是对鸡蛋过敏）的小儿禁种。注射丙种球蛋白的小儿，间隔一个月后才可接种
A群流脑疫苗 A＋C群流脑疫苗	第1次：6个足月 第2次：9个足月 第3次：3周岁 第4次：7周岁	流行性脑脊髓膜炎	脑及神经系统疾患（癫痫、癔症、脑炎后遗症、抽搐等），过敏体质，严重心、肾疾病，活动性结核病的小儿禁种。发热、急性疾病的小儿可缓种
乙脑疫苗	第1次：1周岁 第2次：每年加强1次	流行性乙型脑炎	发热、急性病或慢性病急性发作期的小儿应缓种。有脑或神经系统疾患、过敏体质的小儿禁种

注：各省、自治区、直辖市人民政府在执行国家免疫计划时增加的疫苗种类有所不同。

二类疫苗接种计划表

二类疫苗	接种对象	注意事项
流感疫苗	7个足月以上，患有哮喘、先天性心脏病、慢性肾炎、糖尿病等抵抗疾病能力差的小儿可考虑接种	6个月以下的小儿、具有过敏体质（尤其是对鸡蛋过敏）的小儿、患有先天性疾病的小儿不易接种；患感冒、发热等或急性病发作时，则应等身体恢复后再接种
肺炎疫苗	一般健康的小儿不主张选用。但体弱多病的小儿，应该考虑选用	处于高热或急性传染病发病期的小儿和对破伤风蛋白过敏的小儿慎种
轮状病毒疫苗	2～6个月大的小儿可以考虑。该疫苗能避免小儿严重腹泻	疫苗使用后4周内，在给小儿换尿布后应多洗手，以免排泄出的活病毒引起粪口传播
HIB疫苗	也叫嗜血流感杆菌疫苗。5岁以下小儿可考虑选用。该疫苗能避免小儿感染B型流感嗜血杆菌	世界上已有20多个国家将HIB疫苗列入常规计划免疫。处于高热或急性传染病发病期的小儿，以及对破伤风蛋白过敏的小儿慎种
狂犬病疫苗	即将上幼儿园的小儿考虑接种	有严重疾病史、过敏史、免疫缺陷病小儿禁种。一般疾病治疗期、发热期的小儿要缓种。接种过程中应忌食油、可乐、咖啡、浓茶、刺激性食物，以免导致接种失败
水痘疫苗	抵抗力差的小儿可以选用	发热、急性病或慢性病发作期的小儿应缓种。免疫缺陷、正在接受免疫抑制剂治疗的小儿、过敏体质的小儿禁种

注：接种疫苗后，小儿会出现发热和周身不适等全身反应。一般发热在38.5℃以下，持续1～2天均属正常反应，不需要特殊处理，只要注意多喂水，让小儿多休息即可。如果小儿高热，可服用退热药，也可以作物理降温。

同时要注意区分接种反应与疾病症状，以免延误小儿疾病的治疗时间。

如果小儿在接种后出现局部感染、无菌性脓肿、晕针、癔症、皮疹、血管神经性水肿、过敏性休克等异常反应，则应在医生指导下对小儿进行相应的治疗。